全国高校安全工程专业本科规划教材

电气安全工程

教育部高等学校安全工程学科教学指导委员会组织编写

主编　钮英建

主审　杨有启

中国劳动社会保障出版社

图书在版编目(CIP)数据

电气安全工程/钮英建主编. —北京：中国劳动社会保障出版社，2009
全国高校安全工程专业本科规划教材
ISBN 978-7-5045-7887-7

Ⅰ. 电…　Ⅱ. 钮…　Ⅲ. 电气设备-安全技术-高等学校-教材　Ⅳ. TM08

中国版本图书馆 CIP 数据核字(2009)第 090382 号

中国劳动社会保障出版社出版发行
(北京市惠新东街 1 号　邮政编码:100029)
出 版 人:张梦欣
*
北京市白帆印务有限公司印刷装订　新华书店经销
787 毫米×960 毫米　16 开本　26 印张　454 千字
2009 年 6 月第 1 版　　2023 年 12 月第 18 次印刷
定价: 51.00 元

营销中心电话: 400-606-6496
出版社网址: http://www.class.com.cn

高等学校安全工程学科教学指导委员会

内 容 简 介

本书共分十章，主要内容有电气安全基础、直接接触电击防护、间接接触电击防护、兼防直接接触电击和间接接触电击的防护措施、电气线路安全、电气设备安全、电气防火防爆、雷电防护、静电防护、电气安全管理。

本书是全国高等院校安全工程专业的本科规划教材，也可作为有关工程技术人员和技术管理人员的培训教材。

序　言

党的十六届五中全会确立了“安全发展”的指导原则，极大地促进了我国安全科学事业的发展，同时为安全工程学科提供了良好的发展机遇。据初步统计，到目前为止，全国开设安全工程专业的高校已达百余所，安全工程专业已成为我国高等教育中重要的新兴专业之一。

加强教材建设，是促进我国安全工程专业健康发展的重要基础工作。本届（2004—2008年）高等学校安全工程学科教学指导委员会在充分吸收现有教材成果和借鉴上届教指委安全工程专业教材成功编写经验的基础上，于2006年启动了“全国高校安全工程专业本科规划教材”的组织编写和出版工作。第一批安全工程专业本科规划教材包括《安全学原理》《安全管理学》《安全人机工程学》《安全系统工程》《职业卫生概论》《工业通风与除尘》《化工安全》《工业防毒技术》《机械安全工程》《电气安全工程》《防火防爆技术》《锅炉压力容器安全》《安全经济学》《安全心理学》《风险管理与保险》等15种。

本套规划教材的编写力求满足安全工程专业课程体系和课程教学的新发展，立足现实，反映前沿，力求创新，既包括已经成熟并被公认的理论与学术思想，又反映安全工程学科领域具有前瞻性与代表性的最新理论、技术和方法，并借鉴吸收世界上发达国家的先进理论、理念与方法。

在本套教材开发过程中，全国30余所高等学校、科研院所的近百名专家和学者积极参与了教材的编写和审订工作，教指委秘书处、教材开发分委会和中国劳动社会保障出版社做了大量的组织工作，在此向他们表示衷心的感谢！

本套教材的编写和出版，是我国安全工程学科在教材建设方面又迈出的重要一步。虽然我们尽了最大努力，但仍有不足，恳请安全工程领域的专家学者和广大师生提出宝贵意见。

高等学校安全工程学科教学指导委员会

2007 年 7 月

前　言

在人类的生产活动和日常生活中，由于电能有着便于大规模生产、输送、分配，以及转换方便、价格低廉、容易实现自动控制和信息处理等特殊的优越性，使得它得到了日益广泛的应用。从人类文明发展的角度来说，火的利用，标志着人类摆脱了愚昧时代；铁器的普遍使用，使人类从奴隶社会跨入封建社会；蒸汽机的发明，引发了产业革命的到来；而电能的广泛使用，则开辟了人类向现代物质文明社会发展的新时代；尤其是作为电能在电子技术和信息处理方面应用的典范——电子计算机的发明，则把人类带入了信息时代。

然而，在人类社会发展和科技进步的历程中，各种危险因素和事故也无时无刻不与人类的生产活动和日常生活如影随形，威胁着人类生命和健康。以电能形式存在的电气危险因素和事故就是其中之一。电气既看不见、又听不到，还嗅不着，不具备直观识别特征，电气危险隐患潜移默化、不易识别；电以接近光速传播，事故的到来一触即发、猝不及防；电气事故的概念抽象性强，致因机理和对策措施分析涉及电气工程理论，深奥难明。正因为此，电气事故的机理及其防范对策研究凸显其重要性和紧迫性。特别是在当今这个科学技术飞速发展、日新月异的时代，电气设备以其无与伦比的方便快捷迅速渗透到生产和生活的方方面面，这就要求人们不但要有效防范各种以往的电气危险，还要学会应对伴随新技术而来的新的电气危险隐患。如何防范各种电气危险因素，消除电气事故隐患的问题已经成为一个具有极为广泛和普遍意义的重要任务和长久课题。由此，造就和发展了安全工程领域这条主干上的一个重要分支——电气安全工程。

电气安全工程作为一门课程，其内容既包括了电气安全科学技术知识，还包括电气安全管理工程知识。本教材侧重技术方面，以电气安全方法和电气危险因素为横纵两条主线，介绍防止电气事故的各种理论和工程技术方法。主要包括各类电气系统的电击危险分析及技术对策、爆炸火灾危险环境的电气引燃源控制、电气设备及线路的危险因素分析及对策、雷电危险及防护对策、静电危害及防护技术以及电气安全管理等内容。

本书所介绍的电气安全相关主要知识，是工程设计人员、企业安全技术或安全管理人员、注册安全工程师、安全评价师、职业安全健康管理体系认证人员、安全咨询师等做好本职工作的必备知识。从这个角度讲，对于未来有志从事安全工程相关工作的在校安全工程相关专业本科生乃至研究生，掌握好本课程相关电气安全核心知识和能力，其重要性是不言而喻的。

本书由首都经济贸易大学钮英建教授担任主编，负责全书内容的选择、结构设计。全书共十章，第一、二、四、七、八、九章由钮英建编写，第三、五章由沈阳航空工业学院王旭编写，第六、十章由中国劳动关系学院赵秋生编写。钮英建对第三、五、六、十章做了部分修改。

本书由杨有启教授担任主审，在此表示衷心的感谢。

本书主要用做大学本科安全工程专业的专业课教材，也可用做相关专业的研究生辅助教材，还可供各类从事与电气安全工程相关工作的工程技术人员和技术管理人员学习和查阅之用。

编者水平有限，书中不妥乃至错误之处在所难免，诚请读者批评指正。

编　者

2009 年 5 月

目　　录

第一章　电气安全基础……………………………………………………（1）
第一节　工业企业供配电…………………………………………………（1）
一、电力系统……………………………………………………………（2）
二、工业企业供电………………………………………………………（5）
三、工业企业配电………………………………………………………（8）
第二节　电气事故…………………………………………………………（11）
一、电气事故概要………………………………………………………（11）
二、电气事故的类型……………………………………………………（13）
三、触电事故的分布规律………………………………………………（16）
第三节　电流对人体的作用………………………………………………（17）
一、人体阻抗……………………………………………………………（18）
二、电流对人体的作用…………………………………………………（19）
第二章　直接接触电击防护………………………………………………（34）
第一节　电击事故的防护准则及措施要求………………………………（34）
一、防止电击事故的基本准则…………………………………………（34）
二、防止电击事故的措施要求…………………………………………（35）
三、防止电击事故的措施分类…………………………………………（36）
第二节　绝缘………………………………………………………………（37）
一、绝缘材料的电气性能………………………………………………（37）
二、绝缘的破坏…………………………………………………………（41）
三、绝缘检测和绝缘试验………………………………………………（44）
第三节　屏护和间距………………………………………………………（49）
一、屏护…………………………………………………………………（49）

二、间距…………（51）

第三章　间接接触电击防护…………（58）

第一节　IT 系统…………（58）

一、接地的基本概念…………（59）

二、IT 系统的安全原理…………（62）

三、保护接地的应用范围…………（64）

四、接地电阻的确定…………（64）

五、绝缘监视…………（66）

第二节　TT 系统…………（69）

一、TT 系统的安全原理…………（70）

二、工作接地…………（71）

三、TT 系统的应用…………（73）

第三节　TN 系统…………（75）

一、TN 系统的安全原理及类别…………（75）

二、保护接零应满足的要求…………（75）

三、TN 系统速断和限压的要求…………（81）

四、保护接零的应用范围…………（83）

五、速断保护元件…………（83）

第四节　保护导体…………（85）

一、保护导体的组成…………（85）

二、保护导体的截面积…………（86）

三、等电位联结…………（87）

四、保护导体的安装…………（89）

五、相—零线回路检测…………（89）

第五节　接地装置…………（92）

一、自然接地体和人工接地体…………（92）

二、接地线…………（93）

三、接地装置的施工与安装…………（94）

四、接地体流散电阻的计算…………（99）

五、接地测量…………（107）

六、接地装置的检查和维护…………（109）

第四章　兼防直接接触电击和间接接触电击的防护措施……………………………（112）

第一节　特低电压………………………………………………………………（112）
一、特低电压的区段、限值和特低电压额定值………………………………（112）
二、特低电压防护的类型及安全条件…………………………………………（114）
三、SELV 和 PELV 的安全电源、回路配置 …………………………………（115）
四、SELV 及 PELV 特殊要求 …………………………………………………（116）
五、FELV 的辅助要求 …………………………………………………………（117）
六、插头及插座…………………………………………………………………（117）
第二节　剩余电流动作保护……………………………………………………（117）
一、剩余电流动作保护装置的原理……………………………………………（118）
二、剩余电流动作保护装置的分类……………………………………………（120）
三、剩余电流动作保护装置的主要技术参数…………………………………（122）
四、剩余电流动作保护装置的应用……………………………………………（124）
第三节　双重绝缘和加强绝缘…………………………………………………（134）
一、双重绝缘和加强绝缘的结构………………………………………………（134）
二、双重绝缘和加强绝缘的安全条件…………………………………………（135）
三、不导电环境…………………………………………………………………（137）
第四节　电气隔离………………………………………………………………（137）
一、电气隔离安全原理…………………………………………………………（137）
二、电气隔离的安全条件………………………………………………………（138）

第五章　电气线路安全……………………………………………………………（141）

第一节　电气线路的种类和特点………………………………………………（141）
一、架空线路……………………………………………………………………（141）
二、电缆线路……………………………………………………………………（146）
三、室内配电线路………………………………………………………………（148）
第二节　电气线路常见故障……………………………………………………（150）
一、架空线路故障………………………………………………………………（151）
二、电缆线路故障………………………………………………………………（152）
第三节　电气线路安全条件……………………………………………………（154）
一、导电能力……………………………………………………………………（154）

二、机械强度…………………………………………………………………（164）
三、线路防护…………………………………………………………………（165）
四、导线连接…………………………………………………………………（166）
五、线路管理…………………………………………………………………（167）
第四节　负荷计算…………………………………………………………（167）
一、设备功率的确定…………………………………………………………（167）
二、负荷计算…………………………………………………………………（169）
三、单相用电设备计算负荷的折算…………………………………………（171）

第六章　电气设备安全……………………………………………………（174）

第一节　电气设备安全基础知识…………………………………………（174）
一、外壳防护等级（IP 代码）………………………………………………（175）
二、电工电子设备防触电保护分类…………………………………………（177）
三、用电环境危险性…………………………………………………………（179）
第二节　常用用电设备安全………………………………………………（180）
一、电动机……………………………………………………………………（180）
二、手持式电动工具安全……………………………………………………（187）
三、照明设备安全……………………………………………………………（189）
四、电焊机……………………………………………………………………（196）
第三节　低压保护电器……………………………………………………（199）
一、低压保护电器概述………………………………………………………（199）
二、低压断路器………………………………………………………………（201）
三、低压熔断器………………………………………………………………（207）
四、保护继电器………………………………………………………………（211）
五、隔离器与隔离开关………………………………………………………（215）
第四节　变配电设备安全…………………………………………………（218）
一、变配电所设备构成及其作用……………………………………………（218）
二、电力变压器………………………………………………………………（219）
三、互感器……………………………………………………………………（227）
四、高压电器…………………………………………………………………（230）
五、电力电容器………………………………………………………………（238）

第七章　电气防火、防爆……（243）
第一节　电气引燃源……（243）
一、危险温度……（244）
二、电火花和电弧……（247）
三、电气装置及电气线路引燃源……（248）
第二节　危险物质……（251）
一、危险物质的分类及其性能参数……（251）
二、危险物质的分级分组……（260）
第三节　危险环境……（263）
一、爆炸性气体环境……（263）
二、爆炸性粉尘环境……（270）
三、火灾危险环境……（271）
第四节　防爆电气设备和防爆电气线路……（272）
一、防爆电气设备……（272）
二、防爆电气线路……（285）
第五节　电气防火、防爆措施……（291）
一、电气火灾爆炸危险的防范措施……（291）
二、消防供电……（293）
三、电气灭火……（294）

第八章　雷电防护……（298）
第一节　雷电种类及危害……（298）
一、雷电的种类……（298）
二、雷电参数……（302）
三、雷电的危害……（307）
第二节　雷电防护措施……（308）
一、防雷分类……（308）
二、防雷装置……（311）
三、防雷技术措施……（326）

第九章　静电防护…………………………………………………………………（343）
第一节　静电的产生及危害……………………………………………………（343）
一、静电的产生……………………………………………………………（344）
二、静电的消散……………………………………………………………（350）
三、静电的影响因素………………………………………………………（353）
四、静电的危害……………………………………………………………（356）
第二节　静电防护措施…………………………………………………………（358）
一、静电危险的安全界限…………………………………………………（359）
二、静电防护措施…………………………………………………………（361）

第十章　电气安全管理……………………………………………………………（370）
第一节　电气安全组织管理……………………………………………………（371）
一、管理机构和人员………………………………………………………（371）
二、规章制度………………………………………………………………（372）
三、安全检查………………………………………………………………（373）
四、安全教育………………………………………………………………（374）
五、安全资料………………………………………………………………（374）
第二节　电工安全用具…………………………………………………………（375）
一、绝缘安全用具及其使用要点…………………………………………（375）
二、电压电流指示器（验电器）及其使用要点　………………………（377）
三、登高安全用具及其使用要点…………………………………………（378）
四、临时接地线、遮栏和标示牌…………………………………………（379）
五、安全用具保存与安全试验……………………………………………（381）
第三节　检修安全措施…………………………………………………………（382）
一、检修安全管理制度……………………………………………………（383）
二、检修技术管理措施……………………………………………………（389）
第四节　电气安全分析和评价…………………………………………………（392）
一、事故树分析……………………………………………………………（392）
二、安全评价………………………………………………………………（395）

第一章　电气安全基础

本章学习目标

1. 了解工业企业供配电系统的组成和系统各部分的功能，熟悉电力负荷的分级及各级的供电要求等基础知识。

2. 熟悉电气事故概要、触电事故的类型及其分布规律，掌握电流对人体作用的相关知识。

本章内容主要是电气安全工程相关的基础知识。首先介绍工业企业供配电的一些基本知识，然后讲述电气事故概要、触电事故的类型及分布规律，最后重点论述电流对人体的作用。

第一节　工业企业供配电

工业企业供配电是指工业企业所需电能的供应和分配。由于电能易于由其他形式的能量转换而来，又易于转换为其他形式的能量而被利用，并且，电能在传输和分配上简单经济，便于实现自动控制，因此，电能成为现代工业生产和人们日常生活中的重要能源和动力。电能使用的技术及管理水平已成为反映一个国家或地区的国民经济发达程度和生活文明程度的重要标志之一。

生产电能的发电厂被建造在有动力资源的地方，如在有水利资源的地方建造电站，而在有燃料资源的地方建造火电厂，这样能够充分利用动力资源，减少燃料运输费用，从而降低发电成本。而电能用户的用电中心往往离发电厂较远，这就需要通过高压输电线路将发电厂和用电中心联系起来，将电能进行远距离输送。实际上，电能的生产、输送、分配和使用是几乎同时完成的，实现这个全过程的各个环节构成了一个有机联系的整体，这个整体就称为电力系统。

一、电力系统

1. 电力系统的组成

电力系统由发电厂、送电线路、变电所、配电网和电力负荷组成，图 1—1 是典型的电力系统主接线单线图。图中未画出用户内部的配电网。

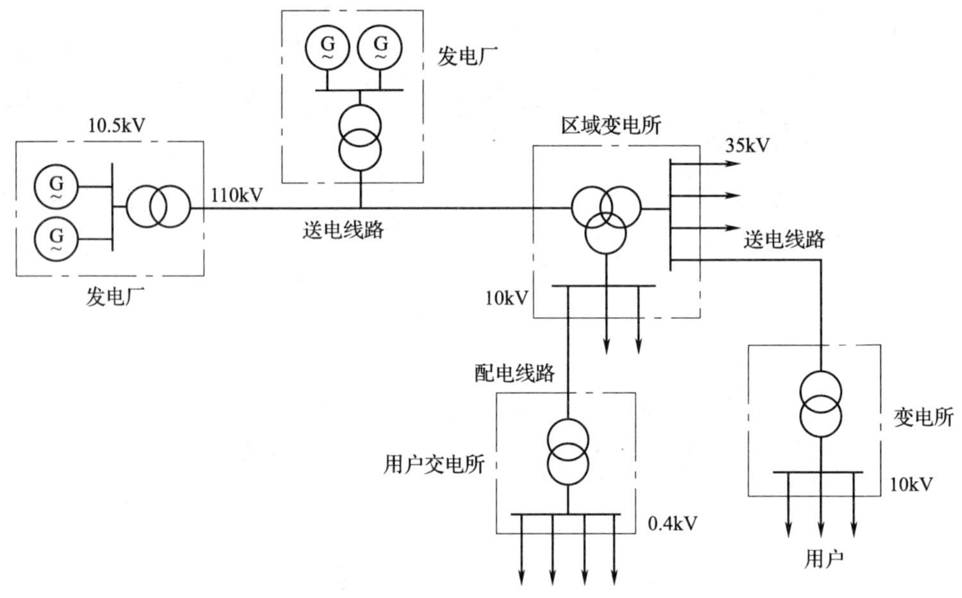

图 1—1 电力系统图

发电厂是将自然界蕴藏的各种一次能源转换为电能（二次能源）的工厂，根据一次能源的不同，分为火力发电厂、水力发电厂、核能发电厂以及风力发电厂、地热发电厂、太阳能发电厂等。在现代的电力系统中，最常见的是火力发电厂、水力发电厂和核能发电厂。

送电线路是指电压为 35 kV 及其以上的电力线路，分为架空线路和电缆线路。其作用是将电能输送到各个地区的区域变电所和大型企业的用户变电所。

变电所是构成电力系统的中间环节，分为区域变电所（中心变电所）和用户变电所。其作用是汇集电源、升降电压和分配电力。

配电网由电压为 10 kV 及其以下的配电线路和相应电压等级的变电所组成，也有架空线路和电缆线路之分。其作用是将电能分配到各类用户。电力负荷是指国民经济各部门用电以及居民生活用电的各种负荷。

2．额定电压和电压等级

电气设备都是设计在额定电压下工作的。额定电压是保证设备正常运行并能够获得最佳经济效益的电压。

电压等级是国家根据国民经济发展的需要、电力工业的水平以及技术经济的合理性等因素综合确定的。

我国标准规定的三相交流电网和电力设备常用的额定电压见表1—1。

表1—1　　我国三相交流电网和电力设备的额定电压

分类	电网和用电设备额定电压/kV	发电机额定电压/kV	电力变压器额定电压/kV	
			一次绕组	二次绕组
低压	0.38	0.40	0.38	0.40
	0.66	0.69	0.66	0.69
高压	3	3.15	3，3.15	3.15，3.3
	6	6.3	6，6.3	6.3，6.6
	10	10.5	10，10.5	10.5，11
	—	13.8，15.75，18，20，22，24，26	13.8，15.75，18，20，22，24，26	—
	35	—	35	38.5
	66	—	66	72.5
	110	—	110	121
	220	—	220	242
	330	—	330	363
	500	—	500	550

我国标准规定：交流额定电压1 000 V及以上者属高压，1 000 V以下者属低压。

对地电压而言，交流250 V以上为高压，250 V及其以下为低压。

一般又将高压分为中压（1～10 kV或35 kV）、高压（35～110 kV或220 kV）、超高压（220 kV或330～800 kV）、特高压（800 kV或1 000 kV及以上）。随着大型电站的建力和输电距离的增加，电力网的送电电压有提高的趋势。

我国工频低压最常用的是380 V和220 V电压；在井下及其他场合，常采用127 V和660 V电压；在安全要求高的场合，还采用50 V以下的特低电压。

就直流电压而言，我国常用的有 110 V、220 V 和 440 V 三个电压等级，用于电力牵引的还有 250 V、550 V、750 V、1 500 V、3 000 V 等电压等级。直流 1 500 V 及其以下者属低压。

用电设备的额定电压规定为与同级电网的额定电压相同。考虑用电设备运行时线路上要产生电压降，所以发电机额定电压要高于同级电网额定电压 5%。同样，变压器的二次绕组额定电压高于同级电网额定电压 5%。变压器一次绕组的额定电压分两种情况，当变压器直接与发电机相连时，其一次绕组额定电压应与发电机额定电压相同，即高于同级电网额定电压的 5%；当变压器接在电力网的末端，其一次绕组额定电压应与电网额定电压相同。

电力系统的电压和频率是衡量电力系统电能质量的两个基本参数。我国普通交流电力设备的额定频率为 50 Hz，一般称之为“工业频率”，简称“工频”。设备的端电压与其额定电压有偏差时，设备的工作性能和使用寿命将受到影响，总的经济效果将会下降。例如，当感应电动机的端电压比其额定电压低 10% 时，其实际转矩将只有额定转矩的 81%，而负荷电流将增大 5% ~10% 以上，温升将提高 10% ~15% 以上，绝缘老化程度将比规定增加 1 倍以上，将明显缩短电动机的使用寿命。此外，由于转矩减小，使转速下降，不仅降低生产效率，减少产量，还会影响产品质量，增加废次品。当感应电动机的端电压偏高时，负荷电流一般也要增加，绝缘也要受损。

用户供电电压允许的变化范围见表 1—2，电力网频率允许偏差值见表 1—3。

表 1—2　　用户供电电压允许变化范围

线路额定电压（U_e）	电压允许变化范围
≥35 kV	±5% U_e
≤10 kV	±7% U_e
低压照明	+5% U_e ~ −10% U_e
农业用户	+5% U_e ~ −10% U_e

表 1—3　　电力网频率允许偏差

运行情况		允许偏差/Hz	允许标准时钟误差/s
正常运行	中、小容量系统	±0.5	60
	大容量系统	±0.2	30
事故运行	≤30 min	±1	—
	≤15 min	±1.5	—
	绝不允许	−4	—

二、工业企业供电

1．工业企业供电系统的组成

工业企业供电系统是指从电源线路进厂开始到用电设备进线端为止的整个电路系统，包括厂内的变配电所和所有的高低压供配电线路。

根据企业用电规模的不同，工业企业供电系统的供电方式有多种，常见的供电方式有以下四种：

（1）对于大型工业企业和某些电源进线为35 kV 及以上的大中型工业企业，一般经过两次降压，即先经总降压变电所将35 kV 及以上的进线电压变为10 kV 的配电电压，然后通过高压配电所或直接经高压配电线路将电能分送到各车间变电所，再经车间变电所降为0.4 kV 低压，由低压配电线路分送到各配电箱或用电设备。其供电方式简图如图1—2所示。

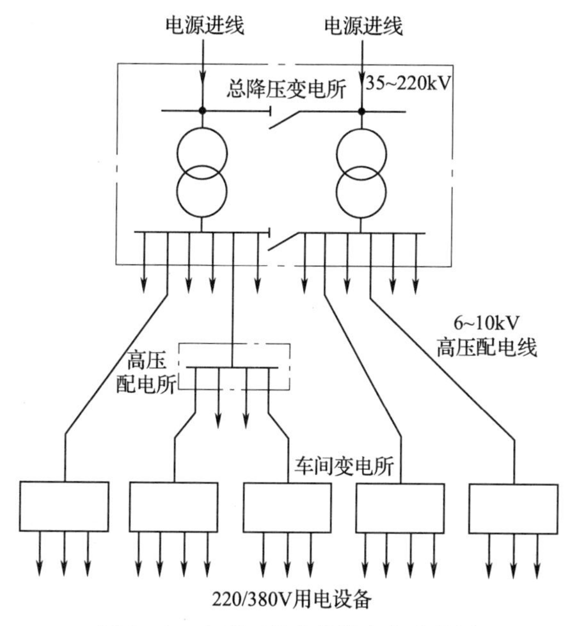

图1—2　大型工业企业供电方式简图

（2）对于一般中型工业企业，进线电压为10 kV，电能经高压配电所由高压配电线路分送到各车间变电所，或由高压配电线路直接供给高压用电设备。车间变电所将10 kV 的高压降为0.4 kV 低压，由低压配电线路分送至各配电箱或用电设备。该供电方式简图如图1—3所示。

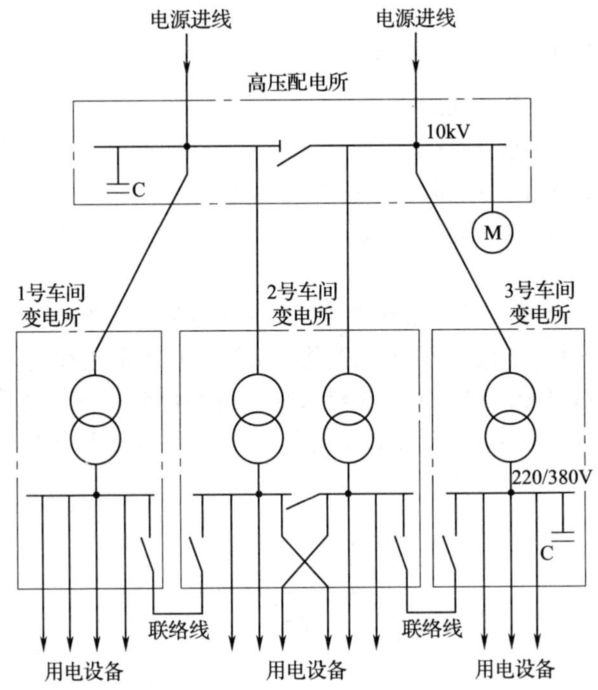

图 1—3　中型工业企业供电方式简图

（3）对于一般小型工业企业，进线电压为 10 kV，经变电所将高压变为低压，由低压配电线路分送到各车间配电箱或用电设备。此供电方式简图如图 1—4 所示。

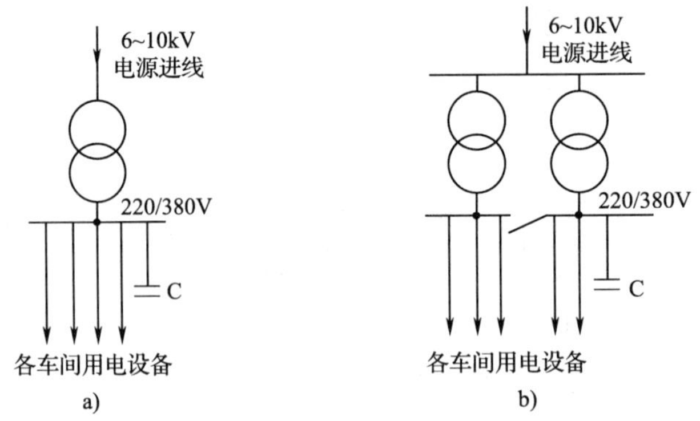

图 1—4　小型工业企业供电方式简图

a）装有一台主变压器　b）装有两台主变压器

（4）对于所需容量不大于160 kVA的小型工业企业；直接由公共低压电网供电，进线电压为0.4 kV，经低压配电室分送到各车间或直接送到配电箱或用电设备。

2．工业企业电力负荷分级及供电要求

（1）工业企业电力负荷的分级

工业企业供电既要做到技术经济合理，又要保证供电的安全可靠。因此，电力负荷应根据其对供电可靠性要求及中断供电在政治、经济上所造成的损失或影响的程度进行分级。我国根据电力负荷的性质分为三个等级。

1）一级负荷。这类负荷如中断供电将造成人身伤亡事故，或造成重大设备损坏且难以修复，或给国民经济带来极大损失。凡符合下例条件之一的电力负荷属一级负荷。

①中断供电将造成人身伤亡。如：有爆炸、火灾危险或对人身有危害性气体的生产厂房及矿井的主通风机等。

②中断供电将在政治、经济上造成重大损失。如：重大设备损坏、重大产品报废、用重要原料生产的产品大量报废、国民经济中重点企业的连续生产过程被打乱需要长时间才能恢复等。

③中断供电将影响有重大政治、经济意义的用电单位的正常工作。如：重要铁路枢纽、重要通信枢纽、重要宾馆、经常用于国际活动的大量人员集中的公共场所等用电单位中的重要电力负荷。

在一级负荷中，当中断供电将发生中毒、爆炸和火灾等情况的负荷，以及特别重要场所的不允许中断供电的负荷，应视为特别重要的负荷。

2）二级负荷。这类负荷如突然断电，将造成大量废品，产量锐减，生产流程紊乱且不易恢复，企业内运输停顿等，因而在经济上造成较大损失。此类负荷数量很大，一般允许短时停电几分钟。凡符合下例条件之一者属于二级负荷。

①中断供电将在政治、经济上造成较大损失。如：主要设备损坏、大量产品报废、连续生产过程被打乱需较长时间才能恢复、重点企业大量减产等。

②中断供电将影响重要用电单位的正常工作。如：铁路枢纽、通信枢纽等用电单位中的重要电力负荷，以及中断供电将造成大型影剧院、大型商场等大量人员集中的重要的场所秩序混乱。

③三级负荷。所有不属于一级和二级负荷的一般电力负荷。

（2）各级电力负荷对供电电源的要求

不同等级的负荷对供电电源具有不同的要求。

①一级负荷应由两个电源供电，而且要求当一个电源发生故障时，另一个电源不应同时受到损坏。两个独立电源可从两个发电厂，一个发电厂和一个地区电力网，或一个电力系统的中的两个地区变电站取得。对于一级负荷中的特别重要的负荷，除由两个电源供电外，尚应增设应急电源，并严禁将其他负荷接入应急供电系统。下列电源可以作为应急电源：

a. 独立于正常电源的发电机组

b. 供电网络中独立于正常电源的专用馈电线路

c. 蓄电池

d. 干电池

②二级负荷的供电系统，宜由两回线路供电。该两回线路应尽可能引自不同的变压器或母线段。在负荷较小或受地区供电条件所限取得两回线路困难时，二级负荷可由一回 6 kV 及以上的专用架空线路或电缆供电。当采用架空线时，可为一回架空线供电；当采用电缆线路时，应采用两根电缆组成的线路供电，其每根电缆应能承受 100% 的二级负荷。

③三级负荷对供电电源无特殊要求，可用单回线路供电。

三、工业企业配电

1. 工业企业高压配电

工业企业高压配电有放射式、树干式、环式等三种基本方式。

(1) 放射式

如图 1—5 所示，此方式是由一条母线分别向各车间变电所或车间高压用电设备送电。其优点是各个线路上的故障不产生相互影响，从这个角度来说，可靠性较高，而且便于装设自动装置以实现自动化。缺点是使用高压开关设备较多，使投资增加。而且一旦发生故障或检修时，该线路供电的全部负荷将全部断电。为克服此缺点，可在各车间变电所的高压侧之间或低压侧之间敷设联络线，以提高可靠性。

高压放射式配电适用于具有位置分散、大型集中负荷的企业。

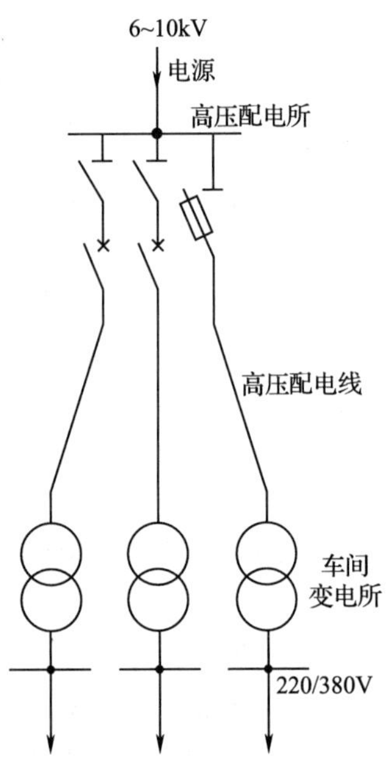

图 1—5　高压放射式线路

(2) 树干式

如图 1—6 所示，此方式是由总降压变电所或中央配电所向外引出一条高压配电干线，沿厂区道路架空敷设，沿途引出若干支线向各车间供电。其优点是线路简单，减少了线路的有色金属消耗量；采用的高压开关数量少，因此投资较少。缺点是供电可靠性较差，当高压配电干线发生故障或检修时，接于干线的所有变电所都要停电，且在实现自动化方面适应性也较差。要提高其供电可靠性，可采用双干线供电或两端供电的接线方式。

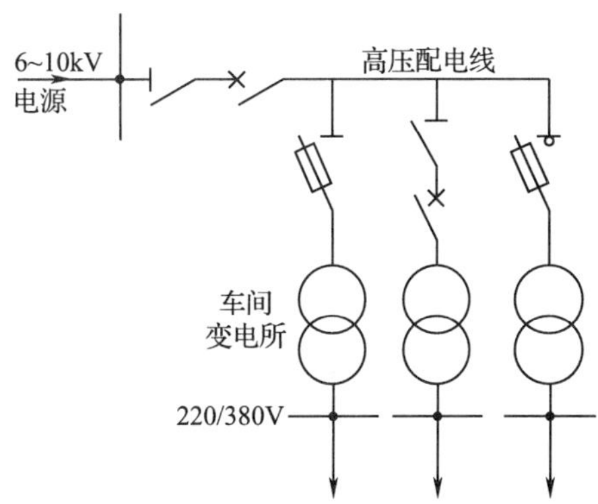

图 1—6　高压树干式线路

（3）环式

如图 1—7 所示，此方式实质上是两端供电的树干式接线，为了避免环式线路发生故障时影响整个电网，以及便于实现线路保护的选择性，大多数环式线路采用开环运行，即环行线路中有一处开关是断开的。

实际上，高压配电系统往往是根据具体情况由几种接线方式组合而成的。

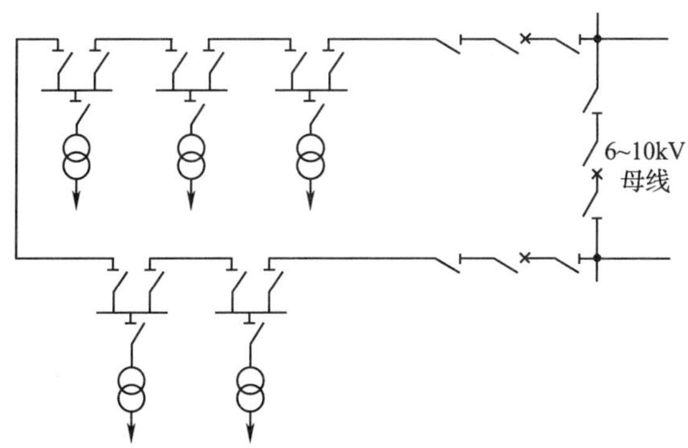

图 1—7　高压环式线路

2. 工业企业低压配电

工业企业低压配电线路也有放射式、树干式和环式等基本接线方式。

（1）放射式

如图 1—8 所示，此方式的特点是各个引出线在发生故障时相互之间不产生影响，供电可靠性较高。应用范围主要是用电设备容量大或负荷性质重要或潮湿及腐蚀性环境的车间，或有爆炸危险性的厂房等。

（2）树干式

如图 1—9 所示，此方式在干线发生故障时，影响范围大，供电可靠性较差，适用于向容量较小且分布较均匀的用电设备如机床、小型加热炉等供电。图 1—9b 所示树干式是“变压器—干线式”接线，由于省去了变电所低压侧整套低压配电装置，使变电所结构简化，投资大为降低。

图 1—10a 和图 1—10b 所示为由树干式变形而得到的链式接线方式。适用于离开供电点较远、用电设备之间相距很近的容量很小的次要用电设备。链式相连的用电设备数量一般限制在 5 台以下，且总容量不超过 10 kW。

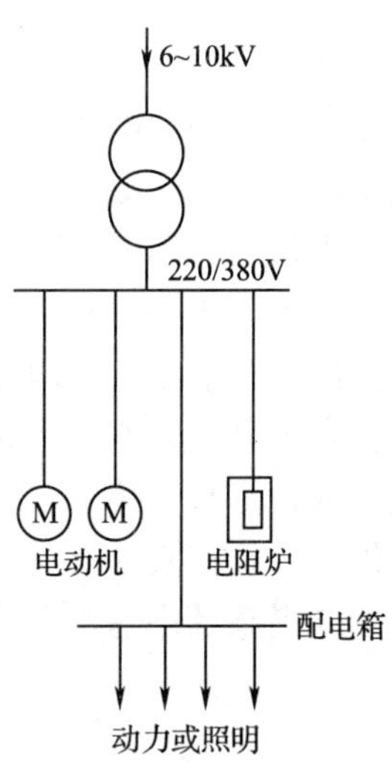

图 1—8 低压放射式线路

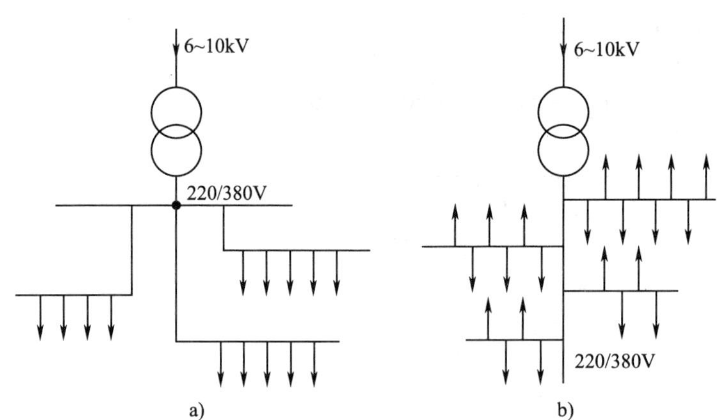

图 1—9 低压树干式线路

a）低压母线放射式配电树干式接线 b）低压“变压器—干线式”树干式接线

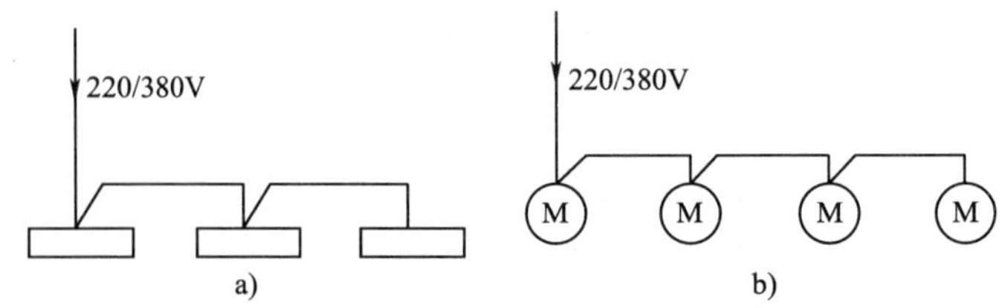

图 1—10 低压链式线路

a）连接配电箱 b）连接电动机

3. 环式

如图 1—11 所示为由一台变压器供电的低压环式接线。此方式的特点是供电的可靠性较高。但其保护装置及其整定比较复杂，若配合不当，易发生误动作。实际上，低压环式接线多采用开环方式运行。

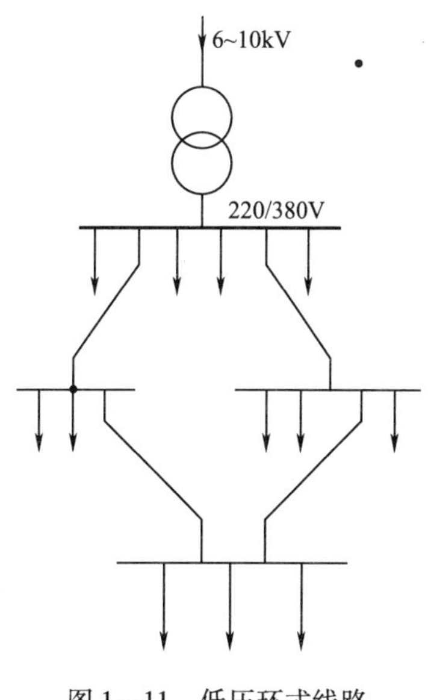

图 1—11　低压环式线路

工业企业的低压配电系统，根据具体的情况，往往是由几种接线方式进行组合而成。运行经验表明，工业企业电力线路的接线应力求简单。供电系统如果接线复杂，层次过多，使线路中串联的元件过多，既加大投资，又不便于操作和维护。而且因误操作或元件故障而产生的事故概率也随之增大。一旦发生事故，进行事故处理和用于恢复供电的烦琐操作也比较费时，使停电时间延长。此外，由于继电保护的级数增多，相对延长了动作时间，对供电系统的故障保护十分不利。

第二节　电气事故

电气事故是电气安全工程主要研究和管理的对象。掌握电气事故的特点和事故的分类情况，对做好电气安全工作具有重要的意义。

一、电气事故概要

众所周知，电能的开发和应用给人类的生产和生活带来了巨大的变革，大大促进了社会的进步和文明。在现代社会中，电能已被广泛应用于工农业生产和人民生活等各个领域。然而，在用电的同时，如果对电能可能产生的危害认识不足，控制和管理不当，防护措施不利，在电能的传递和转换的过程中，将会发生异常情况，造成电气事故。电气事故具有以下特点：

1. 电气事故危害严重

电气事故的发生伴随着危害和损失，严重的电气事故不仅带来重大的经济损失，甚至还可能造成人员的伤亡。发生事故时，电能直接作用于人体，会造成电击；电能转换为热能作用于人体，会造成烧伤或烫伤；电能脱离正常的通道，会形成漏电、接地或短路，构成火灾、爆炸的起因。

随着电能的广泛利用，社会生产和人们日常生活对电能形成了越来越强的依赖，一旦发生大规模停电事故，危害波及面广，会对工农业生产、交通运输乃至居民生活等带来严重影响。人员密集场所一旦发生异常停电事故，有时会引发危及公共安全的恶性事件，形成群死群伤事故。

2. 电气事故类型多

电气事故并不仅仅局限在用电领域的触电、设备和线路故障等，在一些非用电场所，电能的释放也会造成灾害或伤害。例如，雷电、静电和电磁场危害等，都属于电气事故的范畴。

3. 电气事故危险直观识别难

由于电既看不见、听不见，又嗅不着，其本身不具备为人们直观识别的特征。由电所引发的危险不易为人们所察觉和识别。诸如儿童淘气攀爬高压电气设施，维修电工误入带电间隔等形成触电的恶性事故时有发生。

4. 电气事故的概念较为抽象

电气事故的概念较为抽象，事故致因机理和对策措施分析涉及电气工程理论，给电气事故的防范教育和安全措施落实带来一定的难度。

5. 电气事故的防护研究综合性强

电气事故的发生涉及许多学科，因此，研究电气事故，不仅要研究电学，还要与力学、化学、生物学、医学等许多学科的知识综合起来一同研究。此外，在电气事故的预防上，既有技术上的措施，又有管理上的措施，这两方面缺一不可。在技术方面，预防电气事故主要是进一步完善传统的电气安全技术，研究新出现电气事故的缘由及其对策，开发电气安全领域的新技术等。在管理方面，主要是健全和完善各种电气安全组织管理措施。一般来说，电气事故的根本原因是安全组织措施不健全和安全技术措施不完善。实践表明，即使有完善的技术措施，如果没有相适应的组织措施，仍然会发生电气事故。因此，必须重视防止电气事故的综合措施。

电气事故是具有规律性的，且其规律是可以被人们认识和掌握的。在电气事故中，大量的事故都具有重复性和频发性。无法预料、不可抗拒的事故毕竟是极少数。人们在长期的生产和生活实践中，已经积累了同电气事故作斗争的丰富经验，各种技术措施、各种安全工作规程及有关电气安全规章制度，都是这些经验和成果的体现，只要依照客观规律办事，不断完善电气安全技术措施和管理措施，电气事故是可以避免的。

二、电气事故的类型

根据能量转移论的观点，电气事故是由于电能非正常地作用于人体或系统所造成的。根据电能的不同作用形式，可将电气事故分为触电事故、静电危害事故、雷电灾害事故、电气火灾爆炸事故、电磁场危害和电气系统故障危害事故等。

1. 触电事故

（1）电击

这是电流通过人体，作用于人的心脏、中枢神经系统、肺部等影响其正常工作，严重时会形成危及生命的伤害。

电击对人体的效应是由通过的电流决定的，而电流对人体的伤害程度与通过人体电流的强度、种类、持续时间、通过途径及人体状况等多种因素有关。

按照人体触及带电体的方式，电击可分为以下几种情况：

1）单相触电。这是指人体接触到地面或其他接地导体的同时，人体另一部位触及某一相带电体所引起的电击。发生电击时，所触及的带电体为正常运行的带电体时，称为直接接触电击。而当电气设备发生事故（例如绝缘损坏，造成设备外壳意外带电的情况下），人体触及意外带电体所发生的电击称为间接接触电击。区分直接接触电击和间接接触电击的必要性在于，他们两者之间在考虑防范措施时的思路是截然不同的。根据国内外的统计资料，单相触电事故占全部触电事故的70%以上。因此，防止触电事故的技术措施应将单相触电作为重点。

2）两相触电。这是指人体的两个部位同时触及两相带电体所引起的电击。在此情况下，人体所承受的电压为三相系统中的线电压，因电压相对较大，其危险性也较大。

3）跨步电压触电。这是指站立或行走的人体，受到呈现于人体两脚之间的电压，即跨步电压作用所引起的电击。跨步电压是当带电体接地，电流自接地的带电体流入地下时，在接地点周围的土壤中产生的电压降形成的。

（2）电伤

这是电流的热效应、化学效应、机械效应等对人体所造成的伤害。此伤害多见于机体的外部，往往在机体表面留下伤痕。能够形成电伤的电流通常比较大。电伤属于局部伤害，其危险程度决定于受伤面积、受伤深度、受伤部位等。

电伤包括电烧伤、电烙印、皮肤金属化、机械损伤、电光性眼炎等多种伤害。

电烧伤是最为常见的电伤，大部分触电事故都含有电烧伤成分。电烧伤可分为电流灼伤和电弧烧伤。

电流灼伤是人体同带电体接触，电流通过人体时，因电能转换成的热能引起的伤害。由于人体与带电体的接触面积一般都不大，且皮肤电阻又比较高，因而产生在皮肤与带电体接触部位的热量就较多，因此，使皮肤受到比体内严重得多的灼伤。电流越大、通电时间越长、电流途径上的电阻越大，则电流灼伤越严重。由于接近高压带电体时会发生击穿放电，因此，电流灼伤一般发生在低压电气设备上。因电压较低，形成电流灼伤的电流不太大。但数百毫安的电流即可造成灼伤，数安的电流则会形成严重的灼伤。在高频电流下，因皮肤电容的旁路作用，有可能发生皮肤仅有轻度灼伤而内部组织却被严重灼伤的情况。

电弧烧伤是由弧光放电造成的烧伤。电弧发生在带电体与人体之间，有电流通过人体的烧伤称为直接电弧烧伤；电弧发生在人体附近，对人体形成的烧伤以及被熔化金属溅落的烫伤称为间接电弧烧伤。弧光放电时电流很大，能量也很大，电弧温度高达数千摄氏度，可造成大面积的深度烧伤，严重时能将机体组织烘干、烧焦。电弧烧伤既可以发生在高压系统，也可以发生在低压系统。在低压系统，带负荷（尤其是感性负荷）拉开裸露的刀开关时，产生的电弧会烧伤操作者的手部和面部；当线路发生短路，开启式熔断器熔断时，炽热的金属微粒飞溅出来会造成灼伤；因误操作引起短路也会导致电弧烧伤等。在高压系统，由于误操作，会产生强烈的电弧，造成严重的烧伤；人体过分接近带电体，其间距小于放电距离时，直接产生强烈的电弧，造成电弧烧伤，严重时会因电弧烧伤而死亡。

在全部电烧伤的事故当中，大部分事故发生在电气维修作业时的电气作业人员身上。

电烙印是电流通过人体后，在皮肤表面接触部位留下与接触带电体形状相似的斑痕，如同烙印。斑痕处皮肤呈现硬变，表层坏死，失去知觉。

皮肤金属化是由高温电弧使周围金属熔化、蒸发并飞溅渗透到皮肤表层内部所造成的。受伤部位呈现粗糙、张紧。

机械损伤多数是由于电流作用于人体，使肌肉产生非自主的剧烈收缩所造成的。其损伤包括肌腱、皮肤、血管、神经组织断裂以及关节脱位乃至骨折等。

电光性眼炎表现为角膜和结膜发炎。弧光放电时辐射的红外线、可见光、紫外线都会损伤眼睛。在短暂照射的情况下，引起电光性眼炎的主要原因是紫外线。

2. 电气火灾爆炸

电气火灾爆炸是由电气引燃源引起的火灾和爆炸。电气装置在运行中产生的危险温度、电火花和电弧是电气引燃源主要形式。电气线路、开关、熔断器、插座、照明器具、电热器具、电动机等均可能引起火灾和爆炸。油浸电力变压器、多油断路器等电气设备不仅有较大的火灾危险，还有爆炸的危险。在火灾和爆炸事故中，电气火灾爆炸事故占有很大的比例。随着人民生活水平不断提高，种类繁多的家用电器陆续进入居民家庭，与此同时，电气火灾也呈现上升趋势，从我国一些大城市的火灾事故统计可知，就引起火灾的原因而言，电气原因已经稳居首位。

3. 静电危害事故

静电危害事故是由静电电荷或静电场能量引起的。在生产工艺过程中以及操作人员的操作过程中，某些材料的相对运动、接触与分离等原因导致了相对静止的正电荷和负电荷的积累，即产生了静电。由此产生的静电其能量不大，不会直接使人致命。但是，其电压可能高达数十千伏乃至数百千伏，发生放电，产生放电火花。静电危害事故主要有以下几个方面：

（1）在有爆炸和火灾危险的场所，静电放电火花会成为可燃性物质的点火源，造成爆炸和火灾事故。

（2）人体因受到静电电击的刺激，可能引发二次事故，如坠落、跌伤等。此外，对静电电击的恐惧心理还对工作效率产生不利影响。

（3）某些生产过程中，静电的物理现象会对生产产生妨碍，导致产品质量不良，电子设备损坏，造成生产故障，乃至停工。

4. 雷电灾害事故

雷电是大气中的一种放电现象。雷电放电具有电流大、电压高的特点。其能量释放出来会形成极大的破坏力。其破坏作用主要有以下几个方面：

（1）直击雷放电、二次放电、雷电流的热量会引起火灾和爆炸。

（2）雷电的直接击中、金属导体的二次放电、跨步电压的作用及火灾与爆炸的间接作用，均会造成人员的伤亡。

（3）强大的雷电流、高电压可导致电气设备击穿或烧毁。发电机、变压器、电力线路等遭受雷击，可导致大规模停电事故。雷击还可直接毁坏建筑物、构筑物。

5. 射频电磁场危害

射频指无线电波的频率或者相应的电磁振荡频率，泛指 100 kHz 以上的频率。射频伤害是由电磁场的能量造成的。射频电磁场的危害主要有：

（1）在射频电磁场作用下，人体因吸收辐射能量会受到不同程度的伤害。过量的辐射可引起中枢神经系统的机能障碍，出现神经衰弱症候群等临床症状；可造成植物神经紊乱，出现心率或血压异常，如心动过缓、血压下降或心动过速、高血压等；可引起眼睛损伤，造成晶体浑浊，严重时导致白内障；可使睾丸发生功能失常，造成暂时或永久的不育症，并可能使后代产生疾患；可造成皮肤表层灼伤或深度灼伤等。

（2）在高强度的射频电磁场作用下，可能产生感应放电，会造成电引爆器件发生意外引爆。感应放电对具有爆炸、火灾危险的场所来说是一个不容忽视的危险因素。此外，当受电磁场作用感应出的感应电压较高时，会给人以明显的电击感。

6. 电气系统事故

电气系统事故是由于电能在输送、分配、转换过程中失去控制而产生的。断线、短路、异常接地、漏电、误合闸、误掉闸、电气设备或电气元件损坏、电子设备受电磁干扰而发生误动作等均属于电气系统故障，在一定条件下，电气系统故障会引发电气系统事故。电气系统事故严重时会导致人员伤亡及重大财产损失。电气系统事故主要体现在以下几方面：

（1）异常带电

电气系统中，原本不带电的部分因电路故障而异常带电，可导致触电事故发生。例如：电气设备因绝缘不良产生漏电，使其金属外壳带电；高压电路故障接地时，在接地处附近呈现出较高的跨步电压，形成触电的危险条件。

（2）异常停电

在某些特定场合，异常停电会造成设备损坏和人身伤亡。如正在浇注钢水的吊车，因骤然停电而失控，导致钢水洒出，引起人身伤亡事故；医院手术室可能因异常停电而被迫停止手术，无法正常施救而危及病人生命；排放有毒气体的风机因异常停电而停转，致使有毒气体超过允许浓度而危及人身安全等；公共场所发生异常停电，会引起妨碍公共安全的事故；一旦发生大规模停电事故，危害波及面广，对工农业生产、交通运输乃至居民生活等造成极大影响，给政治、经济和社会带来严重后果。

三、触电事故的分布规律

大量的统计资料表明，触电事故的分布是有规律性的。触电事故的分布规律为制定安全措施，最大限度地减少触电事故发生率提供了有效依据。根据国内外的触电事故统计资料分析，触电事故的分布具有如下规律。

1. 触电事故季节性明显

一年之中，二、三季度是事故多发期，尤其在 6 月至 9 月最为集中。其原因主要是这段时间正值炎热季节，人体穿着单薄且皮肤多汗，相应增大了触电的危险性。另外，这段时间潮湿多雨，电气设备的绝缘性能有所降低。再有，这段时间许多地区处于农忙季节，用电量增加，农村触电事故也随之增加。

2. 低压设备触电事故多

低压触电事故远多于高压触电事故，其原因主要是低压设备远多于高压设备，而且，缺乏电气安全知识的人员多是与低压设备接触。因此，应当将低压方面作为防止触电事故的重点。

3. 携带式设备和移动式设备触电事故多

这主要是因为这些设备经常移动，工作条件较差，容易发生故障。另外，在使用时需用手紧握进行操作。

4. 电气连接部位触电事故多

在电气连接部位机械牢固性较差，电气可靠性也较低，是电气系统的薄弱环节，较易出现故障。

5. 农村触电事故多

这主要是因为农村用电条件相对较差，电气安全技术装备和管理制度相对薄弱，人员缺乏电气安全知识等。

6. 冶金、矿业、建筑、机械行业触电事故多

这些行业存在工作现场环境复杂，潮湿、高温，移动式设备和携带式设备多，现场金属设备多等不利因素，使触电事故相对较多。

7. 青年、中年人以及非电工人员触电事故多

这主要是因为这些人员是设备操作人员的主体，他们直接接触电气设备，部分人员还缺乏电气安全的知识。

8. 误操作事故多

这主要是由于防止误操作的技术措施和管理措施不完备造成的。

触电事故的分布规律并不是一成不变的，在一定的条件下，也会发生变化。例如，对电气操作人员来说，高压触电事故反而比低压触电事故多。而且，通过在低压系统安装剩余电流动作保护装置，使低压触电事故大大降低，低压触电事故与高压触电事故的比例也就发生了变化。上述规律对于电气安全检查、电气安全工作计划、实施电气安全措施以及电气设备的设计、安装和管理等工作提供了重要的依据。

第三节　电流对人体的作用

电流通过人体，会引起人体的生理反应及机体的损坏。有关电流人体效应的理论和数据对于制定防触电技术的标准，鉴定安全型电气设备，设计电气安全措施，

分析电气事故，评价安全水平等是必不可少的。

一、人体阻抗

人体阻抗是定量分析人体电流的重要参数之一，也是处理许多电气安全问题所必须考虑的基本因素。

人体皮肤、肌肉、血液、细胞组织及其结合部等构成了含有电阻和电容的阻抗。人体各部分的电阻率依下列次序减小：皮肤、脂肪、骨骼、神经、肌肉、血液，即电阻率最大的是皮肤。因此，皮肤电阻在人体阻抗中占有很大的比例。

人体阻抗包括皮肤阻抗和体内阻抗，其等效电路如图 1—12 所示。

1. 皮肤阻抗 Z_P

皮肤由外层的表皮和表皮下面的真皮组成。表皮没有血管和神经细胞，其最外层的角质层，电阻很大，在干燥和清洁的状态下，其电阻率可达 $1\times10^5\sim1\times10^6$ Ω · m。真皮中藏有茂密的微血管网络、毛囊、汗腺和神经末梢等。

皮肤阻抗是指表皮阻抗，即皮肤上电极与真皮之间的电阻抗，以皮肤电阻和皮肤电容并联来表示。皮肤电容是指皮肤上电极与真皮之间的电容。

皮肤阻抗值与接触电压、电流幅值、持续时间、频率、皮肤潮湿程度、接触面积和压力等因素有关。当接触电压小于 50 V 时，皮肤阻抗随接触电压、温度、呼吸条件等因素影响有显著的变化，但其值还是比较高的；当接触电压在 50 ~ 100 V 时，皮肤阻抗明显下降，当皮肤击穿后，其阻抗可忽略不计。

2. 体内阻抗 Z_i

体内阻抗是除去表皮之后的人体阻抗，虽存在少量电容，但可以忽略不计。因此，体内阻抗基本上可以视为纯电阻。体内阻抗主要决定于电流途径。当接触面积过小，例如仅数平方毫米时，体内阻抗将会增大。

图 1—13 所示为不同电流途径的体内阻抗值，图中数值是用与手—手内阻抗比值的百分数表示的。无括号的数值为单手至所示部位的数值；括号内的数值为双手至相应部位的数值。如电流途径为单手至双脚，数值将降至图上所标明的 75%；如电流途径为双手至双脚，数值将降至图上所标明的 50%。

3. 人体总阻抗 Z_T

人体总阻抗是包括皮肤阻抗及体内阻抗的全部阻抗。接触电压大致在 50 V 以下时，由于皮肤阻抗的变化，人体阻抗也在很大的范围内变化；而在接触电压较高时，人体阻抗与皮肤阻抗关系不大。在皮肤被击穿后，近似等于体内阻抗。另外，由于存在皮肤电容，人体的直流电阻高于交流阻抗。

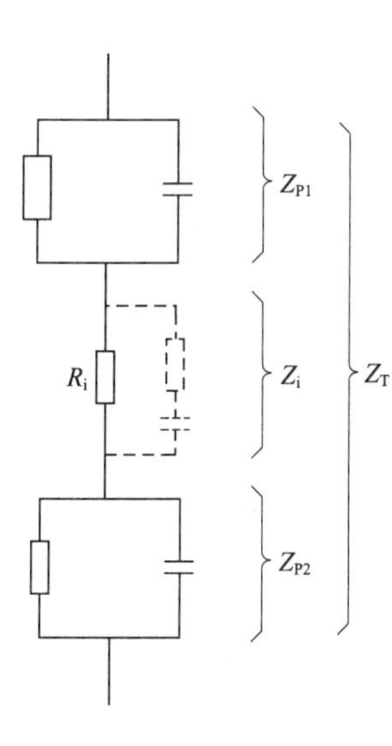

图 1—12　人体阻抗的等效电路

Z_i——体内阻抗　Z_{p1}，Z_{p2}——皮肤阻抗；

Z_T——总阻抗

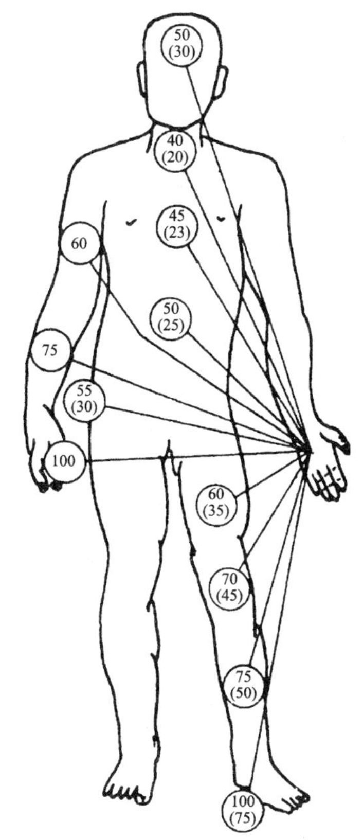

图 1—13　不同电流途径的体内阻抗值

通电瞬间的人体电阻叫做人体初始电阻。在这一瞬间，人体各部分电容尚未充电，相当于短路状态。因此，人体初始电阻近似等于体内阻抗，其影响因素也与体内阻抗相同。根据试验，在电流途径从左手到右手或从单手到单脚、大接触面积的条件下，相应于 5% 概率的人体初始电阻为 500 Ω。

在皮肤干燥时，人体工频总阻抗一般可按 1 000 ~ 3 000 Ω 考虑；潮湿的情况下，可按 500 ~ 800 Ω 考虑。

二、电流对人体的作用

电流通过人体，会令人产生发麻、刺痛、压迫、打击等感觉，还会使人出现痉挛、血压升高、昏迷、心律不齐、窒息、心室颤动等症状，严重时导致死亡。

1. 作用机理

（1）电流致伤机理

1）细胞激动作用。电流作用于人体组织，可直接引起细胞激动，产生神经兴奋波，传递到中枢神经系统后，还可间接引起人体的其他部分发生异常反应，形成伤害。

2）破坏生物电作用。由于人体的整个神经系统是以电信号和电化学反应为基础的，上述电信号和电化学反应所涉及的能量十分微弱；当电流通过人体时，在必要能量以外电能的作用下，系统功能很容易被破坏。

3）发热作用。破坏体内热平衡，导致功能障碍，发热引起液体汽化，所产生机械力导致剥离、断裂等破坏。

4）离解作用。机体内液体物质发生离解而导致破坏。

（2）电击致命原因

电击致命原因主要有三种：

1）心室颤动。电流直接作用于心肌，可引起心室颤动，电流也可以作用于中枢神经系统通过其反射作用引起心室颤动。50 mA（有效值）以上的工频交流电流通过人体，一般既可引起心室颤动或心脏停止跳动，也可导致呼吸中止。但是由于此情况下，前者的出现比后者早得多，可知心室颤动是主要原因。心室颤动是一种无规则的心脏高频率震颤，其幅值小，每分钟震颤可达 1 000 次以上，从血液动力学的角度来看，无异于心脏停搏，通常数秒钟至数分钟就会导致死亡。图 1—14 是

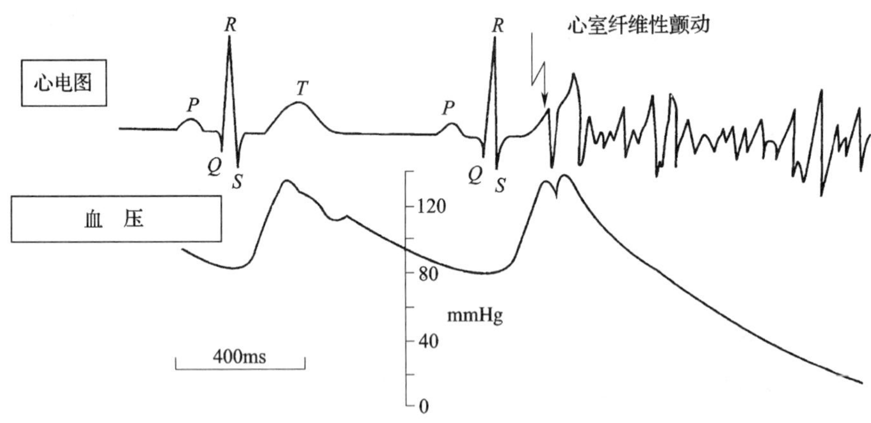

图 1—14　心室颤动时的心电图和血压图

心室颤动时的心电图和血压图。在心脏周期中，相应于心电图上约 0.2 s 的 T 波这一特定时间心脏对电流最为敏感，被称为心脏易损期。由图 1—14 可知，心室颤动发生始于 T 波的前半部。

2）窒息。当通过人体的电流较小，只有 20 ~ 25 mA 时，所导致的心室颤动或心脏停止跳动，主要是因呼吸中止，导致机体缺氧引起的，并非电流直接引起的心室颤动或心脏停止跳动。此情况的特点是致命时间较长（10 ~ 20 min）。但当通过人体的电流超过数安时，也可能因强烈刺激，先使呼吸中止。

3）电休克。机体受到电流的强烈刺激，导致神经系统抑制，因脉搏减弱、呼吸衰竭、神志不清乃至重要生命机能丧失而死亡。电休克状态可以延续数十分钟到数天。

人体工频电流试验的典型资料见表 1—4 和表 1—5。

表 1—4　　左手—右手电流途径的实验资料　　mA

感觉情况	初试者百分数		
	5%	50%	95%
手表面有感觉	0.7	1.2	1.7
手表面有麻痹似的连续针刺感	1.0	2.0	3.0
手关节有连续针刺感	1.5	2.5	3.5
手有轻微颤动，关节有受压迫感	2.0	3.2	4.4
上肢有强力压迫的轻度痉挛	2.5	4.0	5.5
上肢有轻度痉挛	3.2	5.2	7.2
手硬直有痉挛，但能伸开，已感到有轻度疼痛	4.2	6.2	8.2
上肢部、手有剧烈痉挛，失去知觉，手的前表面有连续针刺感	4.3	6.6	8.9
手的肌肉直到肩部全面痉挛，还可能摆脱带电体	7.0	11.0	15.0

表 1—5　　单手—双脚电流途径的实验资料　　mA

感觉情况	初试者百分数		
	5%	50%	95%
手表面有感觉	0.9	2.2	3.5
手表面有麻痹似的针刺感	1.8	3.4	5.0
手关节有轻度压迫感，有强度的连续针刺感	2.9	4.8	6.7
前肢有压迫感	4.0	6.0	8.0

续表

感觉情况	初试者百分数		
	5%	50%	95%
前肢有压迫感，足掌开始有连续针刺感	5.3	7.6	10.0
手关节有轻度痉挛，手动作困难	5.5	8.5	11.5
上肢有连续针刺感，腕部、特别是手关节有强度痉挛	6.5	9.5	12.5
肩部以下有强度连续针刺感，肘部以下僵直，还可以摆脱带电体	7.5	11.0	14.5
手指关节、踝骨、足跟有压迫感，手的大拇指（全部）痉挛	8.8	12.3	15.8
只有尽最大努力才可能摆脱带电体	10.0	14.0	18.0

2. 电流效应的影响因素

电流对人体伤害的程度与通过人体电流的大小、电流通过人体的持续时间、电流通过人体的途径、电流的种类等多种因素有关。而且，上述各个影响因素相互之间，尤其是电流大小与通电时间之间也有着密切的联系。

（1）伤害程度与电流大小的关系

通过人体的电流越大，人体的生理反应越明显，伤害越严重。对于工频交流电，按通过人体的电流强度的不同以及人体呈现的反应不同，将作用于人体的电流划分为三级：

1）感知电流和感知阈值。感知电流是指电流流过人体时可引起感觉的最小电流。不同的人，感知电流值是不同的。就平均值（概率50%）而言，成年男性感知电流约为1.1 mA（有效值，下同）；成年女性约为0.7 mA。相对于群体而言，感知电流的最小值称为感知阈值。感知阈值可按0.5 mA考虑，并与时间因素无关。感知电流一般不会对人体造成伤害，但可能因不自主反应而导致由高处跌落等二次事故。感知电流的概率曲线如图1—15所示。

2）摆脱电流和摆脱阈值。摆脱电流是指人在触电后能够自行摆脱带电体的最大电流。超过摆脱电流时，人体受刺激肌肉收缩或中枢神经失去对手的正常指挥作用，导致无法自主摆脱带电体。不同的人，摆脱电流值是有差异的。就平均值（概率50%）而言，成年男性摆脱电流约为16 mA，成年女性约为10.5 mA，儿童的摆脱电流较成人要小。相对于正常群体而言，摆脱电流的最小值称为摆脱阈值。成年男性最小摆脱电流约为9 mA，成年女性最小摆脱电流约为6 mA，由此可见，摆脱阈值约为10 mA。摆脱电流的概率曲线如图1—16所示。

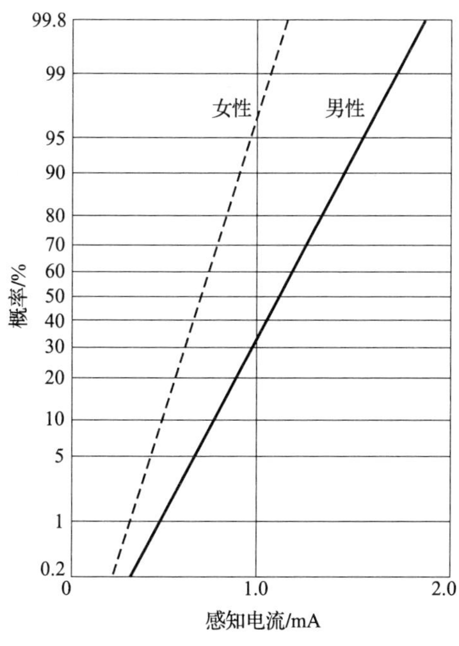

图 1—15　感知电流的概率曲线

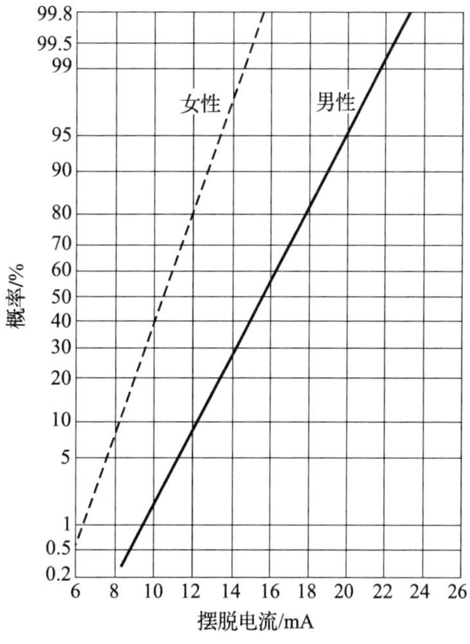

图 1—16　摆脱电流的概率曲线

3）室颤电流和室颤阈值。室颤电流是指引起心室颤动的最小电流。不同的人，室颤电流的大小是不同的。相对于正常群体而言，最小的室颤电流被定义为室颤阈值。由于心室颤动几乎终将导致死亡，因此，可以认为，室颤电流即致命电流。室颤电流与电流持续时间关系密切。当电流持续时间超过心脏周期时，室颤电流仅为 50 mA 左右；当电流持续时间小于心脏周期时，室颤电流为数百毫安。当电流持续时间小于 0.1 s 时，只有电击发生在心脏易损期，500 mA 以上乃至数安的电流才能够引起心室颤动。室颤电流与电流持续时间的关系大致如图 1—17 所示。

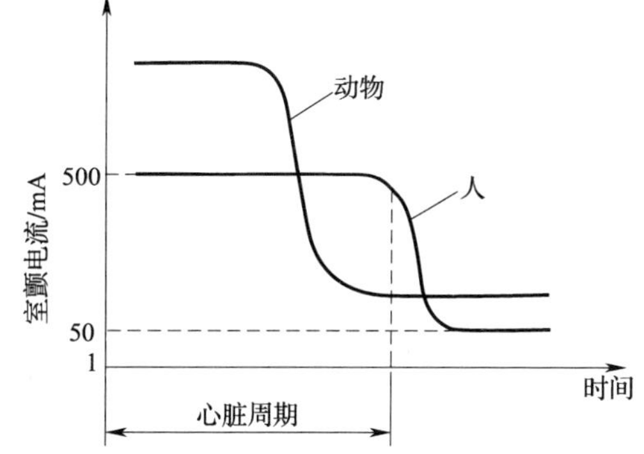

图 1—17　室颤电流—时间曲线

国际电工委员会（IEC）建议按图 1—18 划分电流对人体作用的区域范围。该图中各个区域所产生的电击生理效应见表 1—6。

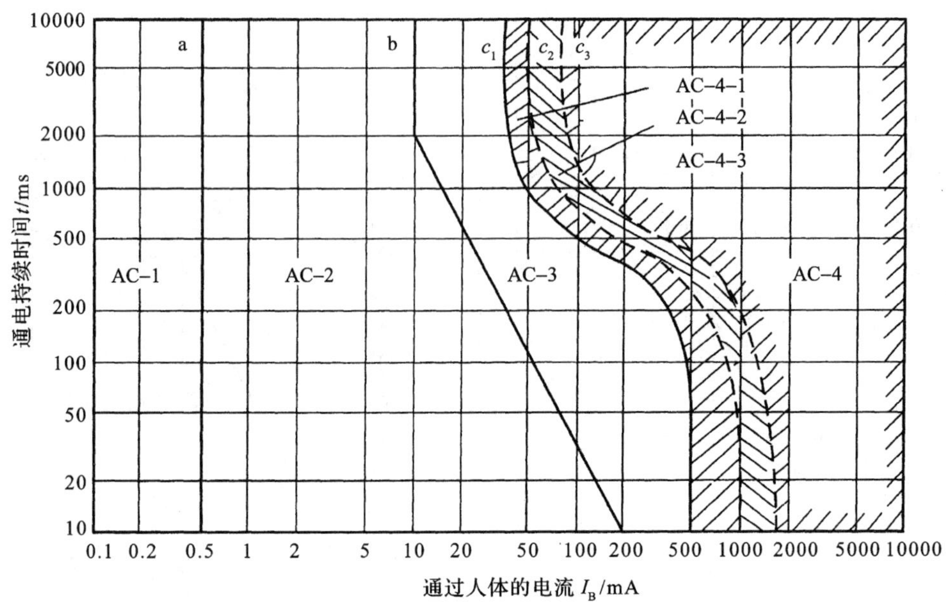

图 1—18　15～100 Hz 交流电流效应的时间—电流区域图

表 1—6　　　　15～100 Hz 交流电流效应的时间—电流区域说明

区域符号	区域界限	生 理 效 应
AC－1	0～0.5 mA 至线 a	通常无反应
AC－2	0.5 mA 至线 b①	通常无有害生理效应
AC－3	线 b 至曲线 c_1	通常预计无器质性损伤，通电时间超过 2 s 以上时，很可能发生痉挛样肌肉收缩，呼吸困难。随着电流量值和时间的增加，心脏内心电冲动的形成和传导有可恢复的障碍，包括无心室纤维性颤动的心房纤维性颤动和心脏短暂停搏
AC－4	曲线 c_1 以左	除区域 AC－3 的效应外，随着电流量值和通电时间的增加，还可能出现一些危险病理生理效应，如心跳停止、呼吸停止及严重烧伤
AC－4－1	c_1 ～ c_2	心室纤维性颤动的概率增到大约 5%
AC－4－2	c_2 ～ c_3	心室纤维性颤动的概率增到大约 50%
AC－4－3	曲线 c_3 以右	心室纤维性颤动的概率超过 50%

注：①当通电时间小于 10 ms 时，线 b 的人体电流的限值保持为恒定值 200 mA。

（2）伤害程度与电流持续时间的关系

通过人体电流的持续时间越长，越容易引起心室颤动，危险性就越大。这主要是因为：

1）能量积累。电流持续时间越长，能量积累越多，心室颤动电流减小，使危险性增加。当持续时间在0.01～5 s范围内时，心室颤动电流和电流持续时间的关系可用下式表达：

$$I = \frac{116}{\sqrt{t}} \tag{1—1}$$

式中，I——心室颤动电流，mA；

T——电流持续时间，s。

或者，用下式表达

$$\text{当 } t \geqslant 1\ \text{s 时：} \quad I = 50\ \text{mA}; \tag{1—2}$$

$$\text{当 } t < 1\ \text{s 时：} \quad I \cdot t = 50\ \text{mA} \cdot \text{s} \tag{1—3}$$

2）与心脏易损期重合的可能性增大。电流持续时间越长，与心脏易损期重合的可能性就越大，电击的危险性就越大。

3）体电阻下降。电流持续时间越长，人体电阻因皮肤发热、出汗等原因而降低，使通过人体的电流进一步增加，危险性也随之增加。

（3）伤害程度与电流途径的关系

电流通过心脏、中枢神经和脊椎等要害部位时，电击的伤害最为严重。

电流通过心脏会引起心室颤动，电流较大时会使心脏停止跳动，从而导致血液循环中断而死亡。

电流通过中枢神经或有关部位，会引起中枢神经严重失调而导致死亡。

电流通过头部会使人昏迷，或对脑组织产生严重损坏而导致死亡。

电流通过脊髓，会使人瘫痪等。

上述伤害中，以心脏伤害的危险性为最大。因此，流经心脏的电流多、电流路线短的途径是危险性最大的途径。

利用心脏电流因数可以粗略估计不同电流途径下心室颤动的危险性。心脏电流因数是某一路径的心脏内电场强度与从左手到脚流过相同大小电流时的心脏内电场强度的比值。表1—7列出了各种电流途径的心脏电流因数。

表 1—7　　各种电流途径的心脏电流因数

电流途径	心脏电流因数
左手—左脚、右脚或双脚	1.0
双手—双脚	1.0
左手—右手	0.4
右手—左脚、右脚或双脚	0.8
背—右手	0.3
背—左手	0.7
胸—右手	1.3
胸—左手	1.5
臀部—左手、右手或双手	0.7

例如，从左手到右手流过 150 mA 电流，由表可知，左手到右手的心脏电流因数为 0.4，因此，其 150 mA 电流引起心室颤动的危险性与左手到双脚电流途径下 60 mA 电流的危险性大致相同。

如果通过人体某一电流途径的电流为 I，通过左手到脚途径的电流为 I_0，且二者引起心室颤动的危险程度相同，则心脏电流因数 K 可按下式计算：

$$K = \frac{I_0}{I} \tag{1—4}$$

（4）伤害程度与电流种类的关系

100 Hz 以上交流电流、直流电流、特殊波形电流也都对人体具有伤害作用，其伤害程度一般较工频电流为轻。

1）100 Hz 以上交流电流的效应。100 Hz 以上的频率在飞机（400 Hz）、电动工具及电焊（可达 450 Hz）、电疗（4 ~ 5 kHz）、开关方式供电（20 kHz ~ 1 MHz）等方面被使用。

高频电流的危险性可以用频率因数来评价。频率因数是指某频率与工频有相应生理效应时的电流阈值之比。某频率下的感知、摆脱、室颤频率因数是各不相同的。

①100 ~ 1 000 Hz 交流电流的效应。100 ~ 1 000 Hz 交流电流的感知阈值和摆脱阈值如图 1—19 所示。图中，频率因数均大于 1，说明感知阈值和摆脱阈值都比工频要高。

在 100 ~ 1 000 Hz 交流电流作用下，当电流持续时间超过心脏周期、电流途径为从手到双脚纵向情况的室颤阈值如图 1—20 所示。

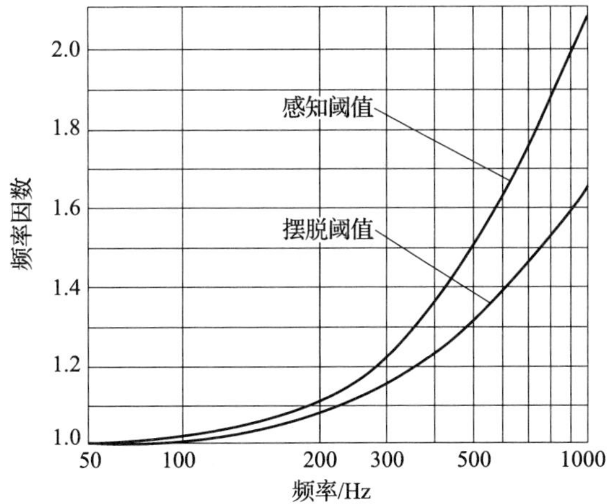

图 1—19　100 ~ 1 000 Hz 交流电流的感知阈值和摆脱阈值曲线

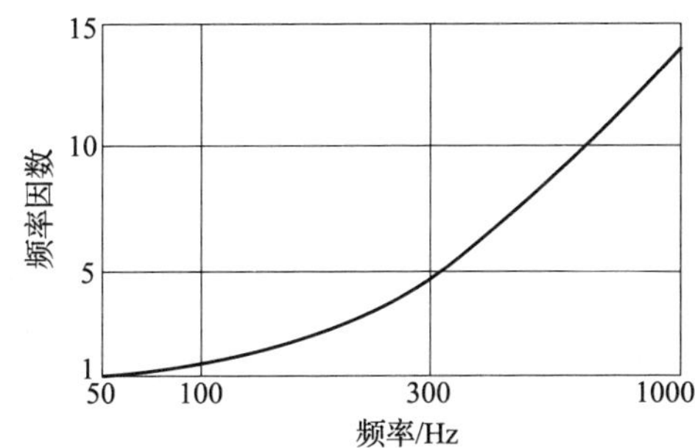

图 1—20　100 ~ 1 000 Hz 交流电流的室颤阈值曲线

②1 ~ 10 kHz 交流电流的效应。1 ~ 10 kHz 交流电流的感知阈值和摆脱阈值如图 1—21 所示。

关于频率 1 kHz 以上的交流电流的室颤阈值，尚无实验数据及资料。

③10 kHz 以上交流电流的效应。就感觉阈值而言，在 10 ~ 100 kHz 之间，阈值从 10 mA 上升至 100 mA；100 kHz 以上时，数百毫安的电流不再引起低频那样的针刺感觉，而是引起温热感觉。

就摆脱阈值和室颤阈值而言，频率在 100 kHz 以上时，尚无这方面的事故案例、报导及实验数据等。

图 1—22 可用于比较不同频率电流对人体的作用。图中：1 线表示感知阈值；2 线是感知概率为 50% 的感知电流线；3 线是感知概率为 99.5% 的感知电流线；4、5、6 线分别是摆脱概率 99.5%、50%、0.5% 的摆脱电流线。

2）直流电流的效应。直流电流与交流电流相比，容易摆脱，其室颤电流也比较高。因而，直流电击事故很少。

就感觉电流和感觉阈值而言，只有在接通和断开电流时才会引起感觉，其阈值取决于接触面积、接触状态（湿度、温度、压力等情况）、电流持续时间以及个体的生理特征。正常人在正常条件下的感觉阈值约为 2 mA。

就摆脱电流而言，300 mA 及以下时，没有可确定的摆脱阈值，仅在电流接通和断开时引起疼痛和肌肉收缩。大于 300 mA 时，将导致不能摆脱。

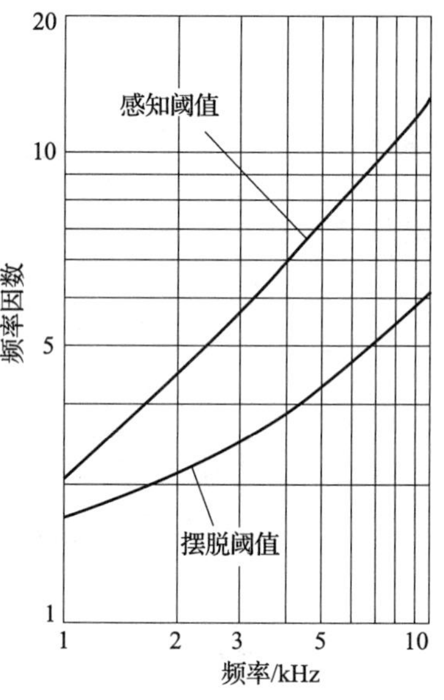

图 1—21　1 ~ 10 kHz 交流电流的感知阈值和摆脱阈值曲线

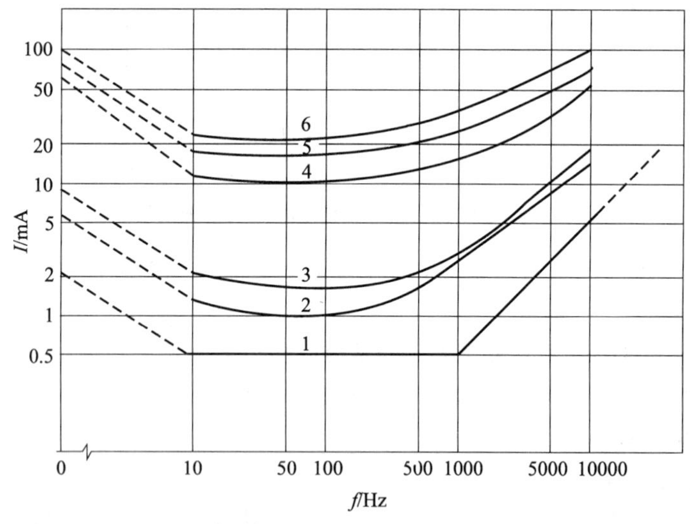

图 1—22　摆脱电流—频率曲线

就室颤阈值而言，根据动物实验资料和电气事故资料的分析结果，脚部为负极的向下电流的室颤阈值是脚部为正极的向上电流的 2 倍；而对于从左手到右手的电流途径，不大可能发生心室颤动。

当电流持续时间超过心脏周期时，直流室颤阈值为交流的数倍。电流持续时间小于 200 ms 时，直流室颤阈值大致与交流相同。

国际电工委员会建议按图 1—23 划分直流电流对人体的作用的区域范围。该图中各个区域所产生的电击生理效应见表 1—8。

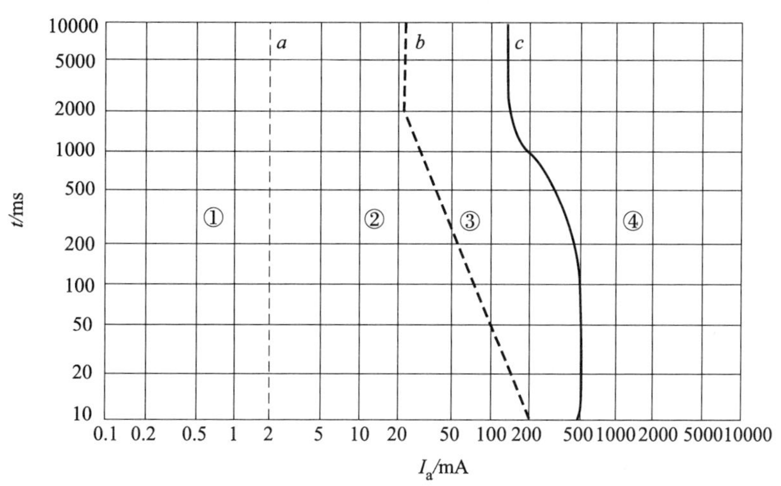

图 1—23 直流电流的时间—电流效应对人体作用的区域划分

（关于心室颤动，本图所示是按电流流过人体的路径为从左手至双脚，且为向上电流的效应）

表 1—8 直流电流的时间—电流效应曲线内各区的生理效应

区域	生理效应
①区	通常无反应性效应
②区	通常无有害的生理效应
③区	通常无器官性损伤，随电流和时间的增加，可能出现心脏中兴奋波的形成和传导的可逆性紊乱
④区	除③区的效应外，还可能出现心室颤动，也可能发生严重烧伤等其他病理生理效应

当300 mA的直流电流通过人体时，人体四肢有暖热感觉。电流途径为从左手到右手的情况下，电流为300 mA及以下时，随持续时间的延长和电流的增长，可能产生可逆性心律不齐，电流伤痕、烧伤、晕眩乃至失去知觉等病理效应；而当电流为300 mA以上时，经常出现失去知觉的情况。

3）特殊波形电流的效应。特殊波形电流最常见的有带直流成分的正弦电流、相控电流和多周期控制正弦电流等。特殊波形电流的室颤阈值是按其具有相同电击危险性的等效正弦电流有效值 I_{ev} 考虑。根据表1—9可以计算出 I_{ev} 值，利用此值在15～100 Hz交流电流对人体作用的区域范围图中，可查得其相应的电击效应。

如图1—24所示。图中，两组斜线分别是电容和能量的分度线。根据充电电压的坐标及电容坐标的交叉点，可在相应的斜线上读出脉冲的电荷及能量。

表1—9　I_{ev} 值的确定

<table>
<tr><th colspan="2" rowspan="2">特殊波形
电流种类</th><th colspan="3">在下列电击持续时间 T_e 的 I_{ev} 值（T_n 为心动周期）</th><th rowspan="2">备注</th></tr>
<tr><th>$T_e<0.75T_n$</th><th>$T_e=(0.75\sim1.5)T_n$</th><th>$T_e>1.5T_n$</th></tr>
<tr><td colspan="2">含有直流分量</td><td rowspan="4">$I_p/\sqrt{2}$</td><td rowspan="4">电流参量由峰值逐渐转为有效值</td><td>$I_{pp}/2\sqrt{2}$</td><td rowspan="4">I_p—波形峰值
I_{pp}—波形峰向值
p—电力控制程序
$=t_s/(t_s+t_p)$
t_s—传导时间
t_p—不传导时间</td></tr>
<tr><td rowspan="2">相位控制</td><td>对称控制</td><td>相应波形电流有效值</td></tr>
<tr><td>不对称控制</td><td>待定</td></tr>
<tr><td colspan="2">多周期控制</td><td>由 p 决定</td></tr>
</table>

注：当 $p=1$ 时，I_{ev} 为与同一持续时间的正弦交流电流相同的有效值 I_e。当 $p=0.1$ 时 $I_{ev}=I_p/\sqrt{2}$。当 p 在中间值时，I_{ev} 值介于 I_e 与 $I_p/\sqrt{2}$ 之间，按插入法计算。

4）电容放电电流的效应。这里讨论的电容放电电流指持续时间（即电容放电时间常数 τ 的3倍）小于10 ms的短持续时间脉冲电流。由于作用时间短暂，不存在摆脱阈值问题。但有一个疼痛阈值。电容放电电流的感觉阈值和疼痛阈值决定于电极形状、冲击电量和电流峰值。在干手握住大电极的条件下，感觉阈值和疼痛阈值与电量和充电电压的关系如图1—24所示。图中，两组斜线分别是电容和能量的分度线。根据充电电压的坐标及电容坐标的交叉点，可在相应的斜线上读出脉冲的电荷及能量。

电容放电的室颤阈值决定于电流持续时间、电流大小、脉冲发生时的心脏相位、电流通过人体的途径和个体生理特征等因素。电容放电的室颤阈值如图1—25所示。该图相应于左手—双脚的电流途径。图中，C_1 以下，无心室颤动；C_1 以上直到 C_2，低心室颤动危险（直到5%的概率）；C_2 以上直到 C_3，中等心室颤动危险（直到50%的概率）；C_3 以上，高心室颤动危险（大于50%的概率）。

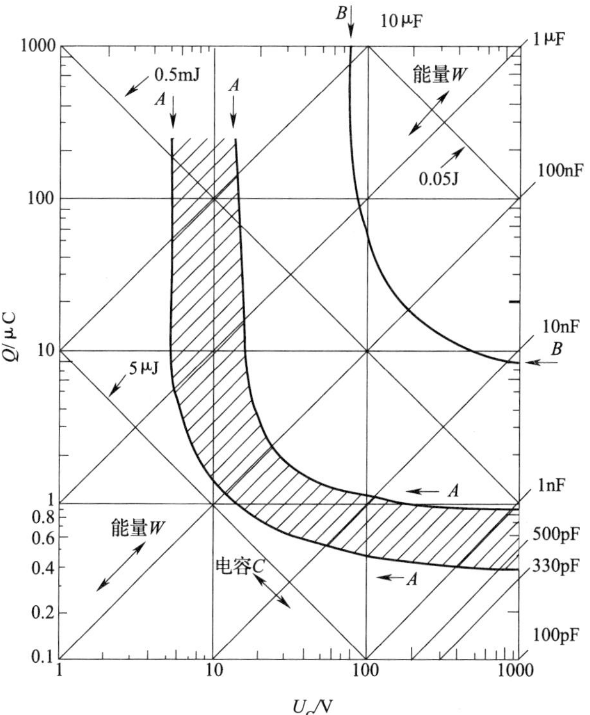

图 1—24　电容放电的感觉阈值和疼痛阈值（干手、大接触面积）

A 区—感觉阈值　曲线 B—典型的疼痛阈值

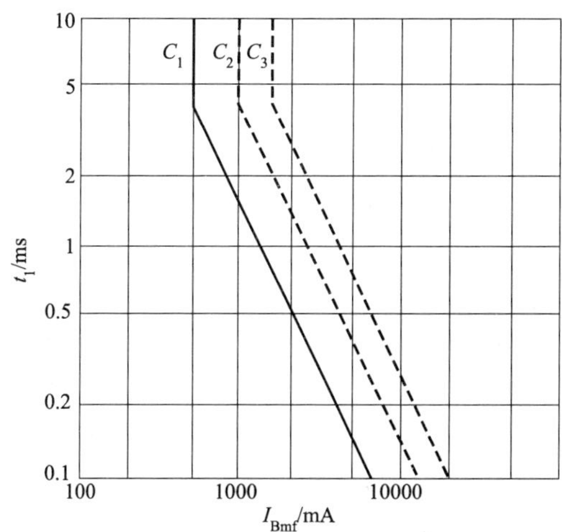

图 1—25　电容放电的心室颤动阈值

本章小结

1. 电能的生产、输送、分配和使用几乎是同时完成的，实现这个全过程的各个环节构成了一个有机联系的整体，这个整体就称为电力系统。由发电厂、送电线路、变电所、配电网和电力负荷组成的电力系统各部分的功能、额定电压和电压等级、工业企业供电系统组成、常见的四种供电方式、电力负荷分级以及各级电力负荷对供电电源的要求等是学习电气安全的基础知识内容。

2. 工业企业高、低压配电主要有放射式、树干式、环式等三种基本接线方式，它们各具特点并有其适用场所。实际的系统，根据具体的情况，往往是由几种接线方式进行组合而成。

3. 电气事故是由于电能非正常地作用于人体或系统所造成的。根据电能的不同作用形式，电气事故分为触电事故、静电危害事故、雷电灾害事故、电气火灾爆炸事故、电磁场危害和电气系统故障危害事故等。

4. 有关电流人体效应的理论和数据对于制定防触电技术的标准，鉴定安全型电气设备，设计电气安全措施，分析电气事故，评价安全水平等是必不可少的。本章针对触电事故的类型及其分布规律以及电流对人体的作用相关知识做了重点讨论。

复习思考题

1. 概述电力系统的组成和各部分的功能。

2. 工业企业常见的供电方式有几种，试说明各种供电方式的组成及其适用的工业企业。

3. 电力负荷根据什么进行分级？分为几级？符合何种情况为一级负荷，一级负荷的供电电源应满足哪些要求？

4. 简述电气事故的特点。

5. 从能量角度阐述各个类型电气事故的发生概要并说明其危害。

6. 试说明直接接触电击和间接接触电击在概念上有何不同。

7. 根据触电事故的统计，触电事故具有哪些分布规律？

8. 电流对人体的伤害程度与哪些因素有关？各因素如何影响伤害程度？什么

因数反映伤害程度与电流途径的关系？该因数是如何定义的？

9．试说明感知电流、摆脱电流和室颤电流的概念并说明在工频条件下它们各自大约是多少毫安。

10．简述人体阻抗的构成，试说明在干燥接触面、接触面积较大、电流途径为左手到右手、接触电压为 220 V 的情况下，人体阻抗的大致取值范围。

第二章　直接接触电击防护

本章学习目标

1. 熟悉电击事故的防护准则，掌握电击事故的防护措施要求。

2. 熟悉绝缘等直接接触电击防护措施。掌握绝缘材料主要电气性能；掌握绝缘击穿、老化、损坏等绝缘破坏的机理，掌握绝缘电阻测量仪的原理和使用方法。

3. 掌握屏护和间距等直接接触电击防护措施。熟悉常用的屏护和间距防护措施的具体要求。

本章首先介绍电击事故的防护准则及措施要求，然后介绍最为常用的直接接触电击的防护措施，即绝缘、屏护和间距。这些措施的主要作用是防止人体触及或过分接近带电体造成触电事故以及防止短路、故障接地等电气事故。

第一节　电击事故的防护准则及措施要求

一、防止电击事故的基本准则

1. 基本准则

电击防护相关 IEC 技术报告和我国标准提出的电击防护基本准则是：在正常情况（正常操作和无故障情况下），或在单故障情况下，易触及的可导电部分均应是无危险的。

2. 带电部分和外露可导电部分

上述基本准则中所谓“易触及的可导电部分”既包括了电气设备上的“带电部分”，也包括了其“外露可导电部分”。所谓“带电部分”，其定义是：正常使用时要被通电的导体或可导电部分（含中性导体，但按惯例不包括 PEN 导体）。所谓“外露可导电部分”，其定义是：电气设备的能触及的可导电部分。它在正常情况下不带电，但在故障情况下可能带电。外露可导电部分最典型的情况是电气设备的金属外壳。电气设备带电部分的绝缘损坏，会导致外壳由不带电变为带电。

3．直接接触电击和间接接触电击

由前一章的学习我们知道，电击事故分为直接接触电击和间接接触电击，直接接触电击是指人体直接接触到上述的“带电部分”而引起的电击。而间接接触电击是指人体接触到发生漏电故障电气设备的“外露可导电部分”而引起的电击。电击防护基本准则正是针对上述两种情况所提出的。

4．正常情况和单故障情况

由于直接接触电击即使设备正常运行、没有故障情况下也可发生，而间接接触电击则是在设备出现故障时才可能发生。因此，电击防护基本准则提出不仅要在“正常情况（正常操作和无故障情况下）”，也要“在单故障情况下”，“均应是无危险的”。

上述基本准则中所谓“单故障”是指如下几方面之一：

（1）正常情况下不带电的易触及可导电部分变为危险的带电部分（例如电动机的绕组与线槽间的基本绝缘失效，使电动机外壳由不带电变为带电）。

（2）易触及的无危险的带电部分变为危险的带电部分（例如提供交流 12 V 特低电压的变压器其一、二次绕组之间绝缘失效，使二次绕组产生危险的对地电压）。

（3）正常不易触及的危险的带电部分变为易触及的（例如，电源插座外壳机械性损坏，带电部分外露）。

基本原则仅考虑单故障情况，而不考虑多故障情况，主要因为：一是使用者在发现电气设备发生故障不能工作时，应该立即由专业人员进行处理，也就排除了强行继续使用出现第二种故障的可能性，二是故障总是在设备最薄弱环节发生，两个及以上故障同时出现的概率极小。

二、防止电击事故的措施要求

1．正常情况

为符合上述基本准则，在电气设备正常情况下，需要有针对直接接触电击的基本电击防护，这可以由一种防护措施来提供。如绝缘（基本绝缘）、屏护（外护物）、间距（包括置于伸臂范围之外）、限制稳态接触电流、限制电压（特低电压）等。

2. 单故障的情况

为符合上述基本准则，在电气设备发生单故障的情况下，针对间接接触电击，要求除了基本防护措施之外，还要有附加防护措施。满足此要求可通过下述方法之一实现，即：两个独立的防护措施或一个加强的防护措施。其各自的措施基本要求如下：

（1）由两个独立的防护措施提供的防护，其基本要求是：

1）两个独立的防护措施中的任何一个，在设计、制造、测试和安装时均应能保证在该设备规定的条件（如外部影响、使用条件、设备的预期寿命）下不会失效。

2）两个独立的防护措施应互不影响，这样，一个措施失效就不会使另一个也失效。

将在第四章具体讲述的双重绝缘措施，就是既使用基本绝缘，又使用附加绝缘，是两个独立的防护措施的典型例子。

（2）由一个加强的防护措施提供的防护，其基本要求是：

1）加强的防护措施在设计、制造、测试和安装时应能保证该设备在比规定的条件严酷得多的情况下不会失效。但这种严酷情况不会经常发生。

2）这种加强的防护措施在性能上相当于两个独立的防护措施。

将在第四章具体讲述的加强绝缘措施，就是这种一个加强的防护措施的典型例子。

三、防止电击事故的措施分类

根据所防范的接触方式的不同，防止电击事故的措施分三类：

1. 直接接触电击防护措施

正如前面提到的，直接接触电击防护措施主要有绝缘、屏护、间距等，这些措施相关内容将在本章讨论。

2. 间接接触电击防护措施

间接接触电击主要有如 TN、TT、IT 系统、等电位连接等，相关内容将在第三章讨论。

3. 兼防直接接触电击和间接接触电击的防护措施

兼防直接接触电击和间接接触电击的防护措施主要有特低电压、剩余电流动作保护、双重绝缘及加强绝缘等，这部分内容将在第四章讨论。

第二节　绝　　缘

绝缘是指利用绝缘材料对带电体进行封闭和隔离。长久以来，绝缘一直作为防止触电事故的重要措施，良好的绝缘也是保证电气系统正常运行的基本条件。

一、绝缘材料的电气性能

绝缘材料又称为电介质，其导电能力很差，但并非绝对不导电。工程上应用的绝缘材料电阻率一般都不低于 $10^7\ \Omega\cdot m$。

绝缘材料的主要作用是用于对带电的或不同电位的导体进行隔离，使电流按照确定的线路流动。

绝缘材料的品种很多，一般分为：

①气体绝缘材料。常用的有空气、氮、氢、二氧化碳和六氟化硫（SF_6）等。作为气体绝缘的典型例子，架空高压输电线路的各相导线对地以及各相导线之间，除了采用绝缘子外，还利用空气作为绝缘介质。SF_6气体作为一种绝缘性能优良的气体绝缘介质被广泛用于高压断路器、气体绝缘封闭式组合电器 GIS（Gas Insulated Switchgear）。

②液体绝缘材料。常用的有从石油原油中提炼出来的碳氢化合物绝缘矿物油，十二烷基苯、聚丁二烯、硅油和三氯联苯等合成油以及蓖麻油。实际中常用的变压器油、电容器油和电缆油均属于液体绝缘材料。

③固体绝缘材料。常用的有树脂绝缘漆、胶和熔敷粉末；纸、纸板等绝缘纤维制品；漆布、漆管和绑扎带等绝缘浸渍纤维制品；绝缘云母制品；电工用薄膜、复合制品和粘带；电工用层压制品；电工用塑料和橡胶；（钢化）玻璃、电瓷、环氧树脂等。固体绝缘材料用得最多，这是因为除了绝缘作用外，固体绝缘还能起到支撑带电体的作用。

电气设备的质量和使用寿命在很大程度上取决于绝缘材料的电、热、机械和理化性能，而绝缘材料的性能和寿命与材料的组成成分、分子结构有着密切的关系。

绝缘材料的电气性能主要表现在电场作用下材料的导电性能、介电性能及绝缘强度。它们分别以绝缘电阻率 ρ（或电导率 γ）、相对介电常数 ε_r、介质损耗角 $\tan\delta$ 以及击穿场强 E_B 四个参数来表示。本节暂先介绍前三个参数，击穿场强将在后面介绍。

1. 绝缘电阻率和绝缘电阻

任何绝缘材料都不可能是绝对的绝缘体，总存在一些带电质点，主要为本征离子和杂质离子。在电场的作用下，它们可作有方向的运动，形成漏导电流，通常又称为泄漏电流。在外加电压作用下的绝缘材料的等效电路如图 2—1a 所示；在直流电压作用下的电流如图 2—1b 所示。图中，电阻支路的电流 i_l 即为漏导电流；流经电容和电阻串联支路的电流 i_a 称为吸收电流，是由缓慢极化和离子体积电荷形成的电流；电容支路的电流 i_c 称为充电电流，是由几何电容等效应构成的电流。

在正常范围内，绝缘材料的漏导电流密度与电场强度之间符合欧姆定律（微分形式），即

$$\vec{\delta}_l = \gamma\vec{E} \tag{2—1}$$

式中，$\vec{\delta}_l$——漏导电流密度；

γ——电导率；

$\vec{E}$——电场强度。

电阻率是电导率的倒数，即

$$\rho = 1/\gamma \tag{2—2}$$

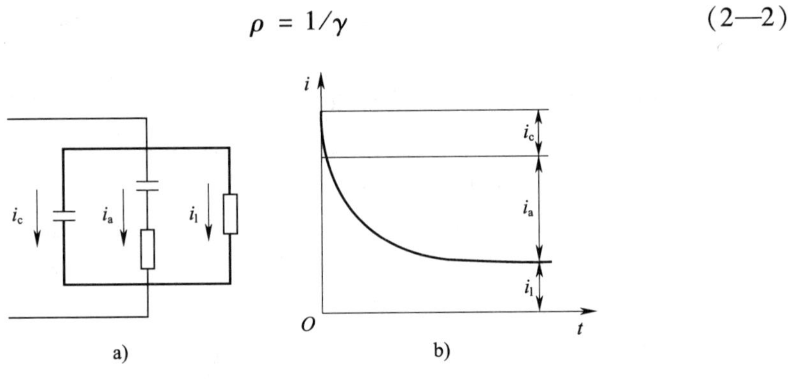

图 2—1　绝缘材料导电
a）等效电路　b）电流曲线

对于固体，漏导电流有两条途径，即体积途径和表面途径。因此，对应有两种电阻率，即体积电阻率 ρ_V 和表面电阻率 ρ_S。由于电流流经体积途径时遇到的体积电阻正比于流经材料长度而反比于电极的接触面积，可以推知体积电阻率 ρ_V 的单位是 Ω · m。同样，由于电流流经表面途径时遇到的表面电阻正比于流经材料长度

而反比于电极的宽度，可以推知表面电阻率ρ_S的单位是Ω，为了便于与电阻的单位区别，有时也用Ω/□或Ω/sq. 表示。

绝缘电阻率和绝缘电阻分别是绝缘结构和绝缘材料的主要电性参数之一。为了检验绝缘性能的优劣，在绝缘材料的生产和应用中，经常需要测定其绝缘电阻率，包括体积电阻率和表面电阻率，而在绝缘结构的性能和使用中经常需要测定绝缘电阻。

温度、湿度、杂质含量、电场强度的增加都可能降低电介质的电阻率。

温度升高时，分子热运动加剧，使离子容易迁移，电阻率按指数规律下降。

湿度升高，一方面水分的浸入使电介质增加了导电离子，使绝缘电阻下降；另一方面，对亲水物质，表面的水分还会大大降低其表面电阻率。电气设备特别是户外设备，在运行过程中，往往因受潮引起绝缘材料电阻率下降。造成泄漏电流过大而使设备损坏。因此，为了预防事故的发生，应定期检查设备绝缘电阻的变化。

杂质的含量增加，增加了内部的导电离子，也使电介质表面污染并吸附水分，从而降低了体积电阻率和表面电阻率。

在较高的电场强度作用下，固体和液体电介质的离子迁移能力随电场强度的增强而增大，使电阻率下降。当电场强度临近电介质的击穿电场强度时，因出现大量电子迁移，使绝缘电阻按指数规律下降。

2. 介电常数

电介质在处于电场作用下时，电介质中分子、原子中的正电荷和负电荷发生偏移，使得正、负电荷的中心不再重合，形成电偶极子。电偶极子形成及其定向排列称为电介质的极化。电介质极化后，在电介质表面上产生束缚电荷。束缚电荷不能自由移动。

介电常数是表明电介质极化特征的性能参数。介电常数越大，电介质极化能力越强，产生的束缚电荷就越多。束缚电荷也产生电场，且该电场总是削弱外电场的。因此，处在电介质中的带电体其周围的电场强度，总是低于同样带电体处在真空中时其周围的电场强度。

现用电容器来说明介电常数的物理意义。设电容器极板间为真空时，其电容量为C_0，而当极板间充满某种电介质时，其电容量变为C，则C与C_0的比值即该电介质的相对介电常数。即

$$\varepsilon_r = \frac{C}{C_0} \qquad (2—3)$$

在填充电介质以后，出现了束缚电荷，若维持极板间的电场强度不变，极板上的自由电荷必然有所增加。亦即填充电介质之后，极板上可容纳更多的自由电荷，意味着电容的增大。因此，相对介电常数总是大于1的。

绝缘材料的介电常数受电源频率、温度、湿度等因素而产生变化。

随频率增加，有的极化过程在半周期内来不及完成，以致极化程度下降，介电常数减小。

随温度增加，偶极子转向极化易于进行，介电常数增大；但当温度超过某一限度后，由于热运动加剧，极化反而困难一些，介电常数减小。

随湿度增加，材料吸收水分，由于水的相对介电常数很高（在80左右），且水分的侵入能增加极化作用，使得电介质的介电常数明显增加。因此，通过测量介电常数，能够判断电介质受潮程度等。

大气压力对气体材料的介电常数有明显影响，压力增大，密度就增大，相对介电常数也增大。

3. 介质损耗

在交流电压作用下，电介质中的部分电能不可逆地转变成热能，这部分能量叫做介质损耗。单位时间内消耗的能量叫做介质损耗功率。介质损耗一种是由漏导电流引起的，另一种是由于极化所引起的。介质损耗使介质发热，是电介质发生热击穿的根源。

施加交流电压时，电流、电压的向量关系图如图2—2所示。

总电流与电压的相位差 φ 即电介质的功率因数角。功率因数角的余角 δ 称为介质损耗角。根据相量图，不难求出单位体积内介质损耗功率为

$$p = \omega \varepsilon E^2 \tan\delta \qquad (2—4)$$

式中，ω——电源角频率，$\omega = 2\pi f$；

ε——电介质介电常数；

E——电介质内电场强度；

$\tan\delta$——介质损耗角正切。

由于 p 值和实验电压、试品尺寸等因素有关，难于用来对介质品质做严密的比较，所以，通常是以 $\tan\delta$ 来衡量电介质的介质损耗性能。

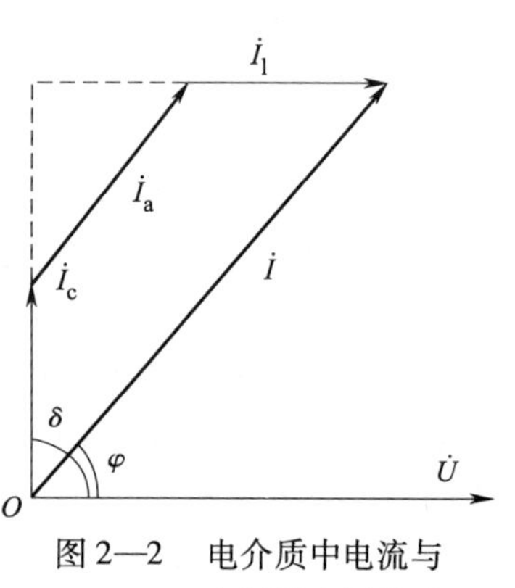

图2—2　电介质中电流与电压的向量关系

对于电气设备中使用的电介质，要求它的 $\tan\delta$ 越小越好。在绝缘实验中，绝缘受潮或劣化时，$\tan\delta$ 值会剧烈上升。即 $\tan\delta$ 能敏感反映绝缘

质量。在要求较高的场合，需进行介质损耗试验。

影响绝缘材料电阻率的因素主要有频率、温度、湿度、电场强度和辐射。影响过程比较复杂，从总的趋势上来说，随着上述因素的增强，介质损耗增加。

二、绝缘的破坏

在电气设备的运行过程中，绝缘材料会由于电场、热、化学、机械、生物等因素的作用，使绝缘性能发生劣化。

1. 绝缘击穿

当施加于电介质上的电场强度高于临界值时，会使通过电介质的电流突然猛增，这时绝缘材料被破坏，完全失去了绝缘性能。这种现象称为电介质的击穿。发生击穿时的电压称为击穿电压。击穿时的电场强度简称击穿场强。

（1）气体电介质的击穿

气体击穿是由碰撞电离导致的电击穿。在强电场中，气体的带电质点（主要是电子）在电场中获得足够的动能，当它与气体分子发生碰撞时，能够使中性分子电离为正离子和电子。新形成的电子又在电场中积累能量而碰撞其他分子，使其电离，这就是碰撞电离。这个过程是一个连锁反应过程。每一个电子碰撞产生一系列新电子，因而形成电子崩。电子崩向阳极发展，最后形成一条具有高电导的通道，导致气体击穿。

在均匀电场中，当温度一定，电极距离不变，气体压力很低时，气体中分子稀少，碰撞游离机会很少，因此击穿电压很高；随着气体压力的增大，碰撞游离增加，击穿电压有所下降。在某一特定的气压下出现最小值。但当气体压力继续升高，密度逐渐增大，平均自由行程很小，只有更高的电压才能使电子积聚足够的能量以产生碰撞游离，击穿电压也逐渐升高。利用此规律，在工程上常采用高真空和高气压的方法来提高气体的击穿场强。

空气的击穿场强约为 25 ~ 30 kV/cm。

（2）液体电介质的击穿

液体电介质的击穿特性与其纯净度有关，一般认为纯净液体的击穿与气体的击穿机理相似。是由电子碰撞电离最后导致击穿。但液体的密度大，电子自由行程短，积聚能量小，因此击穿场强比气体高。纯净的液体电介质在均匀电场小间隙中的击穿场强可达 1 MV/cm。然而，工程上液体电介质不可避免地含有气体、液体和固体杂质。如在电气设备运行中，液体电介质从大气吸收水分；各种纤维从固体绝缘物脱落进入液体电介质中；液体电介质本身还会随着老化分解出气体、水分和聚合物。所以液体绝缘介质会含有气体、水分和纤维这三种主要杂质。如液体中含有乳化状水滴和纤维时，由于水和纤维的极性强，在强电场的作用下使纤维极化而定向排列，并运动到电场强度最高处联成小桥，小桥贯穿两电极间引起电导剧增，局部温度骤升，最后导致击穿。例如，变压器油中含有极少量水分就会大大降低油的击穿场强。含有气体杂质的液体电介质的击穿可用气泡击穿机理来解释。气体杂质的存在使液体呈现不均匀性，液体局部过热，气体迁移集中，在液体中形成气泡。由于气泡的相对介电常数较低，使得气泡内的电场强度较高，约为油内电场强度的2.2~2.4倍，而气体的临界场强比油低得多，致使气泡游离，局部发热加剧，体积膨胀，气泡扩大，形成连通两电极的导电小桥，最终导致整个电介质击穿。由于杂质的存在，使工程用的液体电介质的击穿过程与纯净液体绝缘介质相比，产生了截然不同变化，其击穿场强也就明显不同。变压器油的击穿场强为120~250 kV/cm。

为此，在液体绝缘材料的使用之前，必须对其进行纯化、脱水、脱气处理；在使用过程中应避免这些杂质的侵入。

液体电介质击穿后，绝缘性能在一定程度上可以得到恢复。

（3）固体电介质的击穿

固体电介质的击穿有电击穿、热击穿、电化学击穿、放电击穿等击穿形式。

1）电击穿。电击穿是固体电介质在强电场作用下，其内少量处于导带的电子剧烈运动，与晶格上的原子（或离子）碰撞而使之游离，并迅速扩展下去导致的击穿。电击穿的特点是电压作用时间短、击穿电压高。电击穿的击穿场强与电场均匀程度密切相关，但与环境温度及电压作用时间几乎无关。

2）热击穿。热击穿是固体电介质在强电场作用下，如果介质损耗等原因所产生的热量不能够及时散发出去，会因温度上升，导致电介质局部熔化、烧焦或烧裂，最后造成击穿。热击穿的特点是电压作用时间长、击穿电压较低。热击穿电压随环境温度上升而下降，但与电场均匀程度关系不大。

3）电化学击穿。电化学击穿是固体电介质在强电场作用下，由游离、发热和化学反应等因素的综合效应造成的击穿。其特点是电压作用时间长、击穿电压往往很低。它与绝缘材料本身的耐游离性能、制造工艺、工作条件等因素有关。

4）放电击穿。放电击穿是固体电介质在强电场作用下，内部气泡首先发生碰撞游离而放电，继而加热其他杂质，使之汽化形成气泡，由气泡放电进一步发展导致击穿。放电击穿的击穿电压与绝缘材料的质量有关。

固体电介质一旦击穿，将失去其绝缘性能。

实际上，绝缘结构发生击穿，往往是电、热、放电、电化学等多种形式同时存在，很难截然分开。一般来说，在采用 tanδ 大，耐热性差的电介质的低压电气设备，在工作温度高、散热条件差时热击穿较为多见。而在高压电气设备中，放电击穿的概率就大些。脉冲电压下的击穿一般属电击穿。当电压作用时间达数十小时乃至数年时，大多数属于电化学击穿。

2. 绝缘老化

电气设备在运行过程中，其绝缘材料由于受热、电、光、氧、机械力（包括超声波）、辐射线、微生物等因素的长期作用，产生一系列不可逆的物理变化和化学变化，导致绝缘材料的电气性能和机械性能的劣化。

绝缘老化过程十分复杂。就其老化机理而言，主要有热老化机理和电老化机理。

（1）热老化

一般在低压电气设备中，促使绝缘材料老化的主要因素是热。热老化包括低分子挥发性成分的逸出，包括材料的解聚和氧化裂解、热裂解、水解，还包括材料分子链继续聚合等过程。

每种绝缘材料都有其极限耐热温度，当超过这一极限温度时，其老化将加剧，电气设备的寿命就缩短。在电工技术中，常把电动机电器中的绝缘结构和绝缘系统按耐热等级进行分类。表 2—1 是我国绝缘材料标准规定的绝缘耐热分级和极限温度。

表 2—1　　绝缘耐热分级及其极限温度

耐热分级	极限温度/℃
Y	90
A	105
E	120
B	130
F	155
H	180
C	>180

（2）电老化

电老化主要是由局部放电引起的。在高压电气设备中，促使绝缘材料老化的主要原因是局部放电。局部放电时产生的臭氧、氮氧化物、高速粒子都会降低绝缘材料的性能，局部放电还会使材料局部发热，促使材料性能恶化。

3. 绝缘损坏

绝缘损坏是指由于不正确选用绝缘材料、不正确地进行电气设备及线路的安装、不合理地使用电气设备等，导致绝缘材料受到外界腐蚀性液体、气体、蒸气、潮气、粉尘的污染和侵蚀，或受到外界热源或机械因素的作用，在较短或很短的时间内失去其电气性能或机械性能的现象。另外，动物和植物也可能破坏电气设备和电气线路的绝缘结构。

三、绝缘检测和绝缘试验

绝缘检测和绝缘试验的目的是检查电气设备或线路的绝缘指标是否符合要求。绝缘检测和绝缘试验主要包括绝缘电阻试验、耐压试验、泄漏电流试验和介质损耗试验。其中，绝缘电阻试验是最基本的绝缘试验；耐压试验是检验电气设备承受过电压的能力，主要用于新品种电气设备的型式试验、投入运行前的电力变压器等设备、电工安全用具等；泄漏电流试验和介质损耗试验只对一些要求较高的高压电气设备才有必要进行。以下仅对绝缘电阻试验和耐压试验进行介绍。

1. 绝缘电阻试验

绝缘电阻是衡量绝缘性能优劣的最基本的指标。在绝缘结构的制造和使用中，经常需要测定其绝缘电阻。通过测定，可以在一定程度上判定某些电气设备的绝缘好坏，判断某些电气设备如电动机、变压器的受潮情况等，以防因绝缘电阻降低或损坏而造成漏电、短路、电击等电气事故。

（1）绝缘电阻的测量

绝缘材料的电阻可以用比较法（属于伏安法）测量，也可以用泄漏法来进行测量，但通常用兆欧表（摇表）测量。这里仅就应用兆欧表测量绝缘材料的电阻进行介绍。

兆欧表主要由作为电源的手摇发电机（或其他直流电源）和作为测量机构的磁电式流比计（双动线圈流比计）组成。测量时实际上是给被测物加上直流电压，测量其通过的泄漏电流，在表的盘面上读到的是经过换算的绝缘电阻值。

磁电式流比计的工作原理如图 2—3 所示。在同一转轴上装有两个交叉的线圈。当两线圈通有电流时，两个线圈分别产生互为相反方向的转矩。其大小分别为

$$M_1 = K_1 F_1(\alpha) I_1 \tag{2—5}$$

$$M_2 = K_2 F_2(\alpha) I_2 \tag{2—6}$$

式中，K_1、K_2为比例常数；

I_1、I_2为通过两个线圈的电流；

α 为线圈带动指针偏转的偏转角。

当 $M_1 \neq M_2$ 时，线圈转动，指针偏转。当 $M_1 = M_2$ 时，线圈停止转动，指针停止偏转，且两电流之比与偏转角满足如下的函数关系，即

$$\frac{I_1}{I_2} = Kf_3(\alpha) \tag{2—7}$$

兆欧表的测量原理如图 2—4 所示。在接入被测电阻 R_x 后，构成了两条相互并联的支路，当摇动手摇发电机时，两个支路分别通过电流 I_1 和 I_2。可以看出

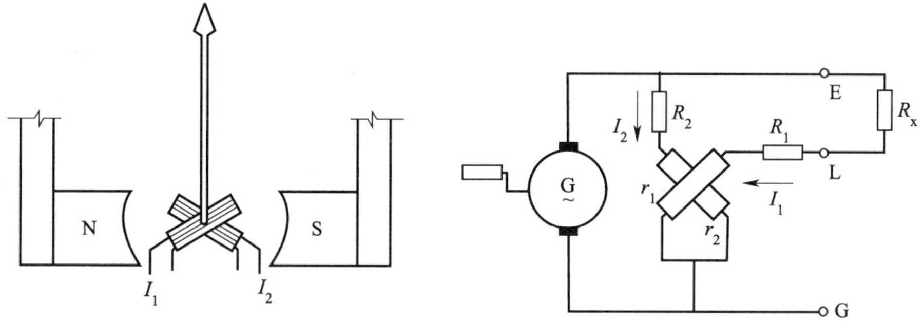

图 2—3　磁电式流比计原理　　　图 2—4　兆欧表的测量原理

$$\frac{I_1}{I_2} = \frac{(R_2 + r_2)}{(R_1 + r_1 + R_x)} = f_4(R_x) \tag{2—8}$$

考虑到两电流之比与偏转角满足的函数关系，不难得出

$$\alpha = f\ (R_x) \tag{2—9}$$

可见，指针的偏转角 α 仅仅是被测绝缘电阻 R_x 的函数，而与电源电压没有直接关系。

在兆欧表上有三个接线端钮，分别标为接地 E、电路 L 和屏蔽 G。一般测量仅用 E、L 两端，E 通常接地或接设备外壳，L 接被测线路或电动机、电器的导线或电动机绕组。测量电缆芯线对外皮的绝缘电阻时，为消除芯线绝缘层表面漏电引起的误差，还应在绝缘上包以锡箔，并使之与 G 端连接，如图 2—5 所示。这样做，使得流经绝缘表面的电流不再经过流比计的测量线圈，而是直接流经 G 端构成回路。所以，测得的绝缘电阻只是电缆绝缘的体积电阻。

使用兆欧表测量绝缘电阻时，应注意下列事项：

1）应根据被测物的额定电压正确选用不同电压等级的兆欧表。所用兆欧表的工作电压应高于绝缘物的工作电压。一般情况下，测量额定电压 500 V 以下的线路

或设备的绝缘电阻，应采用工作电压为500 V或1 000 V的兆欧表；测量额定电压500 V以上的线路或设备的绝缘电阻，应采用工作电压为1 000 V或2 500 V的兆欧表。

2）与兆欧表端钮接线的导线应用单线，单独连接，不能用双股绝缘导线，以免测量时因双股线或绞线绝缘不良引起误差。

3）测量前，必须断开被测物的电源，并进行放电，测量终了也应进行放电，放电时间一般应不短于2～3 min。对于高电压、大电容的电缆线路，放电时间应适当延长，以消除静电荷，防止发生触电危险。

4）测量前，应对兆欧表进行检查。先使兆欧表端钮处处于开路状态，转动摇把，观察指针是否在“∞”位，再将E和L两端短接起来，慢慢转动摇把，观察指针是否迅速指向“0”位。

5）进行测量时，摇把的转速应由慢至快，到120 r/min左右时，发电机输出额定电压。摇把转速应保持均匀、稳定，一般摇动1 min左右，待指针稳定后再进行读数。

6）测量过程中，如指针指向“0”，表明被测物绝缘失效，应停止转动摇把，以防表内线圈发热烧坏。

7）禁止在雷电时或邻近设备带有高电压时用兆欧表进行测量工作。

8）测量应尽可能在设备刚刚停止运转时进行，这样，由于测量时的温度条件接近运转时的实际温度，使测量结果符合运转时的实际情况。

（2）吸收比的测定

对于电力变压器、电力电容器、交流电动机等高压设备，除测量绝缘电阻之外，还要求测量其吸收比。吸收比是加压测量开始后60 s时读取的绝缘电阻值与加压测量开始后15 s时的读取的绝缘电阻值之比。由吸收比的大小可以对绝缘受潮程度和内部有无缺陷存在进行判断。这是因为，绝缘材料加上直流电压时都有一充电过程，在绝缘材料受潮或内部有缺陷时，泄漏电流增加很多，同时充电过程加快，吸收比的值小，接近于1；绝缘材料干燥时，泄漏电流小，充电过程慢，吸收比明显增大。例如，干燥的发电机定子绕组，在10～30℃时的吸收比远大于1.3。吸收比原理如图2—6所示。

（3）绝缘电阻指标

绝缘电阻随线路和设备的不同，其指标要求也不一样。就一般而言，高压较低压要求高；新设备较老设备要求高；室外设备较室内设备要求高，移动设备较固定设备要求高等。以下为几种主要线路和设备应达到的绝缘电阻值。

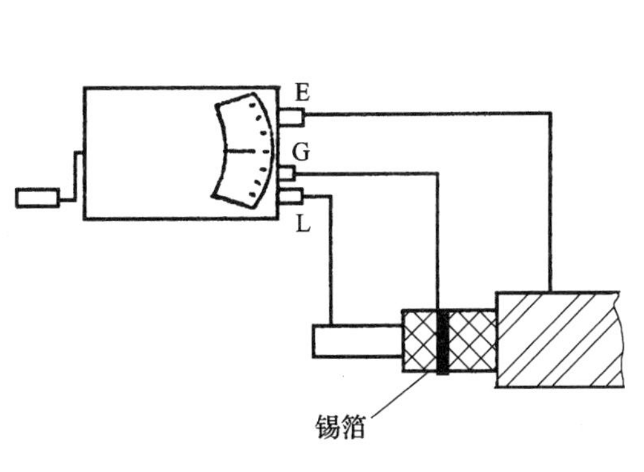

图 2—5　电缆绝缘电阻测量

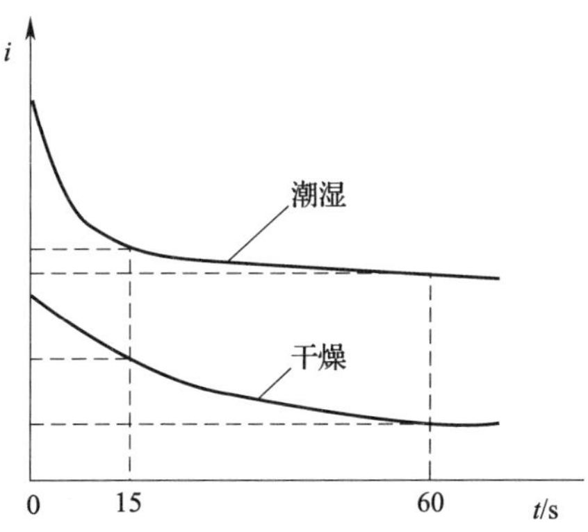

图 2—6　吸收比原理

1）新装和大修后的低压线路和设备，要求绝缘电阻不低于 0.5 MΩ；运行中的线路和设备，要求可降低为每伏工作电压不小于 1 000 Ω；安全电压下工作的设备同 220 V 一样，不得低于 0.22 MΩ；在潮湿环境，要求可降低为每伏工作电压 500 Ω。

2）携带式电气设备的绝缘电阻不应低于 2 MΩ。

3）配电盘二次线路的绝缘电阻应不低于 1 MΩ，在潮湿环境，允许降低为 0.5 MΩ。

4）10 kV 高压架空线路每个绝缘子的绝缘电阻不应低于 300 MΩ；35 kV 及以上的应不低于 500 MΩ。

5）运行中 6～10 kV 和 35 kV 电力电缆的绝缘电阻分别应不低于 400～1 000 MΩ 和 600～1 500 MΩ。干燥季节取较大的数值；潮湿季节取较小的数值。

6）电力变压器投入运行前，绝缘电阻应不低于出厂时的 70%，运行中的绝缘电阻可适当降低。

2. 耐压试验

电气设备的耐压试验主要用以检查电气设备承受过电压的能力。在电力系统中，线路及发电、输变电设备的绝缘，除了在额定交流或直流电压下长期运行外，还要短时承受大气过电压、内部过电压等过电压的作用。另外，其他技术领域的电气设备也会遇到各种特殊类型的高电压。因此，耐压试验是保证电气设备安全运行的有效手段。耐压试验主要有工频交流耐压试验、直流耐压试验和冲击电压试验等。其中，工频交流耐压试验最为常用，这种方法接近运行实际，所需设备简单。对部分设备，如电力电缆、高压电机等少数电气设备因电容很大，无法进行交流耐压试验时，则进行直流耐压试验。

图 2—7 所示为工频高压试验装置电路。该装置由调压器 T1、试验变压器 T2、测量及过电压保护装置（球隙）S、保护电阻 R1、R2 组成。图中，Z_X是被试品。

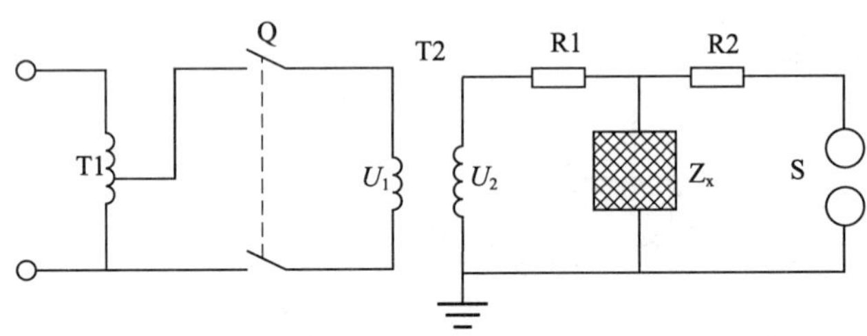

图 2—7　工频高压试验装置

图中，调压器 T1 用于调节试验电压，试验变压器 T2 用于将电压升高。球隙 S 既可以测量放电电压，又可以限制球隙间电压不超过某一限值，对被试品起到保护作用。

工频耐压试验的试验电压为被试设备额定电压的一倍多至数倍之间，但不得低于 1 000 V。

进行工频耐压试验时，先以任意速度加压至试验电压的 40% 左右，再以每秒 3% 试验电压的速度升高到试验电压，并持续规定时间，然后在 5 s 内将电压降至试验电压的 25% 以下，再切断电源。

一般，耐压试验的加压时间对瓷质和液体为 60 s，对以有机固体作为主要绝缘的设备为 300 s，但根据被试设备、线路种类的不同也有其他不同的加压时间情况。

耐压试验应注意如下事项：

（1）耐压试验须在绝缘电阻试验合格之后方能进行。

（2）要确保高电压试验回路与接地物体和工作人员的距离不小于安全距离。试验现场应设置围栏，围栏上向外悬挂“止步，高压危险！”的标示牌，围栏应具有机械联锁和电气联锁。此外，还应设置红色信号灯和警铃，给出声光警示信号。

（3）试验前应由试验负责人全面检查试验装置的所有接线，确保连接无误。

（4）控制室、示波器室、电桥操作间和配电柜前，应铺设厚度 5 mm 以上的绝缘胶垫。

（5）试验后应使用串联有负载电阻的放电棒，对被试设备进行放电。

（6）为了泄放高压残余电荷，以及当发生误送电源时能迅速作用于自动开关跳闸或使熔断器熔断，保证人员安全，试验后，必须将升压设备的高压部分短路接地。

变配电设备的交流耐压试验电压标准见表 2—2。

表 2—2　　电气设备交流耐压试验电压标准　　kV

额定电压	最高工作电压	交流耐压试验电压													
		电力变压器		电压互感器		断路器电流互感器		隔离开关干式电抗器		支持绝缘子、套管：纯瓷、纯瓷充油绝缘		支持绝缘子、套管：固体有机绝缘		干式变压器	
		出厂	交接	出厂	交接	出厂	交接	出厂	交接	出厂	交接	出厂	交接	出厂	交接
≤0.1		5	4											3	2
3	3.5	18	15	24	22	24	22	24	24	25	25	25	22	10	8.5
6	6.9	25	21	32	28	32	28	32	32	32	32	32	28	16	13
10	11.5	35	30	42	38	42	38	42	42	42	42	42	38	24	20
15	17.5	45	38	55	50	55	50	55	55	57	57	57	50	37	31
20	23	55	47	65	59	65	59	65	65	68	68	68	59	—	—
35	40.5	85	72	95	85	95	85	95	95	100	100	100	90	—	—
60	69	140	120	140	125	155	140	155	155	165	165	165	150	—	—
110	126	200	170 (195)	200	180 (210)	250	225 (260)	250	250 (290)	265	265 (290)	265	240 (280)	—	—
220	252	400	340	400	360	470	425	470	470	470	470	490	440	—	—

注：括号内数值适用于小接地电流系统。

第三节　屏护和间距

屏护和间距是最为常用的电气安全措施之一。就防止电击而言，屏护和间距属于防止直接接触电击的安全措施。此外，屏护和间距还是防止短路、故障接地等电气事故的安全措施之一。

一、屏护

1. 屏护的概念、种类及其应用

屏护是一种对电击危险因素进行隔离的手段，即采用遮栏、护罩、护盖、箱匣等把危险的带电体同外界隔离开来，以防止人体触及或接近带电体所引起的触电事故。屏护还起到防止电弧伤人、防止弧光短路或便利检修工作的作用。

屏护可分为屏蔽和障碍（或称阻挡物），两者的区别在于，后者只能防止人体无意识触及或接近带电体，而不能防止有意识移开、绕过或翻越该障碍触及或接近带电体。从这点来说，前者属于一种完全的防护，而后者是一种不完全的防护。

屏护装置的种类又有永久性屏护装置和临时性屏护装置之分，前者如配电装置的遮栏、开关的罩盖等；后者如检修工作中使用的临时屏护装置和临时设备的屏护装置等。

屏护装置还可分为固定屏护装置和移动屏护装置，如母线的护网就属于固定屏护装置；而跟随天车移动的天车滑线屏护装置就属于移动屏护装置。

屏护装置主要用于电气设备不便于绝缘或绝缘不足以保证安全的场合。如开关电器的可动部分一般不能包以绝缘，因此需要屏护。对于高压设备，由于全部绝缘往往有困难，因此，不论高压设备是否有绝缘，均要求加装屏护装置。室内、室外安装的变压器和变配电装置应装有完善的屏护装置。当作业场所邻近带电体时，在作业人员与带电体之间，过道、入口等处均应装设可移动的临时性屏护装置。

2. 屏护装置的安全条件

尽管屏护装置是简单装置，但为了保证其有效性，须满足如下的条件：

（1）屏护装置所用材料应有足够的机械强度和良好的耐火性能。为防止因意外带电而造成触电事故，对金属材料制成的屏护装置必须实行可靠的接地或接零。

（2）屏护装置应有足够的尺寸，与带电体之间应保持必要的距离。

遮栏高度应不低于 1.7 m，下部边缘离地不应超过 0.1 m，网眼遮栏与带电体之间的距离应不小于表 2—3 所示的距离。栅遮栏的高度户内应不小于 1.2 m、户外应不小于 1.5 m，栏条间距离应不大于 0.2 m；对于低压设备，遮栏与裸导体之间的距离应不小于 0.8 m。户外变配电装置围墙的高度一般应不小于 2.5 m。

（3）遮栏、栅栏等屏护装置上，应有“止步，高压危险!”等标志。

（4）必要时应配合采用声光报警信号和联锁装置。

表 2—3　　网眼遮栏与带电体之间的距离

额定电压/kV	<1	10	20～35
最小距离/m	0.15	0.35	0.6

我国有关标准对严酷条件下户外场所电气装置的外壳遮栏防护等级（参见第六章第一节）作了具体规定：在交流电 50 ~ 1 000 V 范围内，正常操作区域内易触及的遮栏或外壳防护等级至少为 IP2X 或 IP4X；电气操作区域内，电压小于或等于 660 V 或伸臂范围内可同时触及的带电部分没有电压差时，防护等级为 IP1X，电压大于 660 V 时为 IP2X，电压大于 660 V，且易触及的遮栏、外护物防护等级为 IP4X；封闭的电气操作区域内，电压小于或等于 660 V 时不必防护（IP0X），电压大于 660 V 或伸臂范围内可同时触及的带电部分无电压差时，防护等级为 IP1X。

二、间距

间距是指带电体与地面之间、带电体与其他设备和设施之间、带电体与带电体之间必要的安全距离。间距的作用是防止人体触及或接近带电体造成触电事故；避免车辆或其他器具碰撞或过分接近带电体造成事故；防止火灾、过电压放电及各种短路事故，以及方便操作。在间距的设计选择时，既要考虑安全的要求，同时也要符合人—机工效学的要求。

不同电压等级、不同设备类型、不同安装方式、不同的周围环境所要求的间距不同。

1. 线路间距

架空线路导线在弛度最大时与地面和水面的距离不应小于表 2—4 所示距离。

表 2—4　　导线与地面或水面的最小距离　　m

线路经过地区	线路电压		
	<1 kV	1 ~ 10 kV	35 kV
居民区	6	6. 5	7
非居民区	5	5. 5	6
不能通航或浮运的河、湖（冬季水面）	5	5	—
不能通航或浮运的河、湖（50 年一遇的洪水水面）	3	3	—
交通困难地区	4	4. 5	5
步行可以达到的山坡	3	4. 5	5
步行不能达到的山坡、峭壁或岩石	1	1. 5	3

在未经相关管理部门许可的情况下，架空线路不得跨越建筑物。架空线路与有爆炸、火灾危险的厂房之间应保持必要的防火间距，且应不跨越具有可燃材料屋顶的建筑物。架空线路导线与建筑物的最小距离见表 2—5。

表 2—5　　导线与建筑物的最小距离

线路电压/kV	≤1	10	35
垂直距离/m	2.5	3.0	4.0
水平距离/m	1.0	1.5	3.0

架空线路导线与街道树木、厂区树木的最小距离见表 2—6。架空线路导线与绿化区树木、公园的树木的最小距离为 3 m。

表 2—6　　导线与树木的最小距离

线路电压/kV	≤1	10	35
垂直距离/m	1.0	1.5	3.0
水平距离/m	1.0	2.0	—

架空线路导线与铁路、道路、通航河流、电气线路及管道等设施之间的最小距离见表 2—7。表中特殊管道指的是输送易燃易爆介质的管道。表中各项中的水平距离在开阔地区应不小于电杆的高度。

表 2—7　　架空线路与工业设施的最小距离　　m

<table>
<tr><th colspan="5" rowspan="2">项　目</th><th colspan="3">线路电压</th></tr>
<tr><th>≤1 kV</th><th>10 kV</th><th>35 kV</th></tr>
<tr><td rowspan="8">铁路</td><td rowspan="4">标准轨距</td><td rowspan="2">垂直距离</td><td colspan="2">至钢轨顶面</td><td>7.5</td><td>7.5</td><td>7.5</td></tr>
<tr><td colspan="2">至承力索接触线</td><td>3.0</td><td>3.0</td><td>3.0</td></tr>
<tr><td rowspan="2">水平距离</td><td rowspan="2">电杆外缘至轨道中心</td><td>交叉</td><td colspan="3">5.0</td></tr>
<tr><td>平行</td><td colspan="3">杆高加 3.0</td></tr>
<tr><td rowspan="4">窄轨</td><td rowspan="2">垂直距离</td><td colspan="2">至钢轨顶面</td><td>6.0</td><td>6.0</td><td>7.5</td></tr>
<tr><td colspan="2">至承力索接触线</td><td>3.0</td><td>3.0</td><td>3.0</td></tr>
<tr><td rowspan="2">水平距离</td><td rowspan="2">电杆外缘至轨道中心</td><td>交叉</td><td colspan="3">5.0</td></tr>
<tr><td>平行</td><td colspan="3">杆高加 3.0</td></tr>
<tr><td rowspan="2">道路</td><td colspan="4">垂直距离</td><td>6.0</td><td>7.0</td><td>7.0</td></tr>
<tr><td colspan="4">水平距离（电杆至道路边缘）</td><td>0.5</td><td>0.5</td><td>0.5</td></tr>
<tr><td rowspan="3">通航河流</td><td rowspan="2">垂直距离</td><td colspan="3">至 50 年一遇的洪水位</td><td>6.0</td><td>6.0</td><td>6.0</td></tr>
<tr><td colspan="3">至最高航行水位的最高桅顶</td><td>1.0</td><td>1.5</td><td>2.0</td></tr>
<tr><td>水平距离</td><td colspan="3">边导线至河岸上缘</td><td colspan="3">最高杆（塔）高</td></tr>
</table>

续表

<table>
<tr><th colspan="3" rowspan="2">项　　目</th><th colspan="3">线路电压</th></tr>
<tr><th>≤1 kV</th><th>10 kV</th><th>35 kV</th></tr>
<tr><td rowspan="2">弱电线路</td><td colspan="2">垂直距离</td><td>6.0</td><td>7.0</td><td>7.0</td></tr>
<tr><td colspan="2">水平距离（两线路边导线间）</td><td>0.5</td><td>0.5</td><td>0.5</td></tr>
<tr><td rowspan="6">电力线路</td><td rowspan="2">≤1 kV</td><td>垂直距离</td><td>1.0</td><td>2.0</td><td>3.0</td></tr>
<tr><td>水平距离（两线路边导线间）</td><td>2.5</td><td>2.5</td><td>5.0</td></tr>
<tr><td rowspan="2">10 kV</td><td>垂直距离</td><td>2.0</td><td>2.0</td><td>3.0</td></tr>
<tr><td>水平距离（两线路边导线间）</td><td>2.5</td><td>2.5</td><td>5.0</td></tr>
<tr><td rowspan="2">35 kV</td><td>垂直距离</td><td>3.0</td><td>2.0</td><td>3.0</td></tr>
<tr><td>水平距离（两线路边导线间）</td><td>5.0</td><td>5.0</td><td>5.0</td></tr>
<tr><td rowspan="3">特殊管道</td><td rowspan="2">垂直距离</td><td>电力线路在上方</td><td>1.5</td><td>3.0</td><td>3.0</td></tr>
<tr><td>电力线路在下方</td><td>1.5</td><td>—</td><td>—</td></tr>
<tr><td colspan="2">水平距离（边导线至管道）</td><td>1.5</td><td>2.0</td><td>4.0</td></tr>
</table>

同杆架设不同种类、不同电压的电气线路时，电力线路应位于弱电线路的上方，高压线路应位于低压线路的上方；横担之间的最小距离见表2—8。

表2—8　　同杆线路横担之间的最小距离　　m

项　　目	直　线　杆	分支杆和转角杆
10 kV 与 10 kV	0.8	0.45/0.6①
10 kV 与低压	1.2	1.0
低压与低压	0.6	0.3
10 kV 与通讯电缆	2.5	—
低压与通讯电缆	1.5	—

注：①单回线路采用0.6 m；双回线路距上面的横担采用0.45 m，距下面的横担采用0.6 m。

从配电线路到用户进线处第一个支持点之间的一段导线称为接户线。10 kV 接户线对地距离应不小于4.5 m；低压接户线对地距离应不小于2.75 m。低压接户线跨越通车街道时对地距离应不小于6 m；跨越通车困难的街道或人行道时，对地距离应不小于3.5 m。

从接户线引入室内的一段导线称为进户线。进户线的进户管口与接户线端头之间的垂直距离应不大于0.5 m。进户线对地距离应不小于2.7 m。

户内低压线路与工业管道和工艺设备之间的最小距离见表2—9。表中无括号的数字为电缆管线在管道上方的数据，有括号的数字为电缆管线在管道下方的数据。应尽可能将电缆管线敷设在热力管道的下方。当现场的实际情况无法满足表2—9所规定距离时，应采取包隔热层、对交叉处的裸母线外加保护网或保护罩等措施。

表2—9　　户内低压线路与工业管道和工艺设备的最小距离　　mm

布线方式		穿金属管导线	电缆	明设绝缘导线	裸导线	起重机滑触线	配电设备
煤气管	平行	100	500	1 000	1 000	1 500	1 500
	交叉	100	300	300	500	500	—
乙炔管	平行	100	1 000	1 000	2 000	3 000	3 000
	交叉	100	500	500	500	500	—
氧气管	平行	100	500	500	1 000	1 500	1 500
	交叉	100	300	300	500	500	—
蒸汽管	平行	1 000（500）	1 000（500）	1 000（500）	1 000	1 000	500
	交叉	300	300	300	500	500	—
暖热水管	平行	300（200）	500	300（200）	1 000	1 000	100
	交叉	100	100	100	500	500	—
通风管	平行	—	200	200	1 000	1 000	100
	交叉	—	100	100	500	500	—
上、下水管	平行	—	200	200	1 000	1 000	100
	交叉	—	100	100	500	500	—
压缩空气管	平行	—	200	200	1 000	1 000	100
	交叉	—	100	100	500	500	—
工艺设备	平行	—	—	—	1 500	1 500	100
	交叉	—	—	—	1 500	1 500	—

直埋电缆埋设深度不应小于0.7 m，并应位于冻土层之下。直埋电缆与工艺设备的最小距离见表2—10。当电缆与热力管道接近时，电缆周围土壤温升不应超过10℃，超过时须进行隔热处理。表2—10中的最小距离在所采用的是穿管保护时，应从保护管外壁算起。

表 2—10　　直埋电缆与工艺设备的最小距离　　m

敷设条件	平行敷设	交叉敷设
与电杆或建筑物地下基础之间，控制电缆与控制电缆之间	0.6	—
10 kV 以下的电力电缆之间或与控制电缆之间	0.1	0.5
10 ~ 35 kV 的电力电缆之间或与其他电缆之间	0.25	0.5
不同部门的电缆（包括通信电缆）之间	0.5	0.5
与热力管沟之间	2.0	0.5
与可燃气体、可燃液体管道之间	1.0	0.5
与水管、压缩空气管道之间	0.5	0.5
与道路之间	1.5	1.0
与普通铁路路轨之间	3.0	1.0
与直流电气化铁路路轨之间	10.0	—

2. 用电设备间距

明装的车间低压配电箱底口距地面的高度可取 1.2 m，暗装的可取 1.4 m。明装电度表板底口距地面的高度可取 1.8 m。

常用开关电器的安装高度为 1.3 ~ 1.5 m；开关手柄与建筑物之间应保留 150 mm的距离，以便于操作。墙用平开关离地面高度可取 1.4 m。明装插座离地面高度可取 1.3 ~ 1.8 m，暗装的可取 0.2 ~ 0.3 m。

室内灯具高度应大于 2.5 m；受实际条件约束达不到时，可减为 2.2 m；低于 2.2 m 时，应采取适当安全措施。当灯具位于桌面上方等人碰不到的地方时，高度可减为 1.5 m。户外灯具高度应大于 3 m；安装在墙上时可减为 2.5 m。

起重机具至线路导线间的最小距离，1 kV 及 1 kV 以下者应不小于 1.5 m，10 kV者应不小于 2 m。

3. 检修间距

低压操作时，人体及其所携带工具与带电体之间的距离不得小于 0.1 m。

高压作业时，各种作业类别所要求的最小距离见表 2—11。

4. 置于伸臂范围之外

置于伸臂范围之外的防护是一种只用于防止人员无意识地触及电气装置带电部分的防护措施。图 2—8 所示为有人活动的场所人手臂能够达到的区域。这个范围是依照人机工程学中的人体统计尺寸并考虑一定的安全余量所规定的。图中 S 为可能有人活动的面。一般情况下，距离超出图中所给出的手臂可达到的界限，即可认为正常状态下不可触及。

表 2—11　　高压作业的最小距离　　m

类　　别	电压等级	
	10 kV	35 kV
无遮栏作业，人体及其所携带工具与带电体之间①	0.7	1.0
无遮栏作业，人体及其所携带工具与带电体之间，用绝缘杆操作	0.4	0.6
线路作业，人体及其所携带工具与带电体之间②	1.0	2.5
带电水冲洗，小型喷嘴与带电体之间	0.4	0.6
喷灯或气焊火焰与带电体之间③	1.5	3.0

注：①距离不足时，应装设临时遮栏。
②距离不足时，邻近线路应当停电。
③火焰不应喷向带电体。

在伸臂范围以内，不允许出现可同时触及的不同电位的部分。通常如果两个部分之间的间隔不超过2.5 m，则认为两个部分可同时触及。

由于伸臂范围值是指无其他帮助物（例如工具或梯子）的赤手直接接触范围，因此，在正常情况下手持大的或长的导电物体的情形，计算必要的伸臂距离时应计入那些物品的尺寸。

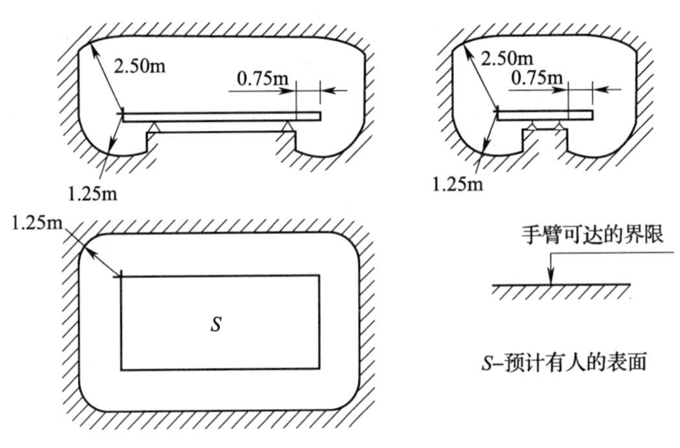

图 2—8　人手臂能够达到的区域

本章小结

1．明确电击事故的防护准则是正确理解和掌握电击防护措施的先决条件和基础。电击防护基本准则是：在正常情况（正常操作和无故障情况下），或在单故障情况下，易触及的可导电部分均应是无危险的。所谓“易触及的可导电部分”既包括了电气设备上的“带电部分”，也包括了其“外露可导电部分”。

2. 直接接触电击是指人体直接接触到上述的“带电部分”而引起的电击。而间接接触电击是指人体接触到发生漏电故障的电气设备的“外露可导电部分”而引起的电击。

3. 最为常用的直接接触电击的防护措施，即绝缘、屏护和间距。这些措施的主要作用是防止设备正常运行、没有故障情况下，人体触及或过分接近带电体造成触电事故以及防止短路、故障接地等电气事故。

4. 本章还着重就绝缘材料主要电气性能、绝缘击穿、老化、损坏等绝缘破坏的机理以及绝缘电阻测量仪原理和使用方法，屏护的种类、应用及其安全条件，线路间距、用电设备间距、检修间距以及置于伸臂范围之外等进行了分析和阐述。

复习思考题

1. 电击防护基本准则是什么？

2. 电击防护基本准则中所谓“单故障”是指哪个几方面？

3. 针对直接接触电击的基本电击防护，可以由哪些防护措施来提供？

4. 针对间接接触电击，要求除了基本防护措施之外，还要有附加防护措施。满足此要求可通过哪些方法之一实现？

5. 根据所防范的接触方式的不同，防止电击事故的措施分为哪几类？

6. 绝缘材料的电气性能主要由哪几个参数来表示？

7. 绝缘破坏的形式有哪些？

8. 固体电介质的击穿形式有哪些？

9. 试说明使用兆欧表测量绝缘电阻时，应注意哪些事项？

10. 试说明什么是吸收比？通过吸收比可以对绝缘材料做何判断？

11. 简述屏护装置的安全条件。

12. 简述间距的作用。

第三章 间接接触电击防护

本章学习目标

1. 了解电网的分类、特点及其电击防护对策。
2. 掌握保护接地原理、应用安全条件。
3. 掌握保护接零原理、应用安全条件及校核计算。
4. 掌握接地装置的结构、施工要求、流散电阻确定。

间接接触电击即电气系统故障或异常状态下的电击。是指人体与正常状态下不带电，而在故障或异常状态下变为带电的物体接触造成的触电事故。双重绝缘或加强绝缘、非导电环境、等电位联结、电气隔离、保护接地、保护接零、安全特低电压和剩余电流动作保护装置都是间接接触电击防护的技术措施。其中，保护接地和保护接零是防止间接接触电击的基本技术措施。这两种措施还与低压系统的防火性能有关。本章重点介绍保护接地和保护接零的技术问题。

第一节 IT 系统

IT 系统是指电源中性点不接地，设备外露可导电部分接地的配电系统。由于电源中性点工作在“浮地”状态，当系统发生单相接地故障时电源三相间的基本平衡仍可保持，系统可以继续运行，供电连续性好，在容易发生单相接地故障的场所多有采用。另外，在其他形式的低压配电系统中通过隔离变压器构建局部的 IT 系统，对降低电击危险效果显著。保护接地是 IT 系统间接接触电击防护最基本的安全措施，不论是交流设备还是直流设备，不论是高压设备还是低压设备，都采用保护接地作为必须的安全技术措施。

一、接地的基本概念

1. 接地的概念

所谓接地，就是将电气设备的某些部位、电力系统的某点与大地紧密连接起来，提供故障电流及雷电电流的泄流通道，稳定电位，提供零电位参考点，以确保电力系统、电气设备的安全运行，同时确保运行人员及其他人员的人身安全。

接地功能是通过接地装置实现的。接地装置就是包括引线在内的埋设在地中的一个或一组金属体，包括水平埋设或垂直埋设的金属接地极、金属构件、金属管道、钢筋混凝土构筑物基础、金属设施等。表征接地装置电气性能的参数为接地电阻。接地电阻的数值等于接地装置相对无穷远处零电位点的电压与通过接地装置流入地中电流的比值。接地电阻反映接地装置流散电流和稳定电位能力的高低及保护性能的好坏，接地电阻越小，保护性能越好。

2. 接地分类

按照接地性质，接地可分为正常接地和故障接地。正常接地又有工作接地和安全接地之分。工作接地是指正常情况下有电流流过，利用大地代替导线的接地，以及正常情况下没有或只有很小不平衡电流流过，用以维持系统安全运行的接地。安全接地是正常情况下没有电流流过的起防止事故作用的接地，如防止触电的保护接地、防雷接地等。故障接地是指带电体与大地之间的意外连接，如接地短路等。

3. 接地电流和接地短路电流

凡从接地点流入地下的电流即属于接地电流。

系统一相接地可能导致系统发生短路，这时的接地电流叫做接地短路电流，如0.4/0.23 kV 系统中的单相接地短路电流。在高压系统中，接地短路电流可能很大，接地短路电流 500 A 及以下的称小接地短路电流系统；接地短路电流大于500 A的称大接地短路电流系统。

4. 流散电阻和接地电阻

接地电流入地后自接地体向四周流散，这个自接地体向四周流散的电流叫做流散电流。流散电流在土壤中遇到的全部土壤电阻叫做流散电阻。

接地电阻是接地体的流散电阻与接地线的电阻之和。接地线的电阻一般很小，可忽略不计，因此，在绝大多数情况下可以认为流散电阻就是接地电阻。

5. 接地体对地电压和对地电压曲线

电流通过接地体向大地流散，其基本行为遵循恒稳电流场规律，满足电流的连续性和稳定电流场的势场性。式 3—1 给出了剖面与地面平行的半球接地体外沿半径方向地面电位计算公式。对地电压就是带电体与电位为零的大地之间的电位差。显然，对地电压等于接地电流和接地电阻的乘积。

$$V = \frac{I\rho}{2\pi r} \tag{3—1}$$

式中，V——在半径方向上，与 r 对应的地面电位，V；

I——流过接地极的电流，A；

ρ——接地极所在位置土壤电阻率，Ω · m；

r——接地电流流散半径，m。

从式（3—1）显然可以得到接地体电位为：

$$V_0 = \frac{I\rho}{2\pi r_0} \tag{3—2}$$

式中，V_0——接地体对地电压，V；

r_0——半球接地体半径，m。

V_0即接地体对地电压。由式（3—1）和式（3—2）可以看出：当电流通过接地体流入大地时，接地体具有最高的电压。离开接地体后，电压逐渐降低，电压降落的速度也逐渐减缓。如果用曲线来表示接地体及其周围各点的对地电压，这种曲线就叫做对地电压曲线。图 3—1 给出剖面与地面平行的半球接地体的电流流散示意和接地体对地电压分布曲线。

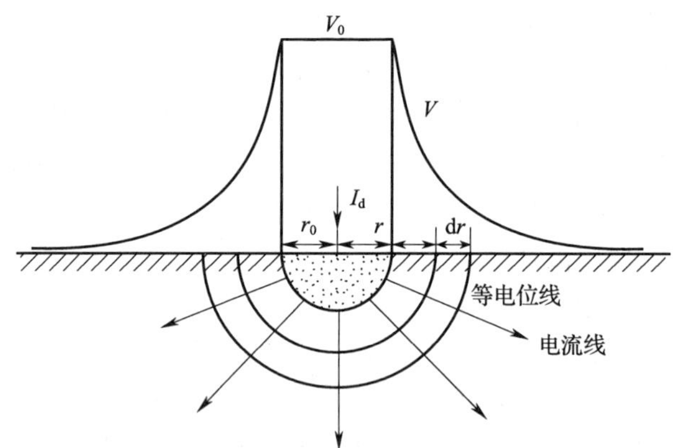

图 3—1　均匀土壤中的半球接地体及其电位分布

因为半球面积与半径的平方成正比，半球的面积随着远离接地体而迅速增大，因此，与半球面积对应的土壤电阻随着远离接地体而迅速减小，至离接地体 20 m 处，半球面积已达 2 500 m^2，土壤电阻已可小到忽略不计。这就是说，可以认为在离开接地体 20 m 以外，电流不再产生电压降了。或者说，至远离接地体 20 m 处，电压几乎降低为零。电气工程上通常说的“地”就是这里的地，而不是接地体周围 20 m 以内的地。通常所说的对地电压，即带电体与大地之间的电位差，也是指离接地体 20 m 以外的大地而言的。如果接地体由多根钢管组成，则当电流自接地体流散时，至电位为零处的距离可能超过 20 m。

6. 接触电动势和接触电压

接触电动势是指接地电流自接地体流散，在大地表面形成不同电位时，与接地体相连设备外壳与水平距离 0. 8 m 处之间的电位差。接触电压是指施加于人体某两点之间的电压。

如图 3—2 所示。当设备漏电，电流 I_d 自接地体流入地下时，漏电设备对地电压为 U_d。人体 a 触及漏电设备外壳，其接触电压即其手与脚之间的电位差为 U_c。如果忽略人的双脚下面土壤的流散电阻，接触电压与接触电动势相等；如果不忽略脚下土壤的流散电阻，接触电压将低于接触电动势。

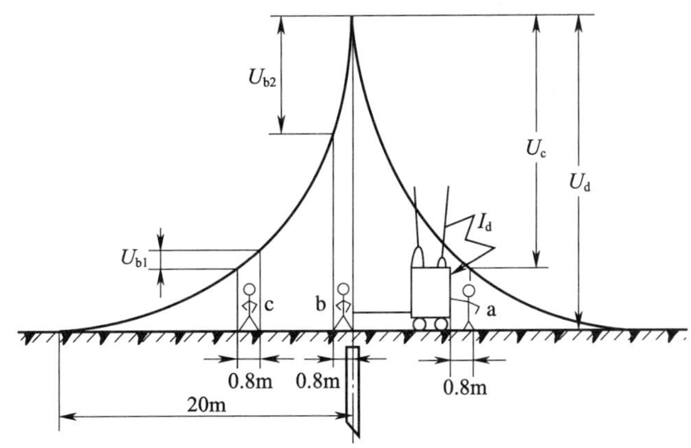

图 3—2　接触电压和跨步电压示意

7. 跨步电动势和跨步电压

跨步电动势是指地面上水平距离为 0. 8 m（人的步距，在我国采用 IEC 的标准中人的步距取 1 m）的两点之间的电位差。跨步电压是指人站在流过电流的地面上，加于人的两脚之间的电压，如图 3—2 中的 U_{b1} 和 U_{b2}。如果忽略脚下土壤的流散电阻，跨步电压与跨步电动势相等。人的跨步一般按 0. 8 m 考虑；大牲畜的跨步通常按 1. 0 ~ 1. 4 m 考虑。图 3—2 中，人体 b 紧靠接地体位置，承受的跨步电压最大；人体 c 离开了接地体，承受的跨步电压要小一些。如果不忽略脚下土壤的流散电阻，跨步电压也将低于跨步电动势。

二、IT 系统的安全原理

如图 3—3a 所示，在系统中性点不接地低压配电网中，如果未采取任何保护措施，当发生一相碰壳并有人触及时，接地电流 I_d通过人体和配电网对地绝缘阻抗构成回路。若假设各相对地绝缘阻抗对称，即 $Z_1=Z_2=Z_3=Z$，则运用戴维宁定理可以求出人体承受的电压和流经人体的电流分别为

$$U_r \approx \frac{R_r}{|R_r+Z/3|}U=\frac{3R_r}{|3R_r+Z|}U \tag{3—3}$$

$$I_r \approx \frac{U}{|R_r+Z/3|}=\frac{3U}{|3R_r+Z|} \tag{3—4}$$

式中，U ——相电压，V；

U_r，I_r——人体电压和人体电流，V，A；

R_r——人体电阻，Ω；

Z——各相对地绝缘阻抗，Ω。

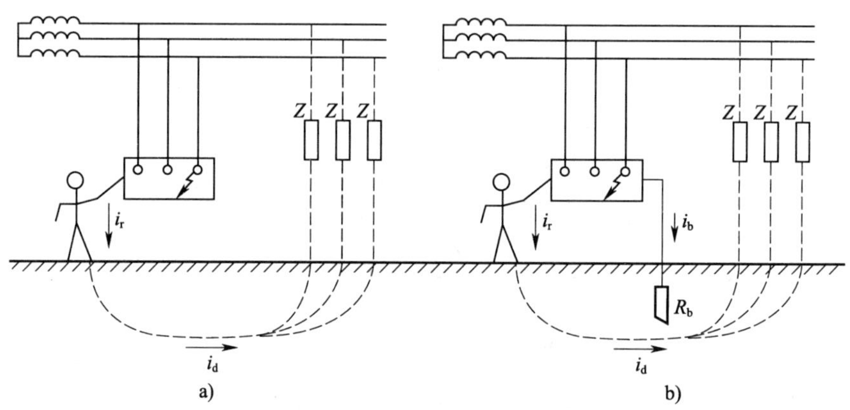

图 3—3　IT 系统保护接地原理

a）未装保护接地　b）装有保护接地

在低压配电网中，绝缘阻抗 Z 是绝缘电阻 R 和分布电容 C 的并联阻抗。对于电网分布范围不大，线路对地绝缘电阻较低的情况，绝缘阻抗中的容抗比电阻大得多，可以忽略电容的影响。这时，可简化式（3—3）和式（3—4），求得人体电压和人体电流分别为

$$U_r=\frac{3R_r}{3R_r+R}U \tag{3—5}$$

$$I_{\mathrm{r}} = \frac{3U}{3R_{\mathrm{r}} + R} \tag{3—6}$$

对于电网分布范围较大，对地绝缘电阻很高的的情况，绝缘阻抗中的电阻比容抗大得多，可以忽略电阻的影响。这时，也可简化运算，求得人体电压和人体电流分别为

$$U_{\mathrm{r}} = \frac{3R_{\mathrm{r}}}{\left|3R_{\mathrm{r}} - j\frac{1}{\omega C}\right|}U = \frac{3\omega R_{\mathrm{r}}CU}{\sqrt{9\omega^2 R_{\mathrm{r}}^2 C^2 + 1}} \tag{3—7}$$

$$I_{\mathrm{r}} = \frac{3\omega CU}{\sqrt{9\omega^2 R_{\mathrm{r}}^2 C^2 + 1}} \tag{3—8}$$

如果各相对地绝缘阻抗不对称，即 $Z_1 \neq Z_2 \neq Z_3$，则可用基尔霍夫定律计算。令中性点与地间电压为 U_{N}（参考方向为地指向 N），可列出各相对地电压相量为

$$\left.\begin{aligned} \dot{U}'_1 &= \dot{U}_1 - \dot{U}_{\mathrm{N}} \\ \dot{U}'_2 &= \dot{U}_2 - \dot{U}_{\mathrm{N}} \\ \dot{U}'_3 &= \dot{U}_3 - \dot{U}_{\mathrm{N}} \end{aligned}\right\} \tag{3—9}$$

将大地视为一个节点，根据基尔霍夫电流定律，流入该节点的电流满足

$$\dot{I}_1 + \dot{I}_2 + \dot{I}_3 + \dot{I}_r = 0 \tag{3—10}$$

再运用欧姆定律，可得到

$$\frac{\dot{U}_1 - \dot{U}_{\mathrm{N}}}{Z_1} + \frac{\dot{U}_2 - \dot{U}_{\mathrm{N}}}{Z_2} + \frac{\dot{U}_3 - \dot{U}_{\mathrm{N}}}{Z_3} + \frac{\dot{U}_3 - \dot{U}_{\mathrm{N}}}{R_{\mathrm{r}}} = 0 \tag{3—11}$$

整理后，可求得

$$\dot{U}_{\mathrm{N}} = \left(\frac{\dot{U}_1}{Z_1} + \frac{\dot{U}_2}{Z_2} + \frac{\dot{U}_3}{Z_3} + \frac{\dot{U}_3}{R_{\mathrm{r}}}\right) \Big/ \left(\frac{1}{Z_1} + \frac{1}{Z_2} + \frac{1}{Z_3} + \frac{1}{R_{\mathrm{r}}}\right) \tag{3—12}$$

$$U_{\mathrm{r}} = |\dot{U} - \dot{U}_{\mathrm{N}}| \tag{3—13}$$

$$I_{\mathrm{r}} = \frac{U_{\mathrm{r}}}{R_{\mathrm{r}}} \tag{3—14}$$

由以上各式不难看出，在不接地配电网中，单相电击的危险性主要决定于配电网的特征，如电网电压、系统范围的大小、电气线路敷设的方式及对地绝缘电阻。此外，还要考虑人体电阻的因素。

例如，设电网各相对地电压均为 220 V，各相对地绝缘电阻均为无限大，各相对地电容均为 0. 55 μF，人体电阻为 2 000 Ω，试判断单相电击的危险性。

解：在给定人体电阻的情况下判断人体触电的危险性，必须求出通过人体的电

流，将上述条件代入对应的公式，可求得人体电压和人体电流分别为

$$U_{\mathrm{r}} = \frac{3\omega R_{\mathrm{r}} CU}{\sqrt{9\omega^2 R_{\mathrm{r}}^2 C^2 + 1}} = \left[\frac{3(2\pi \times 50) \times 2\,000 \times (0.55 \times 10^{-6}) \times 220}{\sqrt{9 \times (2\pi \times 50)^2 \times 2\,000^2 \times (0.55 \times 10^{-6})^2 + 1}}\right]$$

$$= 158.3\ \mathrm{V}$$

$$I_{\mathrm{r}} = \frac{U_{\mathrm{r}}}{R_{\mathrm{r}}} = \frac{158.3}{2\,000} = 79.2\ (\mathrm{mA})$$

通过以上例题的计算可以说明，即使在低压不接地配电网中，单相电击也有致命危险。本章后面将要讲到，与同样电压等级的接地配电网相比，不接地配电网中单相电击的危险性略小一些。

如图3—3b所示，在IT系统中，电气设备的外露金属部分以R_{b}接地，则情况将发生极大的变化。这时接地电阻R_{b}与人体电阻R_{r}并联，一般情况下$R_{\mathrm{b}} \ll R_{\mathrm{r}}$，漏电设备故障对地电压（即人体可能承受低压的极限）可表示为

$$U_{\mathrm{E}} = \frac{3R_{\mathrm{b}}}{|3R_{\mathrm{b}} + Z|}U \tag{3—15}$$

因为$R_{\mathrm{b}} \ll |Z|$，所以漏电设备故障对地电压将大大降低，只要适当控制R_{b}的大小，即可限制该故障电压在安全范围之内；同时，由于R_{b}的分流作用，通过人体的电流也将大大降低。例如，在例题给定数据的条件下，如有$R_{\mathrm{b}} = 4\ \Omega$，则人体电压降低到4.6 V，人体电流减小为2.3 mA。

上述将故障或异常情况下可能呈现危险对地电压的金属部分经接地线、接地体同大地紧密地连接起来，把故障电压限制在安全范围以内的做法称为保护接地。只有在不接地配电网中，由于其对地绝缘阻抗较高，单相接地电流较小，才有可能通过保护接地把漏电设备故障对地电压限制在安全范围之内。

三、保护接地的应用范围

保护接地适用于各种不接地配电网，包括交流不接地配电网和直流不接地配电网，也包括低压不接地配电网和高压不接地配电网。如1～10 kV配电网，矿井低压配电网等。在这类配电网中，凡由于绝缘损坏或其他原因而可能呈现危险电压的金属部分，除另有规定外，均应接地。

四、接地电阻的确定

从保护接地的原理可以知道，保护接地是通过引入接地装置并控制其接地电阻R_{b}，进而限制漏电设备外壳对地电压在安全限值U_{aL}以内，即漏电设备

对地电压 $U_E = I_d R_b \leqslant U_{aL}$。各种保护接地的接地电阻就是根据这个原则来确定的。

1. 低压设备接地电阻

在低压不接地配电系统中，安全要求是故障或异常状态下 $U_{aL} \leqslant 50$ V；若环境潮湿或金属物体分布多，较易发生间接接触电击事故，则 $U_{aL} \leqslant 25$ V。

在 380 V 不接地电网中，一般单相接地电流很小，为使设备漏电时外壳对地电压不超过安全范围，要求保护接地电阻 $R_b \leqslant 4\ \Omega$。

当配电变压器或发电机的容量不超过 100 kVA 时，由于配电网分布范围很小，单相故障接地电流更小，可以放宽对接地电阻的要求，取 $R_b \leqslant 10\ \Omega$。

2. 高压设备接地电阻

（1）小接地短路电流系统

在小接地短路电流系统中，如果高压设备与低压设备共用接地装置，要求设备对地电压不超过 120 V，即 $U_{aL} = 120$ V。其接地电阻为

$$R_b \leqslant \frac{120}{I_d} \tag{3—16}$$

式中，R_b——接地电阻，Ω；

I_d——接地电流，A。

如果高压设备单独装设接地装置，设备对地电压可放宽至 250 V，即 $U_{aL} \leqslant 250$ V。其接地电阻为

$$R_b \leqslant \frac{250}{I_d} \tag{3—17}$$

小接地短路电流系统高压设备的保护接地电阻，除应满足式（3—16）和式（3—17）的要求外，还应不超过 10 Ω。以上两个式子中的 I_d 为配电网的单相接地电流，应根据配电网的特征计算和确定。

（2）大接地短路电流系统

在大接地短路电流系统中，由于接地短路电流很大，很难限制设备对地电压不超过某一范围，而是靠线路上的速断保护装置切除接地故障。要求其接地电阻为

$$R_b \leqslant \frac{2\,000}{I_d} \tag{3—18}$$

但当接地短路电流 $I_d > 4\,000$ A 时，可采用

$$R_b \leqslant 0.5\ \Omega \tag{3—19}$$

五、绝缘监视

在 IT 系统中，当发生一相故障接地时，未接地其他两相对地电压将升高，可能接近线电压。这种情况的存在，会增加电气线路及设备的相绝缘负担，易造成绝缘故障，增加触电的危险。而且，不接地配电网中一相接地故障的接地电流很小，线路和设备还能继续工作，故障可能长时间存在，这对安全也是非常不利的。如图 3—4 所示，在接地故障持续时间内发生某设备另一相漏电，即使该设备上设置有合格的保护接地，也不可能将其故障电压限制在安全范围以内。因此，在不接地配电网中，需要对配电网进行绝缘监视（接地故障监视），并设置声光双重报警信号。

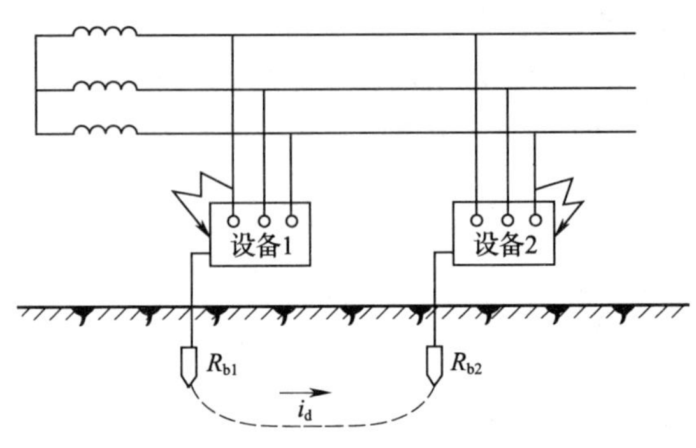

图 3—4　IT 系统两点接地

低压配电网的绝缘监视多采用三电压表法，是用三只规格相同的电压表来实现的，接线如图 3—5 所示。配电网对地电压正常时，三相平衡，三只电压表读数均为相电压，当一相接地时，该相电压表读数急剧降低，另两相则显著升高。即使系统没有接地，只是一相或两相对地绝缘显著恶化时，三只电压表也会给出不同的读数，引起工作人员的注意。为了不影响系统中保护接地的可靠性，应当采用高内阻的电压表。

高压配电网的绝缘监视是利用三相五芯柱特种电压互感器实现的，接线如图 3—6 所示。互感器有两组低压线圈：一组接成星形，供绝缘监视的电压表用；另一组接成开口三角形，开口处接信号继电器 K。正常时，三相平衡，三只电压表读数相同，三角形开口处电压为零，信号继电器 K 不动作。当一相接地或一、两相绝缘明显劣化时，三只电压表出现不同读数，同时三角形开口处出现电压，当电压达到或超过整定值时，信号继电器动作，发出信号。

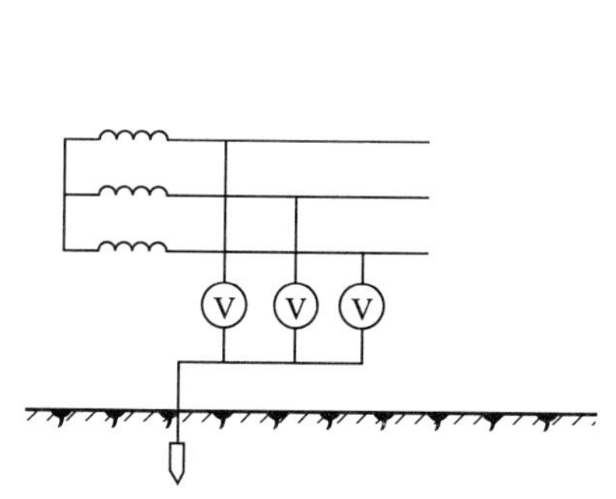

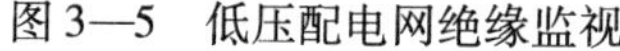

图 3—5　低压配电网绝缘监视

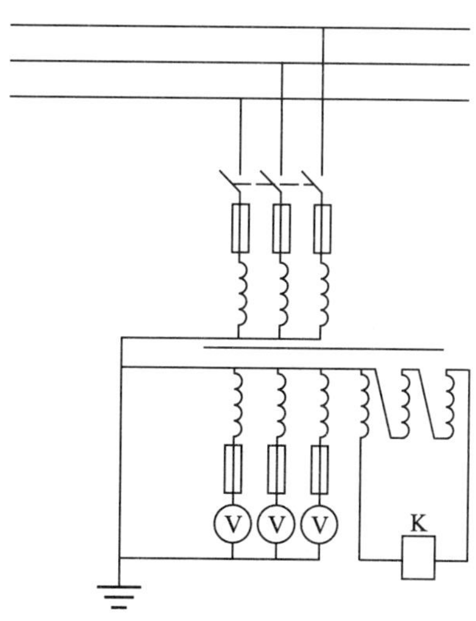

图 3—6　高电配电网绝缘监视

这种绝缘监视装置是以监视三相对地平衡为基础的，对于一相接地故障很敏感，但对三相绝缘同时劣化，即三相绝缘同时降低的故障是没有反应的。其另一缺点是当三相绝缘都在安全范围以内，但相互差别较大时，会给出错误的指示或信号。由于这两种情况很少发生，上述绝缘监视装置还是可用的。

在低压配电网中，为了比较准确地检测配电网对地绝缘情况，可以借用专用方法测量绝缘阻抗。图 3—7 表示一种无源测量装置的基本线路。按下 SB1 时，测得该相对地电压 U；按下 SB2 时，测得该相接地电流 I，由此可求得三相配电网对地导纳近似为

$$Y = \sqrt{G^2 + B^2} = \frac{I}{U} \tag{3—20}$$

如接通 SA1，重复上述测定，通过电压表读数 U_G 和电流表读数 I_G 可求得这时三相电网对地导纳近似为

$$Y_G = \sqrt{(G + g_a)^2 + B^2} = \frac{I_G}{U_G} \tag{3—21}$$

如接通 SA2，重复上述测定，可求得

$$Y_B = \sqrt{G^2 + (B + b_a)^2} = \frac{I_B}{U_B} \tag{3—22}$$

联立求解式（3—20）、式（3—21）、式（3—22）即可求得 G、B。

图 3—8 所示为有源测量装置的基本线路。按电压表和电流表读数，经适当转换，即可求得绝缘阻抗。为了提高灵敏度，可经桥式整流后用直流毫安表测量电流或直流流比计式仪表测量电流。

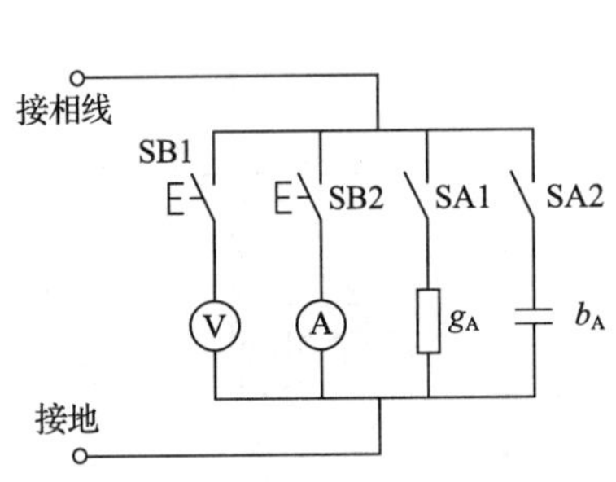

图 3—7　配电网绝缘阻抗无源测量

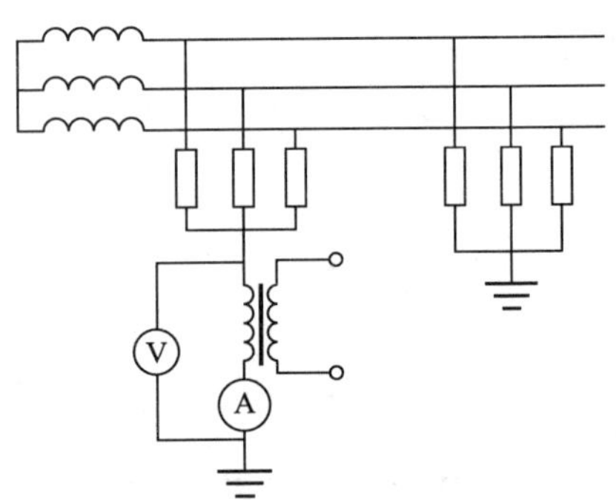

图 3—8　配电网绝缘阻抗有源测量

六、过电压的防护

电力系统中出现过电压的原因很多，由外部原因造成的有雷击过电压，电磁感应过电压和静电感应过电压；由内部原因造成的有操作过电压、谐振过电压以及事故过电压。

对于 IT 系统，由于电网与大地之间没有直接的电气连接，在意外情况下可能产生很高的对地电压。例如，当变压器高压一相与低压中性点短接时（见图 3—9），低压侧对地电压将大幅度升高，这将给低压系统的安全运行造成极大的威胁。

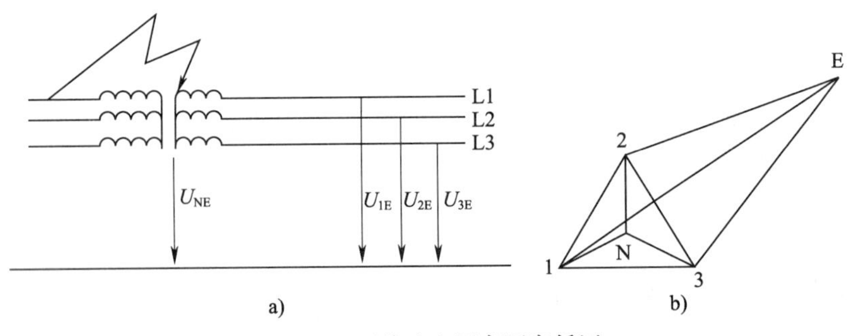

图 3—9　不接地电网高压窜低压

a）示意图　b）相量图

为了减轻过电压的危险，在不接地低压配电网中，应当如图 3—10 所示的那样，把低压配电网的中性点或者一相经击穿保护器接地。

击穿保护器主要由两片黄铜电极夹以带小孔的云母片组成，其击穿电压大多不超过额定电压的 2 倍。正常情况下，击穿保护器处在绝缘状态，配电系统不接地；当过电压产生时，云母片带孔部分的空气隙被击穿，故障电流经接地装置流入大地。这个电流即高压系统的接地短路电流，它可能引起高压系统过电流保护装置动作，切除故障，断开电源。如果这个电流不大，不足以引起保护装置动作，则可以通过选定适当的接地电阻值控制低压系统电压升高不超过 120 V。为此，接地电阻应为

$$R_{\mathrm{E}} \leqslant \frac{120}{I_{\mathrm{gd}}} \tag{3—23}$$

式中，R_{E}——接地电阻，Ω；

I_{gd}——高压系统单相接地短路电流，A。

通常情况下，$R_{\mathrm{E}} \leqslant 4$ Ω 即能满足上述要求。

正常情况下，击穿保护器必须保持绝缘良好。否则，不接地配电网变成接地配电网，用电设备上的保护接地将不足以保证安全。因此，对击穿保护器的状态应经常检查，或者如图 3—10 所示，接入两只相同的电压表进行监视。正常时，两只电压表的读数各为相电压的一半；如果击穿保护器内部短路，一只电压表的读数降低至零，而另一只电压表的读数上升至相电压。必要时，防护装置应当设置监视击穿保护器绝缘的声、光双重报警信号。为了不降低系统保护接地的可靠性，监视装置应具有很高的内阻。

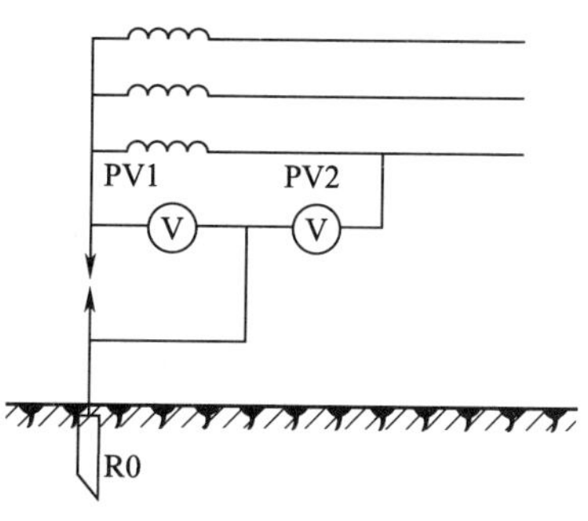

图 3—10　高压窜低压防护及监视

第二节　TT 系统

TT 系统与 IT 系统不同，这类配电系统由于电源中性点已经接地，具有同一台变压器能提供一组线电压和一组相电压，便于动力和照明供电；具有较好的过电压抑制与防护性能，且一相故障接地时单相电击的危险性相对小，与 IT 系统相比较，有故障接地点比较容易检测等优点。TT 系统如图 3—11 所示。

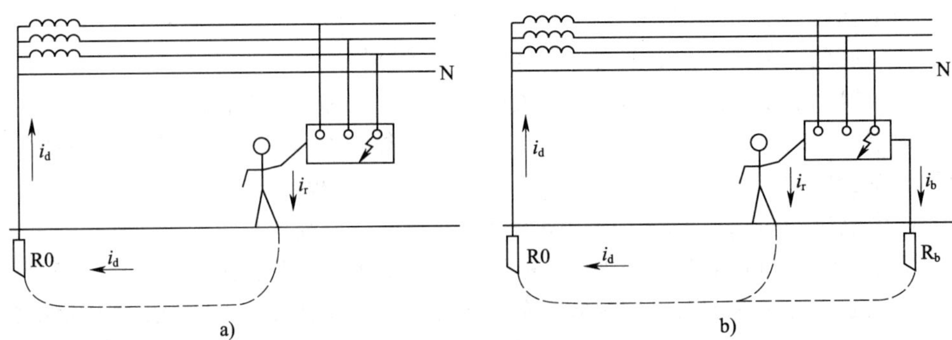

图 3—11　TT 系统保护接地原理

a）未装设保护接地　b）装设保护接地

一、TT 系统的安全原理

如图 3—11a 所示，低压中性点的接地通常称作工作接地，中性点引出的导线叫做中性线，其接地电阻称工作接地电阻，一般记为 R0。由于中性线是通过工作接地与“零”电位的大地连在一起的，因而中性线也叫做“零”线，一般记为 N。在接地配电系统中，如果电气设备没有采取任何防止间接接触电击的措施，发生单相电击时，人体承受的电压接近相电压（即接触电压等于相电压在工作接地电阻与人体电阻间分压的人体电阻分压部分）。也就是说，在接地系统中，人体触及漏电设备时具有较大的电击危险性。

如图 3—11b 所示，为设备外壳采取保护接地措施的情况。这种配电防护系统称为 TT 系统。TT 系统即电源中性点接地，同时设备外露可导电部分也接地的配电系统。这时，如有一相漏电，则故障电流主要经接地电阻 R_b 和工作接地电阻 R0 构成回路。漏电设备对地电压 U_E 和零线对地电压 U_N 分别为

$$U_E = \frac{R_bR_r}{R_0R_b + R_0R_r + R_bR_r}U \tag{3—24}$$

$$U_N = \frac{R_0R_b + R_0R_r}{R_0R_b + R_0R_r + R_bR_r}U \tag{3—25}$$

式中，U——配电网相电压，V；

R_r——人体电阻，Ω。

一般情况下，$R_0 \ll R_r$，$R_b \ll R_r$。式（3—24）和式（3—25）可简化为

$$U_E \approx \frac{R_b}{R_0 + R_b}U \tag{3—26}$$

$$U_N \approx \frac{R_0}{R_0 + R_b}U \tag{3—27}$$

显然，$U_E + U_N = U$，且 $U_E/U_N = R_b/R_0$。与没有保护接地的情况相比较，漏电设备上对地电压有所降低，但零线上却产生了对地电压。而且，由于 R_b 和 R_0 在同一个数量级，二者都可能远远超过安全电压，人触及漏电设备或触及零线都可能受到致命的电击。另一方面，由于故障电流主要经 R_b 和 R_0 构成回路，如不计及带电体与外壳之间的过渡电阻，其大小为

$$I_d = \frac{U}{R_0 + R_b} \tag{3—28}$$

由于 R_b 和 R_0 都是欧姆级的电阻，因此，I_d 不可能太大。这种情况下，一般的过电流保护装置不起作用，不能及时切断电源，使故障长时间延续下去。例如，当 $R_b = R_0 = 4\ \Omega$ 时，故障电流只有 27.5 A，能与之相适应的过电流保护装置是十分有限的。

正因为如此，采用 TT 系统的同时必须采用有快速切除接地故障功能的自动保护装置或其他防止电击的措施作为补偿性技术手段。

二、工作接地

工作接地属功能接地，是指配电网的变压器或发电机中性点在其近处的一点接地。如上分析，工作接地的安全作用主要是抑制故障时配电网对地电压使其不致升高太多，以免增加触电的危险性，并减轻绝缘的额外负担或防止绝缘击穿。其次，由于接地的配电网中单相接地故障电流可达到数安乃至数十安，故障比较容易被检测，故障点也比较容易确定。

图 3—12a 表示没有工作接地的三相四线接零系统发生一相接地的情况。这时配电网各相对地电压分别为

$$\left.\begin{aligned} U_{1E} &= U_{2E} \approx \sqrt{3}U \\ U_{3E} &\approx 0 \\ U_{NE} &= U \end{aligned}\right\} \tag{3—29}$$

式中，U——配电网相电压。

显然，中性线及所有接中性线的电气设备外露导电部分都成了十分危险的带电体；同时，未接地的两相单相触电的危险性因电位的升高而增加。而且，由于接地电流不大，这种危险状态可能持续下去。因此，这种配电网是不宜采用的。

如图 3—12b 所示，中性点有工作接地，则中性点的电位漂移受到限制。这时，

接地电流 I_d经故障接地电阻 R_E和工作接地电阻 R_0构成回路，各相对地电压都发生了变化，并可用下列计算式表达

$$\left.\begin{aligned} U_{NE} &\approx \frac{R_N}{R_N+R_E}U \\ U_{3E} &\approx \frac{R_E}{R_N+R_E}U \\ U_{1E}=U_{2E} &\approx \sqrt{U_2+U_{NE}^2+UU_{NE}} \end{aligned}\right\} \tag{3—30}$$

当 $U=220$ V，$U_{NE}=50$ V 时，不难按式（3—30）求得 $U_{1E}=U_{2E}=249$ V，$U_{3E}=70$ V。这就是说，如能限制 $U_{NE}\leqslant 50$ V，即可限制未接地两相对地电压不超过 250 V，即将其对地电压限制在适当的范围以内。

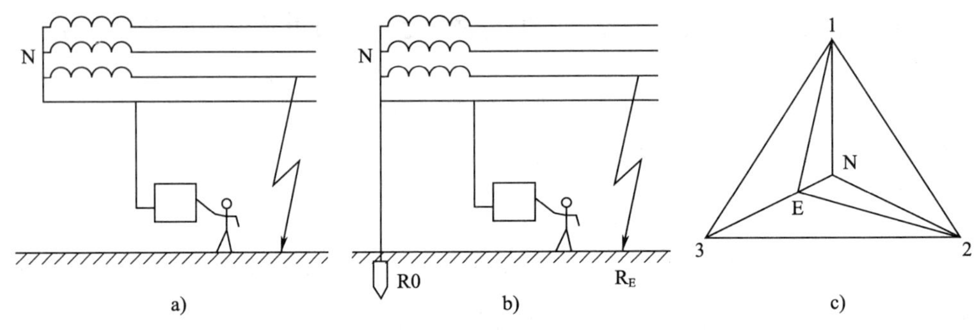

图 3—12　工作接地的作用

a）无工作接地　b）有工作接地　c）有工作接地的相量图

低压配电网有工作接地时，各种过电压都受到一定的限制。当有高压窜入低压，或有感应过电压、谐振过电压发生时，电网的工作接地能稳定系统电位，限制系统对地电压不超过某一范围，减轻过电压的危险。如图 3—13 所示，发生高压窜入低压时，低压零线对地电压为

$$U_0=I_{gd}R_0 \tag{3—31}$$

由式（3—31）可以看出，只要能够有效地控制工作接地电阻 R_0，就可以将系统零线电压控制在合理的范围。工作接地的接地电阻值可参考本章第一节要求确定。

下面以高压 10 kV、低压 0.4 kV 的配电系统为例，分析工作接地对过电压的限制作用。如图 3—13a 所示，尽管高压相线对地电压将近 5 800 V，但当高压侧意外与低压侧发生短接时（图中是与低压中性点短路），由于 10 kV 系统为不接地电网，

单相接地电流 I_{gd} 不超过 20～30 A，如能控制 $R_0 \leqslant 4\ \Omega$，即可限制中性点对地电压 U_{NE} 不超过 80～120 V。如变压器为星形—星形 12 点接线（Y，y_{NO}）接法，可求得各相对地电压，U_{1E} 约为 244～260 V，U_{2E} 约为 303～340 V，U_{3E} 为 140～166 V。

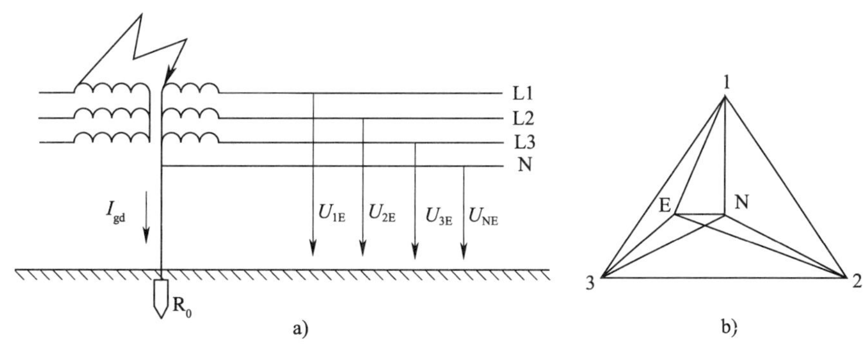

图 3—13　接地电网高压窜低压

a）示意图　b）相量图

在 TT 系统中，由于有工作接地电阻的存在，电网容易受到外界系统的影响。当不同系统的接地极相距很近，或接地极周围存在明显的杂散电流时，将引起接地体电位漂移，从而引起与接地极相连的电网中性点电位漂移等。

三、TT 系统的应用

采用 TT 系统时，为防止不同系统、不同设备的接地极间，或接地极周围存在杂散电流引起的对地电位漂移，被保护区域内设备的所有外露导电部分均应与接地体的保护导体连接起来并共同接地。

从前面分析可知，TT 系统保护接地的基本原理就是限制故障设备外壳或零线对地电压在安全预期接触电压以内，即保证在允许故障持续时间内漏电设备的故障对地电压不超过某一限值。在中性线（零线）与相线具有同等绝缘水平时，一般原则为

$$U_d = I_d R_b \leqslant U_{aL} \tag{3—32}$$

在第一种状态下，即在环境干燥或略微潮湿、皮肤干燥、地面电阻率高的状态下，U_{aL} 不得超过 50 V；在第二种状态下，即在环境潮湿、皮肤潮湿、地面电阻率低的状态下，U_{aL} 不得超过 25 V。故障最大持续时间原则上不得超过 5 s。对于其他电压限值，允许故障持续时间不应超过表 3—1 所列和图 3—14 所示的数值。表 3—1 中，人体阻抗与人体电流两栏数值是与图 3—13 中的两组曲线相对应的。

图 3—14 中，L_1、I_1、Z_1曲线相应于第一种状态，L_2、I_2、Z_2曲线相应于第二种状态。

表 3—1　　允许故障持续时间

预期的接触电压/V	第一种状态			第二种状态		
	人体阻抗/Ω	人体电流/mA	持续时间/s	人体阻抗/Ω	人体电流/mA	持续时间/s
25	—	—	—	1 075	23	>5
50	1 725	29	>5	925	54	0. 47
75	1 625	46	0. 60	825	91	0. 30
90	1 600	56	0. 45	780	115	0. 25
110	1 535	72	0. 36	730	151	0. 18
150	1 475	102	0. 27	660	227	0. 10
220	1 375	160	0. 17	575	383	0. 035
280	1 370	204	0. 12	570	491	0. 020
350	1 365	256	0. 08	565	620	—
500	1 360	368	0. 04	560	893	—

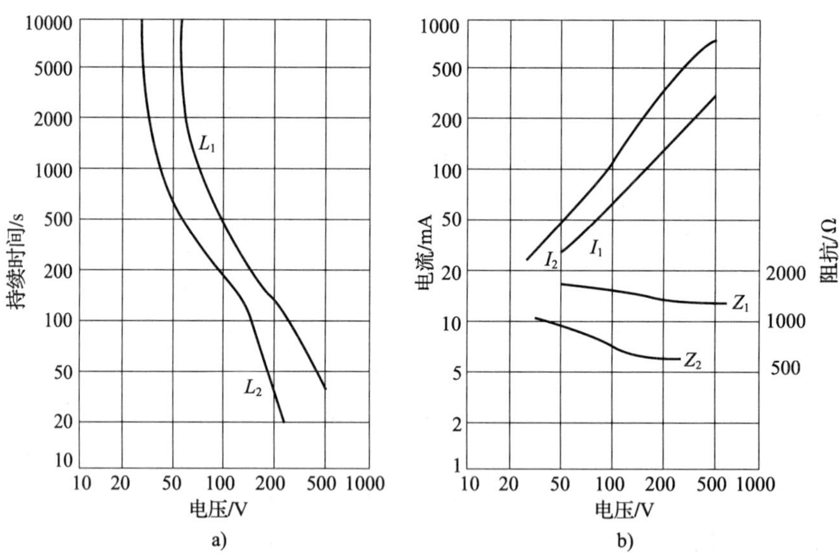

图 3—14　允许故障持续时间

a）持续时间　b）人体电流和人体阻抗

为实现上述要求，可在TT系统中采取降低保护接地电阻、装设剩余电流动作保护装置或过电流保护装置的措施，在漏电保护装置和过电流保护装置之间优先选用前者。此外，将TT系统改为TN系统，也能取得较好的效果。

第三节　TN　系　统

TN系统属于保护接零系统。TN系统的前一位字母T，表示系统为电源中性点直接接地的系统。TN系统的后一位字母N表示系统中电气装置的外露可导电部分通过保护线与系统的中性点联结，由于中性点又称为零点，保护接零由此而得名。保护接零是防止间接接触电击的基本措施。

一、TN系统的安全原理及类别

保护接零的原理如图3—15所示。在中性点直接接地的三相四线制配电网中，当采用保护接零的设备发生某相带电部分碰连设备外壳（即外露导电部分）时，故障电流通过相线和零线（保护导体）构成回路。由于回路阻抗很小，短路电流I_d很大，能促使线路上的过流保护元件（如低压断路器或熔断器）迅速可靠地动作，切断故障设备供电，从而缩短接触电压持续时间，消除电击的危险。

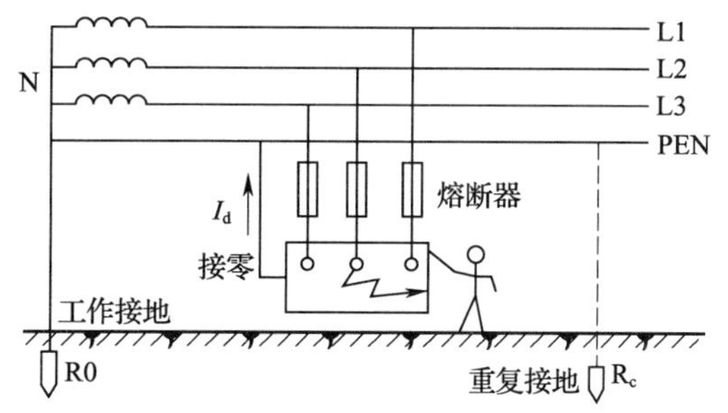

图3—15　保护接零的原理

在电源中性点直接接地的三相配电网中，应当区别工作零线和保护零线。前者即中性线，用N表示；后者即保护导体，用PE表示。如果一根线既是工作零线又是保护零线，则用PEN表示。

TN系统分为TN－S，TN－C－S，TN－C三种方式，如图3—16所示。TN－S系统的保护零线是与工作零线是完全分开的；TN－C－S系统干线部分的前一部分保护零线是与工作零线共用的；TN－C系统的干线部分保护零线是与工作零线完全共用的。

二、保护接零应满足的要求

1. 保护配合元件灵敏度应达到要求。保护接零的实质是借助零相回路低阻抗

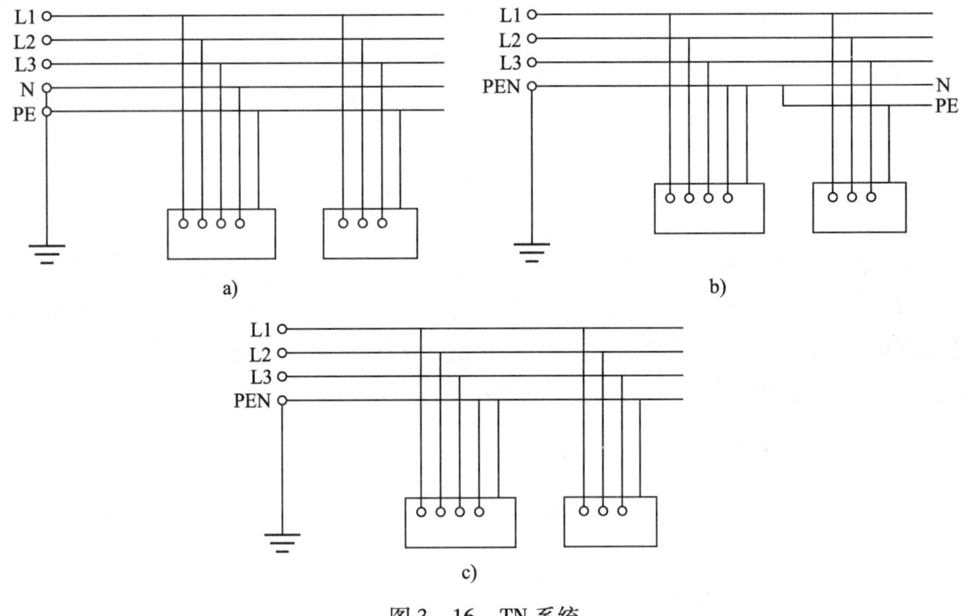

图 3—16　TN 系统

a）TN－S 系统　b）TN－C－S 系统　c）TN－C 系统

形成大的短路电流，迫使继电保护装置动作切断故障设备电源。也就是说，保护接零的作用不是单独由“接零”来实现的，而是要与其他保护装置配合使用才能完成。因此单相短路电流与保护装置动作电流的匹配性是保护接零能否发挥作用的关键条件。单相短路电流取决于配电网相电压和相零线回路阻抗。

当采用低压断路器保护时，动作特性是定时限的，只要短路电流达到瞬时脱扣电流的 1.1 倍，就能可靠动作。考虑短路电流计算的误差和开关脱扣电流整定的偏差，要求灵敏度应不小于 1.5 倍。当采用熔断器保护时，因为熔丝是靠电流的热效应而切断供电的，电流越大动作越快，即熔丝的安秒特性呈反时限特性。因此为保证迅速切断故障，一般要求灵敏度不小于 4。

2. 低压电网中性点必须有良好的工作接地且其电阻值 $R_0 < 4\ \Omega$。这样，如果高、低压绕组直接短路或低压绕组一相碰壳，导入大地的接地短路电流流过工作接地所造成的零线对地电压值可以得到限制。

3. 保护导体不能断线。在 TN－C 供电系统中，中性线既是负载电流的通路，也是设备单相碰壳故障电流的通路。如果零线断线，三相负荷不平衡时，中性点电位将发生漂移使负荷三相电压不对称而无法正常工作，甚至烧坏设备；如果零线断线，单相碰壳故障将无法形成短路故障，故障无法有效检测，设备供电不会被中断，保护接零不起作用，且断点后的零线上及全部与零线相连的设备外壳均呈现危险的对地电压，使故障范围扩大。为此规定，TN 系统的中性线上不允许装熔断器或单极隔离开关，避免造成断线。同时相关规程还建议低压线路零线截面采取与相线同截面的导线，以减小相零回路阻抗，增加零线的机械强度和稳定性，减小断线几率。

4. 保护导体必须重复接地。重复接地指保护导体上除工作接地以外的其他点的再次接地。按照国际电工委员会的提法，重复接地是为了保护导体在故障时其电位尽量接近大地电位的在其他附加点的接地。重复接地是提高 TN 系统安全性能的重要措施，保护接零除了系统中性点工作接地外，必须将保护导体在一处或多处重复接地，其主要作用如下：

（1）降低保护导体断线或接触不良时触电的危险性

在很多情况下，保护导体（PE 线，PEN 线）断开或接触不良的可能性是不能完全排除的。如图 3—17a 所示，无重复接地时，如果在保护导体断线的同时，断线处后面某电气设备碰壳短路，故障电流经过触及设备的人体和工作接地构成回路。因为人体电阻比工作接地电阻 R_0大得多，所以在断线处以后，人体几乎承受全部相电压。

如果像图 3—17b 那样有重复接地电阻 R_c时，情况就与图 3—17a 不同了。此时，较大的故障电流经过 R_c 和 R0 构成回路。断线两边的对地电压分别 $U_0=I_dR_0$ 和 $U_c=I_dR_c$。显然，U_0 和 U_c 都低于相电压，触电危险程度一般就得以降低。

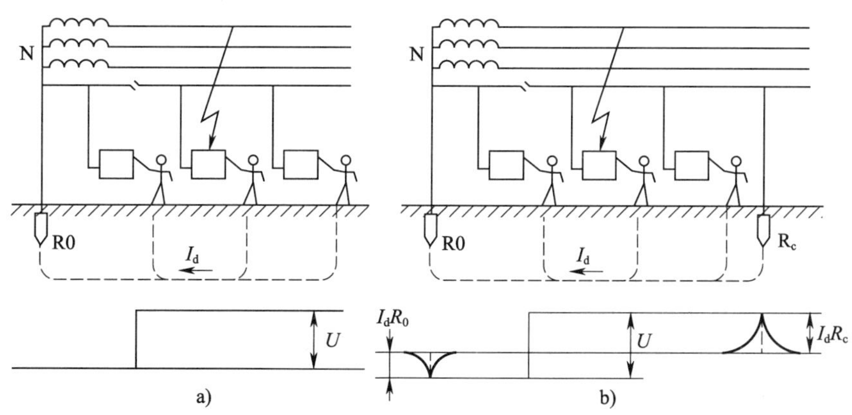

图 3—17　保护导体断线与设备漏电

a）无重复接地　b）有重复接地

在 TN－C 保护导体断线的情况下，即使没有设备漏电，只是三相负荷不平衡，也会给人身安全造成很大的威胁。在这种情况下，重复接地同样有减轻危险或消除危险的作用。根据规定，在中性点直接接地的配电系统中，单相 220 V 用电设备应均匀地分配在三相线路上，由负荷不平衡引起的中性线电流一般不得超过变压器额定电流的 25%。如果中性线完好，这 25% 的不平衡电流只在其上产生很小的电压降，对人身没有伤害。但是，如果中性线断裂，断线处以后的零线可能会呈现数十伏乃至接近相电压的危险电压。如图 3—18a 所示，在两相停止用电，仅一相保持用电的特殊情况下，如果中性线断线，电流经过该相负荷、人体、工作接地构成回路。因为人体电阻较大，所以大部分电压降在人体上，造成触电危险。如果像图 3—18b 那样，中性线或设备上装有重复接地，则设备对地电压即为重复接地上的电压降。一般情况下，R_c 与负载电阻或 R_0 比较不会是太大的数值，其电压降只是相电压的一部分，从而降低或消除了触电的危险性。

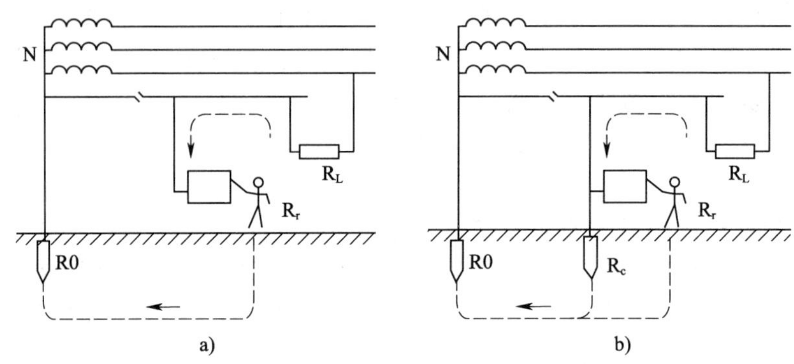

图 3—18　零线断线与不平衡负荷

a）无重复接地　b）有重复接地

例如，假定该相负荷为 1 kW，则其电阻 $R_L = 48.4\ \Omega$；再假定 $R_0 = 4\ \Omega$，$R_c = 10\ \Omega$，可求得对地电压为

$$U_d = I_d R_c = \frac{R_b}{R_0 + R_L + R_c} U = \frac{10}{4 + 48.4 + 10} \times 220 \approx 35\ \text{V}$$

这个电压对人来说是没有太大危险的。

在保护导体断线情况下，重复接地一般只能减轻保护导体断线时触电的危险，但不能完全消除触电的危险。

应当指出，在 TN－S 系统中，工作零线（N 线）断线也会带来危险。此时，如三相负荷不平衡，负载中性点将发生“漂移”。设电源相电压分别为 $\dot{U}_u$、$\dot{U}_v$、

$\dot{U}_w$，负载阻抗分别为 Z_u、Z_v、Z_w，则运用基尔霍夫定律求得负载中性点和各相电压分别为

$$\dot{U}_N = \left(\frac{\dot{U}_u}{Z_u}+\frac{\dot{U}_v}{Z_v}+\frac{\dot{U}_w}{Z_w}\right)\Big/\left(\frac{1}{Z_u}+\frac{1}{Z_v}+\frac{1}{Z_w}\right) \tag{3—33}$$

$$\left.\begin{aligned}\dot{U}_1 &= \dot{U}_u-\dot{U}_N\\ \dot{U}_2 &= \dot{U}_v-\dot{U}_N\\ \dot{U}_3 &= \dot{U}_w-\dot{U}_N\end{aligned}\right\} \tag{3—34}$$

设 $Z_u=2Z_v=5Z_w$，$U_u=U_v=U_w=220$ V，则可按上式求得 $\dot{U}_N=99.15\angle113.9°$ V，$\dot{U}_1=297.46\angle-139°$ V，$\dot{U}_2=265.20\angle-99.0°$ V 和 $\dot{U}_3=126.02\angle-109.1°$ V，其相量图如图 3—19 所示。显然，第一相过电压严重，用电设备有烧坏的可能；第二相过电压也比较严重，若持续时间较长，用电设备也有烧坏的可能；第三相电压不足，用电设备不可能正常工作。毫无疑问，这种运行状态是危险的。应当指出，如果是 TN－C－S 系统或 TN－C系统的 PEN 线，其上有重复接地，则上述故障带来的危险将大大减轻。这时，负载中性点对地电压为

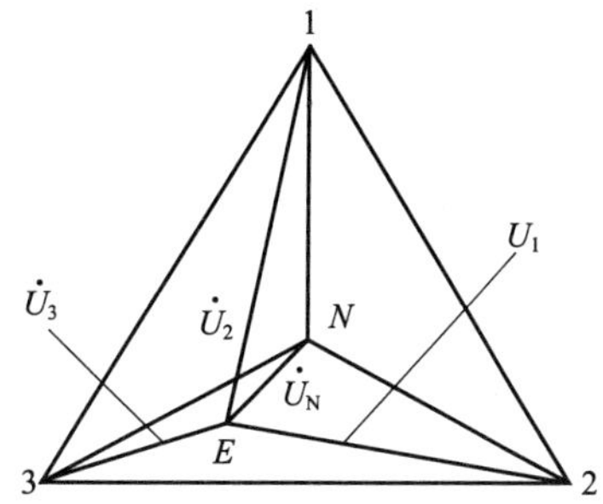

图 3—19　负载中性点“漂移”

$$\dot{U}_N = \left(\frac{\dot{U}_u}{Z_u}+\frac{\dot{U}_v}{Z_v}+\frac{\dot{U}_w}{Z_w}\right)\Big/\left(\frac{1}{Z_u}+\frac{1}{Z_v}+\frac{1}{Z_w}+\frac{1}{Z_N}\right) \tag{3—35}$$

式中，Z_N——负载中性点与电源中性点之间的阻抗。

该阻抗为工作接地电阻与重复接地电阻之和，即 $Z_N=R_0+R_c$。如设 Z_u、Z_v、Z_w 为纯电阻，且 $R_u=2R_v=5R_w=100\ \Omega$ 和 $U_n=U_v=U_w=220$ V，如有 $R_N=4\ \Omega$，$R_c=7\ \Omega$，则可计算得到 $\dot{U}_N=44.07\angle133.9°$ V，$\dot{U}_1=252.52\angle-7.2°$V，$\dot{U}_2=236.05\angle-109.7°$ V 和 $\dot{U}_3=177.54\angle116.6°$ V。显然电压不平衡受到了抑制、危险程度降低。

当然，在工作零线与保护零线合用的情况下，工作零线断线就是保护零线断线，必将有触电的危险性。例如，在上面这个例子中，由于 $U_N=44.07$ V，$R_0=4\ \Omega$，$R_c=7\ \Omega$，将使断线后段的零线和接零设备上带有 28.04 V 的对地电压，同时使断线前段的零线和接零设备带有 16.03 V 的对地电压。电压虽然不高，但在高度

触电危险场所或特别触电危险场所，仍不能排除由电击引起致命伤害的可能性；另一方面，如果在场所有爆炸性混合物，上述故障电压引起的放电火花将有很大的引燃危险。

应当注意，迅速切断电源是保护接零的基本保护方式。如不能实现这一基本保护方式，即使有重复接地，往往也只能减轻危险，难以消除危险，而且危险范围还有所扩大。

（2）降低漏电设备对地电压

有重复接地时，当发生了一相碰壳时，短路电流除了流过零线之外，还流过重复接地电阻和中性点接地电阻，由于重复接地电阻与中性点接地电阻的分压作用，使得与设备外壳接触的人体所承受的对地电压比起无重复接地时大大下降，触电的危险性大大降低。

（3）缩短事故持续时间

采用重复接地后，重复接地和工作接地构成零线的并联分支，降低了相零回路的阻抗，因此发生短路时，能增加短路电流，加速线路保护装置动作，缩短事故持续时间。

（4）改善架空线路的防雷性能

架空线路零线上的重复接地对雷电流有分流作用，有利于限制雷电过电压。

重复接地在设置上有如下要求：

架空线路的干线和分支线的终端、沿线每 1 km 处，分支线长度超过 200 m 的分支处；电缆或架空线路引入车间或大型建筑物处，高低压线路同杆架设时，共同敷设段的两端应做重复接地。

线路上的重复接地宜采用集中埋设的接地体，车间内宜采用环形重复接地或网络重复接地。零线与接地装置至少有两点连接，除进线处的一点外，其对角线最远点也应连接，而且车间周围过长超过 400 m 者，每 200 m 应有一点连接。

一个配电系统可敷设多处重复接地，并尽量均匀分布，以等化各点电位。

每一重复接地的接地电阻不得超过 10 Ω；在变压器低压侧工作接地的接地电阻允许不超过 10 Ω 的场合，每一重复接地的接地电阻允许不超过 30 Ω，但不得少于三处。

导体的重复接地可充分利用自然接地体。

5. 在由同一台发电机、同一台变压器或同一段母线供电的低压电网中，不宜同时采用接地、接零两种保护方式。否则，当保护接地的用电设备碰壳短路时，接零设备的外壳上将产生 I_dR_0 对地电压，这样会使故障范围扩大，如图 3—20 所示。

6. 所有电气设备的保护接零线，应以“并联”方式连接到零线干线上。比如，使用单相三孔插座时，不允许将插座上接电源工作零线的孔同保护零线的孔串接。因为一旦工作零线松脱或断开就会使设备的金属外壳带电，在零、相线接反时也会使外壳带电。正确接法是由接电源工作零线的孔和接保护零线的孔分别引出导线接到零线上。

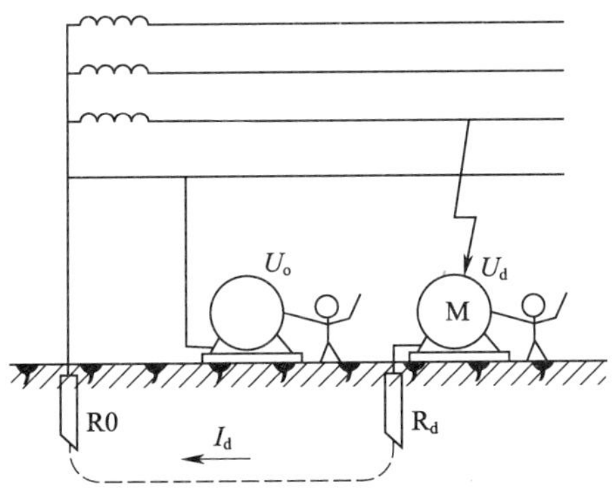

图 3—20　接地与接零混用

7. 手持式电动工具要有不带工作电流的专用接零芯线，不可利用既带工作电流又兼用保护接零的同一芯线。否则当导线中的零线芯断开时，工具的金属外壳将会出现大小相当于相电压的对地电压。

三、TN 系统速断和限压的要求

在接零系统中，单相短电流越大，保护元件动作越快；反之，动作越慢。单相短路电流决定于配电网电压和相零线回路阻抗。稳态单相短路电流 I_d 按下式计算：

$$I_d = \frac{U}{|Z_L + Z_{PE} + Z_E + Z_T|} = \frac{U}{|Z|} \tag{3—36}$$

式中，U——配电网相电压，V；

Z_L——相线阻抗，Ω；

Z_{PE}——保护零线阻抗，Ω；

Z_E——回路中电器元件阻抗，Ω；

Z_T——变压器计算阻抗，Ω；

Z——相零线回路阻抗，Ω，$Z = Z_L + Z_{PE} + Z_E + Z_T$。

显然，相零线回路阻抗不能太大，以保证发生漏电时有足够大的单相短路电流，迫使线路上的保护元件迅速动作。

就电流对人体的作用而言，电流通过人体的持续时间越长，致命的危险性越大，引起心室颤动所需要的电流越小。因此，确定速断保护的动作时间时应当考虑可能的预期接触电压。

仅仅认为保护接零只起过电流速断保护作用，而不能降低漏电设备对地电压也是不对的。由保护接零电路可以求出保护装置动作前漏电设备对地电压为

$$\dot{U}_{d} \approx \frac{R_{r}}{R_{r}+Z_{N}}\dot{I}_{d}Z_{PE} \approx \frac{R_{r}}{R_{r}+Z_{N}} \cdot \frac{Z_{PE}}{Z}\dot{U} = \frac{R_{r}}{R_{r}+Z_{N}} \cdot \frac{Z_{PE}}{Z_{T}+Z_{E}+Z_{L}+Z_{PE}}\dot{U} \tag{3—37}$$

如线路截面较小，保护零线与相线紧邻敷设。由于电抗比较小，其范围也比较容易确定，对地电压可按下式简化计算：

$$U_{d} = K_{c}U\frac{R_{PE}}{R_{L}+R_{PE}} \tag{3—38}$$

式中，R_L——相线电阻，Ω；

R_{PE}——保护线电阻，Ω；

K_c——计算系数，$K_c=0.6\sim1.0$。

如令 $m=R_{PE}/R_L$，则式（3—38）可简化为：

$$U_{d} = K_{c}\frac{m}{1+m}U \tag{3—39}$$

如导体材质相同，则 m 即为相线截面与保护线截面之比。对于电缆和绝缘导线，$m\approx1\sim3$。应当指出，与不接地电网不同，在这里欲将漏电设备对地电压限制在某一安全范围内是困难的。例如，在相电压 $U=220$ V 的条件下，当 $m=1.666\ 7$ 时，$U_d=110$ V；当 $m=1.046\ 5$ 时，$U_d=90$ V；当 $m=0.742\ 6$ 时，$U_d=75$ V 等。这些数值都远远超过安全电压值。但是，如果过电流保护元件能保证上面三种电压分别不得超过表 3—1 和图 3—14 规定的时间（上面三种电压分别不超过 0.2 s、0.5 s 和1 s）内动作，则应当认为保护是有效的。

由于地面对地电压曲线分布规律随接地体特征及其施工方式而异，发生触电的位置又受工艺过程等因素的影响，最大接触电压可能难以确定，表 3—1 和图 3—14也就无法利用。为此，国家标准以额定电压为依据作了一个比较简明的规定：对于相线对地电压 220 V 的 TN 系统，手持式电气设备和移动式电气设备末端线路或插座回路的短路保护元件应保证相、零线短路持续时间不超过0.4 s；配电线路或固定式电气设备的末端线路应保证短路持续时间不超过5 s。后者之所以放宽规定是因为这些线路不常发生故障，而且接触的可能性较小，即使触电也比较容易摆脱的缘故。如配电箱引出的线路中，除固定设备的线路外，还有手持式、移动式设备或插座线路，短路持续时间也不应超过0.4 s。否则，应采取能将故障电压限制在许可范围之内的等电位联结措施。这里，5 s的时限主要是从热稳定的要求考虑的，只是个时间限值，而并非人为延时，这些规定与国际标准基本符合。

为了实现保护接零要求，可以采用一般过电流保护装置或剩余电流动作保护装置。

四、保护接零的应用范围

保护接零用于中性点直接接地的220/380 V三相配电网。在这种系统中，凡因绝缘损坏而可能呈现危险对地电压的金属部分均应接零。要求接零和不要求接零的设备和部位与保护接地的要求大致相同。

TN－S系统可用于有爆炸危险、火灾危险性较大或安全要求较高的场所，宜用于独立附设变电站的车间。TN－C－S系统宜用于厂内设有总变电站，厂内低压配电的场所及民用楼房。TN－C系统可用于无爆炸危险、火灾危险性不大、用电设备较少、用电线路简单且安全条件较好的场所。

在电源中性点接地的配电网中，应当采取接零保护。但在现实中往往会发现如图3—20所示的接零系统中个别设备只接地、不接零的情况，即在TN系统中个别设备构成TT系统的情况。这种情况是不安全的。在这种情况下，当接地的设备漏电时，该设备和保护零线（包括所有接零设备）对地电压分别为

$$U_E = \frac{R_b}{R_N + R_b}U \tag{3—40}$$

$$U_N = U - U_E = \frac{R_N}{R_N + R_b}U \tag{3—41}$$

式中，R_b为该设备的接地电阻；R_N为工作接地与零线上所有其他接地电阻的并联值。这时的故障电流不太大，不一定能促使短路保护元件动作而切断电源，危险状态将在大范围内持续存在。因此，除非接地的设备或区段装有快速切断故障的保护装置，否则，不得在TN系统中混用TT方式。

在同一建筑物内，如有中性点接地和中性点不接地的两种配电方式，则应分别采取保护接零措施和保护接地措施。在这种情况下，允许二者共用一套接地装置。

五、速断保护元件

接零系统中的速断保护元件是短路保护元件或剩余电流动作保护（漏电保护）装置。常见短路保护元件是熔断器和低压断路器的电磁式过电流脱扣器。剩余电流保护将在第四章介绍。

必须明确，接零系统中的短路保护元件不仅仅是保护设备和线路，而且是防止间接接触电击的主要单元，其动作时间必须满足本章第二节的要求。

速断保护元件的动作时间按表 3—1 和图 3—14 确定。除动作时间外，保护接零系统中的速断保护亦应符合热稳定等短路保护要求。

必须指出，应严格控制保护元件的动作电流，这是因为相—零线回路阻抗的计算和测量都不很方便，取得单相短路电流的准确数值往往会遇到困难，而接零线路中的保护元件又起着保障人身安全的重要作用。在不致错误切断线路，不影响正常工作的前提下，保护元件的动作电流越小越好。

为了不影响线路正常工作，保护元件应能躲过线路上的最大冲击电流而不动作。如异步电动机的堵转电流高达额定电流的 5 ~ 7 倍，保护元件应能躲过启动电流冲击，不妨碍电动机正常工作。例如，用熔断器保护单台电动机时，熔体的额定电流应为电动机额定电流的 1. 5 ~ 2. 5 倍。

断路器动作很快，应要求其瞬时（或短延时）动作过电流脱扣器的整定电流大于线路上的峰值电流。

国家标准规定，如在接零系统中采用熔断器作为短路保护元件，当要求故障持续时间不超过5 s时，单相短路电流 I_d 与熔体额定电流 I_{FU} 的比值不应小于表 3—2 所列数值；当要求故障持续时间不超过0. 4 s时，单相短路电流 I_d 与熔体额定电流 I_{FU} 的比值不应小于表 3—3 所列数值。

表 3—2　　故障持续时间≤5 s 时的 I_d/I_{FU} 最小值

熔体额定电流/A	4 ~ 10	12 ~ 63	80 ~ 200	25 ~ 500
I_d/I_{FU}	4. 5	5. 0	6. 0	7. 0

表 3—3　　故障持续时间≤0. 4 s 时的 I_d/I_{FU} 最小值

熔体额定电流/A	4 ~ 10	12 ~ 63	80 ~ 200	25 ~ 500
I_d/I_{FU}	8	9	10	11

当中性线导电能力不低于相线导电能力时，不必考虑中性线的过电流保护。即使中性线的导电能力低于相线的导电能力，但相线上的短路保护元件能保护中性线或正常情况下流过中性线的电流比相线电流小得多，亦不必考虑中性线的短路保护。

如中性线不能被相线上的保护元件保护，可在中性线上装设保护元件。但其动作应当只能断开相线或同时断开相线和中性线，而不能只断开中性线，不断开相线。因此，不允许在有保护作用的零线上装设单极开关或熔断器。例如，在 TN－C

三相系统中三相设备的保护零线，以及在有接零要求的单相设备的保护零线上，都不允许装设单极开关或熔断器。如果采用低压断路器，只有当过电流脱扣器动作后能同时切断相线时，才允许在零线上装设过电流脱扣器。

第四节　保 护 导 体

保护导体损断或缺陷除可能导致触电事故外，还可能导致电气火灾和设备损坏。因此，必须保证保护导体的可靠性。

一、保护导体的组成

保护导体包括保护接地线、保护接零线和等电位联结线。保护导体分为人工保护导体和自然保护导体。

交流电气设备应优先利用自然导体作保护导体。例如，建筑物的金属结构（梁，柱等）及设计规定的混凝土结构内部的钢筋，生产用的起重机的轨道，配电装置的外壳、走廊、平台、电梯竖井、起重机与升降机的构架，传送带的钢梁，电除尘器的构架等金属结构，配线的钢管，电缆的金属构架及铅、铝包皮（通信电缆除外）等均可用做自然保护导体。在低压系统，还可利用不流经可燃液体或气体的金属管道作保护导体。在非火灾爆炸危险环境，如自然保护导体有足够的截面积，可不再另行敷设人工保护导体。

人工保护导体可以采用多芯电缆的芯线，与相线同一护套内的绝缘线，固定敷设的绝缘线或裸导体等。

保护导体干线必须与电源中性点和接地体（工作接地、重复接地、保护接地）相连。保护导体支线应与保护干线相连。为提高可靠性，保护导体干线应经两条连接线与接地体连接。

利用母线的外护物作保护导体时，外护物各部分电气连接必须良好，并不会受到机械破坏或化学腐蚀，其导电能力必须符合要求，而且每个预定的分接点应能与其他保护导体连接。利用电缆的外护物或导线的穿管作保护导体时，亦应保证连接良好和有足够的导电能力。利用设备以外的导体作保护导体时，除保证连接可靠、导电能力足够外，还应有防止变形和移动的措施。

利用自来水管作保护导体必须得到供水部门的同意，而且水表及其他可能断开处应予跨接。

煤气管等输送可燃气体或液体的管道原则上不得用做保护导体。

为了保持保护导体导电的连续性，所有保护导体，包括有保护作用的 PEN 线上均不得安装单极开关和熔断器；保护导体应有防机械损伤和化学腐蚀的措施；保护导体的接头应便于检查和测试（封装的除外）；可拆开的接头必须是用工具才能拆开的接头；与保护干线连接的各设备保护支线不得串联连接，即不得用设备的外露导电部分作为保护导体的一部分。此外，还应注意，一般不得在保护导体上接入电器的动作线圈。

二、保护导体的截面积

为满足导电能力、热稳定性、机械稳定性、耐化学腐蚀的要求，保护导体必须有足够的截面积。

如规定断开时间不超过 5 s，保护导体最小截面应符合下列热稳定要求：

$$S_{PE} \geqslant \frac{I_{dmax}}{K}\sqrt{t} \tag{3—42}$$

式中，S_{PE}——保护导体最小截面积，mm^2；

I_{dmax}——流过保护导体预期最大短路电流的有效值，A；

t——过流速断保护动作时间，s；

K——决定于保护零线类型的计算系数，按表 3—4、表 3—5、表 3—6 选取。

表 3—4　绝缘保护线或与绝缘物接触的裸保护线的 *K* 值

绝缘种类		聚氯乙烯[1]	乙丙橡胶[2]	丁基橡胶
极限温度/℃		100	250	220
K 值	铜	143	176	166
	铝	95	116	110
	钢	52	64	60

注：①即 PVC。

②即 EPR，XLPE。

表 3—5　电缆芯线作保护线的 *K* 值

绝缘种类		聚氯己烯	乙丙橡胶	丁基橡胶	油浸纸
初始温度/℃		70	90	85	
极限温度/℃		160	250	220	
K 值	铜	115	143	131	107
	铝	76	94	87	71

表 3—6　　裸导体保护线的 *K* 值

条件		极限范围①	正常条件	火灾危险场
铜	温度/℃	500	200	150
	K 值	228	159	133
铝	温度/℃	300	200	150
	K 值	125	105	91
钢	温度/℃	500	200	150
	K 值	82	58	50

注：①所指温度不得损害接头质量。

按以上方法确定的保护线，其阻抗约制的故障短路电流必须与速断条件相适应，所考虑的温度应当是连接点的温度，如系爆炸危险环境，极限温度应另行确定。

当保护线与相线材料相同时，保护线可以直接按表 3—7 选取。

除应用电缆芯线或金属护套作保护线外，有机械防护的保护线不得小于 2. 5 mm^2；没有机械防护的不得小于4 mm^2。

兼作工作零线的保护零线（PEN 线）的最小截面积除应满足不平衡电流的导电要求外，还应满足保护接零可靠性的要求。为此，要求铜质 PEN 线截面积不得小于10 mm^2，铝质的不得小于16 mm^2，如系电缆芯线，则不得小于4 mm^2。

表 3—7　　保护零线截面选择表　　mm^2

S_L	S_{PE}
$S_L \leqslant 16$	S_L
$16 < S_L \leqslant 35$	16
$S_L > 35$	$S_L/2$

三、等电位联结

等电位联结是一种以降低接触电压为目标的“场所”电击防护措施，是指保护导体与建筑物的金属结构、生产用的金属装备以及允许用做保护导体的金属管道等用于其他目的的正常不带电导体之间的联结（包括 IT 系统和 TT 系统中各用电设备金属外壳之间的联结）。等电位联结分为总等电位联结、辅助等电位联结和局部等电位联结，其中局部等电位联结是辅助等电位联结的一种扩展。这三者在原理上都是相同的，不同之处在于作用范围和工程做法。

1．总等电位联结

总等电位联结是在建筑物电源进线处采取的一种等电位连接措施，它所需要联结的导体包括：

（1）进线配电箱的 PE（或 PEN）母排。

（2）公共设施的金属管道，如上水、下水、热力、空调、煤气等管道。

（3）建筑物的全部金属结构。

（4）如果有人工接地体，应包括接地体及其引线。

若建筑物有多处电源进线，则每一电源进线处都应做总等电位联结，各个总等电位联结端子板应互相联通。

2．辅助等电位联结和局部等电位联结

辅助等电位联结是指将两个可能带不同电位的设备外露可导电部分和（或）装置外可导电部分用导体直接联结。

当需要在一局部场所范围内应用多个辅助等电位联结时，可将多个辅助等电位联结通过一个等电位联结端子板来实现，这种方式叫局部等电位联结，这块端子板称作局部等电位联结端子板。局部等电位联结需要联结的导体包括：

（1）PE 母线或 PEN 干线。

（2）公共设施的金属管道，如上水、下水、热力、空调、煤气等管道。

（3）建筑物的金属结构。

（4）装置的外露可导电部分和其他装置外可导电体。

图 3—21 为等电位联结的组成示意图。保护导体干线应接向总开关柜。总开关柜内保护导体端子排与接地体之间的联结为实现总等电位联结。总开关柜以下，如采用放射式配电，则保护导体作为支线分别接向用电设备或配电箱（配电箱以下都属于支线）；如采用树干式配电，应从总开关柜上引出保护导体干线，再从该干线向用电设备或配电箱引出保护导体支线。对于用电设备或配电箱，如其保护接零难以满足速断要求，或为了提高保护接零的可靠性，可

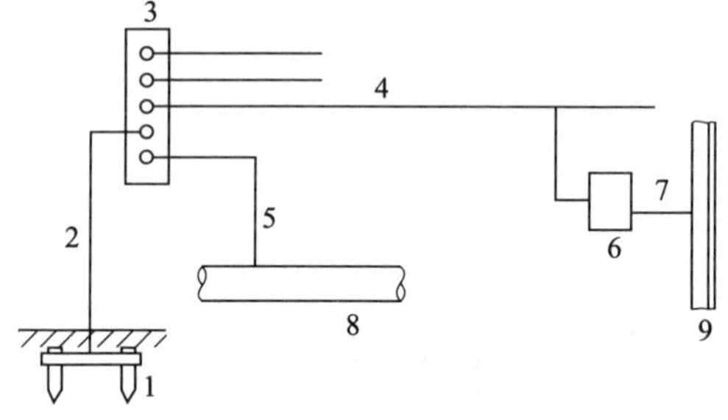

图 3—21　等电位联结

1—接地体　2—接地线　3—保护导体端子排
4—保护导体　5—主等电位联结导体
6—装置外露导电部分　7—局部等电位联导体
8—可连接的自然导体　9—装置以外的接零导体

将其与自然接地体之间再进行联结。这一联结称为局部等电位联结或辅助等电位联结。

总等电位联结导体的最小截面不得小于最大保护导体的 1/2，但不得小于 6 mm^2；如系铜线，也不需大于25 mm^2。两台设备之间局部等电位联结导体的最小截面不得小于两台设备保护导体中较小者的截面。设备与设备外导体之间的局部等电位联结线的截面不得小于该设备保护零支线的 1/2。

通过等电位联结可以实现等电位环境。等电位环境内可能的接触电压和跨步电压应限制在安全范围内。采用等电位环境时应采取防止环境边缘处危险跨步电压的措施，并应考虑防止环境内高电位引出和环境外低电位引入的危险。

四、保护导体的安装

由变压器中性点引出的保护导体应与配电方式相适应。对于放射式配电系统，保护导体应采用相应截面的导体直接从变压器中性点引至低压开关柜内的保护导体端子排上。对于变压器干线式配电系统，则从变压器中性点引出的保护导体不必经过总开关而可以直接接向保护接零干线。

户外架空线路一般没有自然导体可作为保护零线，而应当用同样的方法架设保护零线；零线截面由机械强度和导电能力确定。户内架空线路可采用起重机轨道、车间金属结构等自然导体作保护零线。作保护零线的自然导体与相线之间的距离不宜超过6 m。如没有自然导体可用，宜采用与相线相同材料的导体作保护零线。

电缆线路应利用其专用保护芯线和金属包皮作保护零线。如电缆没有专用保护芯线，应采用两条电缆的金属包皮作保护零线，并最好再沿电缆敷设一条 20 mm × 4 mm 的扁钢作为辅助保护零线。仅有一条电缆时，除利用其金属包皮外，还须敷设一条 20 mm × 4 mm 的扁钢。对于穿管线路，包括从低压开关柜至架空线路和穿管线路，从低压开柜至用电设备的穿管线路，从架空线路引至配电箱的穿管线路以及从配电箱引至用电设备的穿管线路，一般均可用钢管作为保护零线。

有关保护导体安装及连接的其他要求见第五节中有关接地线的要求。

五、相—零线回路检测

相—零线回路检测是 TN 系统的主要检测项目，主要包括保护零线完好性、连续性检查和相—零线回路阻抗测量。测量相—零线回路阻抗是为了检验接零系统是否符合规定的速断要求。

1. 相—零线回路阻抗停电测量法

相—零线回路阻抗停电测量接线如图 3—22 所示，开关 QS1 断开为切除电力电源，QS2 和其他开关合上以接通试验回路。试验变压器可采用小型电焊变压器（约 65 V）或行灯变压器（50 V 以下）。试验变压器二次绕组接入电流表后再接向一条相线和保护零线。为了检验熔断器 FU1，应在 a 处使相线与零线短接，测量回路阻抗。为了检验熔断器 FU2，应在线路末端，即在 b 处使相线与零线短接，测量回路阻抗。所测量的阻抗应由电压表读数 U_M 和电流表读数 I_M 直接算出，即

$$Z_{S0} = \frac{U_M}{I_M} \tag{3—43}$$

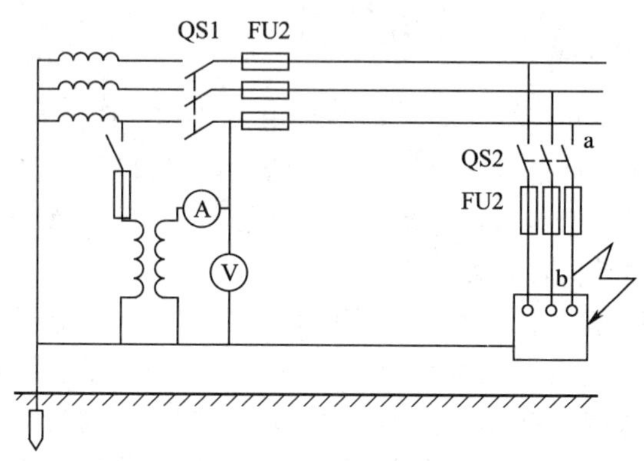

图 3—22　停电测量相—零线回路阻抗

这样测量得到的结果不包括配电变压器的阻抗，计算短路电流时应加上变压器的阻抗。为了减小测量误差，测量应尽量靠近变压器。

如零线上有其他原因产生的不平衡电流流过，这种测量方法将带有一定的误差。对此误差，应设法消除。

为了安全，测量用变压器应采用双线圈变压器。因为测量时带有一定的电压，而零线的分布，特别是自然保护导体的利用，又可能使测量电压延伸到意想不到之处，所以测量前应掌握零线的联结、分布情况。为确保安全，测量中要集中指挥，并设专人联络。

2. 相—零线回路阻抗不停电测量法

如果现场停电有困难，则只能应用不停电测量法。不停电测量法有辅助负荷法和电压调整法。当电网电压波动较大时，辅助负荷法测量结果的误差较大。这里仅介绍电压调整法。

电压调整法需要一套电压变换设备，其接线如图 3—23 所示。电压变换设备把线电压变换成相电压。接通开关 S 前，调整电压变换设备，使 a、b 两端电压恰好等于相电压。这时，电压表读数为零。接通开关后，有电流沿相—零线回路和电阻 R_P 流通，c、b 两点之间的电压即电阻 R_P 上的电压降 U_R，电压表读数 U_M 应为相电压与 U_R 之差，即

$$U_M = U - U_R \tag{3—44}$$

这个电压即消耗在相—零线回路阻抗上的电压降。因此，可求得相—零线回路阻抗为

$$Z_{S0} = \frac{U_M}{I_M} \tag{3—45}$$

式中，I_M——电流表读数，即通过电阻 R_P 的电流。

不停电测量法测量得到的结果是包括配电变压器阻抗在内的相—零线回路全阻抗。不停电测量相—零线回路阻抗时，如果零线部分有断裂处或接触不良，设备外壳可能呈现不允许的电压，因此，测量用辅助装置的电阻和电感都必须有较高的数值，电阻值和感抗值均宜在 10 kΩ 以上。

3. 零线连续性测试

为了检查零线的连续性，即检查零线是否完整和接触良好，可以采用低压试灯法，其原理如图 3—24 所示。在外加直流或交流低电压作用下，电流经试灯沿 a、b 两点之间的零线构成回路。如果试灯很亮，说明 a、b 两点之间的零线良好；如果试灯不亮，发暗或不稳定，说明 a、b 两点之间的零线断裂或接触不良。试灯也

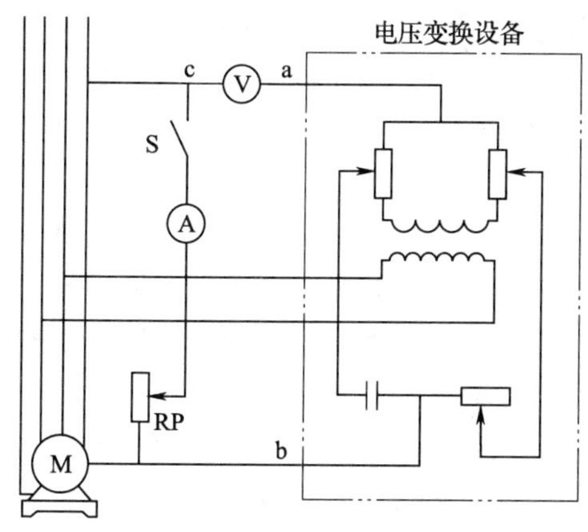

图 3—23　电压调整法测量相—零线回路阻抗

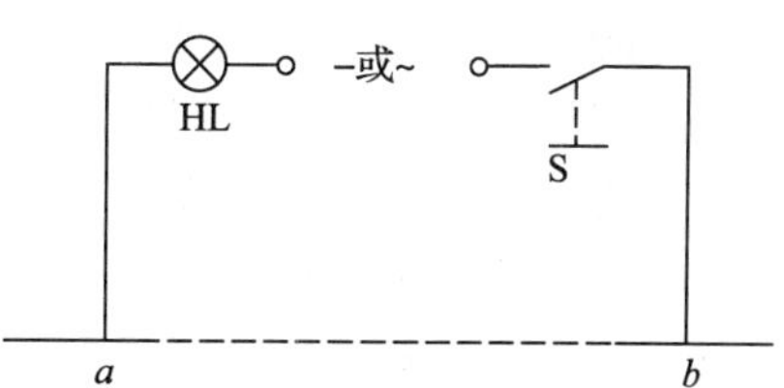

图 3—24　零线连续性测试

可用电流表代替，用电流表的指示来做判断。外加低压源可用直流电源，也可从双线圈变压器取得交流电源。如果安全条件许可，可适当提高试验电压。必要时，可配用电流互感器测量试验电流。

第五节　接 地 装 置

所谓接地装置，是接地体与接地线的统称（见图3—25）。埋入土壤内并与大地直接接触的金属导体或导体组，叫做接地体，也叫接地极，它按设置结构可分为人工接地体与自然接地体两类，按具体形状可分为管形与带形等多种。连接接地体与电气设备应接地部分的金属导体，叫做接地线，通常又可分为接地干线与接地支线。运行中的接地装置应当始终保持良好状态。

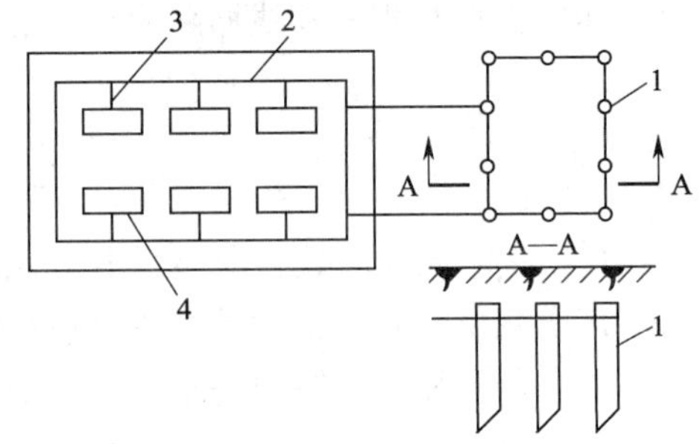

图3—25　接地装置示意图

1—接地体　2—接地干线　3—接地支线　4—设备

一、自然接地体和人工接地体

自然接地体是用于其他目的，且与土壤保持紧密接触的金属导体。例如，埋设在地下的金属管道（有可燃或爆炸性介质的管道除外）、金属井管，与大地有可靠连接的建筑物的金属结构、水工构筑物及类似构筑物的金属管、桩等自然导体均可用做自然接地体。利用自然接地体不但可以节省钢材和施工费用，还可以降低接地电阻和等化地面及设备间的电位。如果有条件，应当优先利用自然接地体。当自然接地体的接地电阻符合要求时，可不敷设人工接地体（发电厂和变电所除外）。在利用自然接地体的情况下，应考虑到自然接地体拆装或检修时，接地体被断开，断口处出现的电位差及接地电阻发生变化的可能性。自然接地体至少应有两根导体在不同地点与接地网相连（线路杆塔除外）。利用自来水管及电缆的铅、铝包皮作接地体时，必须取得主管部门同意，以便互相配合施工和检修。

人工接地体可采用钢管、角钢、圆钢或废钢铁等材料制成。人工接地体宜采用垂直接地体，多岩石地区可采用水平接地体。垂直埋设的接地体可采用直径为40 ~ 50 mm的钢管或40 mm×40 mm×4 mm至50 mm×50 mm×5 mm的角钢。垂直接地体可以成排布置，也可以作环形布置。水平埋设的接地体可采用40 mm×4 mm的扁钢或直径为 16 mm 的圆钢。水平接地体多呈放射形布置，也可成排布置或环形布置。

变电所经常采用以水平接地体为主的复合接地体，即人工接地网。复合接地体的外缘应闭合，并做成圆弧形。

为了保证足够的机械强度，并考虑到防腐蚀的要求，钢质接地体的最小尺寸见表3—8。电力线路杆塔接地体引出线应镀锌，截面积不得小于 50 mm^2。

表 3—8 钢质接地体和接地线的最小尺寸

材料种类		地上		地下	
		室内	室外	交流	直流
圆钢直径/mm		6	8	10	12
扁钢	截面/mm^2	60	100	100	100
	厚度/mm	3	4	4	6
角钢厚度/mm		2.0	2.5	4.0	6.0
钢管管壁厚度/mm		2.5	2.5	3.5	4.5

二、接地线

交流电气设备应优先利用自然导体作接地线。在非火灾、爆炸危险环境，如自然接地线有足够的截面积，可不再另行敷设人工接地线。

如果车间电气设备较多，宜敷设接地干线。各电气设备外壳分别与接地干线连接，而且接地干线要有两条连接线与接地体连接。各电气设备的接地支线应单独与接地干线或接地体相连，不应串联连接。接地线的最小尺寸亦不得小于表 3—8 规定的数值。低压电气设备外露接地线的截面积不得小于表 3—9 所列的数值。选用时，一般应比表中数值选得大一些。接地线截面应与相线载流量相适应。

表 3—9 低压电气设备外露铜、铝接地线截面积 mm^2

材料种类	铜	铝
明设的裸导线	4	6
绝缘导线	1.5	2.5
电缆接地芯或与相线包在同一保护套内的多芯导线的接地芯	1.0	1.5

接地线的涂色和标志应符合国家标准。非经允许，接地线不得作其他电气回路使用。不得用蛇皮管、管道保温层的金属外皮或金属网以及电缆的金属护层作接地线。

三、接地装置的施工与安装

接地装置本身就是安全装置。接地装置的安全可靠对防止电气事故的发生有着重要的意义。因此，接地装置的施工与安装应符合下列要求。

1. 导电的连续、可靠性

必须保证电气设备和接地体之间的导电连续性，不能有间断。采用建筑物的钢结构、行车钢轨、工业管道、电缆的金属外皮等自然导体做接地线时，在其伸缩缝或接头处应另加跨接导线，以保证连续可靠。自然接地体与人工接地体之间务必连接可靠。

接地体、接地线的连接原则应采用焊接，并应采用搭焊，不得有虚焊。扁钢与扁钢搭接长度不得小于扁钢宽度的2倍，且至少在三个棱边施焊；圆钢的搭焊长度应为其直径的6倍，并由两面施焊；扁钢与钢管、扁钢与角钢焊接时，除应在接触部位两侧进行焊接外，并应在连接处焊以圆弧形或直角形卡子（包板），或直接将扁钢弯成圆弧形或直角形与钢管焊接。

接地线检测点或接地线与管道的连接可采用螺纹连接或抱箍螺纹连接（见图3—26），但必须采用镀锌件，以防止锈蚀，保持接触良好。在有振动的地方，应采取防松措施。

为了提高接地的可靠性，设备的接地线不得经设备本身串联，即不得将用电设备本身作为接地线的一部分，而必须并排分别接向接地干线或接地体。变电所的接地，既有变压器低压侧中性点的工作接地，又有变、配电装置的重复接地，二者都应有自己的接地线与接地体相连，不允许串联连接。此外，变、配电装置最好有两条接地线与接地体相连以提高可靠性。

对于大接地短路电流系统（接地电流大于500 A）的接地装置，还必须根据热稳定性条件，验算接地线的最小截面。

2. 有足够的机械强度

为了保证有足够的机械强度，接地体和接地线的尺寸不能过小，具体可参见有关接地的施工要求。接地线一般应选用钢材而不用贵重的有色金属（如铜或铝）。裸铝导体很容易腐蚀断，所以不要利用它做接地体或地下接地线。携带式设备因为经常移动，用钢制接地线容易折断，所以要用截面积在0.75～1.5 mm^2以上的多股软铜线。

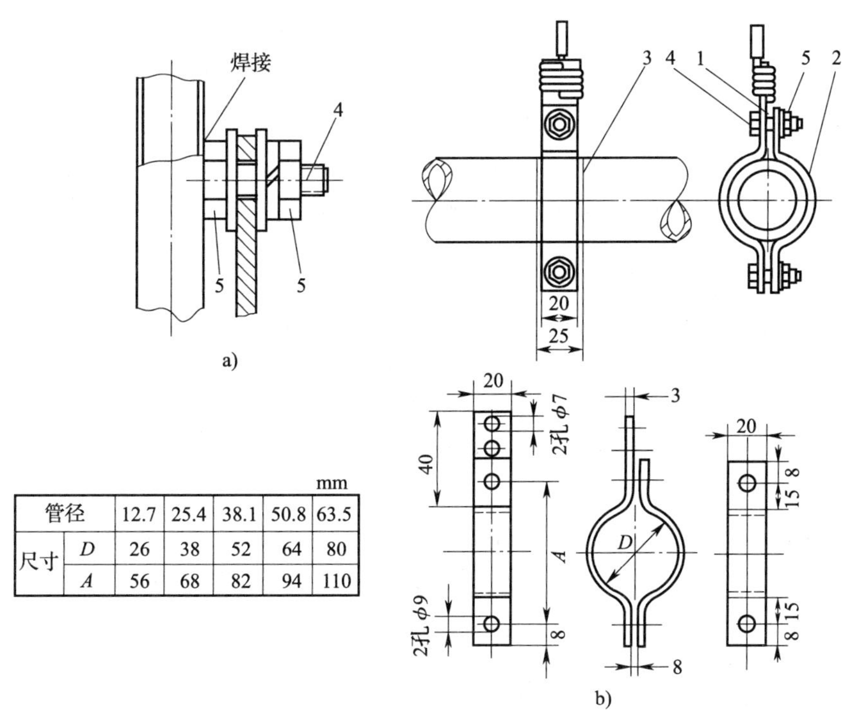

mm

管径		12.7	25.4	38.1	50.8	63.5
尺寸	*D*	26	38	52	64	80
	A	56	68	82	94	110

图 3—26　接地线连接

a）焊接螺钉连接　b）卡箍螺钉连接

1—扁钢卡箍　2—扁钢短箍　3—铅封垫　4—螺钉　5—螺母

3．防腐蚀

为了防止腐蚀，接地装置最好采用镀锌或镀铅的钢制元件，焊接处涂沥青油，明设的接地线可涂防腐漆（地下接地体不能涂漆）。接地装置应尽量避免敷设在土壤中含有电解时排出活性物质或各种溶液等腐蚀性较强的地带，如不能避开，则应采取防腐蚀措施。必要时可采用外引式接地装置，否则应采取改良土壤的措施。接地体的引出线和连接部位应作防腐处理。在有强烈腐蚀性的土壤中，接地体还应适当加大截面积。

直流接地线和接地体的最小尺寸应大于交流接地线和接地体的最小尺寸（见表 3—8）。

4. 防损伤

接地线应尽量安装在人员不易接触到的地方，以免意外损坏，但又必须是在明显且不妨碍设备的拆卸和检修的地方，以便于检查。为防止机械损伤，接地线与铁路或公路的交叉处、接地线地面引出点及其他可能受到损伤处，均应穿管或用角钢保护。如穿过铁路，接地线应向上拱起，以便有伸缩余地，防止断开。接地线穿过墙壁、楼板、地坪时，应敷设在明孔、管道或其他坚固的保护管中。接地线与建筑物伸缩缝、沉降缝交叉时，应弯成弧状或另加补偿连接件。

5. 埋设深度适当

普通垂直接地体可打入地下。对于挖坑埋设者，回填土不应夹有石块、建筑垃圾等杂物，并应分层夯实。为了减少季节及其他因素对接地电阻的影响，接地体最高点离地面深度一般应不小于0.6 m（农田地带应不小于1 m），也不宜太深，因为太深了施工困难，效果也有限，但应在大地冰土层以下。

6. 与其他物体间的距离

接地体与建筑物的距离一般应不小于1.5 m。接地体与独立避雷针的接地体之间的地下距离应不小于3 m；接地装置的地上部分与独立避雷针的接地线之间的空间距离应不小于5 m。

7. 防意外伤害

接地体、接地干线引出点宜避开人行道和建筑物出入口附近，以避免接触电压、跨步电压的意外伤害。

对于能与大地构成闭合回路且经常流过电流的直流接地装置的接地线，应沿绝缘垫板敷设，不得与金属管道、建筑物和设备的构件有金属连接。

典型角钢垂直接地体如图3—27所示。每一垂直接地体的垂直元件不得少于2根。垂直元件的长度以2～2.5 m为宜；太短了增加流散电阻；太长了施工困难，增加钢材的消耗，而且接地电阻减小甚微。相邻垂直元件之间距离不宜小于其长度的2倍。接地体垂直元件上端用扁钢或圆钢焊接成一个整体。接地体的引出导体应引出地面0.3 m以上。

室内接地干线的做法可参考图3—28。图中高度 h 由设计确定，一般为250 mm左右；至墙的距离 s 为10～15 mm；卡子弯高 h 可参考表3—10选取。

很多厂房采用网络接地体。当网络接地体外部的跨步电势大于允许数值时，应当采取适当措施。其措施主要有：

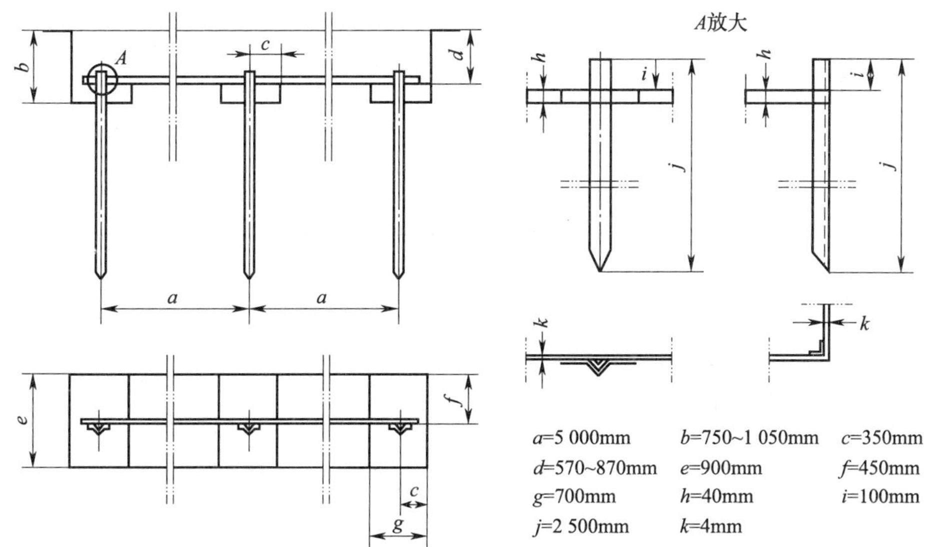

图 3—27　角钢接地体安装

表 3—10　　接地支持卡子弯高

接地干线镀锌扁钢/mm × mm	卡子弯高/mm
15 × 4	20
25 × 4	30
40 × 4	45

第一，敷设图 3—29 所示的帽檐式均压条，即在网络外较网络深的地方埋设两条与网络连接在一起的均压条，以降低网络近处的跨步电动势。

第二，敷设图 3—30 所示的互不连接的均压条。这时，对地电压曲线陡度减小，跨步电动势降低。

第三，在地面敷设卵石、砾石或沥青层，以提高跨步电动势的允许值。

采取网络接地方式的安全实质在于限制故障时可能出现的接触电动势和跨步电动势。采用这种方法应当注意防止高电位引出和低电位引入的可能性。由于网络可能呈现较高的对地电压，如将网络内的电流由高电位引出，则可能在网络外造成触电危险；如将网络外的电流由低电位引入，则可能在网络内造成触电危险。

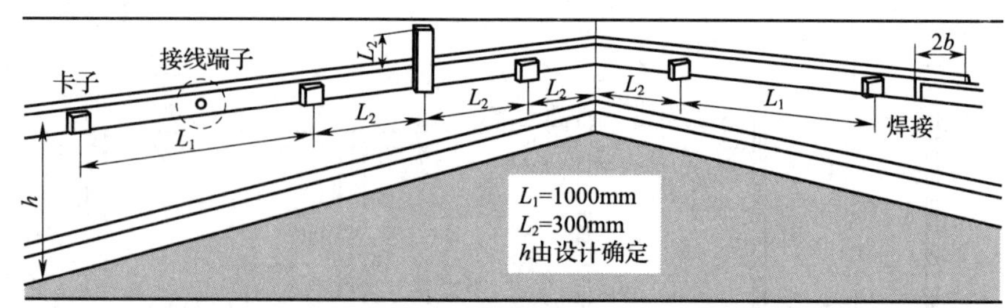

a)

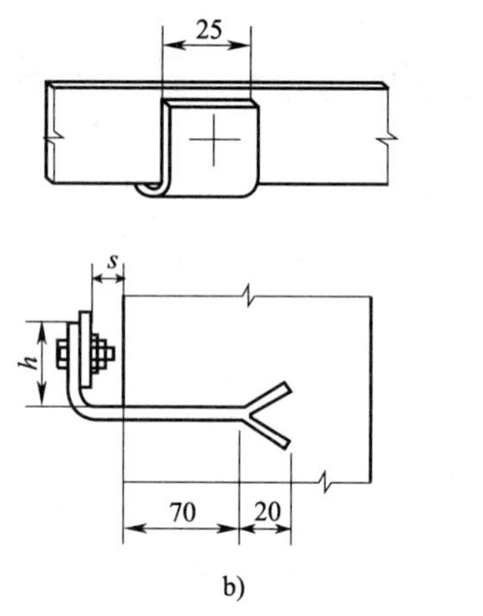

b)

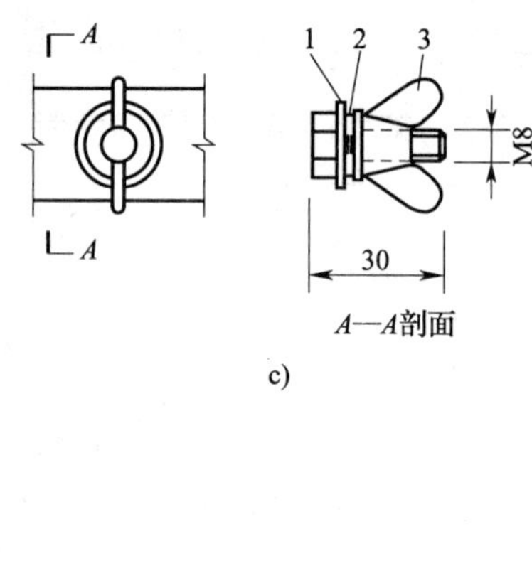

c)

图 3—28 接地干线安装

a）安装示意图 b）支持卡子安装图 c）接线端子图

1—镀锌垫圈 2—弹簧垫圈 3—蝶形螺母

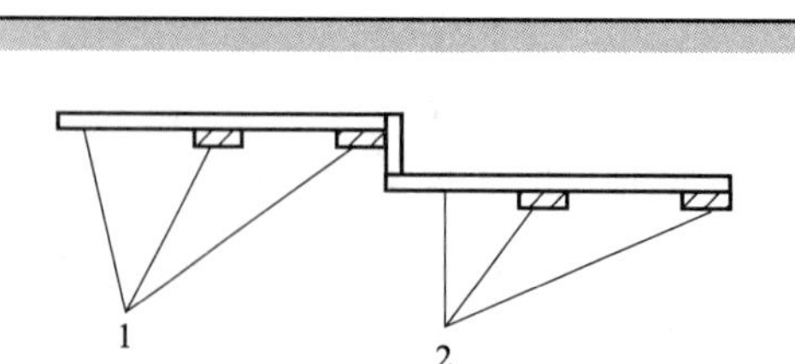

图 3—29 帽檐式均压条

1—网络均压条 2—帽檐式均压条

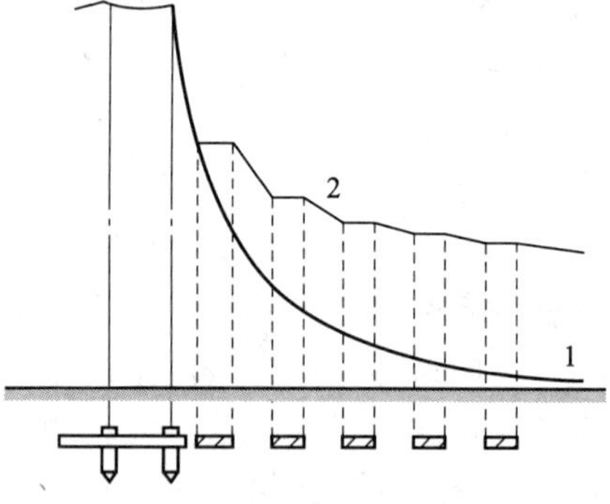

图 3—30 网络外均压条及对地电压曲线

1—无均压条 2—有均压条

四、接地体流散电阻的计算

流散电阻是接地电阻的主要成分，是接地体重要的应用和技术指标。在工频条件下，如果接地线不长，可以认为流散电阻就是接地电阻。因为流散电流是三维空间里的电流，所以计算比较麻烦。流散电阻主要决定于接地装置的结构和土壤电阻率。

1. 土壤电阻率

土壤是不良导体，其电阻率约为金属的 $1\times10^{6}\sim1\times10^{9}$ 倍。但是，土壤的过流面积比导线大得多，因此，接地体外土壤的流散电阻是可以控制在一定范围之内的。

土壤电阻率受很多因素的影响，变化范围很大。其主要影响因素如下：

（1）土壤种类

因为不同土壤含有不同性质和不同数量的溶解物质，对水的保持能力也不同，加之有不同的分散度等条件，使得不同种类土壤的电阻率相差很大。由于测量方法和土壤条件的差异，各种土壤电阻率的资料也有很大的差异。如无实测资料，不同种类土壤和水的电阻率可参考表 3—11 中所列数值。

表 3—11　　土壤和水的电阻率　　Ω·m

种类	名称	近似值	变动范围		
			较湿时（多雨区）	较干时（少雨区）	地下水含盐碱时
泥土	陶黏土	10	5～20	10～100	3～10
	泥炭、沼泽地	20	10～30	50～300	3～10
	捣碎的木炭	40	—	—	—
	黑土、园田土、陶土、白垩土	50	30～100	50～300	10～30
	黏土	60	30～100	50～100	10～30
	砂质黏土	100	30～300	80～1 000	3～10
	黄土	200	100～200	250	30
	含砂黏土、砂土	300	100～1 000	>1 000	30～100
	多石土壤	400	—	—	—
	上层红色风化黏土、下层红色页岩	500（相对湿度 30%）	—	—	—
	表层土夹石、下层石子	600（相对湿度 30%）	—	—	—

续表

种类	名称	近似值	变动范围		
			较湿时（多雨区）	较干时（少雨区）	地下水含盐碱时
砂	砂子、砂砾	1 000	250 ~ 1 000	1 000 ~ 2 500	—
	砂层深度大于 10 m，地下水较深的草原或地面黏土深度不大于1.5 m，底层多岩石的地区	1 000	—	—	—
岩石	砾石、碎石	5 000	—	—	—
	多岩石地带	5 000	—	—	—
	花岗岩	20 000	—	—	—
矿石	金属矿石	0.01 ~ 1	—	—	—
混凝土	在水中	40 ~ 45	—	—	—
	在湿土中	100 ~ 200	—	—	—
	在干土中	500 ~ 1 300	—	—	—
	在干燥的大气中	12 000 ~ 18 000	—	—	—
水	海水	1 ~ 5	—	—	—
	湖水、塘水	30	—	—	—
	泥水	15 ~ 20	—	—	—
	泉水	40 ~ 50	—	—	—
	地下水	20 ~ 70	—	—	—
	溪水	50 ~ 100	—	—	—
	河水	30 ~ 280	—	—	—
	污秽的水	300	—	—	—
	蒸馏水	1 000 000	—	—	—

（2）土壤含水量

土壤含水量较低时，随着含水量的增加，土壤中盐、酸、碱的溶解量增加，离子导电性提高，土壤电阻率降低。含水量在 15% ~20% 时，土壤电阻率变化不大；含水量超过 75% 以上时，水多于土，可能由于溶解物质深度降低而使土壤电阻率升高。一般土壤含水量旱季约为 10%，雨季约为 35%。砂和砂质黏土的土壤电阻率随含水量的变化，如图 3—31 所示。

（3）土壤温度

图 3—32 是含水量为 16.2% 的砂质黏土的电阻率与温度的关系曲线。当温度从 0℃上升时，由于溶解和电离程度增加，土壤电阻率下降。这一趋势一直到水分蒸发为止。当温度下降为 0℃时，由于水分冻结，电阻率急剧上升；当温度继续下降时，电阻率明显上升。因此，接地体应埋设在冻土层以下，以减小不同季节的影响。

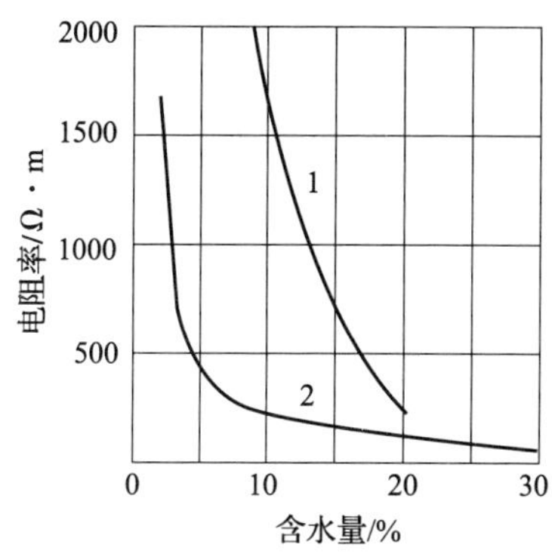

图 3—31　含水量对土壤电阻率的影响

1—砂土　2—砂质黏土

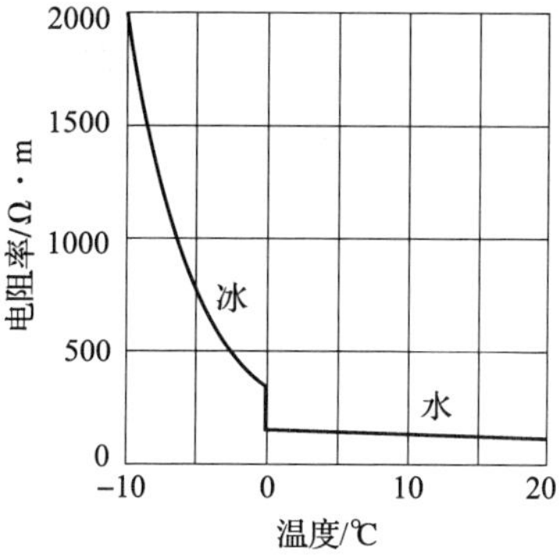

图 3—32　温度对土壤电阻率的影响

（4）土壤化学成分

土壤中含有盐、碱、酸等成分时，电阻率显著降低。含水量 15%、温度 17℃时砂质黏土的电阻率与含盐量的关系见表 3—12。

表 3—12　　含盐量对土壤电阻率的影响

土壤中盐的质量分数/%	土壤电阻率/Ω · m
0	10 700
0.1	1 800
1	460
5	190
10	130
20	100

（5）土壤物理性质

土壤越密实，电阻率越低。当土壤承受的压力由 2 kPa 增加到 20 kPa 时，电阻率降低 10% ~30%。这就是为什么要把接地体周围的回填土夯实的原因。

土壤颗粒大小也影响其电阻率。粗颗粒土壤由于能结合较多的水而比细颗粒土壤的电阻率低。

此外，土壤掺有金属及其他导电杂质时，电阻率显著降低。

（6）季节的影响

由于土壤含水量和土壤温度受季节影响很大，因此随着季节的变化，土壤电阻率也跟着变化。接地体埋设深度越小，季节影响越大。图 3—33 是土壤电阻率相对值随季节变化的曲线。当然，对于不同地区，由于自然条件不同，变化规律是不尽相同的。

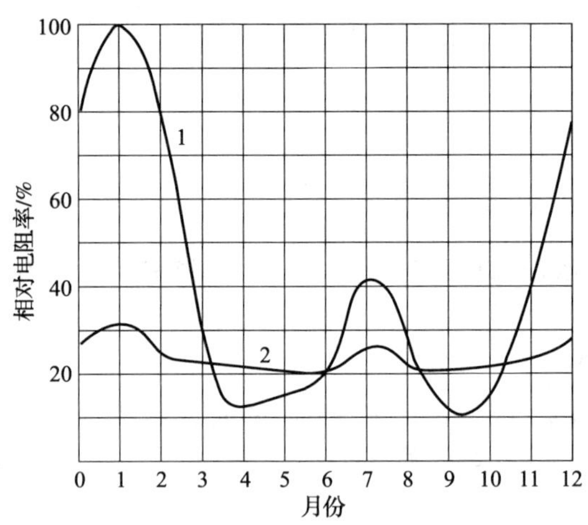

图 3—33　季节对土壤电阻率的影响

1—深 0.7 mm　2—深 2.5 mm

为了考虑季节的影响，引进一个季节系数 ψ。季节系数 ψ，即可能出现最大土壤电阻率与测量得到的土壤电阻率的比值，即

$$\psi = \frac{\rho_{\max}}{\rho_{M}} \tag{3—46}$$

式中，ψ——土壤季节系数；

$\rho_{\max}$——最大电阻率，Ω · m；

ρ_{M}——测量电阻率，Ω · m。

相应地，不同情况的土壤季节系数见表 3—13。

表 3—13　　土壤季节系数

土壤性质	深度/m	$\psi_1$①	$\psi_2$②	$\psi_3$③
黏土				
黏土	0.5～0.8	3	2	1.5
黏土	0.8～3	2	1.5	1.4
陶土	0～2	2.4	1.36	1.2
砂砾蓄以陶土	0～2	1.8	1.2	1.1
园地	0～2	—	1.32	1.2
黄沙	0～2	2.4	1.56	1.2
有黄沙的砂砾	0～2	1.5	1.3	1.2
泥炭	0～2	1.4	1.1	1.0
石灰石	0～2	2.5	1.51	1.2

注：①ψ_1用于测量前数天降雨量较大的条件。
②ψ_2用于中等含水量的条件。
③ψ_3用于干燥或测量前数天降雨量很小的条件。

除上述外，土壤电阻率还与电场强度有关。随着电场强度增加（不发生击穿），土壤电阻率可能下降10%～70%。显然，土壤电阻率不是一个常数，而是随着电压的升高而降低。

在进行接地设计时，应就地测量土壤电阻率的数据。如果没有实测数据，可应用这里介绍的资料，但必须考虑土壤分布、分层等条件的影响。

2．人工接地体的流散电阻

（1）静电比拟法

流散电阻构成的场是稳恒电流场。如果接地体的电导率比土壤的电导率小得多，可以认为在接地体与土壤的界面上，电流密度矢量（或电流线）垂直于界面。这一情况与静电场中电位移矢量（或电位移线）垂直于电极表面的情况是一致的。因此，两种场具备了相似性，即具备了可比拟的条件。

下面研究电流场中电导与静电场中电容的比拟关系。

在电流场和静电场中，电导 G 和电容 C 可分别表示为

$$G = \frac{I}{\varphi} \tag{3—47}$$

$$C = \frac{Q}{\varphi} \tag{3—48}$$

式中，φ——电极电位，V；

I——自接地体流出的电流，A；

Q——电极上的电量，A·s。

恒稳电流场中的电流和静电场中的电量可分别表示为

$$\left.\begin{aligned} I &= \oint_S \delta \mathrm{d}S = \oint_S \gamma E \mathrm{d}S = \gamma \oint_S E \mathrm{d}S \\ Q &= \oint_S D \mathrm{d}S = \oint_S \varepsilon E \mathrm{d}S = \varepsilon \oint_S E \mathrm{d}S \end{aligned}\right\} \tag{3—49}$$

由上列关系可以求得

$$G = \frac{I}{\varphi} = \frac{(\gamma/\varepsilon) \cdot Q}{\varphi} = \frac{\gamma}{\varepsilon} C \tag{3—50}$$

$$R = \frac{1}{G} = \frac{\varepsilon\rho}{C} \tag{3—51}$$

式中，G——电导，S；

R——电阻，Ω；

γ——电导率，$\mathrm{S \cdot m^{-1}}$；

ρ——电阻率，Ω·m；

ε——介电常数。

由此可见，只要可以比拟，即可先求出与待求电流场对应的静电场中的电容 C，再由式（3—50）和式（3—51）求出电导 G 和电阻 R。

本书所研究的两种场都是电极以外的区域，不论哪种场，其电位函数都符合拉普拉斯方程。如果两种场又有同样的边界，那么，根据唯一性定理，二者的解都应有同样的形式。

（2）常用单一接地体的接地电阻

将接地装置假设为一定的理想形状，根据电磁场理论可以得到各种接地装置的接地电阻计算公式。表 3—14 列出了基本形状接地装置接地电阻常用计算公式。

表 3—14 中表示的垂直接地体接地电阻除了可以按表中的公式计算外，还有以下两种公式：

1）Tagg，Ollendorf 回转椭圆体分析解，Zingraff 公式

$$R = \frac{\rho}{4\pi L} \ln \frac{4L}{d} \tag{3—52}$$

2）Rudenberg，Datta 公式

$$R = \frac{\rho}{4\pi L} \ln \frac{2L}{d} \tag{3—53}$$

长度为 L，埋深（上端距离地表面）为 h 的垂直接地体，其接地电阻计算公式为

$$R = \frac{\rho}{2\pi L}\left(\ln\frac{2L}{d} + \frac{1}{2}\ln\frac{3L+4h}{L+4h}\right) \tag{3—54}$$

或

$$R = \frac{\rho}{2\pi L}\left(\ln\frac{4L}{d} - 1 + \frac{1}{2}\ln\frac{3L+4h}{L+4h}\right) \tag{3—55}$$

式（3—54）与 Tagg 公式对应，式（3—55）与 Sunde 公式对应。

表 3—14　　常见基本形状接地装置接地电阻的常用计算公式

接地体类型	接地体的形状和尺寸	接地电阻计算公式
半球	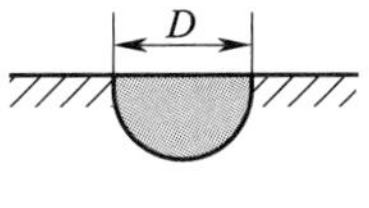	$R=\frac{\rho}{\pi D}$
深埋圆球	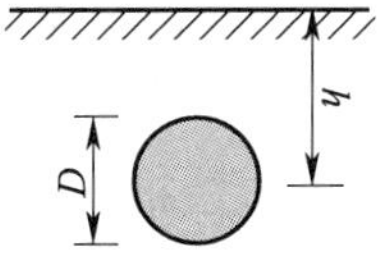	$R=\frac{\rho}{\pi D}\left(0.5+\frac{D}{8h}\right)$（$D<h$）
圆板	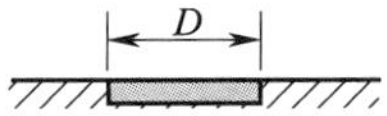	$R=\frac{\rho}{2D}$
深埋圆板	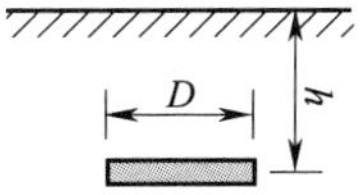	$R=\frac{\rho}{2D}\left(0.5+\frac{D}{4\pi h}\right)$（$D<2h$）
垂直接地体	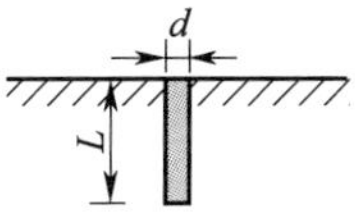	Sunde，Dwight 公式： $R=\frac{\rho}{2\pi L}\left(\ln\frac{8L}{d}-1\right)$（$d \ll L$）
深埋圆环	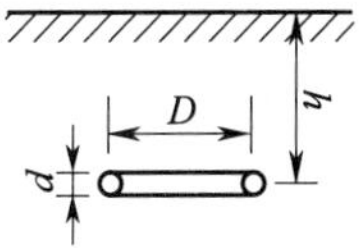	$R=\frac{\rho}{2\pi^2 D}\ln\frac{16D^2}{hd}$
水平接地体	接地体总长为 L，埋深为 h	$R=\frac{\rho}{2\pi L}\left(\ln\frac{L^2}{dh}+A\right)$，$A$ 为形状系数

长度为 L，埋深为 h，直径为 d 的水平接地体接地电阻有以下计算公式：

1）Rudenberg，Zingraff 公式

$$R=\frac{\rho}{2\pi L}\ln\frac{2L}{d}\left(1+\frac{\ln\frac{L}{h}}{\ln\frac{2L}{d}}\right) \tag{3—56}$$

（2）Tagg，Dwight 公式

$$R=\frac{\rho}{2\pi L}\left(\ln\frac{4L}{d}+\ln\frac{L}{h}-2+\frac{2h}{L}-\frac{h^2}{L^2}+\frac{h^4}{8L^2}\right) \tag{3—57}$$

3）Sunde，Schwarz 根据平均电位法推导的计算公式

$$R=\frac{\rho}{\pi L}\left(\ln\frac{2L}{\sqrt{dh}}-1\right)=\frac{\rho}{\pi L}\left(\ln\frac{L^2}{dh}-0.61\right) \tag{3—58}$$

4）根据中点电位法推导的计算公式

$$R=\frac{\rho}{\pi L}\ln\frac{2L}{\sqrt{dh}}=\frac{\rho}{2\pi L}\ln\frac{L^2}{dh} \tag{3—59}$$

如果水平圆棒埋在地表面，则按平均电位法推导的计算公式为

$$R=\frac{\rho}{\pi L}\left(\ln\frac{4L}{d}-1\right) \tag{3—60}$$

根据中点电位法推导的计算公式为

$$R=\frac{\rho}{\pi L}\ln\frac{2L}{d} \tag{3—61}$$

长度 L 远大于其宽度 a 及厚度 t，厚度 t 为宽度 a 的 1/8 以下，且深埋 $h \ll L$，其接地电阻计算公式为

1）Tagg，Dwight 公式

$$R=\frac{\rho}{2\pi L}\left(\ln\frac{2L}{a}+\frac{a^2-\pi at}{2(a+t)^2}+\ln\frac{L}{h}-1+\frac{2h}{L}-\frac{h^2}{L^2}+\frac{h^4}{8L^2}\right) \tag{3—62}$$

2）Rudenberg 公式

$$R=\frac{\rho}{2\pi L}\ln\frac{4L}{a} \tag{3—63}$$

长度为 a，宽度为 b，厚度为 t 且与 a、b 比较可以忽略的板状接地体，当接地体埋深为 h 时，有 McCrocklin 公式

$$R=0.1\rho K/b \tag{3—64}$$

式中，K——形状系数，可由图 3—34 查取。

3. 复合接地体接地电阻

单一接地体的流散电阻往往不能满足要求，而且容易因腐蚀等原因而受到损坏。因此，要求埋设两个以上的接地体，并互相连接起来，组成复合接地体。由若干单一接地体组成的复合接地体，由于地中电流线互相排挤，从每一单一接地体流散的电流受到限制（见图3—35），使得总流散电阻大于各单一接地体流散电阻的并联值。因此，对于复合接地体，引进一个利用系数 η。

所谓利用系数，即单一接地体流散电阻的并联值与复合接地体流散电阻的比值。对于结构相同的单一接地体，其总流散电阻为

$$R_n = \frac{R_0}{\eta n} \qquad (3—65)$$

式中，R_0——单一接地体的流散电阻，Ω；

n——单一接地体的根数。

显然，利用系数总是小于1，最多也只能接近于1。

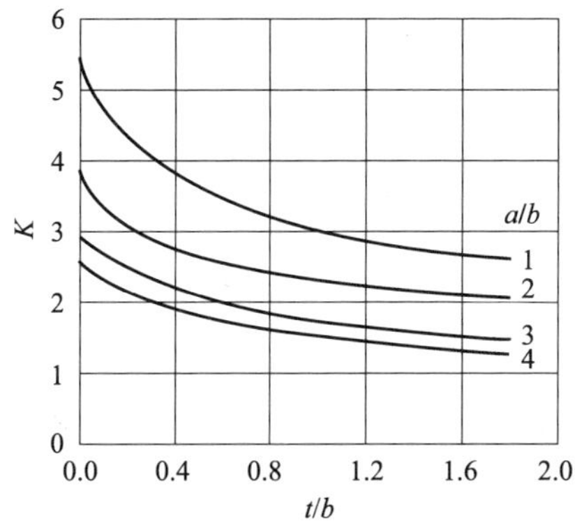

图3—34　计算水平板状接地体接地电阻的McCrocklin公式的系数 K

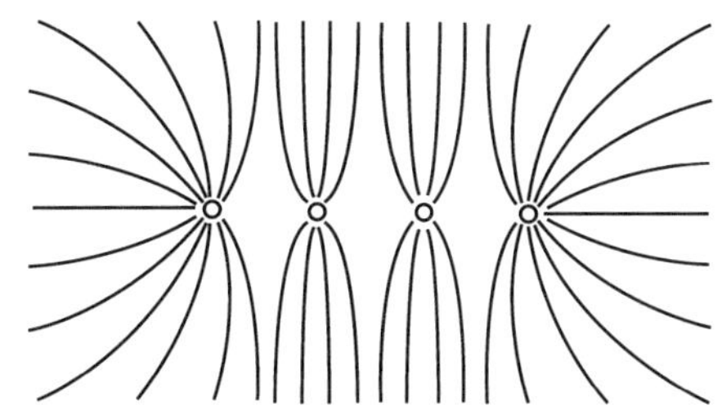

图3—35　多管接地体的流散电阻

五、接地测量

各种接地装置的接地电阻应当定期测量，以检查其可靠性，一般应当在雨季前或其他土壤最干燥的季节测量。雨天一般不应测量接地电阻，雷雨天不得测量防雷装置的接地电阻。对于易于受热、受腐蚀的接地装置应适当缩短测量周期。凡新安装或设备大修后的接地装置，均应测量接地电阻。

1. 接地电阻的测量

接地电阻可用电流表—电压表法测量或接地电阻测量仪法测量。本书仅介绍接地电阻测量仪法。最常见的接地电阻测量仪是电位差计型接地电阻测量仪。这种接地电阻测量仪本身能产生交变的接地电流，不需外加电源，电流极和电压极也是配套的，使用简单，携带方便，而且抗干扰性能较好，因此应用十分广泛。

这种测量仪器的本体由手摇发电机（或电子交流电源）和电位差计式测量机构组成，其主要附件是三条测量导线和两支辅助测量电极。测量仪有 E、P、C 三个接线端子或 C2、P2、P1、C1 四个接线端子。测量时，在离被测接地体一定的距离向地下打入电流极和电压极。测量接线如图 3—36 所示，E 端或 C2、P2 端并接后接于被测接地体，P 端或 P1 端接于电压极，C 端或 C1 端接于电流极。选好倍率，以 120 r/min左右的转速转动摇把时，即可产生 110 ~ 115 Hz 的交流电流沿被测接地体和电流极构成回路；同时，调节电位器旋钮，使仪表指针保持在中心位置，即可直接由电位器旋钮的位置（刻度盘读数）结合所选倍率读出被测接地电阻值。

测量仪内部接线如图 3—37 所示。在测量过程中，当电位差计达到平衡，检流计指针指向中心位置时，B 点与 P 点（或 P1 点）的电位相等，即 $U_{E-P}=U_{E-B}$（或 $U_{C2P2-P1}=U_{C2P2-B}$）。由此不难得到

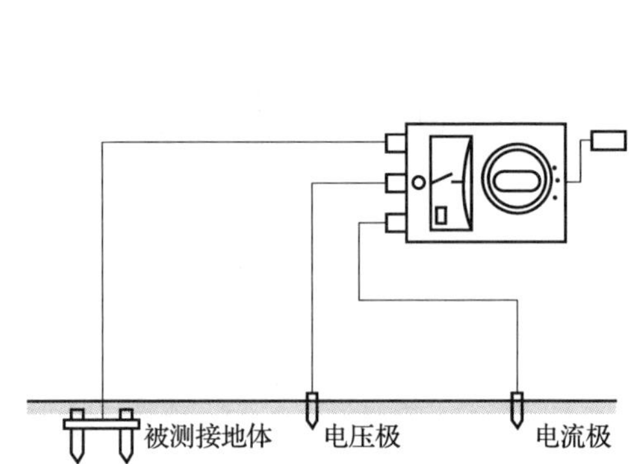

图 3—36　接地电阻测量仪外部接线

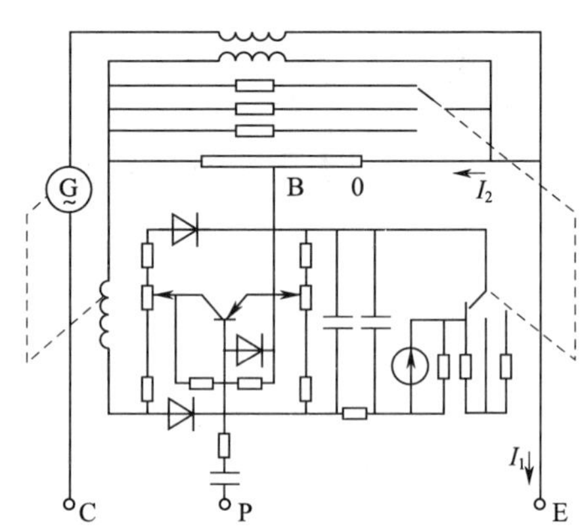

图 3—37　接地电阻测量仪内部接线

$$I_1 R_E = I_2 R_{0-B} \tag{3—66}$$

如电流互感器的变流比为 $K_1=I_1/I_2$，则

$$R_E = \frac{I_2}{I_1} R_{0-B} = \frac{R_{0-B}}{K_1} \tag{3—67}$$

因为 K_1 为仪器给定的某一固定值，所以，可以直接由 R_{0-B}按比例给出 R_1。

如被测接地电阻很小，且接线很长，接线电阻可能带来较大的误差时，应将仪器上的C2、P2端子拆开，分别接向被测接地体。

不论用哪种方法测量接地电阻，均应将被测接地体与其他接地体分开，以保证测量的正确性。测量接地电阻应尽可能把测量回路同电力网分开，以有利于测量的安全，也有利于消除杂散电流引起的误差，还能防止将测量电压反馈到与被测接地体连接的其他导体上而引起的事故。

测量电极间的连线应避免与邻近的高压架空线路平行，以防止感应电压的危险。测量电极的排列应避免与地下金属管道平行，以保证测量结果的真实性。

2．土壤电阻率的测量

土壤电阻率是接地设计的原始资料，可用电流表、电压表法测量或接地电阻测量仪测量。

一种测量办法是在取样地段垂直打入一根钢管，测量其流散电阻，再按下式换算即可得到土壤电阻率

$$\rho = \frac{2\pi LR}{\ln(4L/d)} \tag{3—68}$$

如果 $L=2$ m，$d=0.06$ m，测量电极长度为0.3 m，电极直线排列，并取 $s_p=20$ m，$s_c=40$ m，则由测量电极位置引起的误差不超过1%。

传统电阻率测量采用四极法，如图3—38所示。四极法是将4个电极等距离排列成一条直线，测量中间两个电极之间的电压或电阻。如果测得中间两极之间的电阻为 R，则土壤电阻率可按下式计算

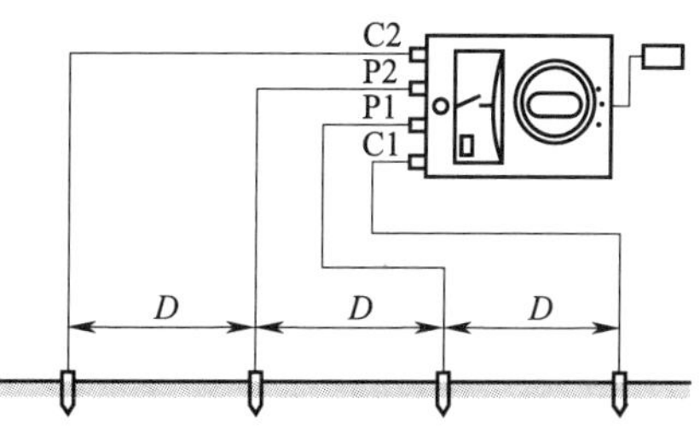

图3—38　四极法测量土壤电阻率

$$\rho = \frac{\pi LR}{\ln[2(L+\sqrt{D^2+L^2})/(L+\sqrt{4D^2+L^2})]} \tag{3—69}$$

如果埋入深度 $L \leqslant D/20$，土壤电阻率可按下式计算

$$\rho = 2\pi DR \tag{3—70}$$

对于不均匀土壤或分层土壤，取不同的极间距离 D，将得到不同的 ρ 值。

六、接地装置的检查和维护

对接地装置进行定期检查的主要内容有：各部位连接是否牢固，有无松动，有

无脱焊，有无严重锈蚀，接地线有无机械损伤或化学腐蚀，涂漆有无脱落，人工接地体周围有无堆放强烈腐蚀性物质，地面以下 0.5 m 以内接地线的腐蚀和锈蚀情况如何，接地电阻是否合格。

对接地装置进行定期检查的周期为：变、配电站接地装置，每年检查一次，并于干燥季节每年测量一次接地电阻；对车间电气设备的接地装置，每两年检查一次，并于干燥季节每年测量一次接地电阻；防雷接地装置，每年雨季前检查一次；手持电动工具的接零线或接地线，每次使用前进行检查；有腐蚀性的土壤内的接地装置，每 5 年局部挖开检查一次。

应对接地装置进行维修的情况有：焊接连接处开焊，螺钉连接处松动，接地线有机械损伤、断股或有严重锈蚀、腐蚀，锈蚀或腐蚀 30% 以上者应予更换，接地体露出地面，接地电阻超过规定值。

本 章 小 结

1. 间接接触电击防护是触电防护的核心内容。间接接触电击发生的原因是由于接触电势和跨步电势的存在。保护接地、保护接零技术是间接接触电击防护的最基本手段。

2. 接地就是将电气设备的某一部位或电力系统的某一点与大地紧密联系起来。在保护方案讨论中，重点对工作接地、保护接地和重复接地进行了介绍与分析，阐述了它们的功能与要求。

3. 在 TN 系统中，保护接零借助相—零线回路的形成及与过流速断保护元件的配合，实现了故障或异常条件下接触电势的自动切除。在保护接零技术应用中，需熟悉 TN 系统应满足的要求，如应用范围、重复接地、速断和限压要求等。

4. 保护导体和接地极是保护接地、保护接零系统的重要部件。本章讨论了保护导体的组成、设计与校核、应用及其要求，以及检测技术等内容；接地装置的设计、施工与安装、接地体流散电阻计算及其测量技术等。

复习思考题

1. 电网从技术上分为几类？试分析其运行安全性。
2. 简述间接接触电击的概念，分析危害形成的原因、特点和可以采取的对策。
3. 高、低压电网中，间接接触电击发生的形式有哪些？

4. 什么叫保护接地？其工作原理、应用安全条件是什么？需要补偿性措施吗？
5. 什么叫保护接零？其工作原理、应用安全条件是什么？需要补偿性措施吗？
6. 简述 IT、TT、TN 系统的区别。
7. 在同一供电回路区域内，为什么保护接地和保护接零措施不能混合应用？
8. 哪些电气设备不需要实施保护接地或保护接零保护？
9. 简述等电位连接的概念、分类。

第四章 兼防直接接触电击和间接接触电击的防护措施

本章学习目标

1. 熟悉特低电压的区段、限值和额定值，掌握特低电压防护的类型及安全条件，理解特低电压的安全电源及回路配置要求，了解功能特低电压及补充安全要求。

2. 掌握剩余电流动作保护装置的原理、类型；熟悉其主要技术参数、选用和安装要求，了解剩余电流动作保护装置运行中的误动作和拒动作的原因。

3. 了解双重绝缘和加强绝缘的结构，熟悉其安全条件。

4. 理解不导电环境的概念及其安全条件。

5. 了解电气隔离的安全原理，电气隔离的安全条件。

兼防直接接触电击和间接接触电击的防护措施主要有特低电压、剩余电流动作保护、双重绝缘及加强绝缘等。

第一节 特低电压

特低电压又称安全特低电压（旧称安全电压），是属于既能防范直接接触电击，也能防范间接接触电击的防护措施。其保护原理是：通过对系统中可能会作用于人体的电压进行限制，从而使触电时流过人体的电流受到抑制，将触电危险性控制在没有危险的范围内。

一、特低电压的区段、限值和特低电压额定值

1. 特低电压区段

特低电压位于特低电压区段。所谓特低电压区段是如下范围：

交流（工频）：无论是相对地或相对相之间均不大于 50 V（有效值）。

直流（无纹波）：无论是极对地或极对极之间均不大于 120 V。所谓无纹波直流通常是指正弦纹波含量的有效值不大于10% 的直流电。例如，对于一个 120 V 的无纹波直流系统，其峰值不超过 137 V。

2. 特低电压的限值

特低电压限值是指在任何运行条件下，允许存在于两个可同时触及的可导电部分间的最高电压值（交流为有效值；直流为无纹波直流电压值）。可以认为，限值范围内的电压在相应条件下对人是不会有危害的。

所谓相应条件，包括是否为故障状态、环境状况、电源频率、接触面积及是否为可握紧部件等。

我国标准规定，15 ~ 100 Hz 交流电压限值是：当电气设施或电气设备处于正常（无故障）状态下，在干燥环境中限值为 33 V（对于接触面积小于 1 cm^2的非可握紧部件，允许增大至 66 V）；潮湿环境中限值为 16 V。当电气设施或电气设备处于影响两个可被人同时触及的可导电部分间电压的单一故障状态下，在干燥环境中限值为 55 V（对于接触面积小于 1 cm^2的非可握紧部件，允许增大至 80 V）；潮湿环境中限值为 33 V。

我国标准规定的直流电压限值是：当电气设施或电气设备处于正常（无故障）状态下，在干燥环境中限值为 70 V（电池充电时，允许增大至 75 V）；潮湿环境中限值为 35 V。当电气设施或电气设备处于影响两个可被人同时触及的可导电部分间电压的单一故障状态下，在干燥环境中限值为 140 V（电池充电时，允许增大至 150 V）；潮湿环境中限值为 70 V（电池充电时，允许增大至 75 V）。

特低电压限值也作为从电压值的角度评价电击防护安全水平的基础性数据。

3. 特低电压额定值

我国标准规定了特低电压的系列，将特低电压额定值（工频有效值）的等级规定为：42 V、36 V、24 V、12 V 和 6 V。

特低电压额定值的具体选用是根据使用环境、人员和使用方式等因素确定。例如，在特别危险环境中使用的手持电动工具应采用 42 V 特低电压；有电击危险环境中使用的手持照明灯和局部照明灯应采用 36 V 或 24 V 特低电压，金属容器内、特别潮湿处等特别危险环境中使用的手持照明灯应采用 12 V 特低电压；水下作业等场所应采用 6 V 特低电压。当电气设备采用 24 V 以上特低电压时，必须采取防护直接接触电击的措施。

二、特低电压防护的类型及安全条件

1. 类型

特低电压电击防护的类型分为 ELV 和 FELV，其缩写字原有的含义分别是：

ELV——来自 Extra Low Voltage（特低电压）；

FELV——Functional Extra Low Voltage（功能特低电压）。

其中，ELV 防护又分为 SELV 和 PELV 两种型式，其缩写字原有的含义分别是：

SELV——Safety Extra Low Voltage（安全特低电压）；

PELV——Protective Extra Low Voltage（保护特低电压）。

但是，根据国际电工委员会相关的导则中有关慎用“安全”一词的原则，上述缩写字仅作为特低电压保护型式的表示，而不再有原缩写字的含义，即不能认为仅采用了“安全”特低电压电源就能防止电击事故的发生。因为只有同时符合规定的条件和防护措施，系统才是安全的。

可将特低电压保护型式归纳为以下三类：

（1）SELV

只作为不接地系统的安全特低电压用的防护。其特点是特低电压回路的带电部分不接地，也不与其他电路的带电部分或保护导体相连接，即 SELV 回路处于“悬浮状态”，安全性能最佳，在特低电压保护中为首先考虑的类型，实际应用最为广泛。

（2）PELV

只作为保护接地系统的安全特低电压用防护。

（3）FELV

由于功能上的原因（非电击防护目的），采用了特低电压，但不能满足或没有必要满足 SELV 和 PELV 的所有条件。FELV 防护是在这种前提下，补充规定了某些直接接触电击和间接接触电击防护措施的一种防护。

2. 安全条件

要达到兼有直接接触电击防护和间接接触电击防护的保护要求，必满足以下条件：

（1）线路或设备的标准电压不超过标准所规定的安全特低电压值。

（2）SELV 和 PELV 必须满足安全电源、回路配置和各自的特殊要求。

（3）FELV 必须满足其辅助要求。

三、SELV 和 PELV 的安全电源、回路配置

SELV 和 PELV 对安全电源的要求完全相同。在回路配置上有共同要求，也有特殊要求。

1. SELV 和 PELV 的安全电源

安全特低电压必须由安全电源供电。可以作为安全电源的主要有：

（1）安全隔离变压器或与其等效的具有多个隔离绕组的电动发电机组，其绕组的绝缘至少相当于双重绝缘或加强绝缘。安全隔离变压器的接线图如图 4—1 所示。

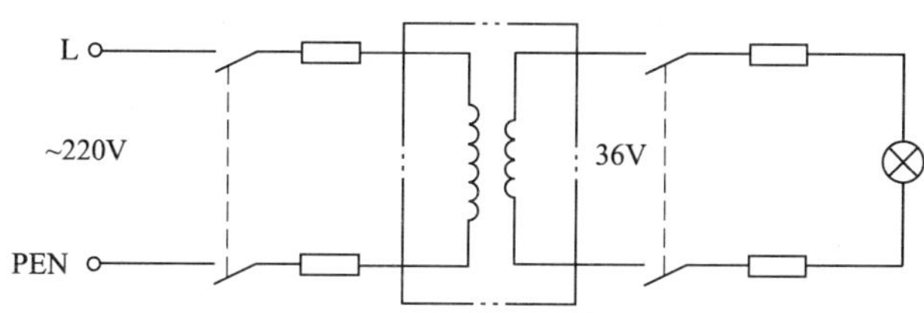

图 4—1　安全隔离变压器电路图

安全隔离变压器的一次与二次绕组之间必须有良好的绝缘；其间还可用接地的屏蔽隔离开来。安全隔离变压器各部分的绝缘电阻不得低于下列数值：

带电部分与壳体之间的工作绝缘	2 MΩ
带电部分与壳体之间的加强绝缘	7 MΩ
输入回路与输出回路之间	5 MΩ
输入回路与输入回路之间	2 MΩ
输出回路与输出回路之间	2 MΩ
Ⅱ类变压器的带电部分与金属物件之间	2 MΩ
Ⅱ类变压器的带电部分与壳体之间	5 MΩ
绝缘壳体上内、外金属物件之间	2 MΩ

安全隔离变压器的额定容量，单相变压器不得超过 10 kVA、三相变压器不得超过 16 kVA、电铃用变压器不得超过 100 VA、玩具用变压器不得超过 200 VA。

安全隔离变压器的输入和输出导线应有各自的通道。导线进、出变压器处应有护套。固定式变压器的输入电路中不得采用接插件。

此外，安全隔离变压器各部分的最高温升不得超过允许限值。如：金属握持部分的温升不得超过 20℃；非金属握持部分的温升不得超过 40℃；金属非握持部分

的外壳其温升不得超过25℃；非金属非握持部分的外壳其温升不得超过50℃；接线端子的温升不得超过35℃；橡皮绝缘的温升不得超过35℃；聚氯乙烯绝缘的温升不得超过40℃。

（2）电化电源或与高于安全特低电压回路无关的电源，如蓄电池及独立供电的柴油发电机等。

（3）即使在故障时仍能够确保输出端子上的电压（用内阻不小于3 kΩ的电压表测量）不超过特低电压值的电子装置电源等。

2. SELV和PELV的回路配置

SELV和PELV的回路配置都应满足以下要求：

（1）SELV和PELV回路的带电部分相互之间、回路与其他回路之间应实行电气隔离，其隔离水平不应低于安全隔离变压器输入与输出回路之间的电气隔离。尤其是有些电气设备，如继电器、接触器、辅助开关的带电部分与电压较高线路的任何部分的电气隔离不应小于安全隔离变压器的输入和输出绕组的电气隔离要求。但此要求不排除PELV回路与地的连接。

（2）SELV和PELV回路的导线应与其他任何回路的导线分开敷设，保持适当的物理上的隔离。当此要求不能满足时，必须采取诸如将回路的导线置于非金属外护物中；或将电压不同的回路的导线以接地的金属屏蔽层或接地的金属护套分隔开等措施。回路电压不同的导线置于同一根多芯电缆或导线组中时，其中SELV和PELV回路的导线的绝缘必须单独地或成组地按能够耐受所有回路中的最高电压考虑。

四、SELV及PELV特殊要求

1. SELV的特殊要求

（1）SELV回路的带电部分严禁与大地或其他回路的带电部分或保护导体相连接。

（2）外露可导电部分不应有意地连接到地或其他线路的保护导体或外露可导电部分，也不能连接到外部可导电部分；若设备功能要求与外部可导电部分进行连接，则应采取措施，使这部分所能出现的电压不超过安全特低电压。

如果SELV回路的外露可导电部分容易偶然或被有意识地与其他回路的外露可导电部分相接触，则电击保护就不能再仅仅依赖于SELV的保护措施，还应依靠其他回路的外露可导电部分的保护方法，例如发生接地故障时自动切断电源。

（3）若标称电压超过25 V交流有效值或60 V无纹波直流值，应装设必要的遮栏或外护物，或者提高绝缘等级；若标称电压不超过上述数值，除非某些特殊应用的环境条件，一般无须直接接触电击防护。

2. PELV 的特殊要求

实际上，可以将 PELV 类型看做是由 SELV 类型进行接地演变而来。PELV 允许回路接地。由于 PELV 回路的接地，有可能从大地引入故障电压，使回路的电位升高，因此，PELV 的防护水平要求比 SELV 要高。

（1）利用必要的遮栏或外护物，或者提高绝缘等级来实现直接接触电击防护。

（2）如果设备在等电位联结有效区域内，以下情况可不进行上述直接接触电击防护。

1）当标称电压不超过 25 V 交流有效值或 60 V 无纹波直流值，设备仅在干燥情况下使用，且带电部分不大可能同人体大面积接触时；

2）在其他任何情况下，标称电压不超过 6 V 交流有效值或 15 V 无纹波直流值。

五、FELV 的辅助要求

1. 装设必要的遮栏或外护物，或者提高绝缘等级来实现直接接触电击防护。

2. 当 FELV 回路设备的外露可导电部分与一次回路的保护导体相连接时，应在一次回路装设自动断电的防护装置，以实现间接接触电击的防护。

六、插头及插座

为了避免经电源插头和插座将外部电压引入，必须从结构上保证 SELV、PELV 及 FELV 回路的插头和插座不致误插入其他电压系统或被其他系统的插头插入。SELV 和 PELV 回路的插座还不得带有接零或接地插孔，而 FELV 回路则根据需要决定是否带接零或接地插孔。

第二节　剩余电流动作保护

剩余电流动作保护旧称漏电保护，是利用剩余电流动作保护装置来防止电气事故的一种安全技术措施。剩余电流动作保护装置简称 RCD（Residual Current Operated Protective Device）。所谓“剩余电流——residual current”，是指流过剩余电流动作保护装置主回路电流瞬时值的矢量和（用有效值表示）。剩余电流动作保护装置是一种低压安全保护电器，主要用于防止人身电击，防止因接地故障引起的火灾。

剩余电流动作保护装置的主要功能是提供间接接触电击保护，而额定漏电动作电流不大于 30 mA 的剩余电流动作保护装置，在其他保护措施失效时，也可作为直接接触电击的补充保护，但不能作为基本的保护措施。

实践证明，剩余电流动作保护装置和其他电气安全技术措施配合使用，在防止电气事故方面有显著的作用。本节就剩余电流动作保护装置的原理及应用进行说明。

一、剩余电流动作保护装置的原理

电气设备漏电时，将呈现出异常的电流和电压信号。保护装置通过检测此异常电流或异常电压信号，经信号处理，促使执行机构动作，借助开关设备迅速切断电源。根据故障电流动作的保护装置是电流型保护装置即剩余电流动作保护装置；根据故障电压动作的是电压型保护装置。早期的漏电保护装置为电压型漏电保护装置，因其存在结构复杂、受外界干扰动作特性稳定性差，制造成本高等缺陷，已逐步被淘汰。而剩余电流动作保护装置得到了迅速的发展，并占据了主导地位。目前，国内外漏电保护装置的研制生产及有关技术标准均是以电流型剩余电流动作保护装置为对象。以下将主要对电流型剩余电流动作保护装置即 RCD 进行介绍。

1. 剩余电流动作保护装置的组成

图 4—2 是剩余电流动作保护装置的组成方框图。其构成主要有三个基本环节，即检测元件、中间环节（包括放大元件和比较元件）和执行机构。其次，还具有辅助电源和试验装置。

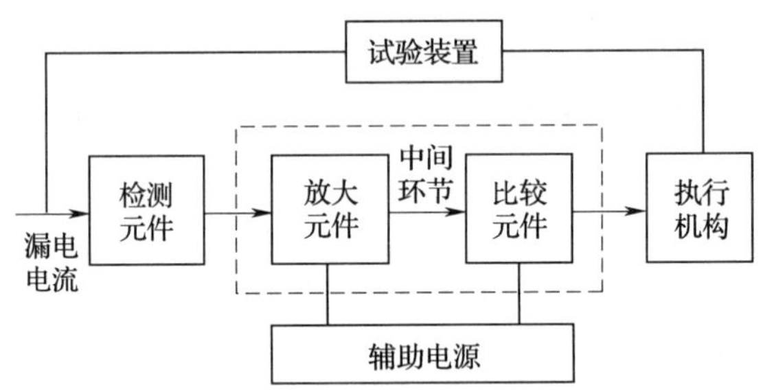

图 4—2　剩余电流动作保护装置组成框图

（1）检测元件

检测元件是一个零序电流互感器。如图 4—3 所示。图中，被保护主电路的相线和中性线穿过环形铁心构成了互感器的一次侧 N_1，均匀缠绕在环形铁心上的绕组构成了互感器的二次侧 N_2。检测元件的作用是将漏电电流信号转换为电压或功率信号输出给中间环节。

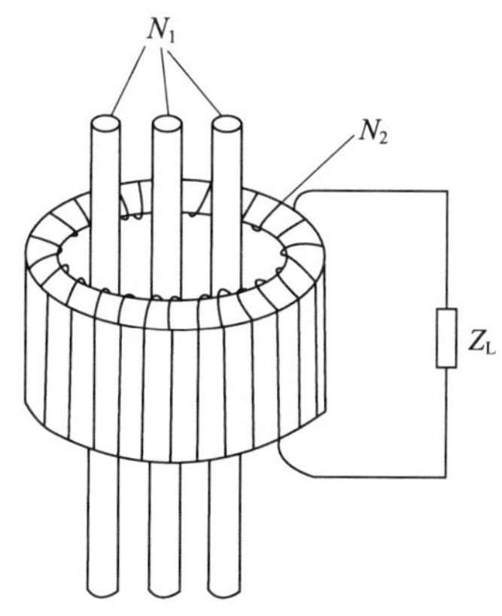

图 4—3 剩余电流互感器

（2）中间环节

中间环节对来自零序电流互感器的漏电信号进行处理。中间环节通常含有放大器、比较器、脱扣器（或继电器）等，不同型式的剩余电流动作保护装置在中间环节的具体构成上型式各异。

（3）执行机构

执行机构用于接收中间环节的指令信号，实施动作，自动切断故障处的电源。执行机构多为带有分励脱扣器的自动开关或交流接触器。

（4）辅助电源

当中间环节为电子式时，辅助电源的作用是提供电子电路工作所需的低压电源。

（5）试验装置

试验装置是对运行中的剩余电流动作保护装置进行定期检查时所使用的装置。通常是用由一只限流电阻和检查按钮相串联的支路来模拟漏电的路径，以检验装置是否能够正常动作。

2. 剩余电流动作保护装置的工作原理

图 4—4 是一例三相四线制供电系统的剩余电流动作保护电气原理图。通过此图，对剩余电流动作保护装置的原理进行说明。图中 TA 为零序电流互感器；QF 为主开关；TL 为主开关 QF 的分励脱扣器线圈。

在被保护电路工作正常，没有发生漏电或触电的情况下，由基尔霍夫定律可知，通过 TA 一次侧电流的相量和等于零。这使得 TA 铁心中磁通的相量和也为零。TA 二次侧不产生感应电动势。剩余电流动作保护装置不动作，系统保持正常供电。

当被保护电路发生漏电或有人触电时，由于漏电电流的存在，通过 TA 一次侧各相负荷电流的相量和不再等于零，即产生了剩余电流。这就导致了 TA 铁心中磁通的相量和也不再为零，即在铁心中出现了交变磁通。在此交变磁通作用下，TA 二次线圈就有感应电动势产生。此漏电信号经中间环节进行处理和比较，当达到预定值时，使主开关分励脱扣器线圈 TL 通电，驱动主开关 QF 自动跳闸，迅速切断被保护电路的供电电源，从而实现保护。

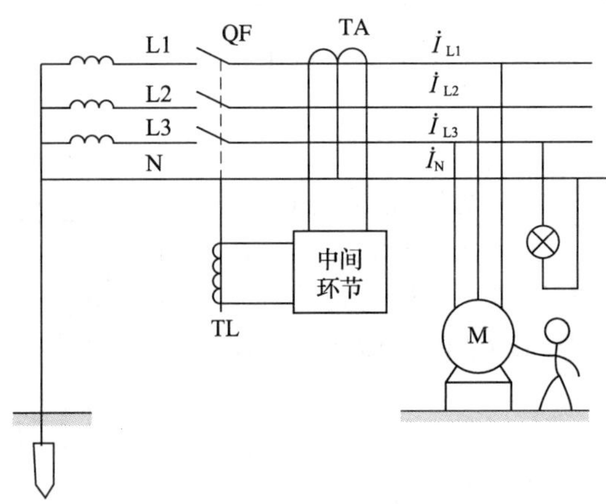

图 4—4　剩余电流动作保护装置的电气原理图

二、剩余电流动作保护装置的分类

（1）按剩余电流动作保护装置中间环节的结构特点分类

1）电磁式剩余电流动作保护装置。电磁式剩余电流动作保护装置的中间环节为电磁器件，有电磁脱扣器和灵敏继电器两种型式。电磁式剩余电流动作保护装置因全部采用电磁元器件，使得其耐受过电流和过电压冲击的能力较强，因无需辅助电源，当主电路缺相时仍能起剩余电流动作保护作用。但其灵敏度不易提高，且制造工艺复杂，价格较高。

2）电子式剩余电流动作保护装置。电子式剩余电流动作保护装置的中间环节使用了由电子器件构成的电子电路，有的是分立元件电路，也有的是集成电路。中间环节的电子电路用来对漏电信号进行放大、处理和比较。其特点是灵敏度高、动作电流和动作时间调整方便、使用耐久。但电子式剩余电流动作保护装置对使用条件要求严格，抗电磁干扰性能较差。当主电路缺相时，可能会因失去辅助电源而丧失保护功能。

（2）按结构特征分类

1）整体式剩余电流动作保护装置。是一种将零序电流互感器、中间环节和断路器组合安装在同一机壳的开关电器。其特点是：当检测到超过预定值的剩余电流后，保护器本身即可直接切断被保护主电路的供电电源。这种保护器有的还兼有短路保护及过电流保护功能。

2）组合式剩余电流动作保护装置。是一种由剩余电流继电器、低压接触器和低压断路器通过电气连接组合而成的剩余电流动作保护装置。当检测到超过预定值的剩余电流时，由剩余电流继电器进行检测、信号处理和比较，通过其脱扣器或继电器动作，发出报警信号，或通过控制触点去操作断路器切断供电电源。剩余电流继电器本身不具备直接断开主电路的功能。

（3）按安装型式分类

1）固定位置安装、固定接线方式的剩余电流动作保护装置。

2）带有电缆的可移动使用的剩余电流动作保护装置。

（4）按极数和线数分类

按照主开关的极数和穿过零序电流互感器的线数可将剩余电流动作保护装置分为：单极二线剩余电流动作保护装置、二极剩余电流动作保护装置、二极三线剩余电流动作保护装置、三极剩余电流动作保护装置、三极四线剩余电流动作保护装置、四极剩余电流动作保护装置。

其中单极二线剩余电流动作保护装置、二极三线剩余电流动作保护装置、三极四线剩余电流动作保护装置均有一根直接穿过零序电流互感器而不能被主开关断开的中性线。

（5）按运行方式分类

1）不需要辅助电源的剩余电流动作保护装置。

2）需要辅助电源的剩余电流动作保护装置。

此类中又分为辅助电源中断时可自动切断的剩余电流动作保护装置和辅助电源中断时不可自动切断的剩余电流动作保护装置。

（6）按分断时间分类

按动作时间的要求不同，剩余电流动作保护装置分为：一般型（无延时）剩余电流动作保护装置和延时型剩余电流动作保护装置。一般型（无延时）是无人为故意延时分断的剩余电流动作保护装置。延时型设定某一剩余动作电流，根据预定的极限不分断时间延时动作。延时型中，分断时间具有选择性的称为S型剩余电流动作保护装置。

（7）按动作灵敏度分类

按动作灵敏度可将剩余电流动作保护装置分为：高灵敏度型、中灵敏度型和低灵敏度型三种。

（8）按剩余电流含由直流分量时的动作特性分类

按能否对含有直流分量的剩余电流可靠脱扣，将剩余电流动作保护装置分为：AC 型剩余电流动作保护装置、A 型剩余电流动作保护装置和 B 型剩余电流动作保护装置。AC 型对突然施加或缓慢上升的交流正弦波剩余电流能可靠脱扣；A 型除了对突然施加或缓慢上升的交流正弦波剩余电流能可靠脱扣之外，还能对含有直流分量的剩余脉动直流电流可靠脱扣；B 型除了对突然施加或缓慢上升的交流正弦波剩余电流和含有直流分量的剩余脉动直流电流可靠脱扣之外，还能对平滑直流电流能确保可靠脱扣，B 型装置又称为全电流敏感型剩余电流动作保护装置。

（9）按专业人员使用还是家用分类

按专业人员使用还是家用将剩余电流动作保护装置分为专业人员使用的剩余电流动作保护装置和家用剩余电流动作保护装置。专业人员使用的一般额定电流比较大，作为配电装置中主干线或分支线的保护开关，发生故障时影响比较大，要求由专业人员使用。家用的一般额定电流小于或等于 125 A，用做终端电气线路和电气设备的保护。其主要安装在商用大厦、办公楼及城乡居民住宅等建筑物内，作为防止人身电击的保护装置，适合于非专业人员使用。

（10）按照能否执行过电流保护功能分类

家用的剩余电流动作保护装置根据是否带过电流保护功能分为带过电流保护的剩余电流动作保护装置（RCBO——residual current operated circuit - breaker with integral overcurrent protection）和不带过电流保护的剩余电流动作保护装置（RCCB——residual current operated circuit - breaker without integral overcurrent protection）两种。前者能执行过载和/或短路保护功能；后者不能执行过载和/或短路保护功能。

三、剩余电流动作保护装置的主要技术参数

1. 关于剩余电流性能的技术参数

关于剩余电流性能的技术参数是剩余电流动作保护装置最基本的技术参数，包括额定剩余电流动作电流和分断时间。

（1）额定剩余动作电流（$I_{\Delta n}$）

是制造厂对剩余电流动作保护装置规定的剩余动作电流值，在该电流值时，剩余电流动作保护装置应在规定的条件下动作。该值反映了剩余电流动作保护装置的灵敏度。

我国标准规定的额定漏电动作电流值为：0.006 A、0.01 A、0.03 A、0.05 A、0.1 A、0.3 A、0.5 A、1 A、3 A、5 A、10 A、20 A、30 A 共 13 个等级。其中，

0.03 A 及其以下者属高灵敏度、主要用于防止各种人身触电事故；0.03 A 以上至 1 A者属中灵敏度，用于防止触电事故和漏电火灾；1 A 以上者属低灵敏度，用于防止漏电火灾和监视一相接地事故。

（2）额定剩余不动作电流（$I_{\Delta no}$）

是制造厂对剩余电流动作保护装置规定的剩余不动作电流值，在该电流值时，剩余电流动作保护装置应在规定的条件下不动作。为了防止误动作，剩余电流动作保护装置的额定剩余不动作电流不得低于额定剩余动作电流的1/2。

（3）分断时间

是指从突然施加剩余动作电流的瞬间起到所有极电弧熄灭瞬间即被保护电路完全被切断为止所经过的时间。剩余电流动作保护装置根据分断时间的不同，分为一般型和延时型和两种。延时型剩余电流动作保护装置人为地设置了延时，以适应分级保护的需要，主要用于分级保护的首端，仅适用于 $I_{\Delta n}>0.03$ A 的间接接触电击防护。延时型剩余电流动作保护装置的延时时间优选值为：0.2 s、0.4 s、0.8 s、1 s、1.5 s、2 s。分级保护时，延时型剩余电流动作保护装置延时时间的级差为 0.2 s。

我国标准规定的直接接触电击补充保护用剩余电流动作保护装置的最大分断时间见表 4—1。间接接触电击保护用剩余电流动作保护装置的最大分断时间见表 4—2。

表 4—1　　直接接触保护用的剩余电流保护装置的最大分断时间

$I_{\Delta n}$/A	I_n/A	最大分断时间/s		
		$I_{\Delta n}$	$2I_{\Delta n}$	0.25 A
0.006	任何值	5	1	0.04
0.010		5	0.5	0.04
0.030		0.5	0.2	0.04

表 4—2　　间接接触保护用的剩余电流保护装置的最大分断时间

$I_{\Delta n}$/A	I_n/A	最大分断时间/s		
		$I_{\Delta n}$	$2I_{\Delta n}$	$5I_{\Delta n}$
>0.03	任何值	2	0.2	0.04
	只适用于≥40[a]	5	0.3	0.15

[a] 适用于由独立元件组装起来的组合式剩余电流保护装置。

2. 其他技术参数

剩余电流动作保护装置的其他参数的额定值主要有：

（1）额定频率：额定频率的优先值应为 50 Hz、60 Hz。

（2）额定电压（U_n）为 230 V 或 400 V。

（3）额定电流值（I_n）为 6 A、10 A、16 A、20 A、25 A、32 A、40 A、50 A、63 A、80 A、100 A、125 A、160 A、200 A、250 A、315 A、400 A、500 A、630 A、700 A、800 A。

3. 接通分断能力

带短路保护的剩余电流动作保护装置的接通分断能力，应符合其执行主电路接通分断功能部分所采用断路器的有关规程要求。不带过电流保护的剩余电流动作保护装置的额定接通分断能力优先值见表 4—3，额定接通分断能力的最小值见表 4—4。

表 4—3　　额定接通分断能力 I_m 优先值

I_m 优先值/A								
500	1 000	1 500	3 000	4 500	6 000	10 000	20 000	50 000

表 4—4　　额定接通分断能力 I_m 最小值

I_n/A	I_m，最小值/A
$I_n \leqslant 50$	500
$50 < I_n \leqslant 100$	1 000
$100 < I_n \leqslant 150$	1 500
$150 < I_n \leqslant 200$	2 000

四、剩余电流动作保护装置的应用

1. 对直接接触电击事故的防护

在直接接触电击事故防护中，剩余电流保护装置只作为直接接触电击事故基本防护措施的补充保护措施。从剩余电流动作保护的机理可知，其保护并不包括对相与相、相与 N 线间形成的直接接触电击事故的防护。

2. 对间接接触电击事故的防护

间接接触电击事故防护的主要措施是采用自动切断电源的保护方式，以防止由于电气设备绝缘损坏发生接地故障时，电气设备的外露可接近导体持续带有危险电压而产生电击事故。当电路发生绝缘损坏造成接地故障，其故障电流值小于过电流保护装置的动作电流值时，过电流保护装置不动作，不能消除电击危险，此时，需要依靠剩余电流动作保护装置的动作来切断电源，实现保护。

剩余电流动作保护装置用于间接接触电击事故防护时，应正确地与电网的系统接地型式相配合。

（1）TN 系统

1）采用剩余电流动作保护装置的 TN－C 系统，应根据电击防护措施的具体情况，将电气设备外露可接近导体独立接地，形成局部 TT 系统。

2）在 TN 系统中，必须将 TN－C 系统改造为 TN－C－S、TN－S 系统或局部 TT 系统后，才可安装使用剩余电流动作保护装置。在 TN－C－S 系统中，剩余电流动作保护装置只允许用在 N 线与 PE 线分开部分。

（2）TT 系统

TT 系统的电气线路或电气设备必须装设剩余电流动作保护装置作为防电击事故的保护措施。

剩余电流动作保护装置接线方式见表 4—5。

3. 对电气火灾的防护

为防止电气设备或线路因绝缘损坏形成接地故障引起的电气火灾，应装设当接地故障电流超过预定值时，能发出报警信号或自动切断电源的剩余电流动作保护装置。

为防止电气火灾发生而安装剩余电流动作电气火灾监控系统时，应对建筑物内防火区域作出合理的分布设计，确定适当的控制保护范围。该电气火灾监控系统的剩余电流动作的预定值和预定动作时间，应满足与分级保护的动作特性相配合的要求。

4. 分级保护

低压供电系统中，当发生人身电击事故和接地故障时，剩余电流动作保护装置动作将电源切断，形成停电。为了尽量缩小由此造成的停电范围，剩余电流动作保护装置应采用分级保护。所谓“分级保护”是指在电源端、负荷群首端、负荷端分别装设剩余电流动作保护装置，构成两级或以上串接保护系统，且各级剩余电流动作保护装置的主回路额定电流值、剩余电流动作值与动作时间协调配合，实现具有选择性的保护。

分级保护方式的选择应根据用电负荷和线路的具体情况的需要，一般可分为两级或三级保护。各级剩余电流动作保护装置的动作电流值与动作时间应协调配合，实现具有动作选择性的分级保护。

表 4—5 剩余电流保护装置接线方式

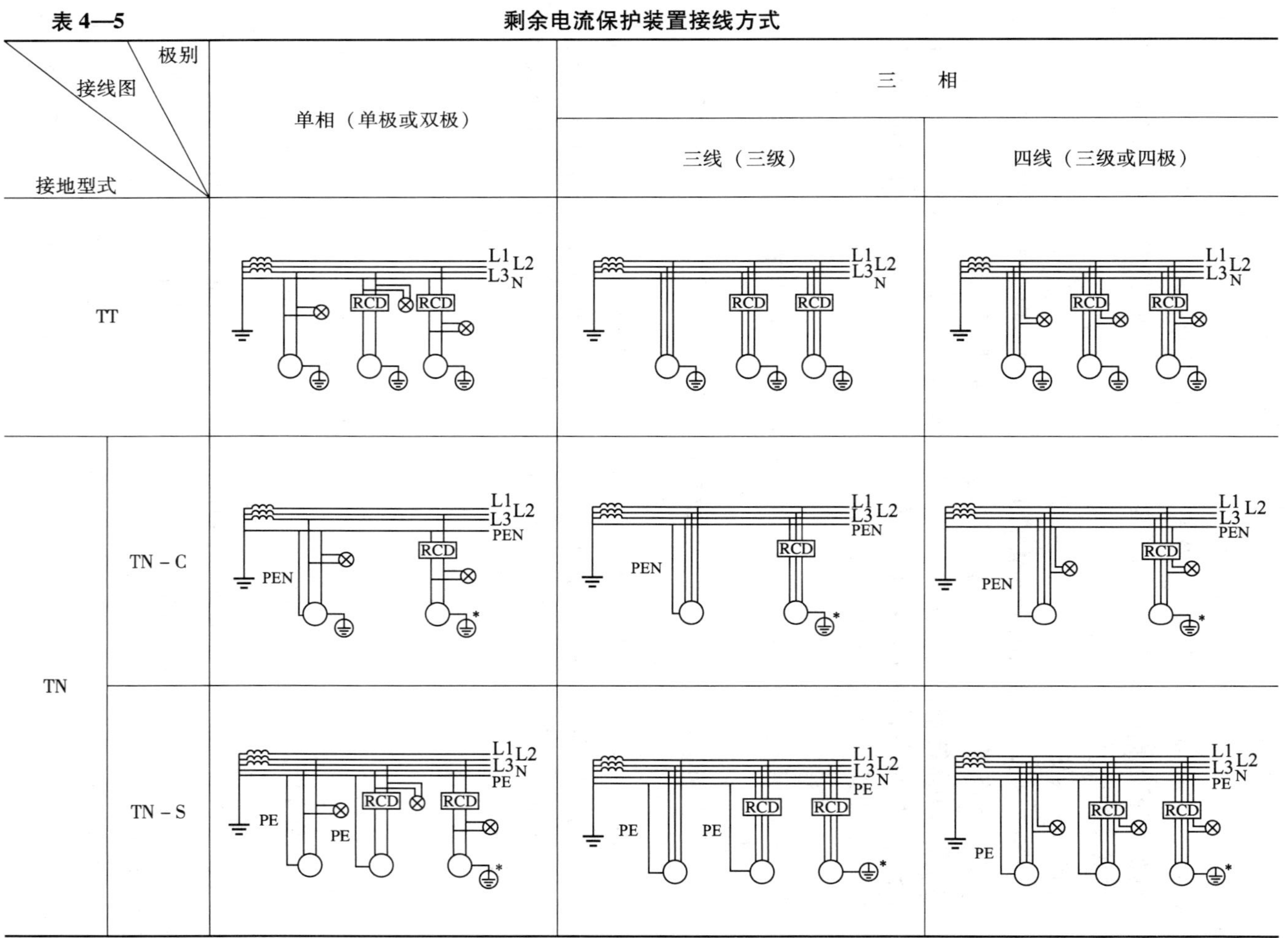

续表

接地型式 \ 接线图 \ 极别		单相（单极或双极）	三相	
			三线（三级）	四线（三级或四极）
TN	TN－C－S	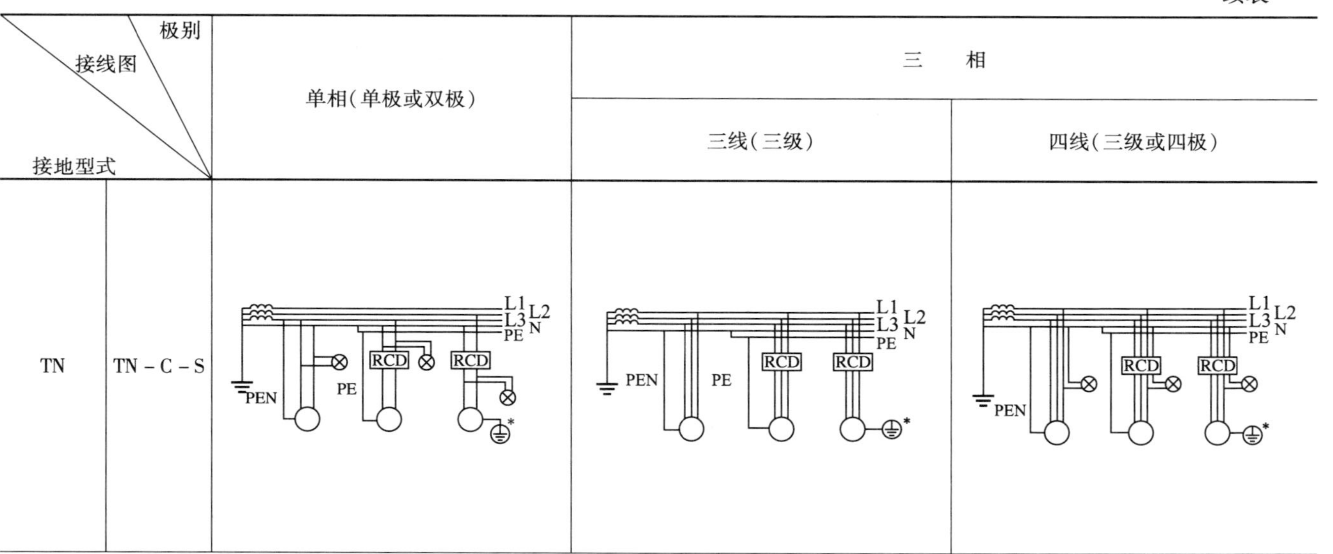		

注 1：L1、L2、L3 为相线；N 为中线性；PE 为保护线；PEN 为中性线和保护线合一；◯ ◯为单相或三相电气设备；⊗为单相照明设备；RCD为剩余电流保护装置；⏚为不与系统中性接地点相连的单独接地装置，作保护接地用。

注 2：单相负载或三相负载在不同的接地保护系统中的接线方式图中，左侧设备未装有剩余电流保护装置，中间和右侧为装用剩余电流保护装置的接线图。

注 3：在 TN－C 系统中使用剩余电流保护装置的电气设备，其外露可接近导体的保护线应接在单独接地装置上而形成局部 TT 系统，如TN－C 系统接线方式图中的右侧设备带＊的接线方式。

注 4：表中 TN－S 及 TN－C－S 接地型式，单相和三相负荷的接线图中的中间和右侧接线图为根据现场情况，可任选其一的接地方式。

剩余电流动作保护装置的分级保护应以末端保护为基础。住宅和末端用电设备必须安装剩余电流动作保护装置。末端保护上一级保护的保护范围应根据负荷分布的具体情况确定。

配电线路可根据线路具体情况，采用分级保护，以防止发生接地故障导致人身电击事故。配电线路电源端的剩余电流动作保护装置的动作特性应与线路末端保护协调配合。

企事业单位的建筑物和住宅应采用分级保护，电源端的剩余电流动作保护装置应满足防接地故障引起电气火灾的要求。网络健康水平较高、负荷类型相对比较复杂的城镇配电网的分级保护方式参考模式如图 4—5 所示。

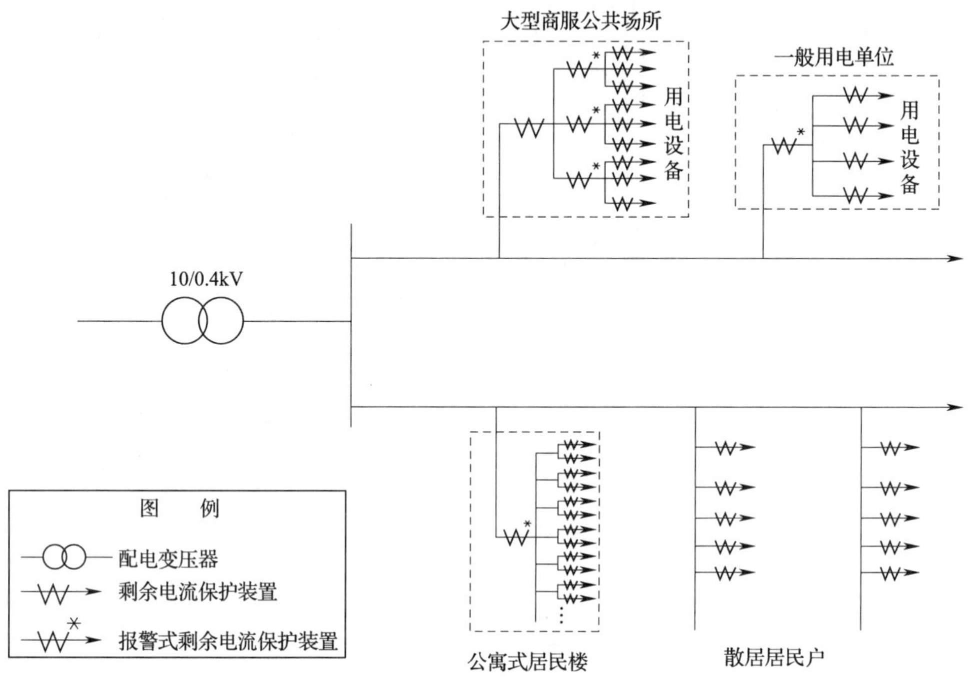

图 4—5 分级保护方式参考模式图

5. 必须安装剩余电流动作保护装置的设备和场所

（1）末端保护

1）属于Ⅰ类的移动式电气设备和手持式电动工具。

2）生产用的电气设备。

3）施工工地的电气机械设备。

4）安装在户外的电气装置。

5）临时用电的电气设备。

6）机关、学校、宾馆、饭店、企事业单位和住宅等除壁挂式空调电源插座外的其他电源插座或插座回路。

7）游泳池、喷水池、浴池的电气设备。

8）医院中可能直接接触人体的电气医用设备。

9）其他需要安装剩余电流动作保护装置的场所。

（2）线路保护

低压配电线路根据具体情况采用二级或三级保护时，在总电源端、分支线首端或线路末端（农村集中安装电能表箱、农业生产设备的电源配电箱）安装剩余电流动作保护装置。

6. 可不安装剩余电流动作保护装置的情况

具备下列条件的电气设备和场所，可不安装剩余电流动作保护装置。

1）使用特低电压供电的电气设备。

2）一般环境情况下使用的具有双重绝缘或加强绝缘的电气设备。

3）使用隔离变压器且二次侧为不接地系统供电的电气设备。

4）具有非导电场所的电气设备。

5）在没有间接接触电击危险场所的电气设备。

7. 报警式剩余电流动作保护装置的应用

对于一旦发生剩余电流引起切断电源时，将会造成严重事故或重大经济损失的电气装置或场所，应装设不切断电源的报警式剩余电流动作保护装置。如：

1）对于公共场所的通道照明及应急照明电源。

2）确保公共场所安全的设备。

3）消防设备的电源，如消防电梯、消防水泵、消防通道照明等。

4）防盗报警装置的电源。

5）其他不允许停电的特殊设备和场所。

为了防止人身电击事故，上述场所的负荷末端保护不得采用报警式剩余电流动作保护装置。

8. 剩余电流动作保护装置的选用

选用剩余电流动作保护装置应首先根据保护对象的不同要求进行选型，既要保证在技术上有效，还应考虑经济上的合理性。错误的选型不仅达不到保护目的，还会造成剩余电流动作保护装置的拒动作或误动作。正确合理地选用剩余电流动作保护装置，是实施剩余电流动作保护措施的关键。

剩余电流动作保护装置的技术条件应符合有关标准的规定，并通过中国国家强制性产品认证。

（1）动作性能参数的选择

手持式电动工具、移动电器、家用电器等设备应优先选用额定剩余动作电流不大于 30 mA 的一般型（无延时）的剩余电流动作保护装置。

单台电气机械设备，可根据其容量大小选用额定剩余动作电流 30 mA 以上、100 mA 及以下、一般型（无延时）的剩余电流动作保护装置。

电气线路或多台电气设备（或多用户）的电源端，为防止接地故障电流引起电气火灾，安装的剩余电流动作保护装置，其动作电流和动作时间应按被保护线路和设备的具体情况及其泄漏电流值确定。必要时应选用动作电流可调和延时动作型的剩余电流动作保护装置。

在采用分级保护方式时，上下级剩余电流动作保护装置的动作时间差不得小于 0.2 s。上一级剩余电流动作保护装置的极限不驱动时间应大于下一级剩余电流动作保护装置的动作时间，且时间差应尽量小。

选用的剩余电流动作保护装置的剩余不动作电流，应不小于被保护电气线路和电气设备的正常运行时泄漏电流最大值的 2 倍。

安装在潮湿场所的电气设备应选用额定剩余动作电流为（6～30）mA、一般型（无延时）的剩余电流动作保护装置。

医院中可能直接接触人体的电气医用设备、安装在浴室、游泳池、水景喷水池、水上游乐园等特定区域的电气设备、应选用额定剩余动作电流为 10 mA、一般型（无延时）的剩余电流动作保护装置。

在金属物体上工作，操作手持式电动工具或使用非特低电压的行灯时，应选用额定剩余动作电流为 10 mA、一般型（无延时）的剩余电流动作保护装置。

连接室外架空线路的电气设备，可能发生冲击过电压时，可采取特殊的保护措施（例如：采用电涌保护器等过电压保护装置），并选用增强耐误脱扣能力的剩余电流动作保护装置。

对应用电子元器件较多的电气设备，电源装置故障含有脉动直流分量时，应选用 A 型剩余电流动作保护装置。

（2）按电气设备供电方式的选择

剩余电流动作保护装置的极数、线数应根据被保护电气设备的供电方式选择。

1）单相220 V电源供电的电气设备，应优先选用二极二线式剩余电流动作保护装置；

2）三相三线式380 V电源供电的电气设备，应选用三极三线式剩余电流动作保护装置；

3）三相四线220/380 V电源供电的电气设备，三相设备与单相设备共用的电路应选用三极四线或四极四线式剩余电流动作保护装置。

剩余电流动作保护装置的技术参数额定值应与被保护线路或设备的技术参数和安装使用的具体条件相配合。

（3）根据电气设备的工作环境条件选用

电源电压稳定性较差地区使用的电气设备应优先选用动作功能与电压无关的剩余电流动作保护装置。在高温或特低温环境中的电气设备应选用非电子型剩余电流动作保护装置。用于家用电器保护的剩余电流动作保护装置必要时可选用满足过电压保护的剩余电流动作保护装置。安装在易燃、易爆、潮湿或有腐蚀性气体等恶劣环境中的剩余电流动作保护装置，应根据相关标准选用特殊防护条件的剩余电流动作保护装置，或采取相应的防护措施。

（4）其他性能的选择

剩余电流动作保护装置的额定剩余动作电流要充分考虑电气线路和电气设备的对地泄漏电流值，必要时可通过实际测量取得被保护线路或设备的对地泄漏电流。因季节性变化引起对地泄漏电流值变化时，应考虑采用动作电流可调式剩余电流动作保护装置。

（5）对弧焊变压器应采用专用的防电击保护装置

弧焊变压器在空载时，峰值电压达68 V左右，此电压易使操作人员受到电击，而由于电焊机的二次侧和一次侧之间是靠磁路耦合，没有电的联系，即使二次侧发生电击，一次侧的剩余电流动作保护装置也不会动作切断电源。弧焊变压器应采用在二次侧安装专用的防电击保护装置来达到防电击目的。

9. 剩余电流动作保护装置的安装和施工要求

剩余电流动作保护装置的安装应符合有关标准的要求，并充分考虑供电方式、供电电压、系统接地型式及保护方式。剩余电流动作保护装置的型式、额定电压、额定电流、额定分断能力、额定剩余动作电流、分断时间应满足被保护线路和电气设备的要求。

采用不带过电流保护功能，且需辅助电源的剩余电流动作保护装置时，与其配合的过电流保护元件（熔断器）应安装在剩余电流动作保护装置的负荷侧。

剩余电流动作保护装置的负荷侧的 N 线，只能作为中性线，不得与其他回路共用，且不能重复接地。TN－C 系统的配电线路因运行需要，在 N 线必须有重复接地时，不应将剩余电流动作保护装置作为线路电源端保护。

当电气设备装有高灵敏度剩余电流动作保护装置时，电气设备独立接地装置的接地电阻，可适当放宽要求，但应满足如下关系：

$$R_A/I_{\Delta n} \leqslant 50\ \text{V} \tag{4—1}$$

式中，R_A——接地装置的接地电阻和外露可接近导体的接地导体的电阻总和，Ω；

$I_{\Delta n}$——剩余电流动作保护装置的额定剩余动作电流，A。

安装剩余电流动作保护装置的电气线路或设备，在正常运行时，其泄漏电流必须控制在允许范围内，即所选用剩余电流动作保护装置的额定不动作电流应不小于电气线路和设备正常泄漏电流最大值的 2 倍。当电气线路或设备的泄漏电流大于允许值时，必须更换绝缘良好的电气线路或设备。

安装剩余电流动作保护装置的电动机及其他电气设备在正常运行时的绝缘电阻不应小于 0.5 MΩ。

剩余电流动作保护装置标有电源侧和负载侧时，安装时必须加以区别，按照规定接线，不得反接。如果接反，会造成电子式剩余电流动作保护装置的脱扣线圈无法随电源切断而断电，长时间通电而烧毁。

安装剩余电流动作保护装置时，必须严格区分 N 线和 PE 线。使用三极四线式和四极四线式剩余电流动作保护装置时，N 线应接入剩余电流动作保护装置。通过剩余电流动作保护装置的 N 线不得作为 PE 线、不得重复接地或接设备外露可接近导体。PE 线不得接入剩余电流动作保护装置。

安装剩余电流动作断路器时，应按要求在电弧方向有足够的非弧距离。组合式剩余电流动作保护装置其控制回路的连接，应使用截面积不小于 1.5 mm^2 的铜导线。

剩余电流动作保护装置安装完毕后应进行检验，包括用试验按钮试验 3 次；带额定负荷电流分合 3 次，均应可靠动作，确认正常后，才能投入使用。

10. 剩余电流动作保护装置的运行

（1）剩余电流动作保护装置的运行管理

为了确保剩余电流动作保护装置的正常运行，必须加强运行管理。剩余电流动作保护装置投入运行后，运行管理单位应建立相应的管理制度，并建立动作记录。

1）对使用中的剩余电流动作保护装置应定期用试验按钮检查其动作特性是否正常。雷击活动期和用电高峰期应增加试验次数。对已发现的有故障的剩余电流动作保护装置应立即更换。

2）用于手持电动工具、移动式电气设备和不连续使用的剩余电流动作保护装置，应在每次使用前进行试验。

3）为检验剩余电流动作保护装置在运行中的动作特性及其变化，运行管理单位应配置专用测试仪器，并应定期进行动作特性试验。动作特性试验项目包括测试剩余动作电流值、测试分断时间、测试极限不驱动时间。

4）电子式剩余电流动作保护装置，根据电子元器件有效工作寿命要求，工作年限一般为6年。超过规定年限应进行全面检测，根据检测结果，决定可否继续使用。

5）因各种原因停运的剩余电流动作保护装置再次使用前，应进行通电试验，检查装置的动作情况是否正常。

6）运行中剩余电流动作保护器动作后，应认真检查其动作原因，排除故障后再合闸送电。经检查未发现动作原因时，允许试送电一次。如果再次动作，应查明原因，找出故障，不得连续强行送电。必要时对其进行动作试验，经检查确认剩余电流保护装置本身发生故障时，应在最短时间内予以更换。严禁退出运行、私自撤除或强行送电。

7）剩余电流动作保护装置运行中遇有异常现象，应由专业人员进行检查处理，以免扩大事故范围。剩余电流动作保护装置损坏后，应由专业单位进行检查维护。

8）在剩余电流动作保护装置的保护范围内发生电击伤亡事故，应检查剩余电流动作保护装置的动作情况，分析未能起到保护作用的原因，在未调查前，不得拆动剩余电流动作保护装置。

9）剩余电流动作保护装置进行特性试验时，应使用经国家有关部门检测合格的专用测试设备，由专业人员进行。严禁采用相线直接对地短路或利用动物作为试验物的方法进行试验。

（2）剩余电流动作保护装置的误动作和拒动作分析

1）误动作。误动作是指线路或设备未发生预期的触电或漏电时剩余电流动作保护装置产生的动作。误动作的原因主要来自两方面，一方面是由剩余电流动作保护装置本身的原因引起，另一方面是由来自线路的原因引起。

剩余电流动作保护装置本身引起误动作的主要原因是质量问题。如装置在设计上存在缺陷、选用元件质量不良、装配质量差、屏蔽不良等，均会降低保护器的稳定性和平衡性，使可靠性下降，导致误动作。

由线路问题引起误动作的原因主要有：

①接线错误。例如剩余电流动作保护装置负载侧的零线与其他零线连接或接地，或保护装置负载侧的相线与其他支路的同相相线连接，或将负载跨接在保护装置电源侧和负载侧等。

②绝缘恶化。剩余电流动作保护装置负载侧一相或两相对地绝缘破坏，或对地绝缘不对称降低，都将产生不平衡的泄漏电流，引发误动作。

③冲击过电压。冲击过电压产生较大的不平衡冲击泄漏电流，导致误动作。

④不同步合闸。不同步合闸时，先于其他相合闸的一相可能产生足够大的泄漏电流，引起误动作。

⑤大型设备启动。在剩余电流动作保护装置的零序电流互感器平衡特性差时，大型设备的大启动电流作用下，零序电流互感器一次绕组的漏磁可能引发误动作。

此外，偏离使用条件、制造安装质量低劣、抗干扰性能差等都可能引起误动作的发生。

2）拒动作。拒动作是指线路或设备已发生预期的触电或漏电，而剩余电流动作保护装置却不产生预期的动作。拒动作较误动作少见，然而其带来的危险不容忽视。拒动作的原因主要有：

①接线错误。错将保护线也接入剩余电流动作保护装置，导致拒动作。

②动作电流选择不当。额定剩余动作电流选择过大或整定过大，造成拒动作。

③线路绝缘阻抗降低或线路太长。由于部分电击电流经绝缘阻抗再次流经零序电流互感器返回电源，导致拒动作。

此外，零序电流互感器二次绕组断线、脱扣元件粘连等各种各样的剩余电流动作保护装置内部故障、缺陷均可造成拒动作。

第三节　双重绝缘和加强绝缘

一、双重绝缘和加强绝缘的结构

典型的双重绝缘和加强绝缘的结构示意图如图4—6所示。以下，介绍各种绝缘的意义：

工作绝缘——又称基本绝缘或功能绝缘，是保证电气设备正常工作和防止触电的基本绝缘。位于带电体与不可触及金属件之间。

保护绝缘——又称附加绝缘，是在工作绝缘因机械破损或击穿等而失效的情况

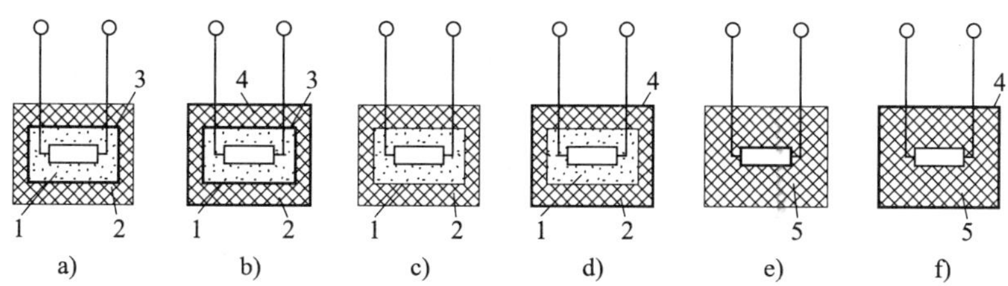

图 4—6　双重绝缘和加强绝缘的结构

1—工作绝缘　2—保护绝缘　3—不可触及的金属件　4—可触及的金属件　5—加强绝缘

下，可防止触电的独立绝缘。位于不可触及金属件与可触及金属件之间。

双重绝缘——是兼有工作绝缘和附加绝缘的绝缘。

加强绝缘——是基本绝缘经改进，在绝缘强度和机械性能上具备了与双重绝缘同等防触电能力的单一绝缘。在构成上可以包含一层或多层绝缘材料。

具有双重绝缘和加强绝缘的设备属于Ⅱ类设备。按外壳特征分为以下三类Ⅱ类设备：

（1）全部绝缘外壳的Ⅱ类设备。此类设备其外壳上除了铭牌、螺钉、铆钉等小金属外，其他金属件都在连接无间断的封闭绝缘外壳内，外壳成为加强绝缘的补充或全部。

（2）全部金属外壳的Ⅱ类设备。此类设备有一个金属材料制成的无间断的封闭外壳。其外壳与带电体之间应尽量采用双重绝缘；无法采用双重绝缘的部件可采用加强绝缘。

（3）兼有绝缘外壳和金属外壳两种特征的Ⅱ类设备。

二、双重绝缘和加强绝缘的安全条件

由于具有双重绝缘或加强绝缘，Ⅱ类设备无须再采取接地、接零等安全措施。因此，对双重绝缘和加强绝缘的设备可靠性要求较高。双重绝缘和加强绝缘的设备应满足以下安全条件。

1．绝缘电阻和电气强度

绝缘电阻在直流电压为 500 V 的条件下进行测试，工作绝缘的绝缘电阻不得低于 2 MΩ、保护绝缘的绝缘电阻不得低于 5 MΩ、加强绝缘的绝缘电阻不得低于 7 MΩ。

交流耐压试验的试验电压，工作绝缘为 1 250 V、保护绝缘为 2 500 V、加强绝缘为 3 750 V。对于有可能产生谐振电压者，试验电压应比 2 倍谐振电压高出 1 000 V。耐压持续时间为 1 min。试验中不得发生闪络或击穿。

直流泄漏电流试验的试验电压，对于额定电压不超过 250 V 的Ⅱ类设备，应为其额定电压上限值或峰值的 1.06 倍。于施加电压 5 s 后读数。泄漏电流允许值为 0.25 mA。

2. 外壳防护和机械强度

Ⅱ类设备应能保证在正常工作时以及在打开门盖和拆除可拆卸部件时，人体不会触及仅由工作绝缘与带电体隔离的金属部件。其外壳上不得有易于触及上述金属部件的孔洞。

若利用绝缘外护物实现加强绝缘，则要求外护物必须用钥匙或工具才能开启；其上不得有金属件穿过，并有足够的绝缘水平和机械强度。

Ⅱ类设备应在明显位置标上作为Ⅱ类设备技术信息一部分的“回”形标志。例如标在额定值标牌上。

3. 电源连接线

Ⅱ类设备的电源连接线应符合加强绝缘要求。电源插头上不得有起导电作用以外的金属件。电源连接线与外壳之间至少应有两层单独的绝缘层。

电源线的固定件应使用绝缘材料，如使用金属材料，应加以保护绝缘等级的绝缘。

对电源线的截面的要求见表 4—6。

表 4—6　　电源连接线截面积

额定电流 I_N/A	电源线截面积/mm^2
$I_N \leq 10$	0.75①
$10 < I_N \leq 13.5$	1
$13.5 < I_N \leq 16$	1.5
$16 < I_N \leq 25$	2.5
$25 < I_N \leq 32$	4
$32 < I_N \leq 40$	6
$40 < I_N \leq 63$	10

注：①当额定电流在 3 A 以下、长度在 2 m 以下时，允许截面积为 0.5 mm^2。

此外，电源连接线还应经受基于电源连接线拉力试验标准的拉力试验而不损坏。

一般场所使用的手持电动工具应优先选用Ⅱ类设备。在潮湿场所或金属构架上工作时，除选用特低电压的工具之外，也应尽量选用Ⅱ类工具。

三、不导电环境

利用不导电的材料制成地板、墙壁等，使人员所处的场所成为一个对地绝缘水平较高的环境，这种场所称为不导电环境或非导电场所。不导电环境应符合如下的安全要求：

（1）地板和墙壁每一点对地的电阻，500 V 及以下者不应小于 50 kΩ、500 V 以上者不应小于 100 kΩ。

（2）保持间距或设置屏障，使得即使在电气设备工作绝缘失效的情况下，人体也不可能同时触及不同电位的导体。

（3）为了维持不导电的特征，场所内不得设置保护零线或保护地线；并应有防止场所内高电位引出场所外和场所外低电位引入场所内的措施。

（4）场所的不导电性能应具有永久性特征。不应因受潮、设备的变动等原因使安全水平降低。

第四节　电气隔离

电气隔离防护的主要要求之一是被隔离设备或电路必须由单独的电源供电。这种单独的电源可以是一个隔离变压器，也可以是一个安全等级相当于隔离变压器的电源。通常电气隔离是指采用电压比为 1∶1，即一次侧与二次侧电压相等的隔离变压器，实现工作回路与其他电气回路上的电气隔离。

一、电气隔离安全原理

电气隔离实质上是将接地的电网转换为一范围很小的不接地电网。图 4—7 是电气隔离的原理图。分析图中 a、b 两人的触电危险性可以看出，正常情况下，由于 N 线（或 PEN 线）直接接地，使流经 a 的电流沿系统的工作接地和重复接地构成回路，a 的危险性很大；而流经 b 的电流只能沿绝缘电阻和分布电容构成回路，电击的危险性可以得到抑制。

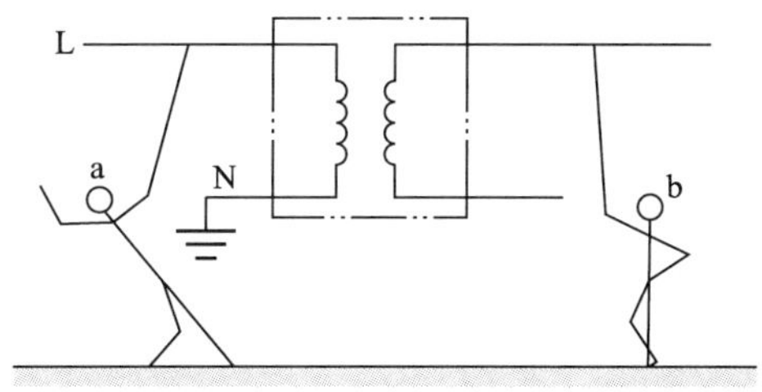

图 4—7　电气隔离原理图

二、电气隔离的安全条件

单独的供电电源有的是仅对单一设备供电，有的是同时对多台设备供电。对这两种情况从安全条件上有其通用的要求，也有各自的特殊要求。

1. 通用要求

（1）电气上隔离的回路，其电压不得超过 500 V 交流有效值。

（2）电气上隔离的回路必须由隔离的电源供电。使用隔离变压器供电时，隔离变压器必须具有加强绝缘的结构，其温升和绝缘电阻要求与安全隔离变压器相同。最大容量单相变压器不得超过 25 kVA、三相变压器不得超过40 kVA。

（3）被隔离回路的带电部分保持独立，严禁与其他电气回路、保护导体或大地有任何电气连接。应有防止被隔离回路故障接地及窜连其他电气回路的措施。

（4）软电线电缆中易受机械损伤的部分的全长均应是可见的。

（5）被隔离回路应尽量采用独立的布线系统。

（6）隔离变压器的二次侧线路电压过高或线路过长都会降低回路对地绝缘水平。因此，必须限制二次电压和二次侧线路长度，按照规定，电压与长度的乘积不应超过 100 000 V · m。此时，布线系统的长度不应超过 200 m。

2. 特殊要求

（1）对单一电气设备隔离的补充要求

当实行电气隔离的为单一电气设备时，设备的外露可导电部分严禁与系统或装置中的保护导体或其他回路的外露可导电部分连接，以防止从隔离回路以外引入故障电压。若设备的外露可导电部分易于与其他回路的外露可导电部分形成接触，则触电防护就不应再依赖于电气隔离，而必须采取电击防护措施，例如实行以外露可导电部分接地为条件的自动切断电源的防护。

（2）对多台电气设备隔离的补充要求

1）当实行电气隔离的为多台电气设备时，必须用绝缘和不接地的等电位联结导体相互连接。如图 4—8 所示，如果没有等电位联结线（图中的虚线），当隔离回路中两台相距较近的设备发生不同相线的碰壳故障时，这两台设备的外壳将带有不同的对地电压。当有人同时触及这两台设备时，则承受的接触电压为线电压，具有相当大的危险性。还须注意，等电位联结导体严禁与其他回路的保护导体、外露可导电部分或任何可导电部分连接。

2）回路中所有插座必须带有供等电位联结用的专用插孔。

3）除了为Ⅱ类设备供电的软电缆之外，所有软电缆都必须包含一根用于等电位联结的保护芯线。

4）设置自动切断供电的保护装置，用于在隔离回路中两台设备发生不同相线的碰壳故障时，按规定的时间自动切断故障回路的供电。

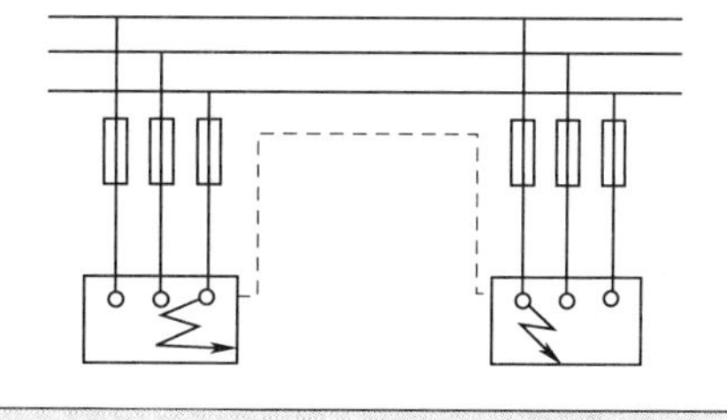

图 4—8 电气隔离的等电位联结

本章小结

1. 兼防直接接触电击和间接接触电击的防护措施主要有特低电压、剩余电流动作保护、双重绝缘及加强绝缘等。

2. 特低电压和剩余电流动作保护的保护原理本质上都是将作用于人体的电流能量限制到没有危险的程度。不同之处在于：前者的着眼点在于对带电部分的电压值进行限制，后者的着眼点在于对作用于人体的电流的强度和作用时间进行限制。

3. 双重绝缘和加强绝缘是在基本绝缘的直接接触电击防护的基础上，通过结构上附加绝缘或对绝缘的强化，使之具备了间接接触电击防护功能的安全措施。

4. 电气隔离实质上是将接地的电网转换为一范围很小的不接地电网，从而使电击的危险性得到有效抑制。

复习思考题

1. 兼防直接接触电击和间接接触电击的防护措施主要有哪些？

2. 简述特低电压保护原理并说明 SELV 特低电压保护型式的特点？

3. 特低电压限值是指什么？我国标准规定对 15 ~ 100 Hz 交流电压限值是如何规定的？

4. 特低电压额定值是指什么？我国标准规定特低电压额定值是如何规定的？

5. 可以作为 SELV 和 PELV 安全电源的主要有哪些电气装置？

6. 试说明什么是剩余电流？

7. 简要阐述电子式剩余电流动作保护装置的组成和工作原理。

8．剩余电流动作保护装置的主要参数有哪些？分别反映装置的什么性能？

9．试说明为什么剩余电流保护装置其保护并不包括对相与相、相与 N 线间形成的直接接触电击事故的防护？

10．哪些设备和场所必须安装剩余电流动作保护装置？

11．哪些电气装置或场所应装设不切断电源的报警式剩余电流动作保护装置？

12．简要分析剩余电流动作保护装置产生误动作的原因。

13．试说明双重绝缘和加强绝缘的结构和安全条件。

14．简要阐述不导电环境的概念和安全要求。

15．试阐述电气隔离的原理及其安全条件。

第五章　电气线路安全

本章学习目标

1. 了解电气线路的种类，熟悉电气线路结构。
2. 熟悉电气线路常见故障及其防护措施。
3. 掌握电气线路安全基本要求和导线截面选择与校核。

电气线路一般可分为电力线路和控制线路，前者主要任务是完成电能的输送与分配；后者主要任务是传递各种信号，实现计量、监控和保护等功能。本章所称电气线路主要指电力线路。

第一节　电气线路的种类和特点

电气线路种类的划分方法有很多，按电压等级可以分为高压线路、低压线路；按导线绝缘状况可分为裸导线线路、绝缘导线线路；按使用性质等可分为母线、干线和支线；按敷设地点可以分为户外线路、室内线路等。本节是以架空线路、电缆线路和室内配电线路来分类并分别进行介绍。

一、架空线路

凡是用绝缘子和杆塔将导线架设于地面上的电力线路都属于架空线路。架空线路造价低、机动性强、便于检修。但是，架空线路妨碍交通和市容，易受空气中杂物的污染；而且，架空线路可能由于碰撞或过分接近树木及其他高大设施或物件，导致电击、短路等事故。架空线路的组成包括导线、杆塔、横担、绝缘子、金具、拉线及基础等构成。如图 5—1 所示是架空线路结构示意图。

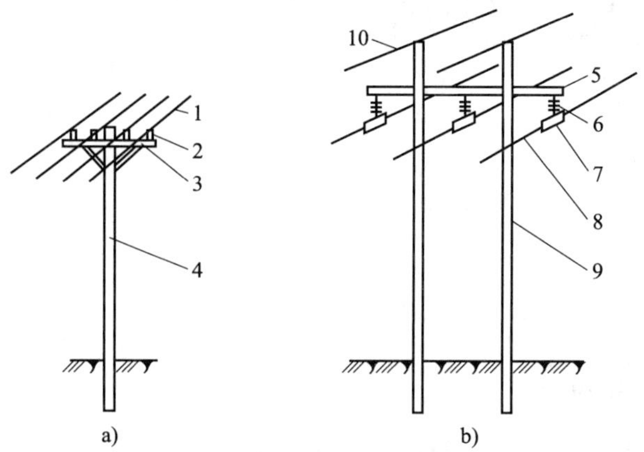

图5—1　架空线路的结构示意图

a）低压导线　b）高压导线

1—低压导线　2—针式绝缘子　3—横担　4—低压电杆　5—横担
6—绝缘子串　7—线夹　8—高压导线　9—高压电杆　10—避雷线

1. 导线

导线是线路的主体，对导线的要求是具有良好的导电能力、机械强度以及耐腐蚀性等环境适应能力。

架空线路导线多采用钢芯绞线、硬铜绞线、硬铝绞线和铝合金绞线。因为铝导线易受碱性和酸性物质的侵蚀，所以腐蚀性强烈的场所应采用铜导线。厂区内（特别是户内、有火灾爆炸危险的环境等）的低压架空线路宜采用绝缘导线。

2. 杆塔

杆塔的作用是支撑导线及其附件，对杆塔的要求是具有足够的机械强度和抗侵蚀能力。杆塔有木电杆、钢筋混凝土电杆和铁塔之分。根据国家木材政策，木电杆已很少使用。水泥电杆因经久耐用，受气候影响小，不易侵蚀，维护简单，应用最为广泛。杆塔按其在线路中的功能，可分为直线杆塔、耐张杆塔、跨越杆塔、转角杆塔、分支杆塔、终端杆塔等。

（1）直线杆塔

直线杆塔位于线路的直线段上，用来支撑导线。正常运行时，杆塔承受导线、绝缘子、横担与金具的自重以及冰雪重和侧向风力，不承受线路方向的拉力。

（2）耐张杆塔

耐张杆塔位于线路直线段上的几个直线杆之间，其作用是限制线路发生断线、倒杆事故时的影响范围。这种杆塔能承受邻档导线拉力差引起的导线的拉力。两基耐张杆塔之间的线路称为一个耐张段，其间距离称为耐张档距。

（3）跨越杆塔

跨越杆塔位于线路跨越铁路、公路、河流等处，是高大、加强的耐张型杆塔。

（4）转角杆塔

转角杆塔位于线路改变方向的地方，根据转角大小的不同，可能是耐张型的杆塔，也可能是直线型的杆塔，它能承受两侧导线的合力。

（5）分支杆塔

分支杆塔位于线路的分支处，在主线路方向上可采用直线型杆塔或耐线型杆塔，在分线路方向上须采用耐张型杆塔。

（6）终端杆塔

终端杆塔位于导线的首端和终端，正常运行情况下，杆塔除承受导线的垂直荷重和水平风力外，还须承受单侧线路方向全部导线的拉力。

3. 横担

横担安装在电杆的上部，用来固定绝缘子及支撑导线，并由绝缘子的位置确定导线间的距离。常用的横担有木横担、铁横担和瓷横担。木横担具有良好的防雷性能，但易腐朽；铁横担坚固耐用，但防雷性能不好，且易腐蚀；木横担、铁横担在使用时应作防腐、防锈处理。瓷横担是绝缘子与普通横担的组合体，结构简单，安装方便，电气绝缘性能也比较好；但瓷质较脆，机械强度略差。如图 5—2 所示是瓷横担在电杆上安装的示意图。

4. 基础与拉线

电杆的基础和拉线的作用是平衡架空线各方面的作用力，防止电杆倾倒，保持杆塔的稳定性。对耐张杆、转角杆、分支杆、终端杆等应安装拉线。图 5—3 是拉线结构示意图。

5. 绝缘子

绝缘子的作用是支撑、悬挂导线并使之与杆塔保持绝缘，要求其具有良好的绝缘性能和足够的机械强度。企业供配电线路多采用针式绝缘子、蝶式绝缘子、悬式绝缘子、陶瓷横担绝缘子和拉紧绝缘子等。为确保电气线路安全运行，不应采用有裂纹、破损或表面有斑痕的绝缘子。如图 5—4 所示为部分绝缘子的外形示意图。

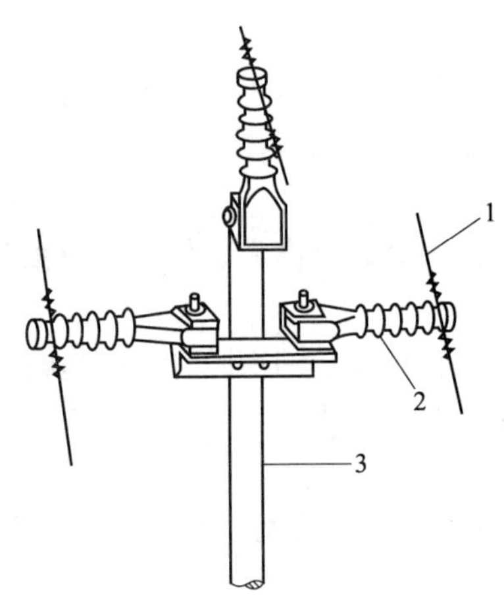

图 5—2　高压电杆上安装瓷横担示意图

1—高压导线　2—瓷横担绝缘子

3—电杆（直线杆）

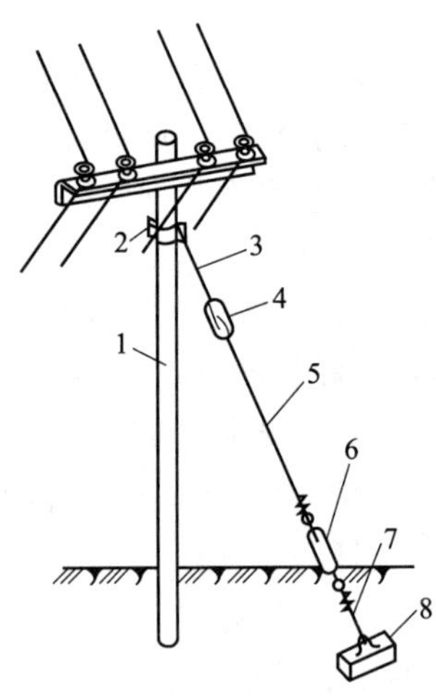

图 5—3　拉线结构示意图

1—电杆　2—拉线抱箍　3—上把

4—拉线绝缘子　5—腰把

6—花篮螺钉　7—底把

8—拉线底盘

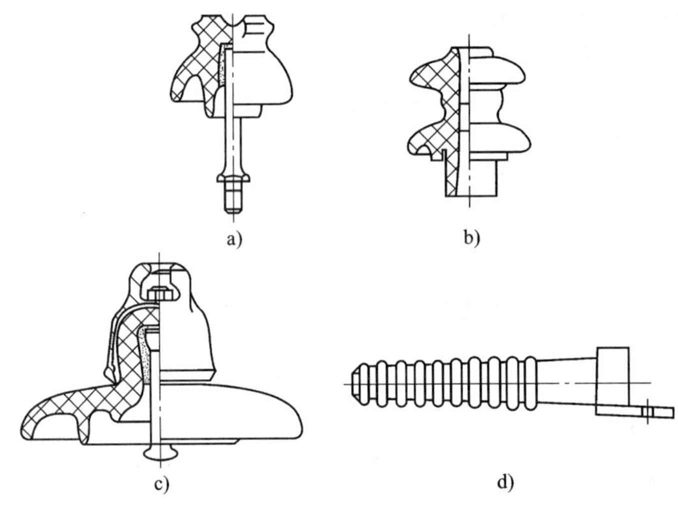

图 5—4　高压线路绝缘子

a）针式　b）蝴蝶式　c）悬式　d）瓷横担

6. 金具和避雷线

金具是用来固定或悬挂导线、安装横担和绝缘子、紧固和张紧拉线的金属附件，包括线夹、挂环、挂板、横担支撑、抱箍、垫铁、拉板以及各类螺纹连接器件等。

在高压架空线路上，为改善线路耐雷水平，预防线路雷电危害，一般均要架设避雷线，要求其具有足够的机械强度和耐腐蚀性能。目前多采用镀锌钢绞线架设。

7. 架空线路的技术参数

（1）档距（跨距）

同一线路上相邻两电杆中心线间的距离称为档距，如图 5—5 所示。10 kV 及以下城区线路的档距一般为 40 ~ 50 m。

（2）线间距离

同杆导线的线间距与线路电压等级、档距大小等因素有关。对上述档距，10 kV及以下高压线路，最小线间距离为 0.6 ~ 0.65 m；低压线路的最小线间距离为 0.3 ~ 0.4 m。但靠近电杆的两导线间的水平距离，不应小于 0.5 m。

（3）弧垂（弛度）

如图 5—5a 所示，对平地，架空导线最低点与两端电杆上导线悬挂点间的垂直距离称为弧垂。其大小要根据档距、导线型号与截面积、导线所受拉力及气温等条件决定。需要时可查有关手册。弧垂不能过大或过小。弧垂过大可能造成导线对地或对其他物体安全距离不够，而且导线摆动时容易引进碰线；弧垂过小，导致导线内应力过大，可能造成断线或倒杆事故。

对于坡地，用最大弧垂和最小弧垂表示弧垂情况，如图 5—5b 所示。

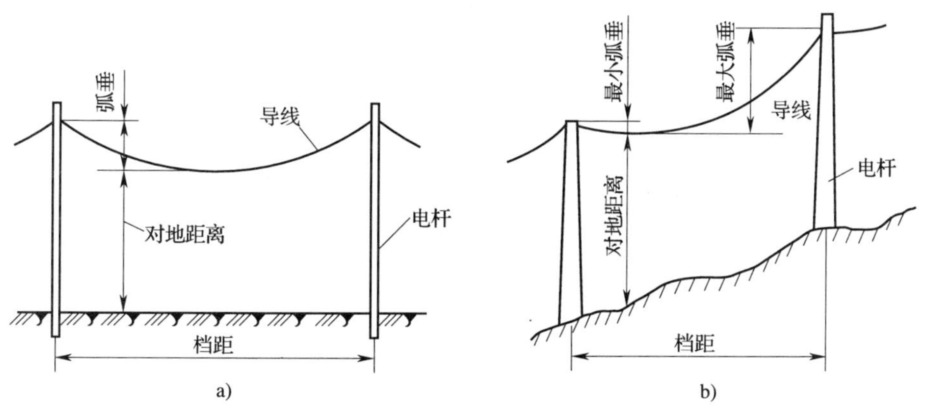

图 5—5 架空线路的档距和弧垂

a）平地 b）坡地

(4) 导线与地面距离

导线与地面或水面的最小距离。在居民区，10 kV 及以下高压线路为 6.5 m，低压线路为 6 m。

此外，架空线路导线与拉线、电杆或构架间的净空距离，高压引下线与低压线间距离，以及交叉跨越距离等均应符合电气线路设计技术规程要求。

二、电缆线路

在城市建设和现代化企业中，电缆线路得到了普遍的应用。特别是在有腐蚀性、存在易燃易爆气体或蒸气以及潮湿的场所应用最为广泛。电缆线路主要由电力电缆、终端头和中间接头等三个部分组成。与架空线路相比，电缆线路除不妨碍市容和交通外，更重要的是供电可靠，不受外界影响，不易发生因雷击、风害、冰雪等自然灾害造成的故障。但是，电缆线路的造价高，不便分支，施工和维修难度大。

1. 电力电缆

电力电缆分为油浸纸绝缘电缆、聚氯乙烯绝缘电缆和交联聚乙烯绝缘电缆。此外，在低压配电系统中还广泛应用橡胶绝缘电缆。电缆主要由导电芯线、绝缘层和保护层组成。如图 5—6 所示是油浸纸绝缘电缆结构示意图。

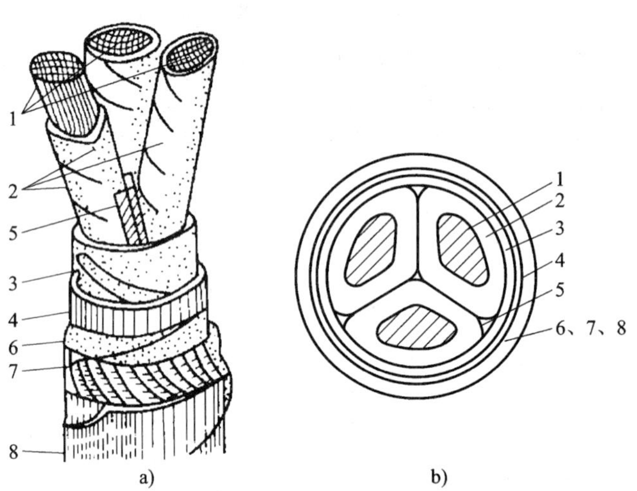

图 5—6 油浸纸绝缘电力电缆的结构图和断面图

a) 结构图 b) 断面图

1—芯线 2—芯线绝缘层 3—统包绝缘层 4—密封护套 5—填充物 6—纸带 7—钢带内衬 8—钢带铠装

（1）导电芯线

导电芯线分铜芯和铝芯两种，为增加其挠性，多采用绞线；其截面形状有圆形、半圆形、椭圆形和扇形等。电缆芯线的数量有单芯、两芯、三芯、四芯和五芯不等。

（2）绝缘层

电缆绝缘层分相绝缘和统包绝缘两种，导电芯线外是相绝缘，在相绝缘之外是统包绝缘。绝缘层所用材料有绝缘油浸渍纸、聚氯乙烯、交联聚乙烯、橡胶等。

（3）保护层

保护层分内护层和外护层，具有密封保护层是电缆区别于绝缘导线的标志。内护层的作用是保护统包绝缘不受潮湿、避免轻度机械损伤以及防止绝缘浸渍剂漏流，分铅包、铝包、聚氯乙烯护套、交联聚乙烯护套、橡套等多种；外护层保护内护层免受机械损伤和化学侵蚀，外护层包括黄麻衬垫、钢铠、防腐层等。

电缆线路的敷设可采用电缆沟或电缆隧道中敷设、电缆桥架敷设、吊挂敷设、排管敷设等，也可按规程的要求直接埋入地下。电缆直接埋在地下的敷设方式，施工简便，散热良好，但检修、更换不方便，不能可靠地防止外力损伤，而且电缆外护层易受土壤中酸、碱物质的腐蚀。

2. 电缆头

电缆头是电缆线路与电气设备或线路连接的专有部件，电缆终端头用于电缆线路与电气设备或其他线路的连接，电缆中间接头用于电缆线路与电缆线路的连接。电缆头制作工艺复杂，分户外、户内两大类。电缆终端头有铸铁外壳型、瓷外壳型、环氧树脂型、干包型和热缩型等；电缆中间接头有环氧树脂型、热缩型、塑料盒型和铅包型等。环氧树脂终端头成型工艺简单，与电缆金属护套有较强的结合力，有较好的绝缘性能和密封性能，应用较为普遍；热缩型电缆头制作工艺较简便，性能也好，应用越来越多。如图 5—7、图 5—8 所示为电缆终端头和中间接头结构示意图。

电缆终端头和中间接头是整个电缆线路最薄弱环节，约有 70% 的电缆线路故障发生在终端头和中间接头上，可见其安全运行对减少和防止事故发生有着十分重要的意义。

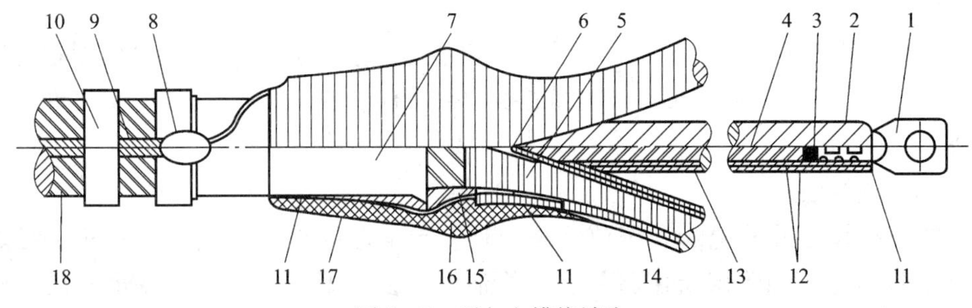

图 5—7　干包电缆终端头

1—接线端子　2—压坑内填以环氧—聚酰胺腻子　3—导线线芯　4—塑料管
5—线芯绝缘　6—环氧—聚酰胺腻子　7—电缆铅包　8—接地线焊点　9—接地线
10—电缆钢带卡子　11—尼龙绳绑扎　12—聚氯乙烯带　13—黄蜡带加固层　14—相包塑料胶粘带
15—聚氯乙烯带内包层　16—外包层　17—聚氯乙烯软套　18—电缆钢带

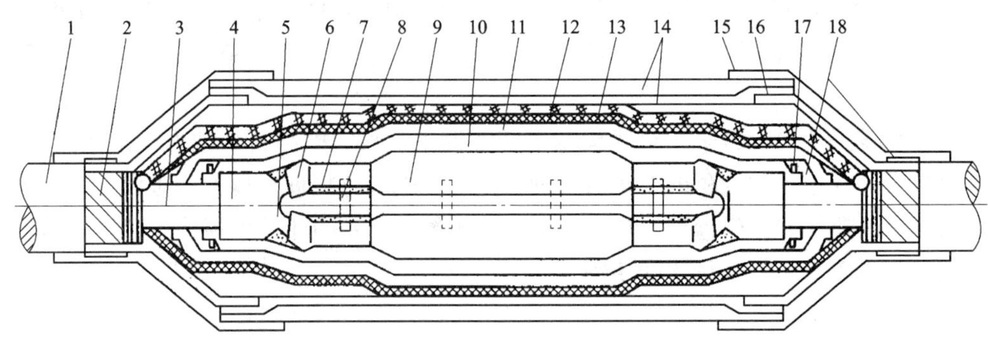

图 5—8　10 kV 油浸纸绝缘电缆热缩式中间接头解剖示意图

1—外护层　2—铠装　3—铅包　4—隔油分支套　5—耐油填充胶　6—隔油管
7—油膏　8—三角支架　9—外隔油管　10—隔油护套　11—半导电护套　12—铜网　13—地线
14—金属护套管　15—端护套管　16—端金属套筒　17—卡子　18—自粘带

三、室内配电线路

室内配电线路主要指低压开关柜至车间动力配电箱、车间总动力配电箱至各分动力配电箱、动力配电箱至各用电设备之间的线路。室内配电线路种类繁多，其配线方式应根据环境条件、负载特征、建筑要求等因素确定。

1. 绝缘导线线路

芯线外包以绝缘材料的导线称为绝缘导线。按绝缘材料分有橡胶绝缘和塑料绝缘导线；按芯线导电材料分有铜芯和铝芯绝缘导线；按芯线结构分有单股和多股绞线；按芯线外有无保护层分有无护套和有护套绝缘导线。

绝缘导线的敷设方式，分为明敷和暗敷两种。导线敷设于墙壁、桁架（梁）或天花板等的表面称为明敷；导线穿管埋设在墙内、地坪内或装设在顶棚里称为暗敷。

（1）直敷布线

在美观要求不高、不易触及的干燥场所，当导线截面不大于 6 mm^2时可以采用护套绝缘导线直接敷设。布线的固定点间距不应大于 300 mm；垂直敷设时，低于 1. 8 m 以下部分应穿管保护。

（2）瓷（塑料）夹、鼓形绝缘子和针式绝缘子布线

这种方式是沿墙壁、桁架（梁）或天花板明敷。瓷（塑料）夹布线适用于用电量较小、不易触及和干燥的场所，导线截面在 10 mm^2 以下；鼓形绝缘子布线适用于用电量略大的干燥或潮湿的场所，导线截面在 25 mm^2 以下；针式绝缘子布线适用于用电量较大，且线路较长或潮湿的场所。

（3）槽板布线

槽板布线适用于用电量小，有一定美观要求的干燥场所或易触及的场所，导线截面一般在 6 mm^2 以下。

（4）穿管布线

穿管布线有明敷和暗敷之分，穿线用管有钢管和塑料管两种。钢管适用于具有火灾爆炸危险、易受机械损伤的场所，但不宜用于存在严重腐蚀性的场所；塑料管除不能用于高温、火灾爆炸危险和对塑料有腐蚀的场所外，其他场所均可采用。

（5）钢索配线

钢索配线是以横跨在车间墙壁或构架之间的钢索为依托，直接吊装护套绝缘导线或用绝缘子吊装绝缘导线的明敷布线方式，可用于无特殊要求的一般场所。

2. 裸导线线路

室内裸导线线路主要是母线或干线，通常采用硬母线，其截面形状有圆形、矩形和管形等。实际应用中，相线以采用 LMY 型硬铝母线最为普遍，滑触线采用铜母线；接地（接零）保护干线采用扁钢带。现代化的生产车间，相线大多数采用封闭式母线，其优点是安全、灵活、美观，缺点是结构复杂、耗用金属较多、投资较大。

各种配线方式的适用范围见表 5—1。

表 5—1　　　　　　　　　　配线方式适用范围

导线类别			护套线	绝缘线						裸导线
敷设方式			直敷	瓷、塑料夹板	鼓形绝缘子	针式绝缘子	焊接钢管	电线管	硬塑料管	绝缘子明设
环境特征	干燥	生产	○	○	○	○	○	○	+	○
		生活	○	○	○	+	○	○	+	×
	潮湿		+	×	−	○	○	+	○	+
	特别潮湿		×	×	−	○	+	×	○	−
	高温		×	×	○	○	○	○	×	○
	振动		−	×	○	○	○	○	−	○③
	多尘		+	×	−	+	○	○	○	+
	腐蚀		+	×	×	+	+②	×	○	−
	火灾危险环境	21 区	−	×	×	+①	○	○	−	+④
		22 区	−	×	×	×	○	○	−	+④
		23 区	−	×	+①	+①	○	○	−	+④
	爆炸危险环境	0 区	×	×	×	×	○	×	×	×
		1 区	×	×	×	×	○	×	×	×
		2 区	×	×	×	×	○	×	×	−
		10 区	×	×	×	×	○	×	×	×
		11 区	×	×	×	×	○	×	×	×

注：表中，“○”为推荐采用，“+”为可以采用，“−”为建议不采用，“×”为不允许采用。

①线路应远离可燃物质，且不应敷设在未抹灰的木天棚、墙壁及可燃液体管道的栈桥上。

②钢管镀锌并刷防腐漆。

③不宜用铝导线（因其韧性差，受振动易断），应当采用多股铜绞线，连接使用接线头。

④不需拆卸检修的固定连接应采用熔焊或钎焊连接，需拆卸处用螺栓可靠连接且采取防止自动松脱措施；在21 区、23 区场所宜装设保护罩，当用金属网罩时，应采用IP2X 结构；在22 区场所应有 IP5X 结构防尘罩。

第二节　电气线路常见故障

电气线路故障可能导致触电、火灾、停电等多种事故。下面对电气线路的常见故障作一简要分析。

一、架空线路故障

架空线路敞露在户外，会受到气候和环境条件的影响。雷击、大雾、大风、雨雪、高温、严寒、洪水、灰尘与纤维和异物等都会从不同的方面对架空线路造成威胁。常见的架空线路故障有倒杆、断线、污闪、接地、相间短路等。

如果杆塔基础锈蚀、腐朽或当风力等外力超过线路杆塔的稳定度或机械强度时，就会使杆塔歪倒或损坏。这种事故一般会导致断线、接地、相间短路等线路故障。此外，大风还可能引起导线间、导线与避雷线的短路以及接地故障。

雨水对架空线路的重要影响是造成停电事故和倒杆。毛毛细雨能使脏污的绝缘子发生闪络，从而引起短路或接地故障，造成停电事故；倾盆大雨可能造成山洪暴发而冲倒杆塔或形成基础侵蚀降低稳定度发生倒杆。

雷电击中线路时，有可能使绝缘子发生闪络或击穿，导致短路或接地故障；直接作用于导线可能导致断线。

导线、避雷线覆冰时，将加重导线和杆塔的机械负载，一方面使导线弧垂增大，造成对地安全距离不足，严重时可能导致接地故障；另一方面可能导致断线，严重时杆塔也会受到影响。同时，当覆冰脱落时，又会使导线、避雷线发生跳动，有引起导线间、导线与避雷线短路或接地的可能。

高温季节，导线会因气温升高，弧垂加大而发生导线间短路或接地故障；严冬季节，导线又因气温下降收缩而使弧垂减小，承担不了过大的张力而拉断。

周围环境对架空线路安全运行的影响，视环境的不同而不同。例如，化工厂或沿海区域的线路容易发生污闪，河道附近的线路易遭受冲刷，路边和采石厂附近的线路易受外力的破坏等。

季节和环境是密切相关的。例如，化工区的线路常在大雾季节或雨雪季节发生故障，河道附近的线路也只在雨汛季节才会受到洪水的损害。

生产排出的烟尘和其他有害气体会使厂矿架空线路绝缘子的绝缘水平显著降低，以至在空气湿度较大的天气里发生闪络事故；在木杆线路上，因绝缘子表面污秽，泄漏电流增大，会引起木杆、木横担燃烧事故。有些氧化作用很强的气体会腐蚀金属杆塔、导线、避雷线和金具。

此外，鸟类在横担上筑巢，人们在线路附近放风筝、向空中抛物以及线路附近有高大树木等，都可能造成线路短路或接地故障。

架空线路的事故虽然大部分是由自然灾害造成的，但这些事故并非是不可避免的。对于正确设计和施工的线路，只要严格贯彻执行有关运行、检修规程，切实做好日常的巡视、维护和检修工作，架空线路的安全运行就会有可靠的保证。

为保证架空线路正常运行，应针对各种可能发生的事故采取相应的预防性措施。

污闪事故是由于绝缘子表面脏污引起的。绝缘子表面污秽物的性质不同，对线路绝缘水平的影响也不同。一般的灰尘容易被雨水冲洗掉，对绝缘性能的影响不大。但是，化工、水泥、冶炼等厂矿排放出来的烟尘对绝缘子危害极大。煤尘的主要成分是氧化硅和氧化硫；水泥厂排放的飞尘，主要成分是氧化硅和氧化钙；沿海地区绝缘子表面的污物，主要是氯化钠。这些物质都会降低绝缘子的绝缘水平，且空气越潮湿，危害越严重。加强绝缘子清扫，增加绝缘子片数以及加大爬电距离，采用地蜡、石蜡、有机硅等防尘性涂料，以及加强巡视、测试和维修，都有利于防止污闪事故。

雷电会给架空线路的安全运行带来很大的威胁，为了提高线路的耐雷水平，防止雷击事故，可以装设避雷线或避雷针以防止导线直接遭受雷击；可以安装避雷器，防止雷电侵入波的危害；可以配置自动重合闸装置，防止雷击闪络或其他放电造成的停电事故；可以在中性点装设消弧线圈，以减轻雷击或其他原因造成单相接地的危险。

架空线路还会遇到洪水、大风、冰雪等原因造成的事故。为了防洪，汛期应加强巡视检查。必要时，在杆塔周围打防洪桩，提高杆塔的稳定性。为了防止风害，也应加固电杆，加强巡视检查和测试，还应调整导线的弧垂，修剪线路附近的树木，清除周围的杂物等。为了防止覆冰事故，应加强观察气候的变化，如已经覆冰，可采用通电加热或机械的办法进行除冰。

二、电缆线路故障

就故障现象而言，电缆故障包括机械损伤、铅皮（铝皮）龟裂及胀裂、终端头污闪、终端头或中间接头爆炸、绝缘击穿、金属护套腐蚀穿孔等故障。

就事故原因而言，电缆故障包括外力破坏、化学腐蚀或电解腐蚀、雷击、水淹、虫害等自然灾害和施工不妥、人员过失（运行维护不当等）等几类。

应当指出，这些因素往往是互相联系、互相影响的。例如，由于电缆长时间过负载运行或散热不良，造成铅皮龟裂，并由此引起绝缘浸水，以致发生绝缘击穿或中间接头爆炸等事故。

电缆常见故障和防止方法如下：

第一，由于外力破坏的事故占电缆事故的50%，为了防止这类事故，应加强对横穿河流、道路的电缆线路和塔架上电缆线路的巡视和检查。在电缆线路附近开挖地面时，应采取有效的安全措施；对于施工中已挖开的电缆，应加以保护。

第二，由于管理不善或施工不良，电缆在运输、敷设过程中可能受到机械损伤。运行中的电缆，特别是直埋电缆，可能由于地面施工受到机械损伤。对此，应加强管理，保证敷设质量，做好标记，保存好施工资料，严格执行破土动工制度等。

第三，电缆虫害最多见的是白蚁。白蚁可造成铅、铝皮穿孔，从而导致绝缘受潮而击穿。为此，电缆四周可喷洒防蚁、灭蚁的化学药剂。老鼠等小动物啮咬也会使电缆受到损伤，对此也应采取适当的防护措施。

第四，由于施工、制作质量差或弯曲、扭转等机械力的作用，可能导致电缆终端头漏油。对此，应严格施工，保证质量，并加强巡视。

第五，由于质量不高、检查不严、安装不良（如过分弯曲、过分密集等）、环境条件太差（如环境温度过高等）、运行不当（如过负载、过电压等），运行中的电缆可能发生绝缘击穿，铅包发生疲劳、龟裂、胀裂等损伤。对此，除针对以上原因采取措施外，还应加强巡视，发现问题及时处理。

第六，为了防止电缆终端头污闪事故，对运行中的电缆，应当用专用绝缘工具予以清扫，并在终端头套管上涂以防污涂料。在污秽地区，可以采用电压等级高一级的终端头。

第七，由于地下杂散电流和非中性物质的作用，电缆的金属铠装或铅、铝包皮可能受到电化腐蚀或化学腐蚀。化学腐蚀是由于土壤中酸、碱、氯化物、有机体腐烂物、炼铁炉灰渣等杂物造成的；电化学腐蚀则是由于直流机车及其他直流装置经大地流通的电流造成的。为了防止化学腐蚀，可将电缆穿在防腐的管道中敷设。对于运行中的电缆，除应定期挖开泥土查看电缆外，还应对土壤作化学分析。为了防止电化学腐蚀，应提高直流机车轨道与大地之间的绝缘，以限制直流泄漏电流。电缆与直流机车轨道平行时，其间距离不得小于 2 m，或者电缆穿绝缘管敷设；电缆与地下大金属物件接近时，也应采取绝缘措施。为了防止电化学腐蚀，运行中电缆铠装的电位不得超过 1 V。

第八，由于浸水、导体连接不好、制作不良、超负荷运行，以及由于污闪等原因均可能导致电缆终端头或中间接头爆炸。对此，亦应针对不同原因采取适当措施，并加强检查和维修。

此外，过热是电气线路的常见故障，线路过热可能是多种原因造成的。例如，线路过载、接触不良、线路散热条件被破坏、运行环境温度过高、短路（包括金属性短路和非金属性短路）、严重漏电、电动机过于频繁启动等不安全状态均可能导致线路过热。对此，应加强运行监视，严格控制电缆的负荷电流和电缆温度。

第三节　电气线路安全条件

电气线路应满足供电可靠性、运行维护管理方便及经济指标的要求，更应满足各项安全要求。本节主要介绍安全要求。应当指出，电气线路在敷设条件下的绝缘性能、导电能力、机械强度、动稳定性、热稳定性以及防触电安全等方面的要求，对于保证电气线路的安全运行都是必要的。

一、导电能力

电气线路的导电能力可以从发热、电压损失和短路电流作用热稳定性三方面进行描述。

1. 发热

由于导线材料存在电阻，在导线中有电流通过就要发热，为保证导体和绝缘材料性能的稳定，各种导线的最高运行温度都有一定的限制。对于裸线，为防止接头氧化，最高运行温度为70℃；对于橡胶绝缘导线和塑料绝缘导线，为防止绝缘老化，最高运行温度分别为65℃和70℃；对于电缆，为防止绝缘老化，防止热胀冷缩形成气泡，1 kV及其以下的铅包或铝包电缆最高运行温度为80℃，聚氯乙烯电缆最高运行温度为65℃。

导线的安全载流量决定于导体材料、导体截面、绝缘材料、环境温度、敷设方式等因素。根据稳定状态下发热与散热相平衡的原则，可求得导线的安全载流量（允许通过电流）I_{al}为

$$I_{al}=\sqrt{\frac{KF\left(\theta_2-\theta_1\right)}{R_{\theta_2}}} \tag{5—1}$$

式中，I_{al}——安全载流量，A；

K——散热系数，W/cm^2·℃；

F——散热面积，cm^2；

θ_2——导线允许最高发热温度，℃；

θ_1——环境温度，℃；

R_{θ_2}——导线温度为θ_2时导体的电阻，Ω。

但是，由于散热系数难以确定，式（5—1）往往不能用于实际计算。

实际应用中，通常采用实验的方法确定导线在设定条件下允许通过的最大电流，称作允许载流量。在电气线路设计时利用这些数据来选择导体截面，称作按允

许载量选择导线，也称作按发热条件选择导线。常用导线的允许载流量见表5—2至表5—6。

表5—2　　　　橡胶绝缘电线穿钢管敷设的允许载流量（$\theta_2=65℃$）

截面积/mm²		二根线芯/A				管径/mm		三根线芯/A				管径/mm		四根线芯/A				管径/mm	
		25℃	30℃	35℃	40℃	G	DG	25℃	30℃	35℃	40℃	G	DG	25℃	30℃	35℃	40℃	G	DG
	2.5	21	19	18	16	15	20	19	17	16	15	15	20	16	14	13	12	20	25
	4	28	26	24	22	20	25	25	23	21	19	20	26	23	21	19	18	20	25
	6	37	34	32	29	20	25	34	31	29	26	20	25	30	29	25	23	20	25
	10	52	48	44	41	25	32	46	43	39	36	25	32	40	37	34	31	25	32
BLX,	16	66	61	57	52	25	32	58	55	51	46	32	32	52	48	44	41	32	40
	25	86	80	74	68	32	40	76	71	65	50	32	40	68	63	58	53	40	(50)
BLXF	35	106	99	91	83	32	40	94	87	81	74	32	(50)	83	77	71	65	40	(50)
	50	133	124	115	105	40	(50)	118	110	102	93	50	(50)	105	98	90	83	50	—
铝芯	70	165	154	143	130	50	(50)	150	140	129	118	50	(50)	133	124	115	105	70	—
	95	200	187	173	158	70	—	180	168	155	142	70	—	160	149	138	126	70	—
	120	230	215	198	181	70	—	210	196	181	166	70	—	190	177	164	150	70	—
	150	260	243	224	205	70	—	240	224	207	180	70	—	220	205	190	174	80	—
	185	295	275	255	233	80	—	270	252	233	213	80	—	250	233	216	197	80	—
	1.0	15	14	12	11	15	20	14	13	12	11	15	20	12	11	10	9	15	20
	1.5	20	18	17	15	15	20	18	16	15	14	15	20	17	15	14	13	20	25
	2.5	28	26	24	22	15	20	25	23	21	19	15	20	23	21	19	18	20	25
	4	37	34	32	29	20	25	33	30	28	26	20	25	30	28	25	23	20	25
BX,	6	49	45	42	38	20	25	43	40	37	34	20	25	39	36	33	30	20	25
	10	68	63	58	53	25	32	60	56	51	47	25	32	53	49	45	41	25	32
	16	68	80	74	68	25	32	77	71	66	60	32	32	69	64	59	54	32	40
BXF	25	113	105	97	89	32	40	100	93	86	79	32	40	90	84	77	71	40	(50)
	35	140	130	121	110	32	40	122	114	105	96	32	(50)	110	102	95	87	40	(50)
	50	175	163	151	138	40	(50)	154	143	133	121	50	(50)	137	128	118	108	50	—
铜芯	70	215	201	185	170	50	(50)	193	180	166	152	50	(50)	173	161	149	136	70	—
	95	260	243	224	205	70	—	235	219	203	185	70	—	210	196	181	166	70	—
	120	300	280	259	237	70	—	270	252	233	213	70	—	245	229	211	193	70	—
	150	340	317	294	268	70	—	310	289	268	245	70	—	280	261	242	221	80	—
	185	385	359	333	304	80	—	355	331	307	280	80	—	320	299	276	253	80	

注：1. 目前BXF铜芯线只生产≤95 mm²规格。

2. 表中代号G为焊接钢管（又称水煤气钢管），管径指内径；DG为电线管，管径指外径。

3. 括号中管径为50 mm电线管，管壁较薄，弯管时容易破裂，一般不选用。

表 5—3　　橡胶绝缘电线穿硬塑料管敷设的允许载流量（$\theta_2=65℃$）

截面积/mm²		二根线芯/A				管径/mm	三根线芯/A				管径/mm	四根线芯/A				管径/mm
		25℃	30℃	35℃	40℃		25℃	30℃	35℃	40℃		25℃	30℃	35℃	40℃	
BLX，BLXF 铝芯	2.5	19	17	16	15	15	17	15	14	13	15	15	14	12	11	20
	4	25	23	21	19	20	23	21	19	18	20	20	18	17	15	20
	6	33	30	28	26	20	29	27	25	22	20	26	24	22	20	25
	10	44	41	38	34	25	40	37	34	31	25	35	32	30	27	32
	16	58	54	50	45	32	52	48	44	41	32	46	43	39	36	32
	25	77	71	66	60	32	63	63	58	53	32	60	56	51	47	40
	35	95	88	82	75	40	84	78	72	66	40	74	69	64	58	40
	50	120	112	103	94	40	108	100	93	85	50	95	88	82	75	50
	70	153	143	132	121	50	135	126	116	106	50	120	112	103	94	50
	95	184	172	159	145	50	165	154	142	130	65	150	140	129	118	65
	120	210	196	181	166	65	190	177	164	150	65	170	158	147	134	80
	150	250	233	216	197	65	227	212	196	170	65	205	191	177	162	80
	185	282	263	243	233	80	255	238	220	201	80	232	216	200	183	100
BX，BXF 铜芯	1.0	13	12	11	10	15	12	11	10	9	15	11	10	9	8	15
	1.5	17	15	14	13	15	16	14	13	12	15	14	13	12	11	20
	2.5	25	23	21	19	15	22	20	19	17	15	20	18	17	15	20
	4	33	30	28	26	20	30	28	25	23	20	26	24	22	20	20
	6	43	40	37	34	20	38	35	32	30	20	34	31	29	26	25
	10	59	55	51	46	25	52	48	44	41	25	46	43	39	36	32
	16	76	71	65	60	32	68	63	58	53	32	60	56	51	47	32
	25	100	93	86	79	32	90	84	77	71	32	80	74	69	63	40
	35	125	116	108	98	40	110	102	95	87	40	98	91	84	77	40
	50	160	149	138	126	40	140	130	121	110	50	123	115	106	97	50
	70	195	182	168	154	50	175	163	151	138	50	155	144	134	122	50
	95	240	224	207	189	50	215	201	185	170	65	195	182	168	154	65
	120	278	259	240	219	65	250	233	216	197	65	227	212	196	179	80
	150	320	299	276	253	65	290	271	250	229	65	265	247	229	209	80
	185	360	336	311	284	80	330	303	285	261	80	300	280	259	237	100

注：1. 目前 BXF 铜芯线只生产≤95 mm² 规格。

2. 硬塑料管规格根据 HG2—63—65 采用轻型管，管径指内径。

表 5—4　　聚氯乙烯绝缘电线穿钢管敷设的允许载流量（$\theta_2=65℃$）

截面积 /mm²		二根线芯 /A				管径 /mm		三根线芯 /A				管径 /mm		四根线芯 /A				管径 /mm	
		25℃	30℃	35℃	40℃	G	DG	25℃	30℃	35℃	40℃	G	DG	25℃	30℃	35℃	40℃	G	DG
BLV 铝芯	2.5	20	18	17	15	15	15	18	16	15	14	15	15	15	14	12	11	15	15
	4	27	25	23	21	15	15	24	22	20	18	15	15	22	20	19	17	15	20
	6	35	32	30	27	15	20	32	29	27	25	15	20	28	26	24	22	20	25
	10	49	45	42	38	20	25	44	41	38	34	20	25	38	35	32	30	25	25
	16	63	58	54	40	25	25	56	52	48	44	25	32	50	46	43	39	25	32
	25	80	74	69	63	25	32	70	65	60	55	32	32	65	60	50	51	32	40
	35	100	93	86	79	32	40	90	84	77	71	32	40	80	74	69	63	32	(50)
	50	125	116	108	98	32	50	110	102	95	87	40	(50)	100	93	86	79	50	(50)
	70	155	144	134	122	50	50	143	133	123	113	50	(50)	127	119	109	199	50	—
	95	190	177	164	150	50	(50)	170	155	147	134	50	—	152	142	131	122	70	—
	120	226	205	190	174	50	(50)	195	182	168	154	50	—	172	160	148	138	70	—
	150	250	233	216	197	70	(50)	225	210	194	177	70	—	200	187	173	158	70	—
	185	285	266	246	225	70	—	255	238	220	201	70	—	230	215	198	181	80	—
BV 铜芯	1.0	14	13	12	11	15	15	13	12	11	10	15	15	11	10	9	8	15	15
	1.5	19	17	16	15	15	15	17	15	14	13	15	15	16	14	13	12	15	15
	2.5	26	24	22	20	15	15	24	22	20	18	15	15	22	20	19	17	15	15
	4	35	32	30	27	15	15	31	28	26	24	15	15	28	26	24	22	15	20
	6	47	43	40	37	15	20	41	38	35	32	15	20	37	34	32	29	20	25
	10	65	60	56	51	20	25	57	53	49	45	20	25	50	46	43	39	25	25
	16	82	76	70	64	25	25	73	68	63	57	25	32	65	60	56	51	25	32
	25	107	100	92	84	25	32	93	88	83	75	32	32	85	79	73	67	32	40
	35	133	124	115	105	32	40	115	107	99	90	32	40	105	98	90	83	32	(50)
	50	165	154	142	130	32	(50)	146	136	126	115	40	(50)	130	121	112	102	50	(50)
	70	205	191	177	162	50	(50)	183	171	158	144	50	(50)	165	154	142	130	50	—
	95	250	233	216	197	50	(50)	225	210	194	177	50	—	200	187	173	158	70	—
	120	290	271	250	220	50	(50)	260	243	224	205	50	—	230	215	198	181	70	—
	150	339	308	285	261	70	(50)	300	280	259	237	70	—	263	247	229	209	70	—
	185	380	355	328	300	70	—	340	317	294	268	70	—	300	280	259	237	80	—

表 5—5　聚氯乙烯绝缘电线穿硬塑料管敷设的允许载流量（$\theta_2=65℃$）

截面积/mm²		二根线芯/A				管径/mm	三根线芯/A				管径/mm	四根线芯/A				管径/mm
		25℃	30℃	35℃	40℃		25℃	30℃	35℃	40℃		25℃	30℃	35℃	40℃	
BLV 铝芯	2.5	18	16	15	14	15	16	14	13	12	15	14	13	12	11	20
	4	24	22	20	18	20	22	20	19	17	20	19	17	16	15	20
	6	31	28	26	24	20	27	25	23	21	20	25	23	21	19	25
	10	42	39	36	33	25	38	35	32	30	25	33	30	28	26	32
	16	55	51	47	43	32	49	45	42	38	32	44	41	38	34	32
	25	73	68	63	57	32	65	60	56	51	40	57	53	49	45	40
	35	90	84	77	71	40	80	74	69	63	40	70	65	60	55	50
	50	114	106	98	90	50	102	95	88	80	50	90	84	77	71	63
	70	145	135	125	114	50	130	121	112	102	50	115	107	99	90	63
	95	175	163	151	138	63	158	147	136	124	63	140	130	121	110	75
	120	200	187	173	158	63	180	168	155	142	63	160	149	138	126	75
	150	230	219	198	181	75	207	193	179	163	75	185	172	160	146	75
	185	265	247	229	209	75	235	219	203	185	75	212	198	183	167	90
BV 铜芯	1.0	12	11	10	9	15	11	10	9	8	15	10	9	8	7	15
	1.5	16	14	13	12	15	15	14	12	11	15	13	12	11	10	15
	2.5	24	22	20	18	15	21	19	18	16	15	19	17	16	15	20
	4	31	28	26	24	20	28	26	24	22	20	25	23	21	18	20
	6	41	38	35	32	20	36	33	31	28	20	32	29	27	25	25
	10	56	52	48	44	25	49	45	42	38	25	44	41	38	34	32
	16	72	67	62	56	32	65	60	56	51	32	57	53	49	45	32
	25	95	88	82	75	32	85	79	73	67	40	75	70	64	59	40
	35	120	112	103	94	40	105	98	90	83	40	93	86	80	73	50
	50	150	140	129	118	50	132	123	114	104	50	117	109	101	92	63
	70	185	172	160	140	50	167	156	144	130	50	148	138	128	117	63
	95	230	215	198	181	63	205	191	177	163	63	185	172	160	146	75
	120	270	252	233	213	63	240	224	207	189	63	215	201	185	172	75
	150	305	285	263	241	75	275	257	237	217	75	250	233	216	197	75
	185	355	331	307	280	75	310	289	263	245	75	280	261	242	221	90

注：硬塑料管规格根据 HG2—63—65 采用轻型管，管径指内径。

表 5—6　　　　塑料绝缘软线、塑料护套线明敷的载流量（$\theta_2 = 65$℃）

截面积/mm²		单根线芯/A				二根线芯/A				三根线芯/A			
		25℃	30℃	35℃	40℃	25℃	30℃	35℃	40℃	25℃	30℃	35℃	40℃
BLVV 铝芯	2. 5	25	23	21	19	20	18	17	15	16	14	13	12
	4	34	31	29	26	26	24	22	20	22	20	19	17
	6	43	40	37	34	33	30	28	26	25	23	21	19
	10	59	55	51	46	51	47	44	40	40	37	34	31
RV，RVVR，VB，RVS，RFB，RFS，BVV，铜芯	0. 12	5	4. 5	4	3. 5	4	3. 5	3	3	3	2. 5	2. 5	2
	0. 2	7	6. 5	6	5. 5	4. 5	5	4. 5	4	4	3. 5	3	3
	0. 3	9	8	7. 5	7	7	6. 5	6	5. 5	5	4. 5	4	3. 5
	0. 4	11	10	9. 5	8. 5	8. 5	7. 5	7	6. 5	6	5. 5	5	4. 5
	0. 5	12. 5	11. 5	10. 5	9. 5	9. 5	8. 5	8	7. 5	7	6. 5	6	5. 5
	0. 75	16	14. 5	13. 5	12. 5	12. 5	11. 5	10. 5	9. 5	9	8	7. 5	7
	1. 0	19	17	16	15	15	14	12	11	11	10	9	8
	1. 5	24	22	21	18	19	17	16	15	14	13	12	11
	2. 0	28	26	24	22	22	20	19	17	17	15	14	13
	2. 5	32	29	27	25	26	24	22	20	20	18	17	15
	4	42	39	36	33	36	33	31	28	26	24	22	20
	6	55	51	47	43	47	43	40	37	43	29	27	25
	10	75	70	64	59	65	60	56	51	52	48	44	41

如电气线路实际运行环境温度不同于规定的数值，则允许载流量应按下式修正：

$$I'_{al} = \sqrt{\frac{\theta_2 - \theta'_1}{\theta_2 - \theta_1}} \times I_{al} \qquad (5—2)$$

式中，I'_{al}——修正后的安全载流量，A；

θ_2——导线允许最高发热温度，℃；

θ_1——实验环境温度，℃；

θ'_1——实际环境温度，℃。

电气线路按发热条件确定导体截面的准则是

$$I_{30} \leqslant I'_{al} \qquad (5—3)$$

式中，I_{30}——电气线路稳定工作载流量，A；

I'_{al}——修正后的安全载流量，A。

2. 电压损失

在电力系统中，由于损耗的存在，通过电气线路输送到负载端点的实际电压，并不等于电网的额定电压，其实际电压与额定电压的差值称为电气线路的电压损失。电压损失通常用百分数表述，如式（5—4）。为保证用电设备安全运行，电气线路的电压损失必须得到控制，一般动力线路不得超过 ±5%，照明线路不得超过 ±10%。

1．电压损失计算

式（5—4）是电压损失的一般表达式

$$\Delta U = \frac{U - U_N}{U_N} \times 100\% \tag{5—4}$$

式中，ΔU——导线电压损失，V；

U——线路末端实际电压，V；

U_N——电网额定电压，V。

对图 5—9 所示的简单线路，相电压损失为

$$\Delta U_p = U_A - U_B \approx I(r\cos\varphi + x\sin\varphi) = \frac{p_p r}{U_B} + \frac{q_p x}{U_B} \tag{5—5}$$

式中，ΔU_p——该相电压损失，V；

U_A——线路始端相电压，V；

U_B——线路负载端电压，V；

p_p——该相有功功率，W；

q_p——该相无功功率，var；

r——线路电阻，Ω；

x——线路电抗，Ω；

φ——负载端功率因数角，°。

线电压损失为

$$\Delta U = \sqrt{3}\Delta U_p = \frac{\sqrt{3}p_p}{U_B}r + \frac{\sqrt{3}q_p}{U_B}x = \frac{P}{U_B}r + \frac{Q}{U_B}x \tag{5—6}$$

式中，P——三相有功功率；

Q——三相无功功率。

由于电压损失较小，在计算误差可接受情况下，用 U_N替代 U_B并代入式（5—5），则相电压和线电压电压损失为

$$\Delta U_p = \frac{100}{U_N^2}(P_p r + q_p x)\% \tag{5—7}$$

$$\Delta U = \frac{100}{U_N^2}(Pr + Qx)\% \tag{5—8}$$

对于图 5—10 所示的多段线路，电压损失按叠加原理计算，即

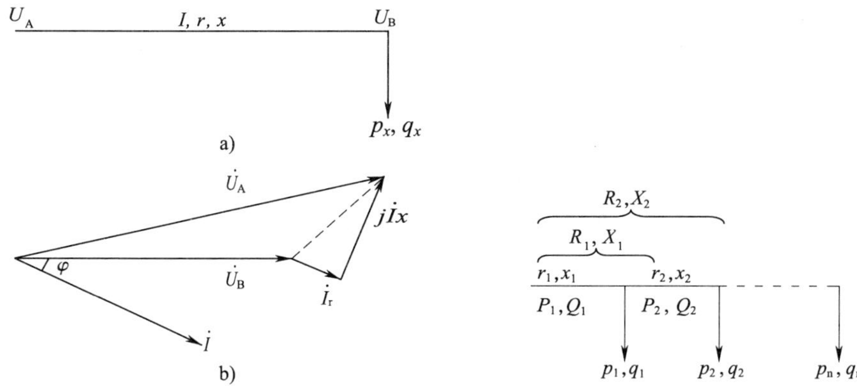

图 5—9　简单线路电压损失计算

a）电路图　b）相量图

图 5—10　分段线路电压损失计算

$$\Delta U = \Delta U_1 + \Delta U_2 + \cdots + \Delta U_n$$

经过展开和整理，可求得电压损失为

$$\Delta U = \frac{100}{U_N^2}\left(\sum_{i=1}^{n} P_i r_i + \sum_{i=1}^{n} Q_i x_i\right)\% = \frac{100}{U_N^2}\left(\sum_{i=1}^{n} p_i R_i + \sum_{i=1}^{n} q_i X_i\right)\% \qquad (5\text{—}9)$$

2. 按允许电压损失计算导线的截面积

线路电压损失可看做电阻上的电压损失 ΔU_r和电抗上电压损失 ΔU_x两部分之和，即

$$\Delta U = \Delta U_r + \Delta U_x \qquad (5\text{—}10)$$

显然，

$$\Delta U_r = \frac{r_0 \sum_{i=1}^{n} P_i l_i}{U_N} \qquad (5\text{—}11)$$

$$\Delta U_x = \frac{x_0 \sum_{i=1}^{n} Q_i l_i}{U_N} \qquad (5\text{—}12)$$

因为式中单位长度导线的电阻 $r_0 = \rho/S$，所以 ΔU 除决定于有功功率、线路长度等因素外，还决定于导线材料和截面积。对于铜线和铝线，电位长度导线的电抗 x_0与导线截面积关系不大，而且有一定的范围，如明敷设圆导线的，多在 0.3 ~0.4 Ω/km之间；矩形截面导体的，多在 0.2 Ω/km 左右；低压电缆，多在

0.050～0.084 Ω/km之间等。因此，在无功功率和线路长度确定的情况下，ΔU_x可视为已知数。

如给定允许的电压损失ΔU_{al}，对于同一截面的线路，根据$\Delta U_r=\Delta U_{al}-\Delta U_x$，可求得导线的截面积为

$$S=\frac{\rho}{(\Delta U_{al}-\Delta U_x)}\times\frac{\sum P_i l_i}{U_N} \tag{5—13}$$

对于两段不同材料、不同截面的导线，应有$\Delta U_r=\Delta U_{r1}+\Delta U_{r2}=\Delta U_{al}-\Delta U_x$。因为

$$\Delta U_{r1}=\frac{r_{01}P_1 l_1}{U_N}=\frac{\rho P_1 l_1}{S_1 U_N}$$

$$\Delta U_{r2}=\frac{r_{02}P_2 l_2}{U_N}=\frac{\rho P_2 l_2}{S_2 U_N}$$

可求得

$$S_1=\frac{\rho P_1 l_1}{\Delta U_{r1}U_N} \tag{5—14}$$

$$S_2=\frac{\rho P_2 l_2}{(\Delta U_{al}-\Delta U_{r1})U_N} \tag{5—15}$$

那么，全部导线所耗用有色金属的体积为

$$V=S_1 l_1+S_2 l_2=\frac{\rho P_1 l_1^2}{\Delta U_{r1}U_N}+\frac{\rho P_2 l_2^2}{(\Delta U_{al}-\Delta U_{r1})U_N} \tag{5—16}$$

将式（5—16）对ΔU_{r1}求导数，并令$\frac{\partial V}{\partial(\Delta U_{r1})}=0$，可得

$$\frac{S_2}{S_1}=\sqrt{\frac{P_2}{P_1}} \tag{5—17}$$

应用这一关系，可求得

$$\Delta U_r=\frac{\rho P_1 l_1}{S_1 U_N}+\frac{\rho P_2 l_2}{S_2 U_N}=\frac{\rho\sqrt{P_1}}{S_1 U_N}(\sqrt{P_1}l_1+\sqrt{P_2}l_2) \tag{5—18}$$

显然，可由式（5—18）求出S_1，继而由式（5—17）求得S_2。

对于一般情况，即对于多段不同截面的导线，可求得第i段和第h段的截面积分别为

$$S_i=\frac{\rho\sqrt{P_i}}{\Delta U_x U_N}\sum_{i=1}^{n}\sqrt{P_i}l_i \tag{5—19}$$

$$S_k = S_i \sqrt{\frac{P_k}{P_i}} \tag{5—20}$$

在实际应用中，多数情况下是依据发热选择导线，然后进行电压损失校验。

3. 热稳定性

电气线路导体的截面应能承受短路电流的热作用而不致破坏，即保持足够的热稳定性。为此，导体最小截面积为

$$S_{min} \geqslant \frac{I_d}{C}\sqrt{t} \tag{5—21}$$

式中，S_{min}——导线芯线最小截面积，mm^2；

I_d——可预期最大短路电流有效值，A；

t——短路电流可能持续的时间，s；

C——计算系数，按表 5—7 确定。

表 5—7　　热稳定验算 C 值表

导体种类和材料	短路时导体允许最高温度 θ_{dmax}/℃	导体长期允许工作温度 θ/℃	热稳定系数 C
铝母线及导线、硬铝及铝 镁合金硬铜母线及导线	200 300	70 70	87 171
钢母线（不与电器直接连接） 钢母线（与电器直接连接）	400 300	70 70	70 63
10 kV 铝芯油浸纸绝缘电缆 10 kV 铜芯油浸纸绝缘电缆	200 220	60 60	95 165
6 kV 铝芯油浸纸绝缘电缆及 10 kV 铝芯不滴流电缆	200	65	90
6 kV 铜芯油浸纸绝缘电缆及 10 kV 铜芯不滴流电缆	220	65	150
3 kV 以下铝芯绝缘电缆 3 kV 以下铜芯绝缘电缆	200 250	80 80	
铝芯交联聚乙烯绝缘电缆 铜芯交联聚乙烯绝缘电缆	200 230	90 90	80 135
铝芯聚氯乙烯绝缘电缆 铜芯聚氯乙烯绝缘电缆	130 130	65 65	65 100

二、机械强度

电气线路的机械强度应当足以承受自重、温度变化的热应力、短路时的电磁作用力以及风雪、覆冰产生的应力。按照机械强度的要求，低压架空线路导线的最小截面积见表5—8；低压配线最小截面积见表5—9。

表5—8　低压架空线路导线最小截面积　mm^2

类　别	铜	铝及铝合金	铁
单股	6	10	6
多股	6	16	10

表5—9　低压配线最小截面积　mm^2

类　别		最小截面积		
		铜芯软线	铜线	铝线
吊灯引线	民用建筑，户内	0.4	0.5	1.5
	工业建筑，户内	0.5	0.8	2.5
	户外	1.0	1.0	2.5
移动式设备电源线	生活用	0.2	—	—
	生产用	1.0	—	—
支点间距离为 s 的支撑件上的绝缘导线	$s \leqslant 1$ m，户外	—	1.5	2.5
	$s \leqslant 1$ m，户内	—	1.0	1.5
	$s \leqslant 2$ m，户外	—	1.5	2.5
	$s \leqslant 2$ m，户内	—	1.0	2.5
	$s \leqslant 6$ m，户外	—	2.5	6
	$s \leqslant 6$ m，户内	—	2.5	4
接户线	长度≤10 m	—	2.5	6
	长度≤25 m	—	4	10
穿管线		1.0	1.0	2.5
户内裸线		—	2.5～4	4
户外裸线		—	2.5～4	4～16
塑料护套线		—	1.0	1.5

三、线路防护

各种线路对酸、碱、盐、温度、湿度、灰尘、火灾和爆炸等外界因素应有足够的防护能力。为此，不同环境中导线和电缆及其敷设方式的选择可按表5—10进行。

表5—10　线路敷设方式选择

环境特征	线路敷设方式	常用电线、电缆型号
正常干燥环境	绝缘线瓷珠、瓷夹板或铝皮卡子明配线	BBLX，BLV，BLVV
	绝缘线、裸线绝缘子明配线	BBLX，BLV，LJ，LMJ
	绝缘线穿管明敷或暗敷	BBLX，BLX
	电缆明敷或沿电缆沟敷设	ZLL，ZLL11，VLV，YJV，XLV，ZLQ
潮湿和特别潮湿的环境	绝缘线瓷瓶明配线（高度>3.5 m）	BBLX，BLV
	绝缘线穿塑料管、钢管明敷或暗敷	BBLX，BLV
	电缆明敷	ZLL11，VLV，YJV，XLV
多尘环境（不包括火灾及爆炸危险粉尘）	绝缘线瓷珠、瓷瓶明配线	BBLX，BLV，BLVV
	绝缘线穿钢管明敷或暗敷	BBLX，BLV
	电缆明敷或沿电缆沟敷设	ZLL，ZLL11，VLV，YJV，XLV，ZLQ
有腐蚀性有环境	绝缘线瓷珠、瓷瓶配线	BLV，BLVV
	绝缘线穿塑料管明敷或暗敷	BLVV，BLV，BV
	电缆明敷	VLV，YJV，ZLL11，XLV
火灾危险环境	绝缘线瓷瓶明配线	BBLX，BLV
	绝缘线穿钢管明敷或暗敷	BBLX，BLV
	电缆明敷或沿电缆沟敷设	ZLL，ZLQ，VLV，YJV，XLV，XLHF
爆炸危险环境	绝缘线穿钢管明敷或暗敷	BBV，BV
	电缆明敷	ZL20，ZQ20，VV20
户外配线	绝缘线、裸线绝缘子明配线	BBLF，BLV－1，LJ
	绝缘线穿钢管沿外墙明敷	BBLF，BBLX，BLV
	电缆埋地	ZLL11，ZLQ2，VLV，VLV－2，YJV，VJV2

由表5—10可知，特别潮湿环境应采用硬塑料管配线或针式绝缘子配线，高温环境应采用电线管或焊接钢管配线、针式绝缘子配线，多尘（非爆炸性粉尘）环境应采用各种管配线，腐蚀性环境应采用硬塑料管配线，火灾危险环境应采用电线管或焊接钢管配线，爆炸危险环境应采用焊接钢管配线等。

四、导线连接

导线的接头是电气线路的最薄弱环节，接头常常是发生故障的地方。接头接触不良或松脱会增大接触电阻，使接头过热而烧毁，还可能产生火花，严重的会酿成火灾和触电事故。因此，接头务必牢靠、紧密，接头的机械强度不应低于导线机械强度的80%；接头的绝缘强度不应低于导线的绝缘强度；接头部位的电阻不得大于原线段电阻的1.2倍。工作中，应当尽可能减少导线的接头，接头过多的导线不宜使用。对于可移动线路的接头，更应当特别注意。

特别是铜导体与铝导体的连接，如没有采用铜铝过渡段，经过一段时间使用之后，很容易松动。松动的原因如下：

第一，铝导体在空气中数秒钟之内即能形成厚3～6 μm的高电阻氧化膜。氧化膜将大幅度提高接触电阻，使连接部位发热，产生危险温度。接触电阻过大还会造成回路阻抗增加，减小短路电流，延长短路保护装置的动作时间，甚至阻碍短路保护装置动作。

第二，铜和铝的线胀系数不同，铜的线胀系数为16.8×10^{-6}℃$^{-1}$，铝的线胀系数为23.2×10^{-6}℃$^{-1}$，即铝的线胀系数较铜的大36%，发热时使铝端子增大而本身受到挤压，冷却后不能完全复原。经多次反复后，连接处逐渐松弛，接触电阻增加；如连接处出现微小缝隙，遇空气进入，将导致铝导体表面氧化，接触电阻大大增加；如连接处的缝隙进入水分，将导致铝导体电化学腐蚀，接触状态将急剧恶化。

第三，由于铜和铝的化学活性不同，因此，当有水分进入铜、铝之间的缝隙时，将发生电解，使铝导体腐蚀，必然导致接触状态迅速恶化。

第四，当温度超过75℃，且持续时间较长时，聚氯乙烯绝缘将分解出氯化氢气体。这种气体对铝导体有腐蚀作用，从而增大接触电阻。

正因为如此，在潮湿场所、户外及安全要求高的场所，铝导体与铜导体不能直接连接，必须采用铜铝过渡段。对运行中的铜、铝接头，应注意检查和随时紧固。

五、线路管理

电气线路应备有必要的资料和文件，如施工图、实验记录等。还应建立巡视、检查、清扫、维修等制度。

对临时线应建立相应的管理制度。例如，安装临时线应有申请、审批手续，临时线应有专人负责管理，应有明确的使用地点和使用期限等。装设临时线必须考虑安全问题，应满足基本安全要求。例如，移动式三相临时线必须采用四芯橡套软线，单相临时线必须采用三芯橡套软线，长度一般不超过 10 m。临时架空线离地面高度不得低于 4 ~ 5 m，离建筑物和树木的距离不得小于 2 m，长度一般不超过 500 m，必要的部位应采取屏护措施等。

关于电气线路的绝缘设计应满足防触电、防火、耐腐蚀、耐机械损伤等要求，以及线路和导线间距应满足防碰撞、防短路、便于维护操作等的要求，参见本书第二章。

第四节　负 荷 计 算

负荷计算是电力设计的基础，其目的有三点：第一是确定导线截面，确定变压器及开关电器的容量；第二是校验电压损失，选择和整定保护元件；第三是确定电能消耗量和无功补偿装置。

一、设备功率的确定

进行负荷计算时，首先需将用电设备按其性质分为不同的用电设备组，然后确定设备计算功率。

电气设备根据运行特征和发热设计的不同，分为连续运行工作制、短时运行工作制和反复短时（或断续）运行工作制。对于断续或反复短时运行工作制设备定义负荷持续率（$FC\%$，也称暂载率 $JC\%$ 或接电率 $\varepsilon\%$）为

$$FC(\%)=\frac{t_w}{t_w+t_0}\times 100\% \tag{5—22}$$

式中，t_w——设备工作时间，s 或 min；

t_0——设备停歇时间，s 或 min。

用电设备的额定功率 P_N 或额定容量 S_N 是指铭牌上的数据。对于不同工作制下的额定功率或额定容量，应换算为统一负载持续率下的有功功率，即设备计算功

率 P_{js}。

1. 连续运行工作制电气设备的计算功率

连续工作制电气设备，是指工作时间较长，连续运行的用电设备，如机床、通风机、各种泵类等。这一类设备的计算功率等于额定功率。

2. 短时运行工作制电气设备的计算功率

短时运行工作制电气设备，是指工作时间短，停歇时间相当长的用电设备，如各类机床用的辅助机械（刀架快速移动、平台升降装置等）。这一类设备功率可以在主设备容量中考虑，求计算负荷时一般不考虑。

3. 反复短时（或断续）运行工作制电气设备的计算功率

反复短时（或断续）运行工作制电气设备，是指规律性的、时而工作、时而停歇、反复运行的用电设备，如起重机、电焊变压器等。这一类设备的计算功率需要进行统一的折算。对于类似起重机设备，计算功率要折算到负荷持续率为 25% 时的功率。即

$$P_{js} = \sqrt{\frac{FC_N}{FC_{25}}} \times P_N = 2P_N \sqrt{FC_N} \tag{5—23}$$

式中，FC_N——设备额定负荷持续率；

FC_{25}——折算用标准负荷持续率。

对于类似电焊变压器设备，计算功率要折算到负荷持续率为 100% 时的功率。即

$$P_{js} = \sqrt{\frac{FC_N}{FC_{100}}} \times P_N = P_N \sqrt{FC_N} = \sqrt{FC_N} \times S_N \times \cos\varphi \tag{5—24}$$

式中，FC_N——设备额定负荷持续率；

FC_{100}——折算用标准负荷持续率；

S_N——换算前设备额定容量，VA；

$\cos\varphi$——在 S_N 时的额定功率因数。

4. 电炉变压器的计算功率

电炉变压器的设备计算功率是指额定功率因数时的有功功率。其计算式为

$$P_{js} = S_N\cos\varphi \tag{5—25}$$

式中，S_N——电炉变压器的额定容量，VA；

$\cos\varphi$——在 S_N 时的额定功率因数。

5. 整流设备的计算功率

整流设备计算功率是指额定直流功率。

6. 成组用电设备的计算功率

成组用电设备的计算功率是指不包括备用设备在内的所有单个用电设备的设备功率之和。

7. 照明设备的计算功率

照明设备的计算功率一般可取灯泡上标出的额定功率；对于荧光灯及高压水银灯等还应计入镇流器的功率损耗，将灯具的额定功率分别增加20%～30%。

二、负荷计算

负荷计算的方法很多，如单位产品耗电量法、负荷密度法、利用系数法、需要系数法、二项式法、“ABC”法等。下面介绍作为供配电设计常用方法之一的“ABC”法。

“ABC法”是应用单元功率的概念，把繁杂的功率运算简化为台数运算的方法。该方法运用概率论的原理求出计算负荷与设备容量之间的关系，计算结果比较准确。这种方法可列表计算，简单易行。其计算公式为

$$P_{js} = P_{av} + \alpha\sigma_s \tag{5—26}$$

式中，P_{av}——平均功率，kW；

α——计算系数，$\alpha=3$ 时出现概率为99.9%，$\alpha=1.5$ 时出现概率为93.3%，一般情况下取 $\alpha=1.5$ 即可；

σ_s——负荷均方差，如令 P 为有功功率，则 $\sigma_s = \sqrt{P^2 + P_{av}^2}$。

对于多台设备，“ABC”法的实用计算式为

$$P_{js} = DK_L(A + C\sqrt{A + 2B}) \tag{5—27}$$

式中，D——单台等值功率，取值越大，计算精度越低；取值越小，计算精度越高。一般取 $D=3$ kW；

K_L——利用系数。

$$K_L = \frac{A_1K_{L1} + A_2K_{L2} + \cdots}{A_1 + A_2 + \cdots} \tag{5—28}$$

各种设备的利用系数见表5—14。成组设备的系数 A，B，C 计算如下：

系数 A 按下式计算：

$$A = \sum_{i=1}^{m} n_iK_i \tag{5—29}$$

式中，K_i——等值台数，按 $K_i = \frac{P_{Ni}}{D}$ 计算（P_{Ni} 为第 i 台设备的额定功率），并按四舍

五入的原则取整数；

n_i——第 i 种功率设备的台数。

系数 B 按下式计算：

$$B = \sum_{i=1}^{m} n_i \frac{K_i(K_i + 1)}{2} \tag{5—30}$$

系数 C 按下式计算：

$$C = 1.5\sqrt{\frac{1}{K_L} - 1} \tag{5—31}$$

如要求得计算电流，则需求得成组设备的功率因数。成组设备功率因数角的正切值按下式计算：

$$\tan\varphi = \frac{A_1 K_{L1} \tan\varphi_1 + A_2 K_{L2} \tan\varphi_2 + \cdots}{A_1 K_{L1} + A_2 K_{L2} + \cdots} \tag{5—32}$$

各种设备的 $\cos\varphi$ 和 $\tan\varphi$ 见表 5—11。取得成组设备的计算功率 P_{js} 和功率因数以后，可按下式计算三相设备的电流

$$I_{js} = \frac{P_{js}}{\sqrt{3}\cos\varphi} \tag{5—33}$$

表 5—11　　利用系数 K_L 值

用电设备组名称	K_L	C	$\cos\varphi$	$\tan\varphi$
一般工作制小批生产用金属切削机床，小型车、刨、插、铣、钻床，砂轮机等	0.10～0.12	4.5	0.50	1.73
一般工作制大批生产用金属切削机床，小型车、刨、插、铣、钻床，砂轮机等	0.14	3.7	0.6	1.33
重工作制金属切削机床、冲床、自动六角车床、粗磨、铣齿、刨、铣、立车、镗床等	0.16	3.3	0.53	1.51
小批生产金属热加工机床、锻锤传动装置、锻造机、拉丝机、清理转磨筒、碾磨机等	0.17	3.2	0.60	1.33
大批生产金属热加工机床	0.2	3.0	0.65	1.17
生产用风机	0.55	1.3	0.80	0.75
卫生用风机	0.50	1.5	0.80	0.75
泵、空气压缩机、电动发电机组	0.55	1.3	0.85	0.62
移动式电动工具	0.05	7.0	0.50	1.73

续表

用电设备组名称	K_L	C	$\cos\varphi$	$\tan\varphi$
不联锁的提升机、带式运输机、螺旋运输机等连续运输机	0.035	2.0	0.75	0.88
联锁的提升机、带式运输机、螺旋运输机等连续运输机	0.50	1.5	0.75	0.88
吊车及电葫芦（$\varepsilon=100\%$）	0.15～0.20	3.5	0.5	1.73
电阻炉、干燥箱、加热设备	0.55～0.65	1.2	0.95	0.33
试验室用小型电热设备	0.35	2.0	1.00	0.00
3～10 t 电弧炼钢炉	0.6～0.65	1.2	0.87	0.56
0.5～1.5 t 电弧炼钢炉	0.50	1.5	0.80	0.75
0.25～0.5 t 电弧炼钢炉	0.65	1.1	0.85	0.62
单头电焊用电动发电机组	0.25	2.5	0.60	1.33
多关电焊用电动发电机组	0.50	1.5	0.70	1.02
单头电焊变压器	0.25	2.5	0.35	2.67
多头电焊变压器	0.30	2.3	0.35	2.67
自动弧焊机	0.30	2.3	0.50	1.73
缝焊机及占焊机	0.25	2.5	0.60	1.33
对焊机及铆钉加热器	0.25	2.5	0.70	1.02
低频感应电炉	0.75	0.9	0.35	2.67
高步感应电炉（用电动发电机组）	0.75	0.9	0.80	0.65
高步感应电炉（用真空管振荡器）	0.65	1.1	0.65	1.17

三、单相用电设备计算负荷的折算

在实践中，用电设备除了广泛应用三相设备外，还有一些单相用电设备，如电焊机、电炉和照明等设备。单相设备可接于相电压或线电压，但应尽可能使三相均衡分配，以使三相负荷尽量平衡。由于确定计算负荷的目的主要是为了选择线路上的设备和导线，使其在实际负荷电流通过时不致过热或损坏，因此在接有较多单相设备的三相线路中，不论单相设备接于相电压还是线电压，只要三相负荷不平衡，就应以最大负荷相有功负荷的 3 倍作为等效三相有功负荷进行计算。具体进行单相用电设备的负荷计算时，可遵循以下原则：

（1）如果单相设备的总容量不超过三相设备总容量的 15%，则不论单相设备如何连接，均可作为三相平衡负荷对待。

（2）单相设备接于相电压时，在尽量使三相负荷均衡分配后，取最大负荷相所接的单相设备容量乘以3，便求得其等效三相设备容量。

（3）单相设备接于线电压时，其等效三相设备容量 P_e：

当为单台时 $$P_e = \sqrt{3}P_{e\cdot\varphi} \tag{5—34}$$

当为2～3台时 $$P_e = 3P_{e\cdot\varphi\cdot max} \tag{5—35}$$

式中，$P_{e\cdot\varphi}$——单相设备的设备容量，kW；

$P_{e\cdot\varphi\cdot max}$——负荷最大的单相设备的设备容量，kW。

（4）单相设备分别接于线电压和相电压时，首先应将接于线电压的单相设备容量换算为接于相电压的设备容量，然后分相计算各相的设备容量和计算负荷。而总的等效三相有功计算负荷就是最大有功负荷相的有功计算负荷的3倍。总的等效三相无功计算负荷就是最大有功负荷相的无功计算负荷的3倍。

本 章 小 结

1. 电气线路是电力系统的重要组成部分，本节以架空线路、电缆线路和室内配电线路分类并分别进行介绍。凡是用绝缘子和杆塔将导线架设于地面上的电力线路都属于架空线路，架空线路导线多采用钢芯绞线、硬铜绞线、硬铝绞线和铝合金绞线；其杆塔有木电杆、钢筋混凝土电杆和铁塔之分。电缆线路的敷设可采用电缆沟或电缆隧道中敷设、电缆桥架敷设、吊挂敷设、排管敷设等，也可按规程的要求直接埋入地下。在建筑物内部，可以根据环境状态、负荷特征以及防触电安全要求，采用直敷、绝缘子、板槽、穿管、钢索、桥架等布线方式。

2. 架空线路的主要事故形式包括倒杆、断线、绝缘子闪络、线间短路和接地。电缆线路的故障包括机械损伤、铅皮（铝皮）龟裂及胀裂、终端头污闪、终端头或中间接头爆炸、绝缘击穿、金属护套腐蚀穿孔等。事故防护的根本措施在于科学设计、科学施工和加强管理与维护。

3. 电气线路运行安全涉及自身安全和其在运行中不引发相关事故两个方面。可由电气线路故障或异常运行导致的触电、火灾爆炸以及设备损坏事故均已分章专门论述，本章重点讨论了保障电气线路运行安全的要素，以及电气线路设计中导线截面确定这一核心问题。

4. 对电气线路提出了绝缘性能、导电能力、机械强度、稳定性、电气连接可靠性和管理与技术并重的安全要求。电气线路导体宜依据负荷计算得出的稳定工作电流和导体允许载流量进行选择，然后按允许电压损失和预期最大短路冲击条件下的稳定性进行校核。“ABC”法是负荷计算常用方法之一。

复习思考题

1. 架空线路的常见故障有哪些？分析故障形成的原因。

2. 电缆线路的典型故障有哪些？故障形成的原因是什么？

3. 什么是档距、弧垂？怎样计算？分析其值大小的利弊。

4. 选择导线截面时应考虑哪些约束条件？通常高、低压电气线路宜按什么条件选择？按什么条件校核？为什么？

5. 简述电气线路的安全要求。

6. 简述负荷计算常用方法之一的“ABC 法”的概念和特点。

第六章　电气设备安全

本章学习目标

1. 通过本章学习，掌握电气设备外壳防护等级（IP 代码）和设备防触电保护分类方法，了解危险用电环境特性。

2. 掌握电动机、手持电动工具、照明设备、弧焊机这类常用电气设备基本工作原理、常见故障、安全运行条件以及正确的选择与使用方法。

3. 掌握各种保护装置（断路器、熔断器、保护继电器、电气隔离器或隔离开关）的工作原理、构造、分类、保护作用、保护特性、技术参数和正确的选择使用方法。通过分类比较搞清各种保护电器之间的关系。掌握隔离器与断路器的正确配合使用及正确操作顺序。

4. 了解变电所常用设备种类、作用及相互关系，了解变压器、电流电压互感器、高压断路器、高压熔断器、高压隔离开关、电力电容器的基本构造，基本参数以及常见危险。

本章首先介绍电气设备外壳防护等级、电工电子设备防触电保护分类以及用电环境与用电设备选择等电气设备相关安全基础知识，在此基础上讲述常用用电设备、低压保护电器和变配电设备安全知识。

第一节　电气设备安全基础知识

电气设备一般都具备一定电击防护能力，当电气设备本身的电击防护能力与用电环境危险性相适应时，用电设备的安全性才有保障。用电设备自身电击防护能力体现在两个方面，一是直接电击防护能力，一是间接电击的防护方式与有效性。设备对直接电击的防护能力主要体现在外壳防护等级；而对间接电击的防护则体现在其防触电保护分类。安全使用电气设备的重要原则之一就是既要考虑设备本身安全特性，还要考虑用电环境危险程度，根据使用环境选择适当的电气设备。

一、外壳防护等级（IP 代码）

外壳就其机械性能而言，既可以防止人触及电气设备的内部电路遭受直接电击，又可以对内部电路提供保护。所谓外壳防护等级就是对外壳机械防护能力的分级。

1. 外壳防护功能及分级方法

电气设备外壳具有三种基本防护功能，标准对每种功能的水平的等级划分。三种防护功能及防护等级如下：

（1）对人接近外壳内危险部件的防护，防护等级见表 6—1。

（2）对固体异物（包括粉尘）进入的防护，防护等级见表 6—2。

表 6—1　　对接近危险部件的防护等级

防护等级	简要说明	含　义
0	无防护	—
1	防止手背接近危险部件	直径 50 mm 球形试具应与危险部件有足够的间隙
2	防止手指接近危险部件	直径 12 mm，长 80 mm 的铰接试指应与危险部件有足够的间隙
3	防止工具接近危险部件	直径 2. 5 mm 的试具不得进入壳内
4	防止金属线接近危险部件	直径 1. 0 mm 的试具不得进入壳内
5	防止金属线接近危险部件	直径 1. 0 mm 的试具不得进入壳内
6	防止金属线接近危险部件	直径 1. 0 mm 的试具不得进入壳内

表 6—2　　对防止固体异物进入的防护等级

防护等级	简要说明	含　义
0	无防护	—
1	防止直径不小于 50 mm 的固体异物	直径 50 mm 的球形物体试具不得完全进入壳内
2	防止直径不小于 12. 5 mm 的固体异物	直径 12. 5 mm 的球形物体试具不得完全进入壳内
3	防止直径不小于 2. 5 mm 的固体异物	直径 2. 5 mm 的球形物体试具不得完全进入壳内
4	防止直径不小于 1. 0 mm 的固体异物	直径 1. 0 mm 的球形物体试具不得完全进入壳内
5	防尘	不能完全防止尘埃进入，但进入的灰尘量不得影响设备的正常运行，不得影响安全
6	尘密	无尘埃进入

（3）对进水的防护，防护等级见表 6—3。

表 6—3　　防止水进入的防护等级

防护等级	简要说明	含　义
0	无防护	—
1	防止垂直方向淋水	垂直方向滴水应无有害影响
2	防止当外壳在 15°范围内倾斜时垂直方向滴水	当外壳的各垂直面在 15°范围内倾斜时，垂直滴水应无有害影响
3	防淋水	各垂直面在 60°范围内淋水，无有害影响
4	防溅水	向外壳各方向溅水无有害影响
5	防喷水	向外壳各方向喷水无有害影响
6	防强烈喷水	向外壳各方向强烈喷水无有害影响
7	防短时间浸水影响	浸入规定压力的水中经规定时间后外壳进水量不致达有害程度
8	防持续潜水影响	按生产厂和用户双方同意的条款（应比级别 7 更严酷）持续潜水后进水量不致达有害程度

2. 外壳防护等级表示方法（IP 代码）

外壳各种防护功能的综合防护等级用 IP 代码表示。IP 代码由字母 IP（International Protection 国际防护）、第一位特征数字、第二位特征数字、附加字母、补充字母组成，如图 6—1 所示。其中字母 IP 及第一、第二位特征数字是必需的，而附加字母和补充字母根据需要可有可无，如“IP23”“IP23C”。

图 6—1　IP 代码

IP 代码中第一位特征数字代表对接近危险部件和对固体异物进入两种防护功能均不低于的防护等级，换言之，就是代表两种防护功能等级较低者。第二位特征数字代表了外壳对进水的防护等级。对于第一和第二位特征数字，当某种防护功能不作要求而无须指出时，第一位或第二位特征数字可用字母“X”代替，如“IPX3”表示对防止接近危险部件和固体异物进入不作要求，而只要求外壳防水达到 3 级。“IP2X”

表示对防止接近危险部件及固体异物进入不低于2级，对防水不作要求。

附加字母是用来专门代表防止人接近危险部件的等级的，分别有A、B、C、D四个等级，分别相当于对人接近危险部件防护的1、2、3、4级，见表6—4。附加字母只有在以下两种情况使用：

表6—4　　附加字母所代表的对接近危险部件的防护等级

防护等级	简要说明	含　义
A	防止手背接近危险部件	直径50 mm球形试具应与危险部件有足够的间隙
B	防止手指接近危险部件	直径12 mm，长80 mm的铰接试指应与危险部件有足够的间隙
C	防止工具接近危险部件	直径2.5 mm，长100 mm的试具与危险部件必须保持足够的间隙
D	防止金属线接近危险部件	直径1.0 mm，长100 mm的试具与危险部件必须保持足够的间隙

（1）接近危险部件的实际防护水平高于第一位特征数字所代表的防护等级，如“IP23C”，附加字母“C”所代表的对接近危险部件的防护等级高于其第一位特征数字“2”。

（2）第一位特征数字用“X”代替，仅需表示对接近危险部件的防护等级（无须表示对固体异物进入的防护等级），如“IPX3B”“IPXXC”。

补充字母用于对设备的特性或试验条件等做补充性说明，在IP代码中可有可无。表6—5为一些常用补充字母及含义。补充字母可放在附加字母之后，也可放在第二位特征数字之后，如“IP23CS”“IP23S”。

表6—5　　补充字母及其含义

字母	含　义
H	高压设备
M	防水试验在设备的可动部件（如旋转电机转子）运行时进行
S	防水试验在设备的可动部件（如旋转电机转子）静止时进行
W	提供附加防护或处理以适用规定的气候条件

二、电工电子设备防触电保护分类

按照防范基本绝缘失效的触电保护方式分类，电工电子设备分为：0、Ⅰ、Ⅱ、Ⅲ类。

1．0类设备

该类设备仅靠基本绝缘作为防触电保护，一旦基本绝缘失效，则设备是否安全完全取决于环境。

2. Ⅰ类设备

该类设备的防触电保护不仅靠基本绝缘，还包括一种附加的安全措施，即将能触及的外露可导电部分（导电外壳）与接地保护线或接零保护线相连接。一旦基本绝缘失效，接地（或接零）保护将发挥作用，由其形成的漏电流驱动漏电流动作保护器将电源断开。

该类设备电源软线中包含一根保护导线，该保护线在设备端与设备各个外露导电部分相连，而在与电源相连端设有接地（或接零）保护插脚，通过该保护线的插脚与系统或大地的总保护线相连。

3. Ⅱ类设备

该类设备的防触电保护不仅靠基本绝缘，还具有像双重绝缘或加强绝缘这样的附加安全措施。这种设备不采用保护接地或接零的措施，其安全性也不依赖于安装或使用环境条件。

如果一个具有双重或加强绝缘的设备采取了接地或接零保护措施，那么该设备仍认为是Ⅰ类设备。

Ⅱ类电气设备的标识符号为：回。

4. Ⅲ类设备

该类设备的防触电保护措施是依靠安全特低电压（SELV）供电，且设备内可能出现的电压不会高于安全特低电压。

Ⅲ类设备不得具有保护接地手段。必要时，可因工作（与保护目的不同）的原因，采取与大地连接的手段，但必须在技术水平上无损于安全水平。有金属外壳的Ⅲ类设备必要时可以采取将等电位连接线与外壳连接的手段。

Ⅲ类设备的标识符号为：◇Ⅲ。

表6—6为电工电子设备防触电保护分类一览表。

表6—6　　电工电子设备防触电保护分类一览表

类别 项目	0类	Ⅰ类	Ⅱ类	Ⅲ类
设备主要特征	没有保护接地	有保护接地	有附加绝缘不需要保护接地	设计成由特低电压供电
安全措施	使用环境要与地绝缘	接地线与固定布线中的保护（接地）线连接	双重绝缘或加强绝缘	特低电压供电

三、用电环境危险性

用电设备周围环境的空气介质状态及其他参数，能够影响触电的危险性。如潮湿、导电性粉尘、腐蚀性蒸气和气体等对电气设备的绝缘起破坏作用，可大大降低其绝缘电阻，使电气设备的外壳、机座、机罩等金属部件带电，而导致触电事故发生。如果此时环境温度较高，人体电阻也会降低，就更加增大触电的危险性。

在具有导电性地板的环境或电气设备附近有金属接地物体存在的环境下，无论是人体直接接触带电体，还是意外接触带电体，都易构成电流回路，因此以上环境触电的危险性较大。季节、天气等外界因素也会对用电设备的环境有影响，所以环境危险等级的划分不是绝对的。一般情况下，潮气、粉尘、高温、腐蚀性气体和蒸气都会损伤电气设备的绝缘，增大触电的危险，所以应重视以上不安全因素。

根据不同的触电危险程度，对用电场所进行分类，可分为3类，即无较大危险的场所、有较大危险的场所和特别危险的场所。

一般有绝缘地板（如木地板），没有接地导体或接地导体很少的干燥、无尘场所，属于无较大危险的场所。居民住宅、普通办公室、学校等都属于无较大危险的场所。

下列场所属有较大危险的场所：

（1）潮湿场所（空气相对湿度超过75%）。

（2）高温炎热场所（温差变化超过35℃）。

（3）含导电性粉尘，如煤尘、金属尘等，且沉积在导线上或落入机器、仪器的场所。

（4）有金属、泥土、钢筋混凝土、砖等导电性地板或地面的场所。

（5）作业人员可能同时一方面接触接地的金属构架、金属结构或工艺装备，而另一方面接触电气设备的金属壳体的场所。机械厂的金工车间、锻工车间；冶金厂的压延车间、拉丝车间、电炉电极车间、电刷车间、煤粉车间；水泵房、空气压缩站、成品库、车库等都属于有较大危险的场所。

下列场所属特别危险的场所：

（1）特别潮湿的场所，如室内天花板、墙壁、地板等各种物体都潮湿，空气相对湿度接近100%。

（2）长期存在腐蚀性蒸气、气体、液体等介质的场所。

（3）具有2种或2种以上有较大危险场所特征的场所，如有导电性地板的潮湿场所、有导电性粉尘的高温、炎热场所等。

许多生产厂房，如铸造车间、酸洗车间、电镀车间、电解车间、漂染车间；化工厂的大多数车间等都属于特别危险场所。企业应根据空气介质的状态和用电设备周围的环境的触电危险程度，选用适当的电气设备。要保证所选的电气设备的结构能够防护所在场所各种不安全因素的影响。在选择电气设备时，除应考虑触电危险性之外，还应考虑工作环境火灾和爆炸的危险性。

第二节　常用用电设备安全

一、电动机

生产中有70%的电能是由电动机消耗的，在生产生活总用电量中所占比例也在50%以上，所以说电动机是日常生产和生活最为常用的电气设备。因此，电动机的正确使用与运行是降低用电故障率、减少电气设备所致伤亡的重要着眼点。

1. 电动机分类及特性

电动机的分类方法很多，按电能种类分为交流电动机和直流电动机；按电动机的转速与电网电源频率之间的关系来分类可分为同步电动机与异步电动机；按电源相数来分类可分为单相电动机和三相电动机；按防护型式可分为开启式、防护式、封闭式、隔爆式、潜水式、防水式；按安装结构型式可分为卧式、立式、带底脚、带凸缘等；按绝缘等级可分为E级、B级、F级、H级等。

交流电机可分为异步电动机与同步电动机，而异步电动机根据其转子结构又可分为笼型电动机和绕线转子电动机。此外，异步电动机还可分为三相异步电动机与单相异步电动机。

交流异步电动机转子不接电源，而是由定子产生的旋转磁场与转子的相对运动在转子绕组中产生感应电动势和感应电流，感应电流再与定子旋转磁场相互作用产生转矩。异步电动机因转子转动必须落后于定子所产生的旋转磁场而得名。

笼型异步电动机结构简单，工作可靠，但启动和调速性能较差。笼型电动机广泛用于机床、泵、风机等，但应用最多的是作为独立电动机使用。

绕线转子电动机转子由导线绕制而成，经集电环与外部电阻等元件连接，通过改变转子外串电阻来改变电动机的启动性能和转速。绕线转子电动机主要用于启动、控制频繁和启动困难的场合，如起重机械和一些冶金机械等。

同步交流电动机的转子绕组通入直流励磁电流形成转子磁场，因而可以与定子旋转磁场同步旋转。同步电动机结构复杂，但可以通过调节转子的励磁电流改变电动机的功率因数，使之成为阻性或容性负载，从而改善具有感性负载整个供电系统的功率因数。同步电动机一般用于不需调速，不频繁启动的大型设备。

直流电动机由直流电源供电，由磁极（固定部分）、电枢（转动部分）以及换向器构成。直流电动机结构复杂，维修困难，但其调速性能较好，启动转矩较大，因此对调速要求较高的机械如龙门刨床、镗床、轧钢机等，或者需要启动转矩较大的生产机械如起重机、电力牵引设备等往往采用直流电动机来驱动。

2. 与电动机安全有关的分类分级

（1）电动机防护型式分类

从保证电动机的正常运行、防止周围介质对电动机的损害以及防止因电动机故障可能对环境造成危害的角度而言，电动机有以下防护型式分类：

1）开启式。电动机的两端、两侧都有大的通风口，散热较好，适合在干燥、清洁的环境使用。

2）防护式。外壳有遮盖装置，能防止水滴、铁屑或其他杂物在与垂直方向成45°以内的角度落入电动机内部。在基座的下面有通风口，散热好，适于干燥没有腐蚀和爆炸性气体的环境。

3）封闭式。基座和端盖上均无通风孔，完全是封闭的。封闭式又分为自冷式、自扇冷式、他扇冷式、管道通风式及密封式。前四种电动机适于尘土大、特别潮湿、有腐蚀性气体、易引起火灾的恶劣环境，如化工厂、水泥厂、研磨车间等。而密封式可以浸在液体中使用，如潜水泵类电动机。

4）防爆式。电动机在密封的基础上制成隔爆形式，机壳不但密封，而且具有足够的强度，一旦有爆炸性气体侵入电动机内部而发生爆炸时，电动机外壳能承受其内部爆炸产生的压力，火花不会窜至外界而引起外界气体的大范围爆炸。凡是有易燃、易爆性气体存在的场所，如矿井、油井、煤气站等均应采用防爆电电动机。

（2）绝缘等级与允许温升

电动机的发热和温升是决定其容量的主要因素。电动机中耐热最差的是绝缘材料，一旦绝缘材料损坏，将造成短路，使电动机烧毁。电动机常用绝缘（耐热）等级一般有 A、E、B、F、H 五个等级，代表其绝缘结构的五个最高温度限值。

同时，为了直观表示电动机发热结果，人们还采用了温升这一技术指标。电动机的允许温升是以40℃为基准环境温度，绝缘耐热等级相应温度与基准环境温度的差即为允许温升。电动机的耐热等级与允许温升见表6—7。

表6—7　　电动机绝缘等级与允许温升

绝缘等级	最高工作温度（℃）	允许温升（℃）
A	105	65
E	120	80
B	130	90
F	155	115
H	180	140

电动机运行时，若绝缘材料的工作温度不超过其绝缘等级允许的最高工作温度，其设计寿命可达20年以上，如果电动机长期工作在其绝缘等级允许的最高工作温度之上，其寿命就会缩短。如A级电动机，如长期超过最高工作温度8℃，电动机的绝缘寿命将会缩短一半。

电动机运行时，输出功率大，则电流和损耗大，温升也越高。电动机铭牌上所标明的额定功率是指在基准环境温度40℃和规定的工作方式下，不超过最高允许温升时的最大输出功率。工作环境温度低于40℃时，可适当提高电动机的输出功率；相反，当环境温度超过40℃时，要适当降低电动机的输出功率。

3. 电动机的选择

（1）电动机防护功能的选择

选择电动机首先应根据使用环境确定电动机防护型式。如果用于干燥、清洁的环境中，可考虑采用开启式电动机。如果使用环境存在水滴、铁屑、石块和其他杂物则应当考虑采用防护式电动机。采用防护式电动机还应根据使用环境存在异物种类及大小，是否会遭受滴水、淋水、溅水、喷水、强力喷水甚至浸水等来考虑电机的外壳防护等级。

对于尘土大、特别潮湿、有腐蚀性气体产生等恶劣环境，应考虑采用密闭式电动机。对于需要潜入水中工作的电动机，应采用专用潜水类电动机。

在爆炸性环境中，要根据爆炸气体性质与类别，选择适当型式的防爆电动机。

（2）电动机额定功率的选择

正确地选择电动机的额定功率可以保证电气传动系统可靠而又经济的工作。如果额定功率选择太小，则在正常情况下电动机就要过载运行，发热加剧，造成电动机过早损坏，同时还可能出现启动困难、经不起冲击性负载的冲击等故障；如果额定功率选择过大，电动机的能力就不能充分利用，使电动机的效率降低，能量损耗增加，功率因数降低，很不经济，所以要正确地选择电动机的额定功率。选择电动机额定功率时，要考虑电动机的发热、运行过载能力以及启动能力三个方面的因素。

4. 欠压与缺相危险

欠压与缺相是电动机运行中很有可能出现的情况，如果没有适当的保护措施，往往会对电动机造成很大损害。

（1）电动机欠压危险

对于三相异步电动机，启动转矩和最大转矩分别为：

$$T_{st} = K\frac{R_2}{R_2^2 + X_{20}^2} \cdot U_1^2 \qquad (6—1)$$

$$T_{max} = K\frac{U_1^2}{2X_{20}^2} \qquad (6—2)$$

其中　K——为常数；

R_2——转子电阻，Ω；

X_{20}——转子感抗，Ω；

U_1——电动机电源电压，V。

从以上两式可以看出，电动机的启动转矩 T_{st} 与最大转矩 T_{max} 均与电源电压的平方成正比，因此，电源电压下降后，电动机的扭矩会大幅下降。所以，电动机在电源欠压的情况下，很有可能会不能启动或启动后因电压下降导致扭矩不足而堵转，结果是电动机电流迅速上升，导致电动机烧毁。所以，电动机与其他产品不同，其他产品一般不会因欠压而烧毁，而电动机类产品欠压就会面临烧毁危险，甚至欠压比超压更危险，因为超压后不会发生堵转。所以电动机类产品应装有欠压保护装置。

（2）三相异步电机缺相

三相异步电机一相断开后，变成 380 V 单相运行。而原先三相电形成的旋转磁场也变成了脉振磁场。所谓脉振磁场是指绕组产生的方向不变而大小随时间作正弦变化磁场。可以证明脉振磁场可分解为两个大小相等、转向相反的旋转磁场，而每个旋转磁场的大小为脉振磁场峰值的1/2，如图6—2所示。

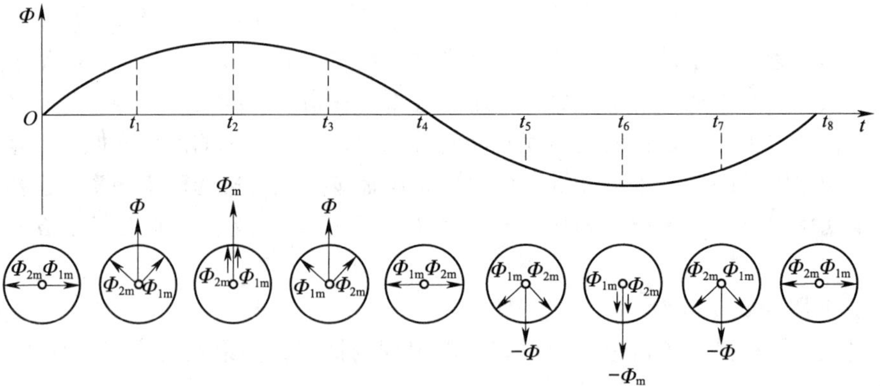

图6—2　脉振磁场

如果缺相发生在电动机启动之前，接通电源时转子是静止的，两个反向旋转磁场与转子之间的相对运动速度相等，转差率s_1、s_2相同，形成的正向转矩T_1与反向转矩T_2大小相同，合力矩T为零，电动机不会启动，相当于电动机堵转情况，电流远大于工作电流，这时如果通电时间过长或频繁启动电动机，将导致电动机过热烧毁。

如果缺相发生在电动机运行当中，则某一转向的转差率会大于1，另一转向的转差率会小于1，结果是合成转矩$T=T_1-T_2\neq0$，如图6—3所示。

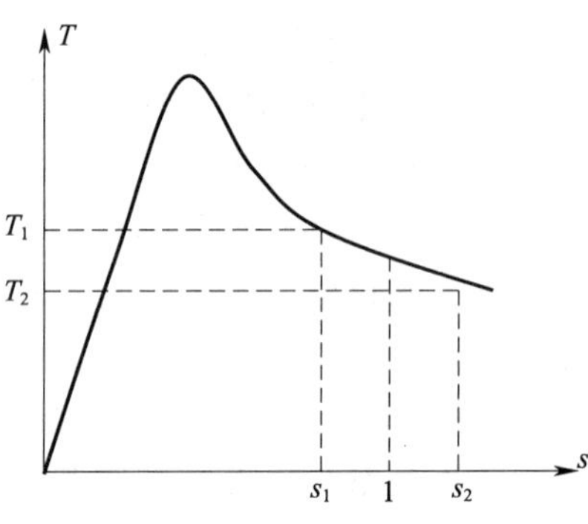

图6—3　电动机缺相运转

理论上可以证明脉振磁场形成的转矩T_1和T_2的最大值为正常运行最大转矩的1/4，因此，缺相时产生的转矩$T=T_1-T_2$会大大小于正常运转转矩。如果负载较小，电动机可继续运转，但转速会相应降低，电流会增大；如果负载较大，便有可能堵转，结果是电流大大增加，很有可能烧毁电动机。为了防止缺相烧毁电动机，应采取缺相保护。

5. 电动机正常运行条件

新装电动机投入运行前应检查接线是否正确，电源电压是否符合电动机要求，电动机外壳防护是否完好，绝缘电阻是否合格，外壳接地是否完好，电动机保护及启动装置是否完备。带负荷前空载运行一段时间，空载运行时转向、转速、声音、振动及电流应无异常。

（1）运行参数

电动机的电压、电流、频率、温升等运行参数应符合要求。电压波动不超过10%，电压不平衡不得超过5%，电流不平衡不得超过10%。运行中电动机的温升，尤其电动机绕组的温升不能超过其相应绝缘等级允许的温升或最高温度。

（2）电动机绝缘

电动机绝缘要求随电动机电压和温度而变，绝缘电阻参见表6—8。

表6—8　　电动机绝缘电阻允许值（MΩ）

额定电压/V	6 000			<500			≤42		
绕组温度/℃	20	45	70	20	45	70	20	45	70
交流电动机定子绕组	25	15	6	3	1.5	0.5	0.15	0.1	0.05
绕线转子绕组和集电环	—	—	—	3	1.5	0.5	0.15	0.1	0.05
直流电动机电枢绕组和换向器	—	—	—	3	1.5	0.5	0.15	0.1	0.05

（3）电动机保护

电动机保护应齐全，保护装置参数规格适当。通常用熔断器来实现电动机的短路保护，熔断器熔体的额定电流应为异步电动机额定电流的1.5倍（减压启动）或2.5倍（全压启动）。通常用热继电器实现电动机的过载保护，热继电器热元件的电流不应大于电动机额定电流的1.25倍。电动机最好设有失压（或欠压）保护装置，重要电动机应设缺相保护装置。电动机外壳应根据供电系统进行可靠接零（或接地）保护。

（4）电动机维护和维修

电动机应定期进行检修和保养。日常检修包括清除外部油污和灰尘。检查轴承并换补润滑油，检查集电环和换向器并更换电刷，接触接地是否良好，螺钉是否紧固，接线是否牢固，绝缘是否合格等，同时还要检查电动机的附属装置，如启动、保护装置等。电动机大修后，应按照有关标准要求进行各部位及整机绝缘耐压试验、空载试验等。

6. 电动机常见故障及处理

异步电动机常见故障与处理方法见表6—9。

表 6—9　　异步电动机故障分析和处理

故障现象	原因分析	处理方法
不能启动或转速下降	（1）电源电压过低 （2）熔断器一相熔断或其他连接处断开一相 （3）定子绕组断路 （4）绕线转子内部或外部断路或接触不良 （5）笼型转子断条或脱焊 （6）定子三角形联结误接成星形联结 （7）负载过大或机械卡住	（1）检查电源 （2）用兆欧表和万用表检查有无断路或接触不良 （3）用兆欧表和万用表检查有无断路或接触不良 （4）用兆欧表和万用表检查有无断路或接触不良 （5）将电动机接到 15% ~30% 额定电压的三相电源上并测量三相电流，如电流随转子位置变化，说明有断条或脱焊 （6）检查接线并改正 （7）检查负载及机械部分
启动时响声大，且三相电流相差大	定子绕组首、末端接反	用低压单相交流电源、指示灯、电压表等器材确定绕组的首、末端，重新接线
三相电流不平衡	（1）电源电压平衡 （2）定子绕组断路 （3）定子绕组匝数错误 （4）定子绕组部分线圈接线错误	（1）检查电源 （2）检查有无局部过热 （3）测量绕组电阻 （4）检查接线并改正
过热	（1）过载 （2）电源电压太高 （3）定子铁心短路 （4）定、转子相碰（扫膛） （5）通风散热故障 （6）环境温度过高 （7）定子绕组短路或接地 （8）接触不良 （9）缺相运行 （10）线圈接线错误 （11）受潮 （12）启动过于频繁	（1）减载或更换电动机 （2）检查并设法限制电压波动 （3）检查铁心 （4）检查铁心、轴、轴承、端盖等 （5）检查风扇、通风道等 （6）加强冷却或更换电动机 （7）检查绕组直流电阻、绝缘电阻等 （8）检查各接点 （9）检查电源及定子绕组连续性 （10）对照图纸检查并改正 （11）烘干 （12）按规定频率启动

续表

故障现象	原因分析	处理方法
电刷冒火、集电环过热或烧坏	（1）电刷牌号不对 （2）电刷压力过小或大 （3）电刷与集电环接触不严密 （4）集电环不平、不圆或不清洁	（1）更换电刷 （2）调整电刷压力：一般电动机为 17.7 ~ 24.5 kPa，牵引和起重电动机为 24.5 ~ 39.2 kPa （3）研磨电刷 （4）修理集电环
内部冒烟、起火	（1）电刷下方火花太大 （2）内部过热	（1）调整、修理电刷和集电环 （2）消除过热原因
振动和响声大	（1）地基不平、安装不好 （2）轴承缺陷或装配不良 （3）转动部分不平衡 （4）轴承或转子变形 （5）定子或转子绕组局部短路 （6）定子铁心压装不紧 （7）设计定、转子槽数配合不妥	（1）检查地基及安装 （2）检查轴承 （3）必要时做静平衡和动平衡试验 （4）检查转子并找正 （5）拆开电动机，用仪表检测 （6）检查铁心并重新压紧 （7）允许运行

二、手持式电动工具安全

手持式电动工具在日常生产和生活中应用日益广泛。这类工具使用环境复杂多样，且同一电器因工作需要使用环境随时变化，这类电器与人体接触紧密频繁，出现故障后人触电的概率在所有电器中最高，所以正确选择与使用此类电器对人身安全至关重要。

1. 各类工具适用范围与使用要求

（1）Ⅰ类工具

Ⅰ类手持式电动工具适用于一般作业场所，不适合在潮湿或金属容器类工作环境中使用。Ⅰ类手持式电动工具在使用时要在线路中设置额定剩余动作电流不大于 30 mA 的剩余电流动作保护器（漏电保护器）。

（2）Ⅱ类工具

Ⅱ类工具可用于：

1）一般作业场所。

2）潮湿、金属架构等作业场所。

3）也可用在锅炉、金属容器、管道内等作业场所。

Ⅱ类工具最宜在潮湿与金属架构等导电良好的作业场所使用。如果在锅炉、金属容器、管道等全导电作业场所使用，则应装设额定剩余动作电流不大于 30 mA 的剩余电流动作保护器。

（3）Ⅲ类工具与设备

Ⅲ类工具可用于各种工作场所，尤其是在特别潮湿和导电良好的环境，其他类别的工具或电气设备往往不能代替。使用Ⅲ类工具或设备，关键是根据作业或使用场所的危险程度选择合适等级的特低电压，如：

1）一般潮湿环境，如建筑工地手持照明工具工作电压为 36 V 或更低。

2）比较潮湿环境，如浴室，采用 24 V 及以下工具或设备。

3）特别潮湿环境，如游泳池水下照明设备，采用 12 V 或 6 V 特低电压。

此外，为Ⅲ类工具供电的安全隔离变压器，Ⅱ类工具的剩余电流动作保护器以及Ⅱ、Ⅲ类工具和设备的电源控制箱和电源耦合器等必须放在作业场所之外。在狭窄作业场所操作时，应有人在外监护。

2. 手持式电动工具管理

（1）管理内容

对手持式电动工具的管理应包括以下内容：

1）检查工具是否具有国家强制认证标志、产品合格证和使用说明书。

2）监督、检查工具的使用和维修。

3）对工具的使用、保管、维修人员进行安全技术教育和培训。

4）工具必须存放在干燥、无有害气体或腐蚀性物质的场所。

5）使用单位（部门）必须建立工具使用、检查和维修技术档案。

（2）安全操作规程

手持工具使用单位要按照有关标准和手持工具的使用说明编制安全操作规程，其中必须包括以下内容：

1）工具允许使用范围。

2）工具的正确使用方法和操作程序。

3）工具使用前应着重检查的项目和部位，以及使用中可能出现的危险和相应措施。

4）工具的存放和使用方法。

5）操作者注意事项。

3. 手持电动工具的检查与维修

手持电动工具的检查与维修包括日常检查与维修和定期及维修后检查项目。日常检查项目包括：

（1）是否有产品认证标志和定期检查合格证。

（2）外壳、手柄是否有裂缝或破损。

（3）保护接地线（PE）连接是否完好无损。

（4）电源线是否完好无损。

（5）电源插头是否完整无损。

（6）电源开关是否正常、灵活，有无缺损、破裂。

（7）机械防护装置是否完好。

（8）工具转动部分是否灵活、轻快，无阻滞现象。

（9）电气保护装置是否良好。

定期检查每年至少一次，定期检查除以上日常检查项目外，还必须测量工具的绝缘电阻，各类工具的绝缘电阻要求见表 6—10。

表 6—10　各类工具设备绝缘电阻要求（500 V 兆欧表测量）

测量部位	绝缘电阻/MΩ		
	Ⅰ类	Ⅱ类	Ⅲ类
带电零件与外壳之间	2	7	1

此外，工具或设备的电气绝缘部分经过修理后，还必须进行介电强度（耐压）试验。试验电压见表 6—11，试验采用 50 Hz 正弦交流电，试验持续时间 1 min，不出现绝缘击穿或闪络。

表 6—11　手持电动工具介电强度试验电压

试验电压施加部位	试验电压/V		
	Ⅰ类工具	Ⅱ类工具	Ⅲ类工具
带电零件与外壳之间：			
——仅由基本绝缘与带电零件隔离	1 250	—	500
——由加强绝缘与带电零件隔离	3 750	3 750	—

三、照明设备安全

1. 光源种类及其特点

照明设备或灯具的核心部件是光源。根据发光机理，光源分为热辐射光源、气体放电光源、发光二极管及激光光源，目前用于照明的光源只有前两种。

白炽灯和卤钨灯（见图6—4）都是热辐射光源，它们都是由电流通过钨丝，使其升温达到白炽状态而发光的光源，相对气体放电光源而言，发光效率低。白炽灯与卤钨灯的区别在于白炽灯灯内抽真空或充入少量惰性气体，而卤钨灯内充入卤族物质。白炽灯灯丝由于工作在真空或负压惰性气体中，灯丝会逐渐挥发变细，最终烧断，所以白炽灯寿命短，功率也不可能做得太大。卤钨灯充入卤族物质后，卤族物质会与灯丝挥发出来的钨元素结合形成化合物，并在灯丝附近高温处再次分解，析出单质钨，从而使挥发出来的钨重新回到灯丝上，大大延长了灯丝的寿命。因此，卤钨灯可以有更长的寿命，其功率一般也可做得比白炽灯大。

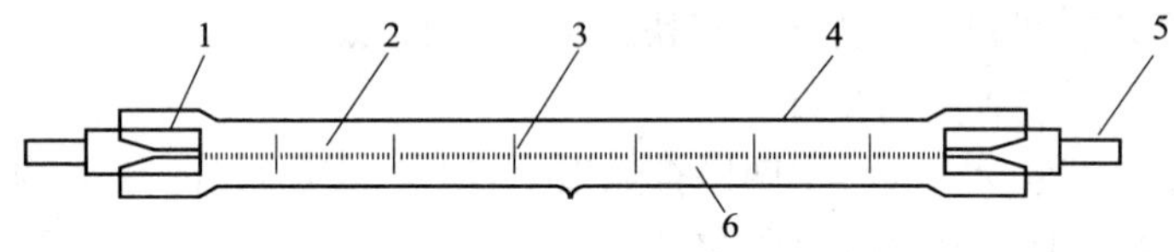

图6—4　卤钨灯管外形

1—封套　2—灯丝　3—支架　4—石英管　5—电极　6—碘或溴蒸气

荧光灯、高压汞灯（见图6—5）和高压钠灯（见图6—6）都属于气体放电光源，它们都是利用电极间气体放电产生紫外线和可见光，然后再由紫外线和可见光激发灯管或灯泡内壁的荧光物质发光，此类光源发光效率高，是热辐射光源的3倍左右。

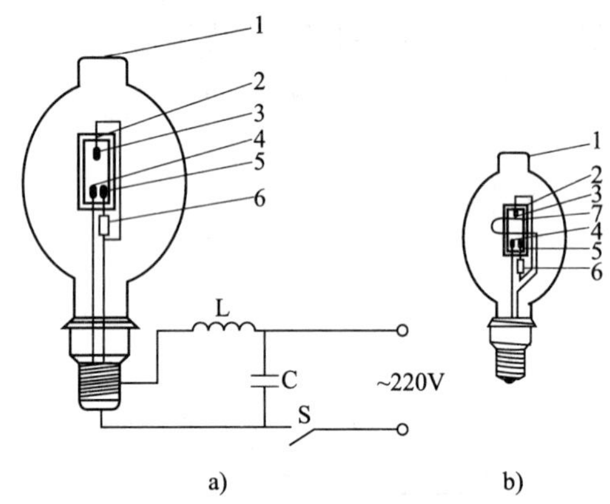

图6—5　高压汞灯构造与原理

a）外镇流式　b）内镇流式

1—外泡壳　2—放电管　3、4—主电极

5—辅助电极　6—自镇流灯丝

L—镇流器　C—补偿电容器　S—开关

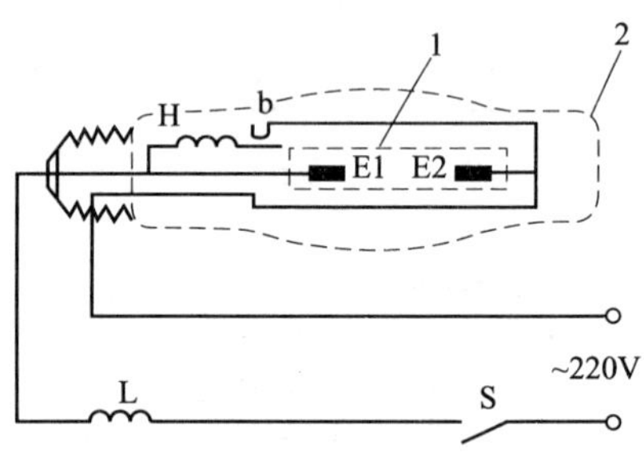

图6—6　高压钠灯构造与原理

S—开关　L—镇流器　H—加热线圈

b—双金属片　E1、E2—电极

1—陶瓷放电管　2—玻璃外壳

白炽灯表面温度较高，表6—12为不同功率的白炽灯在通风良好情况下的灯泡表面温度。在散热不良的情况下，白炽灯表面温度要比表中所列高得多，往往高于一些可燃物的燃点，从而引起火灾，所以使用白炽灯作为光源时，要注意避免与可燃物接触，并保持一定的距离。

表6—12　　白炽灯散热良好时表面温度

灯泡功率（W）	灯泡表面温度（℃）	灯泡功率（W）	灯泡表面温度（℃）
40	56～63	100	170～216
60	137～180	150	148～228
75	136～194	200	154～296

卤钨灯一般功率较白炽灯大，在所有光源中外表面温度最高。1 000 W卤钨灯的石英玻璃管外表面温度可达500～800℃，而其内部温度更高，为约1 600℃。因此，卤钨灯不仅能在短时间内点燃接触其外表面的可燃物，而且在较长时间高温热辐射下，还能使距其一定距离的可燃物起火。因此，卤钨灯是所有光源中火灾危险性最大的光源。

荧光灯（日光灯）灯管表面温度不高，灯管本身引起火灾的危险性不大，使用此类光源的危险主要来自于镇流器发热。高压汞灯在同样功率情况下，灯泡表面温度低于白炽灯，不过高压汞灯一般功率较大，所以表面温度也较高，例如400 W的高压汞灯其表面温度180～250℃，因此高压汞灯本身存在引燃可燃物的危险。此外，高压汞灯镇流器发热也是应加以注意的火灾隐患。

2. 灯具分类

从安全角度出发的灯具分类方式有四种：

——按防触电保护型式分类（防触电保护分类）；

——按防尘、防固体异物和防水等级分类（外壳防护等级）；

——按安装表面材料分类；

——按使用环境分类。

（1）灯具防触电保护型式分类

按照防触电型式，灯具分为Ⅰ类、Ⅱ类和Ⅲ类。新标准取消了0类灯具，0类灯具不再生产并逐步停止使用。Ⅰ类灯具的防触电保护除基本绝缘外，还包括附加安全措施，即把易触及导电部件接地。易触及部件包括金属壳，为更换光源、启动器或清洁而打开灯具罩时可触及的金属部件等。识别Ⅰ类灯具的关键是看灯具与电源相接的软线中要有接地线。如果灯具采用了加强或双重绝缘结构，但其电源软线中含有接地线，则仍视为Ⅰ类灯具，而不视为Ⅱ类灯具。

Ⅱ类灯具采用双重绝缘或加强绝缘，没有保护接地。识别Ⅱ类灯具时，可以看到坚固、耐用而且完整的绝缘外壳，除铭牌、螺钉、铆钉外，该绝缘外壳包住所有金属部件，而铭牌和外露的螺钉、铆钉与带电部件之间也应达到双重或加强绝缘水平，该绝缘外壳可以成为加强绝缘或双重绝缘的一部分。Ⅱ类灯具也可是全金属外壳的灯具，但金属壳内采用双重绝缘或加强绝缘。当然，Ⅱ类灯具也可是部分金属、部分绝缘材料结合构成的外壳。如果一个具有双重或加强绝缘结构的灯具具有接地引线或接地端子，应将其归为Ⅰ类灯具。

Ⅲ类灯具的保护方式是采用安全特低电压供电，且其内部不会产生高于安全特低电压的灯具。识别该类灯具关键是看此类灯具是不是安全特低电压供电，此外，还要看其内部装置会不会产生高于有效值 50 V 的电压。此外，作为使用隔离电源的灯具，该类灯具不应有接地措施。

（2）灯具的防尘、防固体异物和防水等级分类

灯具防尘、防固体异物及防水分类遵从 IP 代码要求。不过 IP 代码在用于灯具时，有一些特殊要求与规定：

1）灯具的外壳防护等级为 IP20 时可不在灯具上标出。

2）固定灯具其不同组件可具有不同的外壳防护等级，而在灯具的主标记上标记组件中最低的防护等级。

3）用于灯具的 IP 代码，其第一、第二数字必须明确给出，否则不可用于灯具的标注上。如“IP3X”只注明了灯具防异物等级为 3，未表示防水等级，此 IP 代码不可出现在灯具的标注上。

（3）按照灯具设计安装表面材料分类

灯具支撑面材料分为普通可燃材料、非可燃材料和易燃材料。普通可燃材料是指引燃温度至少为 200℃，并且在此温度时该材料不致变形或强度降低。包括建筑材料在内的诸如木材以及以木材为基皮、厚度大于 2 mm 的材料。非可燃材料是指不能助燃的材料，如金属、灰浆和混凝土等。易燃材料是指不能划分为普通可燃材料和非可燃材料的材料，如木纤维和厚度小于 2 mm 以木料为基质的材料。易燃材料不能作为灯具安装面。

按照灯具适合在所有情况下直接安装在普通可燃材料表面，还是主要仅适合于安装在非可燃材料表面，灯具可以分为：

1）适于直接安装在普通可燃材料表面的固定式灯具，该类灯具的标志符号

为：▽F。

2）仅适于安装在非可燃材料表面的灯具，该类灯具的标志符号为▽F（带叉）。

（4）按照使用环境分类

按照使用环境，灯具分为两类：

1）正常使用的灯具，该类灯具无符号要求。

2）恶劣条件下使用的灯具，该类灯具有符号要求，标志符号为：T。

恶劣条件下使用的灯具是指为繁重机械操作而设计的灯具，用于恶劣环境或临时性照明的地方，如道路照明、建筑物泛光照明、船舶照明、建筑工地照明、机械加工车间等。

3. 电气照明器具选择

（1）按对灯具的防护要求选择灯具

选择灯具要根据灯具使用环境与条件选择具有适当保护方式和防护等级的灯具。

1）在多尘的环境中，应选用限制尘埃进入的防尘灯具（防护等级 IP5X）或不允许粉尘进入的尘密型灯具（防护等级 IP6X）。

2）在特别潮湿的场所，应将导线引入灯具端密封，并选择具有防水防尘罩的密闭型灯具或配有防水灯头的开启式灯具。

3）室外使用灯具应选择适于恶劣条件下使用的灯具，如路灯、草坪灯、投光灯等，其防护等级至少达到 IP44 以上。通常室外灯具按其使用场所不同，有 IP45、IP55、IP65 三个等级。

4）特别热高温环境应限制使用带有密闭玻璃罩的灯具，如必须使用时，应选用耐高温的气体放电光源。

5）在有压力的水中环境或水中照明，如游泳池、浴室，应选用防护等级为 IPX6～IPX8 的灯具。

6）在爆炸和火灾危险环境中，应根据灯具所在爆炸危险分区和爆炸介质环境（爆炸性气体环境、爆炸性粉尘环境和火灾危险环境）等级，选择相应防爆类型、级别和组别的灯具。

（2）按对人的保护方式选择灯具

选用灯具时，除了考虑对灯具进行防护外，还要根据使用环境和使用条件选择对人保护方式适当的灯具。

1）Ⅰ类灯具可以用在人能触及的场所，但是照明器具外露导电部分必须与接地保护或接零保护线（PE 线）可靠连接，相应照明线路上装设额定动作电流不大于30 mA的漏电保护器。

2）地下工程、高温有导电性灰尘的场所或灯具安装后高度低于2.4 m的场所，宜采用Ⅱ类或Ⅲ类灯具。

3）在潮湿和容易触及带电体的场所，应采用Ⅲ类灯具。由其是特别潮湿场所，如游泳池、浴室、水下照明工程、建筑施工场等应根据具体环境选择不同级别的安全特低电压供电的灯具，具体电压等级要求如下：

——建筑工地、地下工程照明宜选用36 V及以下安全特低电压；

——浴室、游泳池、桑拿室宜采用24 V及以下安全特低电压；

——水中水下照明宜采用12 V及以下安全特低电压。

4）在狭小工作空间作业使用手持照明灯具时，宜采用不大于36 V及以下安全特低电压，灯泡外有金属防护网，严禁用自耦变压器供电。

4. 灯具安装

灯具的安装也是保证照明器具安全的重要一环。灯具安装主要考虑的方面有灯具安装高度、与可燃物距离、正确接线、正确接入控制开关、灯具固定牢固可靠等。

（1）照明灯具安装高度

户内吊灯高度一般不应小于2.5 m。在干燥的环境中，如受条件受限，户内吊灯高度允许降为2～2.2 m；户内吊灯灯具位于桌面上方等人碰不到的地方时，灯具高度允许降低为1.5 m。户外灯具高度一般不应小于3 m，墙上灯具高度可减为2.5 m；不足上述高度时应加防护。潮湿危险场所，安装高度不低于2.5 m，低于2.5 m的灯具外壳应妥善接地。

工业企业灯具的安装高度除考虑防止碰撞、触电等安全要求外，还要考虑照明效果以及避免发生眩光等因素。工业企业室内一般灯具悬挂高度（灯具最低点至地面高度）可参照表6—13。

表6—13　　工业企业室内一般照明灯具最低悬挂高度

光源种类	灯具型式	灯泡功率（W）	最低悬挂高度（m）
白炽灯	有反射罩	≤100	2.5
		100～200	3.0
		300～500	3.5
	有乳白玻璃漫射罩	≤100	2.0
		150～200	2.5
		300～2 000	3.0

续表

光源种类	灯具型式	灯泡功率（W）	最低悬挂高度（m）
卤钨灯	有反射罩	≤500 1 000 ~ 2 000	6.0 7.0
日光灯	无反射罩	≤40 >40	2.0 3.0
	有反射罩	≤40 >40	2.0 2.0
荧光高压汞灯	无反射罩	<125 125 ~ 250 ≥400	3.5 5.0 6.0
	有反射罩且带格栅	<125 125 ~ 250 ≥400	3.0 4.0 5.0

（2）灯座及开关接线

灯座分为卡口式和螺旋式，卡口式带电部分封闭在灯座里面，比较安全，但卡口灯座承受重量能力小，安装不如螺旋式牢固。装于螺旋灯座的灯泡其螺旋部分容易暴露在外，所以接线时一定要把工作零线（中性线）接到与螺纹相连的端子上，火线（相线）接到与灯口中心触点相连的端子上。为了防止火灾，除敞开式灯具外，100 W 以上灯具应采用瓷灯座。

另外，控制灯具的单极开关应接到火线上，防止灯具被熄灭后仍带电。

（3）灯具安装导线截面积要求

为了保证导线能够承受一定的机械应力和可靠安全运行，引向每个灯具的导线线芯最小截面积应符合表 6—14 要求。

表 6—14　　灯具引线线芯最小截面积

灯具安装场所及用途		线芯最小截面积（mm^2）		
		铜芯软线	铜线	铝线
灯头线	民用建筑室内	0.5	0.5	2.5
	工业建筑室内	0.5	1.0	2.5
	室外	1.0	1.0	2.5

(4) 灯具的固定

为了防止灯具的坠落，必须采取与灯具的质量相当的固定方式。灯具的固定要求如下：

1) 灯具质量在0.5 kg及以下时，可采用软导线自身吊装（注：以前标准为1 kg)。

2) 灯具质量大于0.5 kg小于等于3 kg时，采用吊链吊装，且将软电线编叉在吊链内，使电线不受力。

3) 灯具质量大于3 kg时，固定在螺栓或预埋吊钩上。

四、电焊机

电焊机是指利用电能完成焊接工作的一类电气设备的总称，品种繁多。从大的分类而言有电弧焊机、电阻焊机和其他焊机（如电子束焊机）。

电子束焊机是指能建立工作所需真空度，并由电子束电源作用于电子枪产生电子束，轰击工件，使之熔化而焊接的设备。此类焊机包括电源、控制箱、电子枪和抽气系统。为了获得高速运动的电子，电子束焊机的电子枪需要几十甚至上百千伏的高压，所以比较危险。电子束焊机由于结构复杂、成本高等原因使用范围较小。

电阻焊机是使工件在相接处受压并有焊接电流流经其电阻导致发热而焊接的设备，俗称接触电焊机。接触电焊机一般是固定设备，且变压器二次侧电压只有20 V左右，危险性较小。

电弧焊是产生电弧以供给热量熔化金属而进行焊接的设备。电弧焊根据其自动化程度可分为手工弧焊机、半自动弧焊机和自动弧焊机；按使用电极的性质可分为不熔化极弧焊机和熔化极焊弧焊机；根据电源性质，又可分为直流弧焊机和交流弧焊机。最为常用的弧焊机是手工交流弧焊机，它以弧焊变压器供电，配有焊钳，结构简单实用。焊接时，焊钳夹住焊丝（焊条)，由人手持焊钳完成焊接。手工交流弧焊机由于使用广泛，且由人工直接操作，最有可能带来危险。

1. 交流弧焊机工作原理与主要危险

图6—7为手工交流弧焊机工作原理示意图。交流弧焊机二次侧空载时电压有效值为70 V左右。焊接时焊丝（焊条）接近工件到一定程度后，空载电压引发电弧，随后只要使焊丝与工件之间保持适当的距离，便能保持稳定的电弧。此时，二次侧处于近乎短路状态，电流可达数十到数百安培，焊机电源内部阻抗分担电压增加，焊钳与工件之间工作电压下降，维持电弧的电压只有30 V左右。通过调节电感L，可以控制焊接电流的大小。

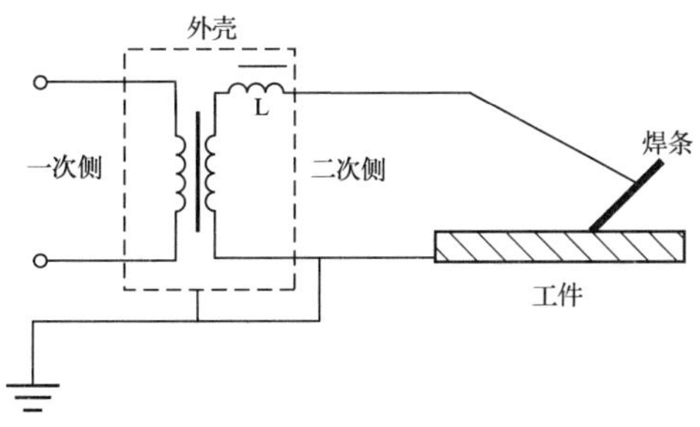

图 6—7　弧焊机工作原理

从交流弧焊机工作原理可以看出，电焊机工作时（电弧燃烧时），30 V 左右的电压对人危险性不大。而在电弧熄灭时，焊钳与工件之间存在 70 V 左右的空载电压，高于 50 V 这一相对安全电压限值，对人存在较大危险。电焊人员在更换焊丝时，很有可能触及焊钳或焊丝。所以，对于交流弧焊机而言，空载电压是最主要的危险。

需要说明的是，弧焊机之所以采用 70 V 左右这样一般比较危险的空载电压，是由于考虑焊接时点燃焊弧的需要，空载电压太低，焊接时不易点燃焊弧。尽管人们在不断试图降低空载电压以降低其危险性，但受限于工作需要这一前提条件。

2. 手工交流弧焊机的安全使用措施与要求

（1）防空载电压触电措施

空载电压是弧焊机的首要危险，必须认真加以防范。针对弧焊机的空载电压危险可考虑如下三方面防护措施：

1）根据环境选择适当空载电压。交流弧焊机最高空载电压有效值不应超过 80 V，峰值不应超过 113 V；如果在危险性较大的环境作业，则要求最高空载电压有效值不超过 48 V，峰值不超过 68 V。

2）个体防护手段。使用手工弧焊机，必须严格采取个体防护措施。首先是要戴帆布手套，避免更换焊丝时手直接触及焊钳导电部分。另外，一定要穿绝缘防护鞋，这是防止空载电压危险的第二道防线，一旦人在没有戴手套，或者手套绝缘失效情况下触及焊钳带电部分，只要脚下穿了绝缘良好的鞋子，那么空载电压仍无法借助人体形成导电性通道，人仍是安全的。第三道防线便是戴头盔、穿能够盖住身体所有部位的工作服，尤其是在金属容器类环境作业更是如此，因为在这样的环境中作业时，身体的任何部位都有可能接触到周围的导电体，很容易为空载电压建立通道，造成电击事故。

除此之外，应尽量避免人站在工件上作业，如实在无法避免，在工件上焊接时脚下应采用具有阻燃效果的绝缘垫子，以预防脚和手出汗引起鞋子和手套绝缘效果的下降带来的隐患。

3）采用弧焊变压器防触电装置。所谓弧焊变压器防触电装置就是专门用于防止弧焊机空载电压带来危险的装置，它能在不进行焊接时自动降低空载电压，甚至完全消除空载电压，而在焊接时能使空载电压自动恢复至原值的一种防触电装置。该类装置是把弧焊机不焊接时的空载电压降至不超过 24 V，而且，当弧焊机的输入电压为额定电压的 110% 时，空载电压也不超过 30 V。

（2）弧焊机接地（或接零）要求

手工交流弧焊机一般采用 220 V 或 380 V 电压供电，作为一种可移动式设备，危险性较大，必须保持良好的接地（或接零）。弧焊机接地首先是要把弧焊变压器的外壳接地（或接零），防止一次绕组与外壳之间产生漏电。此外还要把二次侧回路接地（或接零），以防一次高压侧电压直接窜入二次侧造成的危险，如图 6—7 所示。二次侧接地（或接零）需要注意以下几点：

1）一定是在工件连线端接地（或接零）。二次侧接地时，一定要把与工件相连的一端接地（见图 6—7），绝对避免焊钳一端接地（见图 6—8）。

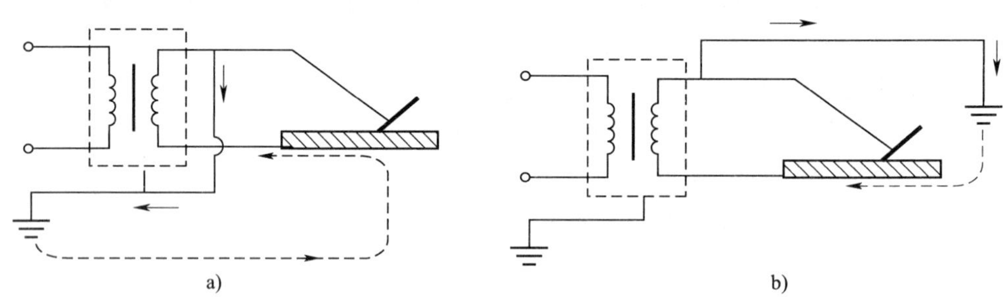

图 6—8　弧焊机二次侧错误接地

a）焊钳端与外壳共同接地　b）焊钳端与外壳分别接地

图 6—8a 中，焊钳端与外壳共同接地，焊钳与弧焊变压器外壳总是具有同样的电位，空载时，当然也具有同样电位。这无疑是把空载电压的带电范围由原来的焊钳一处扩展到了整个设备外壳；而在图 6—8b 中，焊钳端与外壳分别接地，两者不再具有同样的电位，危险性相对减小。然而不论上述哪种情况，如果被焊工件与大地不能完全绝缘（实际情况是有时很难做到工件与大地保持良好绝缘），那么在焊接时将有电流经接地部位进入大地，再由工件流回焊接变压器的

另外一端。其造成的结果是焊接时可能不易起弧，焊接效率降低，同时在接地体周围的大地及导体充满流散电流，容易形成焊接点以外的发热点，其危险性是不言而喻的。

2）弧焊机二次侧只要一点接地（或接零），不要两处或多处接地（或接零）。

前面谈到，如果二次侧焊钳端接地，那么在工件与大地绝缘不好的情况下，会在大地中形成流散电流。那么在连接工件一端两处或多处接地后，即使工件与大地绝缘良好，那么，两处或多处接地体之间也会在工件周围的大地及导体中形成流散电流，因此，二次侧不宜多设接地点。

（3）被焊工件安全措施

通过上述分析还可以看出，为避免在工件周围大地及导体中形成有害流散电流，焊接时应将被焊工件与大地隔开。不过这一点在实际焊接工作中有时很难做到，如焊接埋入地下的管道、焊接建筑钢筋等，在无法使被焊工件与大地隔开的情况下焊接时，应注意被焊工件以外导体的发热情况。

（4）其他要求与措施

1）用于二次侧的焊接电缆线应为单股专用线，长 20 ~ 30 m，如加长连接时采用焊接电缆专用连接装置，即所谓焊接电缆耦合装置，图 6—9 为两种电缆耦合器。

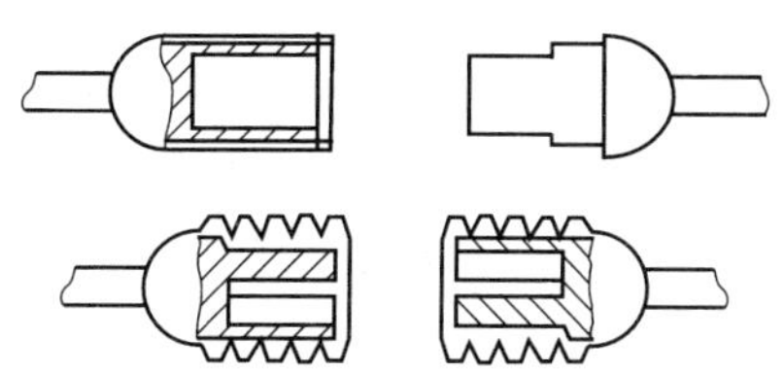
图 6—9　焊接电缆接线耦合器

2）雨天不得露天电焊；在潮湿地带工作时，操作人员应站在铺有绝缘物品的地方并穿好绝缘鞋。

3）移动焊机时，必须将弧焊机停电。

4）注意其他人体伤害，焊接产生的烟雾中含有锰类化合物，易造成锰中毒，焊接时应注意通风，应注意焊接强光对眼睛的伤害，避免高温烫伤。

5）应注意避免火灾爆炸的发生，焊接现场 10 m 范围内，不得堆放油类、木材、氧气瓶、乙炔发生器等易燃、易爆物品。

第三节　低压保护电器

一、低压保护电器概述

所谓低压保护电器是指工作在额定电压交流 1 200 V、直流 1 500 V 及以下电路中对人、设备及线路进行保护的电器。

低压保护电器完成的保护功能涉及两个方面：一个是自动断电（带电保护），二是断电后的进一步隔离（停电保护）。自动断电实现故障情况下对人和设备的即时保护，而隔离则是自动断电或人为断电后对故障检修人员的进一步安全保证。

完成自动断电保护功能的保护电器类别有断路器、熔断器和保护类继电器。

断路器是应用最为广泛的一类保护电器。广义而言，断路器是指在过流（过载、短路）、漏电、欠压、过热等情况下能直接即时断开电源的一类保护装置的总称。一个断路器可以是具有以上各种保护功能的综合装置，也可以是只具有其中一种或两种保护功能的装置。在实际应用中，最基本的保护功能是过流保护与剩余电流动作保护（漏电保护），所以最常用的断路器有两种，一种是过流保护断路器，主要用于线路和设备的保护；另一种便是剩余电流动作保护断路器，主要用于对人的保护。剩余电流动作保护断路器常被称做漏电保护器或剩余电流动作保护装置，由于其作用与地位的特殊性，常被看做是一类独立的保护电器加以应用。相应地，“断路器”这一概念在人们心中也往往专指具有过流保护功能的断路器，这便是狭义上的“断路器”概念。狭义上的低压断路器又称空气自动开关或空气开关。

熔断器是一种专门用于过流保护的装置，与断路器不同，它是靠自身在电路中形成耐热薄弱环节，当线路过流（过载或短路）时熔断来提供保护功能。

用于保护目的的继电器也是一类实现自动断电功能的装置，其完成的保护功能与断路器一样，可以是过电流、漏电、欠压、过热等。然而与断路器不同的是，保护继电器主要用于控制电路中，一般不直接断开负载电路或主回路。其作用是获取主回路故障信号后，由其自身机械机构（如热继电器中的双金属片）或电磁线圈的磁力打开或闭合其自身接入控制电路的开关（辅助触点），最后再由控制电路驱动其他装置（交流接触器）完成对设备主回路的断电保护。因此，用于保护目的的继电器其功能相当于断路器的脱扣器，也就是断路器获取故障信号并发出断电触发动作的装置。进一步而言，一个断路器完成的功能相当于一个保护继电器和一个交流接触器共同完成的功能，如图 6—10 所示。不过断路器一般用于配电线路和操作不频繁的设备控制；而继电器与接触器一般用于操作频繁的设备，如电动机的保护与控制。

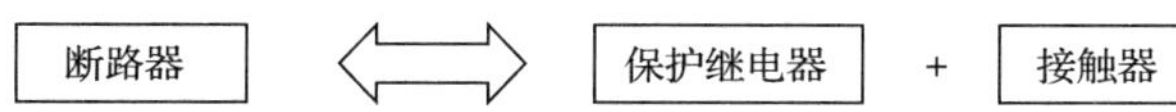

图 6—10　断路器与保护继电器关系

虽然上述各种自动断电保护装置能将电源断开，但由于保护动作时间要求及装置体积的限制，其断开距离一般不大，那么电源侧产生的过电压有可能在保护装置断开处形成闪络或击穿，或者由于人为及其他原因造成保护装置误动作，使被断开的电路再次与电源接通，这势必会对检修人员的安全造成威胁。所以，在自动断电装置（一般是断路器）附近靠近电源一侧线路上再增设一个能产生大距离断开的装置，这样被断路器或其他断电装置断开的设备或线路与电源间的分离就完全彻底了，而且形成了双断开保险，保证了故障检修人员的安全。这种措施就是所谓的“隔离保护”，而提供隔离保护功能的装置便是隔离器或隔离开关。

一般情况下，隔离器与断路器总是配合使用，一同串入线路当中，构成断电前和断电后的完整保护措施。

各种保护电器的分类及作用如图 6—11 所示。

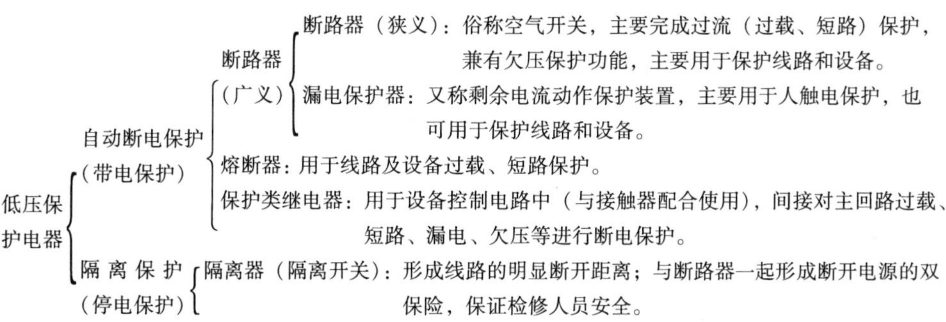

图 6—11　各种保护电器的分类及作用

二、低压断路器

鉴于剩余电流动作保护器（漏电保护器）在前面章节中做过介绍，所以这里主要介绍狭义上的断路器，即所谓的空气开关。

1. 低压断路器功能

前文已经谈到，断路器的功能是在故障情况下完成对主回路自动断电功能，所以其断开的往往是带有负载、具有一定电流的电路或设备。断开带有负载的电路往往会产生电弧，给人和设备带来危险，因此，断路器必须具备灭弧装置。实际上，不但自动断开负载电路产生电弧，人为接通或断开负载电路也会产生电弧，也需要采取灭弧措施。正是由于断路器必备灭弧装置，所以，人们也就自然把正常情况下人为断开与闭合负载电路的任务也交给断路器来完成。因此断路器完成的功能有两个：

（1）非正常情况下的自动断电保护功能；

（2）正常情况下人为分断或闭合负载线路（主回路）的功能。

需要说明的是，不应把第二种功能看成是断路器的附带功能。相反，与自动断电一样，它是断路器的一个基本功能。之所以称其为基本功能，是因为在一个装有断路器、熔断器、隔离开关等各种装置的线路中，如想断开电源的话，首先操作的必须是断路器，而不是其他装置，尤其不是隔离开关。隔离开关一般没有灭弧装置，所以用其直接切断负载是非常危险的。同样，在送电操作中，首先是在保持负载断开的情况下将其他各种装置闭合后，最后再由断路器完成负载或线路的通电工作。

2. 低压断路器自动断电保护原理

低压断路器自动断电保护功能可完全由电磁装置来完成，也可由电子装置来完成。电磁式断路器结构简单、分断电流大、可靠性强、环境要求低等特点目前广泛用于输配电线路、建筑物总配电箱、大型设备保护等领域。电子式断路器体积小，智能化程度高，目前广泛应用于家庭及电子设备等末端用户。

（1）电磁式断路器过流保护原理

过流（过载、短路）保护是断路器基本功能，狭义上的低压断路器（空气开关）往往指的就是以过流保护为基本功能的断路器，而欠压、热保护等往往被看做是附加功能。所以，单一保护功能的断路器一般指的就是过流保护断路器；而具备多种保护功能的断路器，过流保护也是不可缺少的基本功能。

如图 6—12 所示为断路器实现过流保护功能的原理示意图。过流断路器的核心部分为串入线路的电磁铁线圈（匝数很少，一般为 1 匝到几匝）。断路器闭合后，其动静触点相接触（如图中所示状态），将进线与出线接通，此时复位弹簧处于拉伸状态，但由于搭钩作用，动静触点并不能分开，所以线路一直处于接通状态。当线路中出现过载或短路时，线路电流剧增，导致电磁铁磁场增强，位于其上方的衔铁克服整定弹簧的拉力被吸下，顶杆随之上移，使搭钩脱开，在复位弹簧的作用下，动静触点分开，供电中断。通过调整图中整定弹簧的弹力，可以调整自动断电时的电流大小。

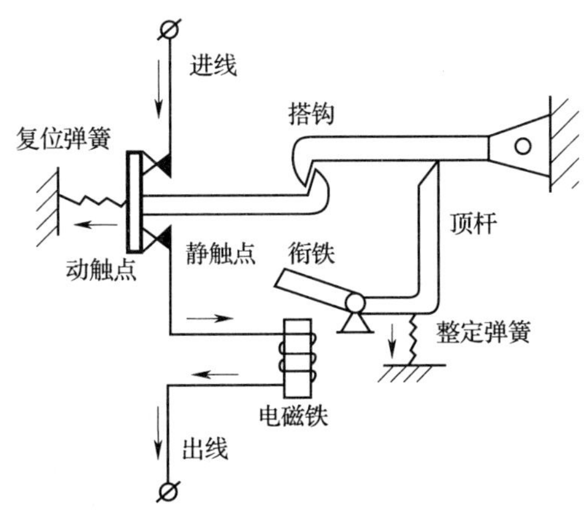

图 6—12　电磁式过流保护断路器工作原理

（2）断路器过热（过载）与欠压保护与原理

如图 6—13 所示为具有过流、欠压、过热（过载）综合保护功能，能同时断开三相电路的断路器示意图。每种保护功能分别由相应的脱扣器来实现，所谓脱扣器是指断路器中能感受某种故障信号，并能给出断电触发动作的器件。如图 6—13 中，元件 7、9、11 构成过流脱扣器；元件 8、10、11 构成欠压脱扣器；元件 12、13 构成热脱扣器。

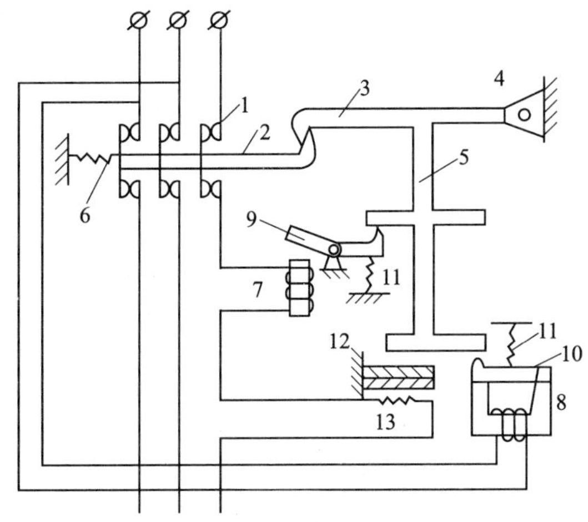

图 6—13　多功能断路器工作原理

1—触点　2—下搭钩　3—上搭钩　4—转轴　5—杠杆　6—复位弹簧　7—过流电磁铁　8—欠压电磁铁　9、10—衔铁　11—弹簧　12—双金属片　13—发热元件

欠压保护旨在线路电压低到一定程度时断开电路，与过流保护不同，用于完成欠压保护的电磁铁 8 是并联接入电路中的，而过流保护电磁铁 7 是串入线路中的。另外欠压保护电磁铁的匝数较多，而过流保护电磁铁匝数很少。正常情况下，欠压电磁铁产生的吸引力足以克服弹簧 11 对衔铁 10 的拉力，使衔铁 10 保持在被吸合状态。当线路中的线电压低到一定程度时，欠压电磁铁 8 对衔铁 10 产生的吸引力会小于弹簧 11 对衔铁 10 的拉力，衔铁 10 向上运动并触动杠杆 5，搭钩 2 与搭钩 3 脱开，最后靠复位弹簧 6 的拉力将触点 1 打开，完成自动断电保护。

过热保护实际上是一种过载保护，与过流保护一样，其过载感受元件 13 也串入电路中。正常情况下，发热元件 13 产生的热量较少，不足以使双金属片产生弯曲，当电路中电流较大，且持续足够长的一段时间后，双金属片自身的温升使其向上弯曲，触发杠杆 5 及其他机构完成断电保护动作。过热保护与过流保护虽然都能对过载进行保护，但过热保护不会在线路中出现过电流时马上动作，它需要一定的热效应累积时间，此类保护功能主要用于电动机发热保护，而过流保护可以在发生过流时即时动作，无须热效应累积时间。过热保护具有反时限特性，即产生断电动作的时间与电流成反比。

（3）智能型断路器保护原理

智能型断路器是把微处理器技术、网络技术和信息通信技术与现代机电一体化集成在一起的高新技术产品。其主要特征是内置智能脱扣器，利用微处理芯片，对各相电流电压分别采样，用软件模拟电流发热效应，并应用存储器积累电流“热量”，当累积量超过限值时，微处理器发出控制指令，控制相应硬件动作，实现保护功能。

如图 6—14 所示为智能型断路器工作原理示意图。由电流互感器 TA 和电压互感器获取线路的电流电压信号，经集成电路处理后，输出驱动信号，使脱扣线圈通电。脱扣线圈通电后，由其产生的电磁力将触点或开关断开。

3. 低压断路器保护特性

所谓断路器保护特性是指断路器断开时间与断开电流之间的关系 $t=f(I)$。而断路器的保护特性是根据保护目的而设计的，其遵循的原则是在能够充分保护设备或线路的基础上要兼顾用电的可靠性，避免不必要的停电。如果以过载保护为目的，电流相对短路而言较小，可采用热脱扣器，按反时限特性在较长时间内断开。当短路电流较小，且在较短时间内不至于造成设备损害的基础上，采用短延时短路脱扣器，在适当延迟后断开短路电流，当然，如果短路电流持续时间较短，短路过

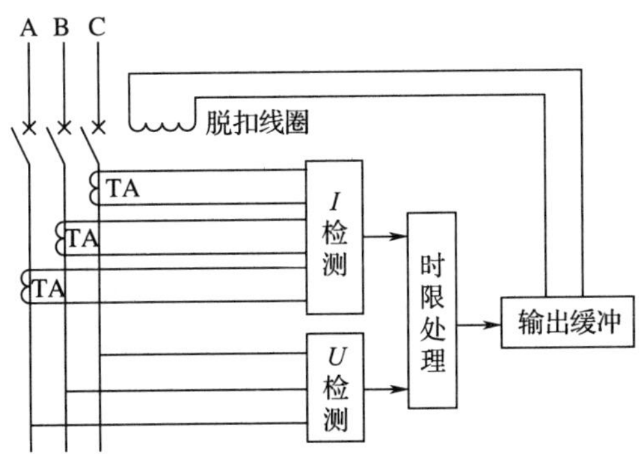

图 6—14　智能型断路器工作原理

程结束后，则断路器不再断开，从而保证用电可靠性。如果短路电流非常大，需要尽快断开电路，此时要采用瞬时脱扣器完成保护任务。

一个断路器可由一个脱扣器构成，具有单一保护特性，也可由多个脱扣器组合而成，以形成复合保护特性。一般而言，断路器保护特性有三类：一段、二段和三段保护特性，如图 6—15 所示。其中 $I_{整}$ 为各个保护段的整定电流，即各个保护段的相应功能的脱扣器的动作电流。

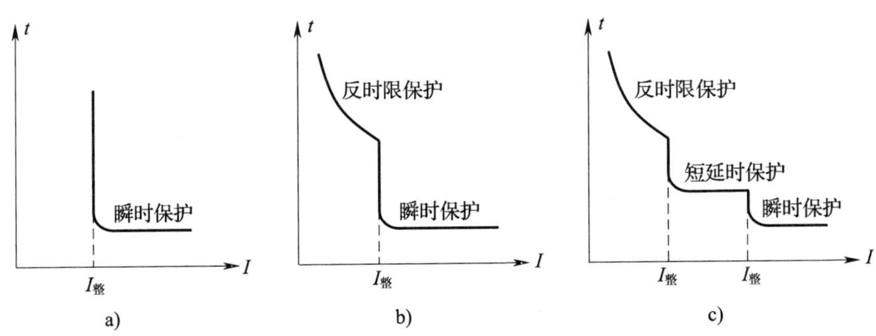

图 6—15　断路器保护特性

a）一段保护特性　b）二段保护特性　c）三段保护特性

具有一段保护特性的断路器适于短路保护，具有两段保护特性的具有过载与短路保护功能；而具有三段保护特性的断路器，不但具有过载和短路保护功能，而且可以对短路电流有选择地断开。

4. 低压断路器选择与使用

（1）保护特性选用原则

断路器用于保护发热对象时，其保护特性应与被保护对象的发热特性相匹配，即断路器的保护特性曲线应在被保护对象的发热特性曲线以下，如图 6—16a 所示。

另外，当断路器用于不同级别的线路保护时，也要注意上下级断路器保护特性的匹配，上级保护的特性曲线应在下级保护特性曲线之上，二者不能相交。这样，才能保证离短路点近的断路器动作，而其他断路器不动作，保证停电限制在有限范围之内。这种有选择的保护称为选择性保护，为此，上一级断路器的短路动作时间比下一级有一定的延时（如 0.4 s），如图 6—16b 所示。

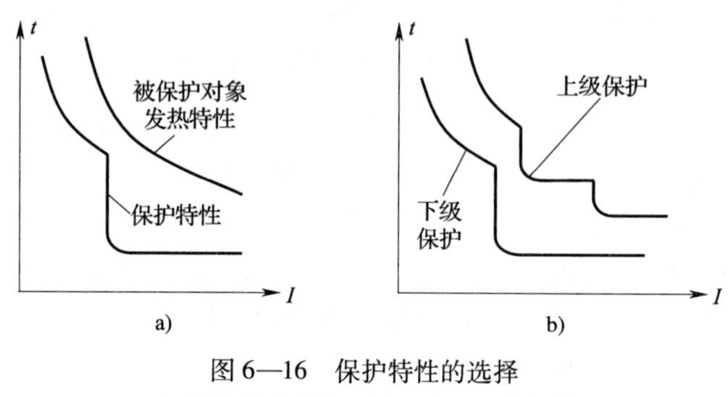

图 6—16　保护特性的选择

a）断路器用于保护对象　b）上下级保护

（2）其他参数的选择与使用原则

为了保证断路器的正常运行与自身安全，除保护特性外，还必须选择断路器的其他参数，具体原则如下：

1）断路器的额定电流≥负载工作电流。

2）断路器的额定电压≥电源或负载的额定电压。

3）断路器的极限通断能力≥电路的最大短路电流。

（3）具体应用要求

用于保护照明及生活用电线路的断路器，一般采用塑壳式断路器，选用原则是：

1）其长延时保护整定值≤线路计算负载电流。

2）瞬时动作整定电流 =（6 ~ 20）倍线路计算负载电流。

当断路器与周围保护电器配合使用时，应满足以下要求：

1）二次侧主保护断路器的保护特性曲线低于一次侧熔断器安秒特性曲线，与高压侧保护继电器配合级差为 0.4 ~ 0.7 s。

2）上级断路器的短延时整定电流应大于 1.2 倍下级断路器整定电流或瞬时（若下级无短延时）断开整定电流。

3）上级断路器的瞬时整定电流应大于 1.1 倍下级断路器进线或出线处短路电流。

4）在具有短延时和瞬时动作的情况下，上级断路器的瞬时整定电流≤下级断路器的延时通电能力，并大于等于 1.1 倍下级断路器进线处的短路电流。

5）有短路延时的断路器，如果带有欠压脱扣器，则必须是带有延时的，且延时时间长于短路延时。

三、低压熔断器

熔断器主要用做短路保护和严重过载保护，是一种广泛用于低压配电系统用电线路和设备中的保护电器，其结构简单、使用方便、价格低廉。熔断器串接在被保护电路中，当通过它的电流小于规定值时，其熔体相当于一根导线，起电气连接作用；当通过的它的电流超过规定值一定时间之后，其熔体熔断而切断电路，起到保护作用。

熔断器主要由熔体、载熔体件和熔断器底座三部分组成。熔体是熔断器的核心部件，当电路发生短路或过载时，熔体发热而熔断。载熔体件和熔断器底座起支撑、绝缘和保护作用，由耐高温绝缘材料如陶瓷、石英玻璃等制成。

1. 熔断器保护特性和分断能力

熔断器的保护特性曲线也称熔断器的安秒特性曲线，是指熔体的熔化电流与时间的关系曲线。其特性与熔体材料有关，其特征为反时限，即电流越大，熔断时间越短。

从图 6—17 看出，熔断器的保护特性中，存在一个最小熔化电流 I_r。当通过熔体的电流小于最小熔化电流时，熔体不会熔断；当通过熔体的电流等于或大于最小熔化电流时 I_r，熔体就会熔断。理论上而言，由最小熔断电流熔断熔体的时间为无限长，实际中，往往将在 1 ~ 2 h 内能使熔体熔化的电流作为熔体的最小熔化电流。最小熔化电流也称临界电流。

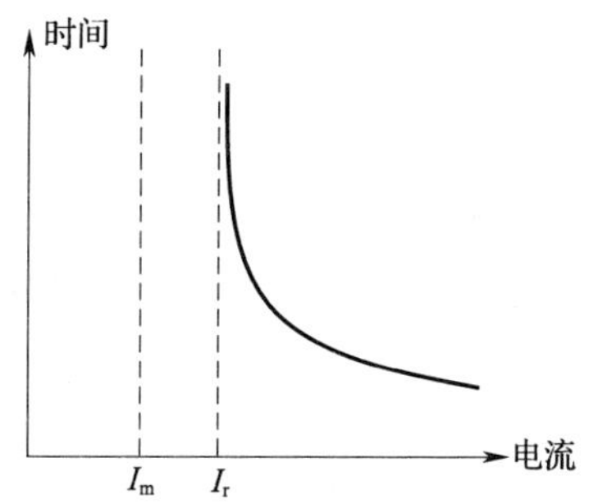

图 6—17　熔断器的保护特性（安秒特性）

在实际应用过程中，熔断器均要选定一个额定电流 I_m，使正常情况下通过熔体的电流小于或等于额定电流。额定工作电流一定要小于最小熔断电流。

最小熔断电流与额定电流之比称为熔断器的熔化系数，用 β 表示，即 $\beta = I_r/I_m$。熔断器的熔化系数是表征其保护灵敏度的一个指标，熔化系数太大，保护灵敏度低，甚至有可能起不到保护作用；熔化系数越小，保护灵敏度越高，但熔化系数太小，熔体正常工作温度较高，容易因电流波动引起熔断，降低供电的可靠性。一般而言，10 A 及以下熔断器的熔化系数为 1.5，10 ~ 30 A 熔断器的熔化系数为 1.4，30 A 以上为 1.3。

极限分断能力是熔断器的主要技术参数之一。极限分断能力是指熔断器在规定的额定电压和功率因数的条件下能分断的最大短路电流。小于该电流时，熔断器可以可靠地动作，而且不会危及周围环境。超过该值，熔断器可能出现持续飞弧、引燃、烧毁熔断器等现象。

2. 熔断器分类方法和型号

（1）按结构型式分类

按结构型式，熔断器可分为插入式、螺旋式、无填料密闭管式、有填料密闭管式、快速熔断式（半导体式）和自复式熔断器。

（2）按工作类型分类

按工作类型或分断范围可分为 g 类和 a 类。

g 类熔断器又称做全范围熔断器，能够在不低于其额定电流的情况下长期工作，并在规定条件下分断从最小熔化电流到其额定分断电流之间的任何电流。

a 类熔断器又称部分范围熔断器，在规定条件下，只能分断从 4 倍额定电流到其额定分断电流之间的任何电流。

（3）按使用类别分类

按使用类别，熔断器分为 G 和 M 两类。其中 G 类为一般用途熔断器，M 类为电动机用熔断器，主要对电动机负载进行保护。对于具体的熔断器，上述两种分类类型可以有不同组合，如常用的 gG 系列和 aM 系列。其中 gG 系列主要用于对电路过载和短路的保护，而 aM 系列主要用于对电动机的短路保护。

（4）按动作速度分类

因动作速度要求不同，熔断器分为一般熔断器和快速熔断器。随着电子技术的发展，半导体元件被广泛用于电气控制装置中。然而各种半导体元件的抗过载能力很差，通常只能在极短的时间内承受过载电流，必须采用快速熔断器进行保护。所以快速熔断器又称半导体器件保护用熔断器。目前常用的快速熔断器有 RS 系列有填料快速熔断器、RLS 系列螺旋式快速熔断器和 NGT 系列半导体器件保护用熔断器三大类。

（5）熔断器的型号

熔断器的型号一般表示方法如图 6—18 所示。

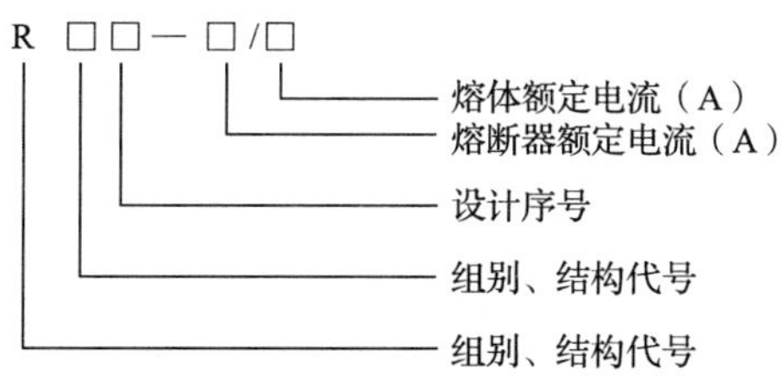

图 6—18　熔断器型号表示方法

其中熔断器的组别、结构代号有 C（插入式）、L（螺旋式）、M（无填料封闭式）、T（有填料封闭式）、S（快速熔断式）以及 Z（自复式）。熔断器额定电流一项，对于 RS 系列快速熔断器则为熔断器的额定电压。表 6—15 给出了不同类型熔断器的特点及其适用场合。

表 6—15　　熔断器类型及适用场合

类别	特　点	适 用 场 合
RC1 系列半封闭插入式	结构简单、价格低廉，带电更换方便，但无特殊灭弧措施，极限分断能力较小，最大 3 kA，熔化特性不稳定	适于额定电流 200 A 以下线路末端或分支电路中作为电缆及电气设备的短路保护
RM 系列无填料封闭管式	结构简单，为可拆换式，更换熔体方便，具有一定极限分断能力，最大可达 20 kA	用于电力网络、配电设备中，作短路保护和连续过载保护
RT0 系列有填料封闭管式	具有高分断能力，极限分断电流可达 50 kA；安秒特性较稳定，有限流特性；有红色醒目熔断指示器，便于故障识别	用于要求较高、短路电流较大的电力网络或配电装置中，作为电缆、导线、电动机、变压器及其他电气设备的短路保护和电缆、导线的过载保护
RT10、RT11 系列有填料封闭管式	极限分断能力大，可达 50 kA，有熔断识别器，便于识别故障状态	适合于额定电流 100 A 及以下的电力网络或配电装置中，作为电缆、导线及电气设备的短路保护和电缆、电线的过载保护

续表

类别		特　点	适用场合
RL 系列有填料封闭螺旋式		抗振性能较好，使用石英砂填料，极限分断能力较强，最大可达 50 kA，有熔断指示器	用于配电线路中作为过载及短路保护，也常用于机床控制电路，保护电动机
快速熔断器	RLS 系列螺旋式	动作速度快、分断能力大，极限分断能力可达 50 kA，在带电压（不带负载）下，不用工具可安全更换熔体	适于额定电流 100 A 电路，作为硅整流元件、晶闸管及其成套装置的短路保护或某些不允许过电流的过载保护
	RS0、RS3 系列有填料封闭管式	分断速度快、分断能力强，具有较强限流作用	RS0 系列适于交流额定电压 750 V 及以下额定电流 480 A 及以下电路中硅整流及成套装置的短路保护；RS3 适于 1 000 V及以下，额定电流 700 A 及以下电路中，作为晶闸及成套装置短路保护，RS0、RS3 也可用于过载保护

3. 熔断器的选择

（1）熔断器选用原则

1）熔断器的额定电压不小于线路的工作电压；熔断器的极限分断电流应大于电路中可能出现的最大短路电流。

2）选择熔断器时，熔断器的保护特性（安秒特性）应与被保护对象的安全特性有良好的配合。安秒特性曲线应在被保护对象的安全特性曲线以下。

（2）熔断器之间的配合要求

选择熔断器应注意各级熔断保护的配合，避免熔断器越级动作，扩大停电范围。上下级熔断器熔体的安秒特性（保护特性）曲线不相交，且上级熔断器熔体的保护特性曲线在下级熔断器熔体之上。考虑到熔断器的安秒特性曲线存在一定误差范围，所以上下级熔断器熔体额定电流之比要满足一定要求。新标准规定，上下熔断器的熔体额定电流之比为 1. 6∶1 或 2∶1 两种。

（3）熔断器与断路器之间的配合

当熔断器与断路器在同一处配合使用时，熔断器可作为后备保护。断路器的保护特性曲线首先应在熔断器的安秒特性下方，这样可在过流情况下优先断开断路器。然而，要使二者的交接电流 I_B 小于断路器的额定运行短路分断电流 I_{cs}，如图 6—19 所示。这样，可以在大短路电流的情况下，发挥熔断器对断路器的保护作用。

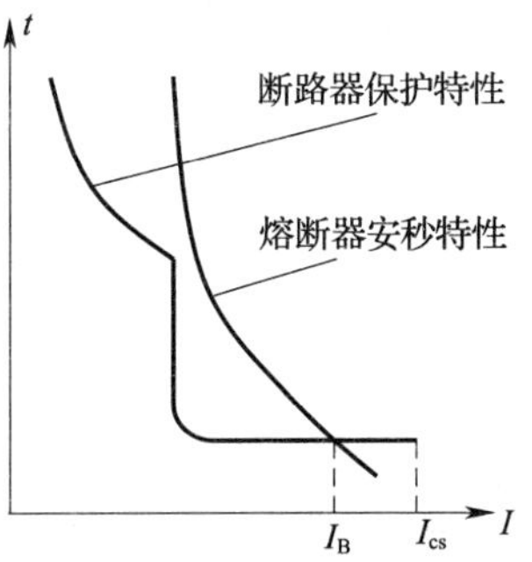

图 6—19　熔断器与断路器的配合使用

（4）熔体额定电流的选择

对于照明电路、电炉等电流比较平稳的负载，熔断器用于过载和短路保护，熔体额定电流 I_m 要等于或略大于负荷电路中的额定电流 I_{fn}，即：

$$I_m = (1.0 \sim 1.1) I_{fn}$$

对于保护电动机的熔断器，应考虑电动机启动电流的影响。考虑到电动机启动电流大于工作电流数倍，所以熔断器只能作为电动机的短路保护，无法作为过载保护，电动机过载保护一般采用热继电器。

对于单台电动机，启动电流为额定电流的 4～7 倍，为了防止启动时烧断熔体，熔体的额定电流一般取电动机额定电流 I_{fn} 的 1.5～2.5 倍，即：

$$I_m = (1.5 \sim 2.5) I_{fn}$$

当电动机轻载启动或启动时间较短，系数可取 1.5；如果电动机带重载启动、启动时间长或频繁启动，系数应接近 2.5。

对于用于保护多台电动机熔断器，考虑到多数情况下电动机一般不可能同时启动，熔体的电流应大于最大一台电动机额定电流 $I_{fn\,max}$ 的 1.5～2.5 倍，再加上其余电动机额定电流之和。即：

$$I_m = (1.5 \sim 2.5) I_{fn\,max} + \sum I_{fn}$$

对于降压启动的电动机，熔体的额定电流应等于或略大于电动机的额定电流。

当熔断器用于变压器保护时，容量 160 kVA 以下变压器的高压侧熔体可按其额定电流的 2～3 倍选取；容量在 160 kVA 以上时，高压侧熔体的额定电流可以按 1.5～2 倍的额定工作电流选取，容量越大，相应倍数越小。变压器低压侧熔体的额定电流可按 1～1.2 倍负载额定电流选取。

四、保护继电器

继电器是一种用于控制电路中的电气元件，可以完成多种操作或控制功能，而用于保护目的的继电器称之为保护继电器。它一般不直接对主回路或负载回路进行操作，而是与接触器配合使用，由接触器完成对主回路的切断或闭合任务，从这个角度而言，保护继电器的作用相当于断路器的脱扣器。与断路器脱扣器一样，保护继电器可分为分为热继电器、过电流继电器、欠压继电器等，由于热继电器广泛用于电动机类产品保护，这里只介绍热继电器。

1. 热继电器的用途

对于电动机的保护，考虑电动机启动的电流远大于其额定工作电流，为了防止启动过程中熔断器的熔体熔断，所以保护电动机所选用的熔体额定电流会远大于电动机的额定电流，因此，熔断器只能用做电动机的短路保护，不能用于过载保护。而断路器的过流保护特性与电动机所需的过载保护特性不一定匹配，所以断路器一般也不用做电动机的过载保护。目前常用的过载保护装置便是热继电器。

热继电器是利用电流热效应原理来工作的保护电器，具有与电动机允许过载特性相近的反时限保护特性，可用于电动机过载保护、缺相及电流不平衡运转的保护。目前使用最普遍的是双金属片式热继电器。由于热继电器的双金属片升温需要一定时间，即具有热惯性，所以不会因电动机的过载而立即动作。这样既可以允许电动机短时过载，又可以避免电动机长时间过载出现过热危险。同样是由于热惯性，当发热元件通过较大电流，甚至短路时，热继电器也不会立即动作，因此，热继电器只能用做过载保护，不能用做短路保护。

热继电器一般与用于电动机控制的交流接触器配合使用。如图 6—20 所示为热继电器用于电动机保护，热继电器 KH 的发热元件串入主回路，热效应作用下，热继电器的双金属片弯曲，将其串入控制回路的常闭触点打开，接触器电磁线圈 KM 断电失去吸引力，主触点 KM 在复位弹簧作用下打开，断开电源，保护电动机。

2. 热继电器工作原理

图 6—21 为热继电器结构原理图。热继电器的核心部分是发热元件 3 与双金属片 2。发热元件 3 直接串入电动机的电路中，可以直接反映电动机的过载电流。双金属片 2 为线膨胀系数不同的金属以机械方式碾压为一体的元件。当双金属片发热元件加热后，由于双金属片两侧金属线膨胀系数不同而向一侧弯曲，正常情况下，这种弯曲不足以驱动热继电器动作。但当电动机过载时，发热元件产生热量增加，双金属片弯曲加大，推动导板 4，并通过补偿双金属片 5 与推杆 14 将触点 9 和 6 分开。触点 9 和 6 是串入控制电路的常闭触点，它们分开后将会导致控制电路中交流

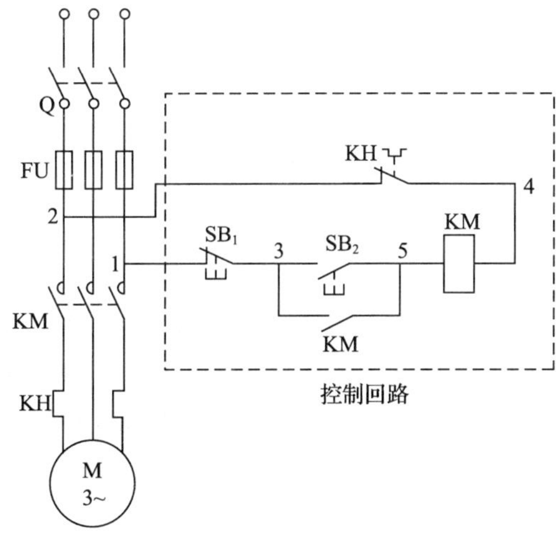

图 6—20 热继电器用于电动机保护

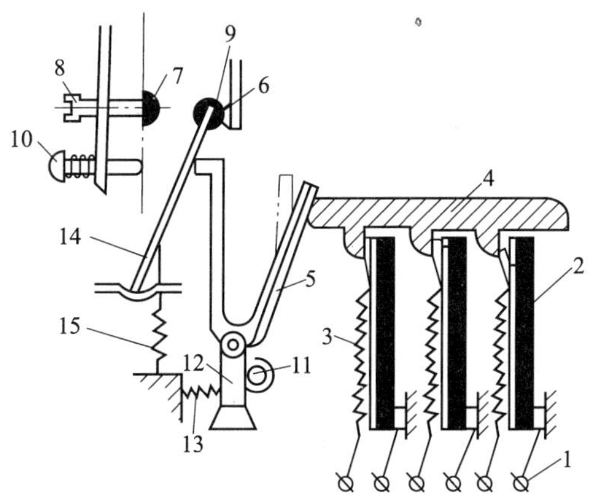

图 6—21 热继电器结构及工作原理

1—接线端子 2—主双金属片 3—加热元件 4—导板 5—补偿双金属片
6、9—常闭触点 7—常开触点 8—复位螺钉 10—按钮 11—调节旋钮
12—支撑件 13—支撑件压簧 14—推杆 15—复位弹簧

接触器的电磁线圈失电，结果使交流接触器串入电动机主电路中处于闭合状态的常开主触点断开，从而切断电源保护电动机。

调节旋钮 11 是一个偏心轮，它与支撑件 12 构成一个杠杆，转动偏心轮可以改变补偿双金属片 5 与导板 4 的距离，达到调节整定动作电流的目的。通过调节复位螺钉 8 可以改变常开触点 7 的位置，当复位螺钉 8 拧入深度较大时（常闭触点 7 位置相对靠近触点 6），常闭触点 9 在双金属片冷却后通过复位弹簧片可自动回到常闭位置，也就是说继电器可自动复位；当复位螺钉拧入深度较浅时（常闭触点 7 位置相对远离触点 6），双金属片冷却后，复位弹簧片不能使触点 9 自动回到常闭位置，必须借助按钮 10 手动复位。

3. 热继电器的选择与使用

同一型号的继电器往往配有成系列的多个热元件。选择热继电器关键是选择热元件，而热元件的关键技术指标就是整定电流范围。所谓整定电流就是热元件通过的电流超过此值 20% 时，热继电器应当在 20 min 内动作的电流。通常热继电器的整定电流是可以调整的，最大的整定电流称为额定整定电流，而热继电器的整定电流调节范围一般为额定整定电流的 66% ~100%，在技术参数中通过最小、中间、额定三个典型整定电流值给出，表 6—16 为部分型号的热继电器的主要技术参数。

表 6—16　热继电器的主要技术参数

型号	热元件号	整定电流范围/A	相配交流接触器
JR20—10	1R	0.1 ~0.13 ~0.15	CJ20—10
	2R	0.15 ~0.19 ~0.23	
	3R	0.23 ~0.29 ~0.35	
	…	…	
	15R	8.6 ~10 ~11.6	
R20—16	1S	3.6 ~4.5 ~5.4	CJ20—16
	2S	5.4 ~6.7 ~8	
	…	…	
	6S	14 ~16 ~18	
R20—25	1T	7.8 ~9.7 ~11.6	CJ20—25
	2T	11.6 ~14.3 ~17	
	3T	17 ~21 ~25	
	4T	21 ~25 ~29	

选择热继电器首先考虑的是热元件，热元件整定电流的中间值要等于或略大于电动机的额定电流值。如电动机的额定电流为 21 A，可选用编号为 3T 的热元件（其整定电流范围为 17 A～21 A～25 A）。在实际运行中，也首先把热继电器的整定电流设置在 21 A，如发现热继电器动作频繁，可调整整定电流至 25 A；反之，若发现电动机温度较高，可将整定电流调至 17 A。

五、隔离器与隔离开关

1. 隔离器与隔离开关简介

隔离器是用于停电后的一种安全保护装置，是具有隔离保护功能一类电器的总称。隔离开关是指可以用来作隔离保护用的一类开关，属隔离器的一部分。所谓隔离保护是指在断开位置上能将电气设备或后续线路与电源明显可见隔开并保持有效隔离距离。它能确保工作人员在检修断电后的线路或设备时的安全。隔离保护不仅要求隔离器动、静触点之间保持规定的安全距离，而且各电源通路之间、电流通路与接地部件之间也要保持一定的安全距离。一般规定 660 V 及以下电压的隔离距离应大于25 mm，对地距离不小于 20 mm。

隔离器一般没有灭弧装置，所以不能用其接通或断开负载，一般是在断路器、熔断器或交流接触器等自动或手动断开电源与负载后，才能对其打开。而接通电源与负载的过程正好相反，首先是闭合隔离器，然后再闭合断路器或交流接触器。也有些隔离器在结构上进行了改进，具有一定的灭弧能力，可以接通或断开一定的负载或部分设备。使用该类产品时，一定要严格按照其使用要求操作，保证其通断能力与需要通断的电流相适应。

隔离器与普通开关都是串联在电路当中，具有接通和断开两种状态，然而普通开关（或负荷开关）不能充当隔离器使用，因为其往往不能满足隔离技术要求，也就不能保证检修人员的安全；同样，也不能把隔离器当开关使用，因其不能消除闭合或分断时产生的电弧。然而这些也不是绝对的，有些开关不但具备分断负载的能力，也能满足隔离功能，且兼有开关作用的隔离器称作隔离开关。

隔离器或隔离开关常与熔断器结合在一起，形成具有保护功能的组合电器。如隔离器熔断器组是将隔离器与熔断器串接在一起；隔离开关熔断器组是将隔离开关与熔断器串接在一起；熔断器式隔离器是将熔断器作为隔离器的隔离分开部件；熔断器式隔离开关是将熔断器作为隔离开关的开闭可动部件。

2. 刀开关构造

刀开关是常见的一种低压开关，其结构简单，使用方便。刀开关常用做隔离开关，同时，在装有简单灭弧装置后，也常用于负载较小的线路或设备的不频繁接通和分断。

如图 6—22 所示为平板式手柄操作的单极刀开关，而图 6—23 为三极刀开关。为了保证触刀和静插座在合闸位置上接触良好，它们之间必须有一定的接触压力。额定电流较小的刀开关，触刀采用单刀片形式，如图 6—23a 所示，利用材料的弹性来产生所需的接触压力；额定电流较大的刀开关，还要通过静插座两侧的弹簧进一步增加接触压力；额定电流很大的开关，触刀改用双刀片形式，如图 6—23b 所示。

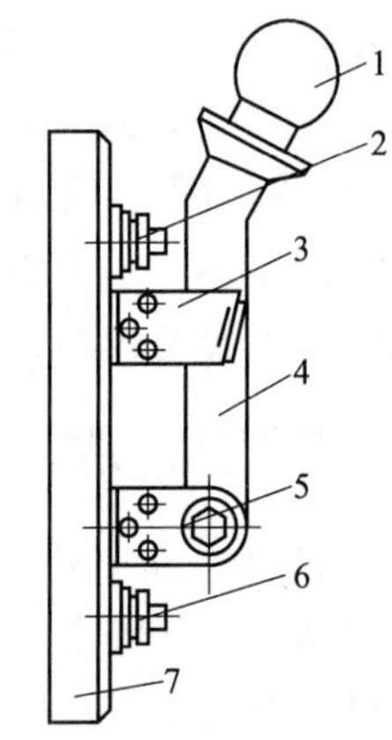

图 6—22 单极刀开关

1—手柄 2—进线接线柱 3—静插座 4—触刀 5—铰链支座 6—出线接线柱 7—绝缘底板

为了减小刀开关闭合与分断形成电弧对人和装置的伤害，有些刀开关装有速断刀刃，如图 6—44 所示。当主触刀离开静插座后，电流会从速断刀刃流过，当主触刀离开静插座一定距离之后，拉力弹簧的弹力克服接触压力产生的摩擦力，迫使速断刀刃迅速离开静插座，从而加快了刀开关的分断速度，使电弧尽快熄灭，减少电弧对静插座、速断刀刃的灼伤。由于电弧发生在静插座与速断刀刃之间，因而也就保护了主触刀。采用速断刀刃的另外一个好处是，刀开关的分断速度与人员的操作快慢无关。

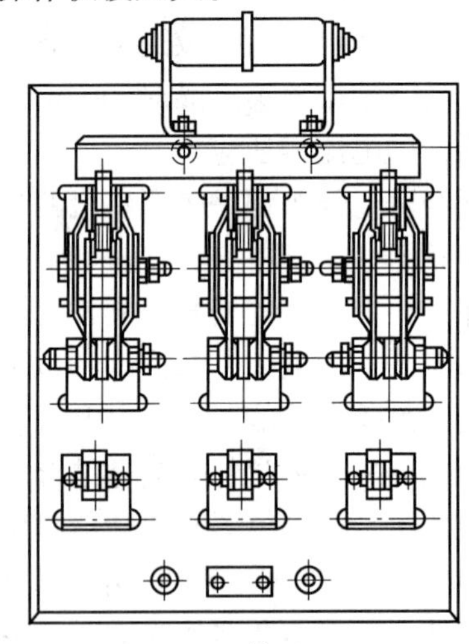

图 6—23 三极刀开关

a）单刀片式 b）双刀片式

3. 刀开关技术参数

（1）额定电压与额定电流

额定电压是指在规定条件下，开关长期工作所能承受的最高电压。额定电流是指在规定条件下，开关在合闸位置允许长期通过的最大的工作电流。目前，国内生产的小电流刀开关有10 A、15 A、20 A、30 A、50 A五个等级。

（2）额定通断能力

额定通断能力是指具有通断能力的开关在规定条件下能可靠接通和分断的最大电流。

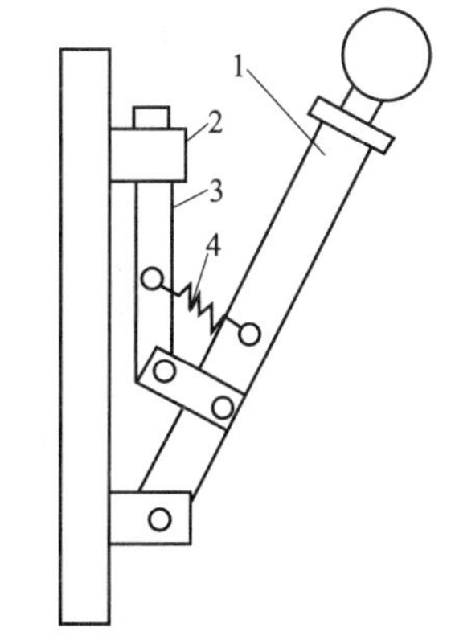

图6—24 带速断刀刃的刀开关
1—主触刀 2—静插座
3—速断刀刃 4—拉力弹簧

（3）电动稳定性电流（简称动稳定电流）

当发生短路事故时，如果刀开关能够通以最大短路电流，并不因其所产生的巨大电磁冲击力而发生变形、损坏或者触刀自动弹出等现象，则称该最大短路电流的峰值就是刀开关电动稳定性电流。通常，刀开关的电动稳定性电流为其额定电流的数十到数百倍。

（4）热稳定性电流（简称热稳定电流）

当发生短路时，如果刀开关能在一定时间内（通常为1 s）通以最大短路电流，刀开关不会因温度急剧上升而发生熔焊现象，则该最大短路电流就是刀开关的热稳定性电流。通常刀开关的1 s热稳定性电流是其额定电流的数十倍。

4. 刀开关的选择与使用

（1）刀开关选择

选择刀开关时要根据其在电路中的作用和在成套装置中的安装位置确定其结构形式。若电路中的负载由低压断路器、交流接触器和其他具有分断能力的电器来分断，则刀开关仅作为隔离器来使用，只需选择没有灭弧罩的产品；若刀开关必须分断负载，则应选带有灭弧罩而且是通过杠杆操作的产品。

刀开关规格应选择使其额定电压大于或等于线路额定电压，其额定电流等于或大于所控制支路负载额定电流总和。若回路中有电动机，必须考虑电动机的启动电流，应选用额定电流更大的刀开关。此外，还要进行动稳定性和热稳定性校验，刀开关的动稳定性电流和热稳定性电流应大于线路中可能出现的最大短路电流。对于动稳定性电流，一定是电流峰值，如不满足要求，就要选用额定电流更大的刀开关。

(2) 隔离刀开关的操作

在进行刀开关的操作时，一定弄清其是否具有灭弧装置或分断能力。刀开关只是用做隔离开关时，绝不允许带电或带负载操作。正确的操作方法是，接通负载时先合隔离开关，再合断路器或交流接触器等控制负载的开关电器；分断电路时，顺序正好相反，先打开断路器等电器，最后再断开隔离开关。

第四节　变配电设备安全

一、变配电所设备构成及其作用

变配电所包含多种高压设备和低压设备，主要有电力变压器、互感器、高压电器（高压断路器、高压负荷开关、高压隔离器等）、电力电容器、高低压母线、避雷装置等。

变压器是变配电所的核心，完成电网电压的转换功能。然而，为了保证变压器功能的正常有效发挥，围绕变压器，要完成电网的电压电流信息采集与监控、电网闭合与分断控制、设备及线路的保护、功率因数的调整等功能。

互感器是从电网中获取高压、大电流信息的装置，是电网一次回路（电网能量传输回路）和二次回路（对一次回路进行监控的回路）的联络元件。实际上，互感器就是一种特殊的变压器，其一次绕组直接接入电网中，构成一次回路的一部分，二次侧与测量仪表、控制及保护装置等相连。互感器与测量仪表和计量装置配合，可以测量一次回路的电压、电流和电能；与继电保护和自动装置配合，可以完成对电网各种故障的电气保护和自动控制。

高压电器主要完成对一次回路的直接控制与保护功能，如断路器完成过载或电路的自动断电保护功能，高压负荷开关完成电网送电与断电控制，高压隔离开关可使电源与后续电路或设备的彻底分开，保证检修人员的安全等。

电力电容器的作用是提高电网的功率因数，减少无功功率，在提高变压器容量的利用率，同时降低无功功率在线路及设备中的无谓损耗，减少电能的浪费。

母线是变配电所专用的一种矩形大截面导体，通常由导电良好的铜制成，布设在变配电所各主要设备之间，将多台变压器、电容器、避雷器、多个送配电线路等连接在一起。

避雷器是变配电所必不可少的保护元件，变配电所是高低压线路汇集处，同时本身设备多为高压带电导体，因而遭受传播雷和直击雷的可能性较大，一旦遭受雷击，变电设备的直接经济损失会很大，而停电造成的间接损失更是严重，所以变配电所必须配备高效能的避雷装置。

如图 6—25 所示为变配电所各种设备连接的单线图，从图中可以进一步了解各种设备的作用与相互关系。单线图是用一条线代替同样功能的和同样连接的三条线，以简化的形式表示三相电路。图中，QS 为高压隔离开关；QF 是高压或低压断路器；TM 是电力变压器；TA 和 TV 分别为电流互感器和电压互感器；WH 和 WL 分别为高压母线和低压母线；C 是电力电容器，FU 是熔断器；FV 避雷器。

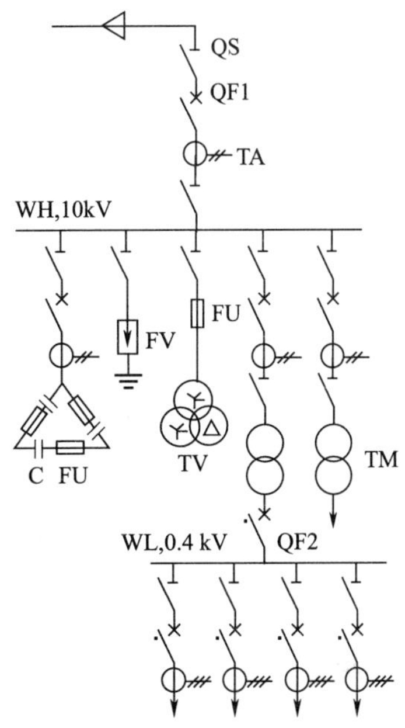

图 6—25　变电所设备及接线图

图中最上方为高压电源引入处，来自上级变压器或发电厂的高压电路经隔离开关、断路器及互感器，再经隔离开关后与高压母线相连，其后将电力电容器、避雷器、变压器高压侧绕组等经隔离开关、断路器等连接到高压母线之上，完成对变压器高压侧的监控、保护、功率因数调整等功能。变压器的低压侧线圈经断路器与低压母线连接，再由母线向每个送或配电线路供电（图中最下部分）。当然，每个送或配电线路同样设有隔离器、断路器等保护装置以及用于运行参数监控目的的互感器。

二、电力变压器

1. 变压器的结构

电力变压器结构除包含保证基本功能的一次绕组、二次绕组、铁心外，还包含冷却、保护、防爆等保护装置，图 6—26 所示为油浸自冷式变压器结构图。

变压器高、低压绕组是变压器的核心电路部分，由绝缘铜线或铝线绕制而成，低压绕组多数做成筒式，高压绕组按照容量不同做成筒形或圆饼形，共同套到变压器的铁心上。一般低压绕组放在内层，高压绕组在低压绕组的外层。

铁心用于构成变压器的磁通路，变压器的高压和低压绕组都套在铁心之上，铁心是用导磁良好的硅钢片叠装而成的闭合磁路。为了减少涡流，铁心一般采用含硅 1% ~5% 、厚度为 0. 35 ~0. 5 mm 涂漆硅钢片叠装而成。

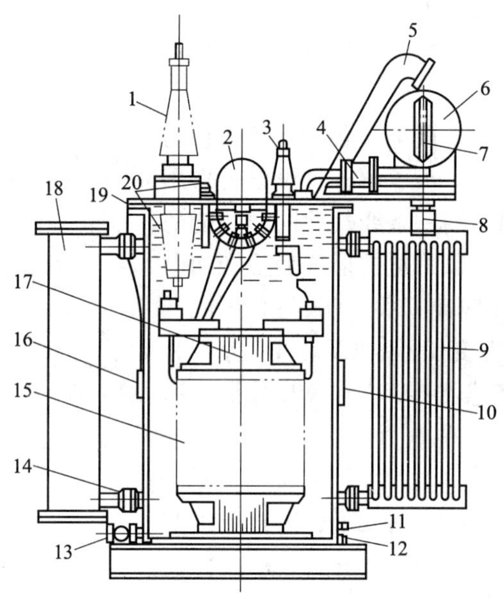

图 6—26　变压器结构图

1—高压套管　2—分接开关　3—低压套管　4—气体继电器　5—安全气道（防爆管）
6—储油柜　7—油表　8—呼吸器（吸湿器）　9—散热器　10—铭牌　11—接地螺栓
12—油样活门　13—放油阀门　14—活门　15—绕组　16—信号温度计
17—铁心　18—净油器　19—油箱　20—变压器油

油浸式变压器的绕组和铁心都浸没在变压器油箱的变压器油里。变压器油具有散热、绝缘、防止内部元件老化以及熄灭内部故障引起的电弧等作用。

对于容量稍大的变压器，在变压器油箱外还焊有散热管，油经过散热管循环流动，把绕组和铁心产生的热量散发到空气中去。大型变压器还可以采取加装风扇、强迫循环的以及水内冷等冷却方式。

在保证变压器基本运行功能的基础上，变压器还设有多种安全部件。

（1）储油柜和油标

储油柜又称油枕，图 6—27 为其示意图。储油柜容积一般为油箱的 1/10。储油柜位于油箱上部，其下部有油管与油箱相连通。储油柜的作用是给油的热膨胀与冷缩留有缓冲余地，保持油箱内始终充满油；同时，由于有了储油柜，减少了油与空气的接触面积，可以减缓油的氧化。储油柜上装有油标供观察用。储油柜经呼吸器或注油器与外界相通。储油柜上还有集污盒、取油样放油阀等附件。

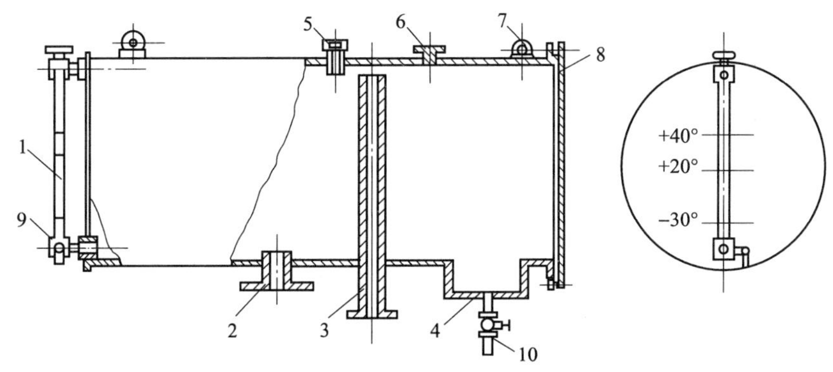

图 6—27　储油柜构造

1—油位计　2—气体继电器连通管法兰　3—吸湿器连通管　4—集污盒　5—注油孔
6—与防爆管连通法兰　7—吊环螺钉　8—端盖　9、10—阀门

（2）呼吸器（吸湿器）

呼吸器装在储油柜的下方或侧面。呼吸器主要由玻璃筒、干燥剂（硅胶）、底罩、连接管等组成，如图 6—28 所示。其连接管上方伸进储油柜，且其上端高出储油柜内油面（见图 6—27 中吸湿器连通管）。呼吸器是变压器储油柜内部空间与变压器外部空间连接的通道。外部空气进入变压器内部时，空气先经底罩内的变压器油过滤，再经干燥剂吸潮。其作用是使油箱内、外压力保持一致，并减缓油箱内变压器油的氧化和受潮，延长其使用期限。干燥剂在干燥情况下呈浅蓝色，吸潮达到饱和状态时呈淡红色。饱和的硅胶在 140℃高温下烘干 8 h 后可恢复使用。

（3）气体继电器

变压器的气体继电器安装在变压器油箱与储油柜之间连接油管的中部，原理与结构如图 6—29 所示。气体继电器的作用是当变压器内部发生故障时给出信号或切断电源；当变压器内部发生轻微故障时或因其他原因产生少量气体，气泡上升，在气体继电器内上方空间聚集，或者漏油至一定程度时，气体继电器内油面降低，上油杯和永久磁铁一起下降，当永久磁铁接近干簧触点至一定程度时，干簧触点闭合，接通信号回路，使信号继电器动作或接通报警电路，发出轻微故障信号。当变压器内部发生严重故障时，变压器内部产生大量气体，气流冲动气体继电器的挡板，下油杯和永久磁铁一起迅速下降，干簧触点迅速闭合，接通变压器断路器的跳闸回路，断路器跳闸，同时，严重故障信号回路接通，信号继电器动作，发出严重故障信号。

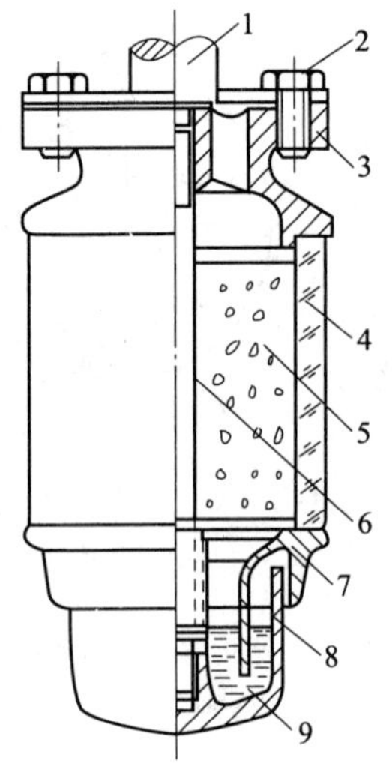

图 6—28　吸湿器（呼吸器）

1—连接管　2—螺钉　3—法兰盘

4—玻璃筒　5—硅胶　6—螺杆

7—底座　8—底罩　9—变压器油

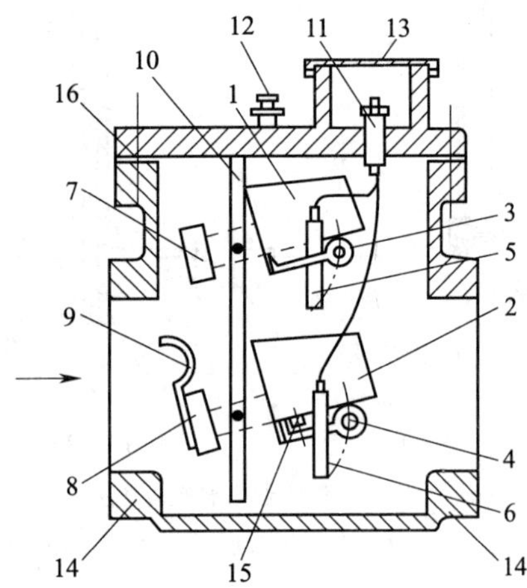

图 6—29　FJ3—80 型挡板式气体继电器

1—上油杯　2—下油杯　3、4—磁铁

5、6—干簧触点　7、8—平衡锤　9—挡板

10—支架　11—接线端头　12—放气塞

13—接线盒盖板　14—法兰

15—螺钉　16—橡胶衬垫

单台容量超过 400 kVA 以上的变压器，一般均要求安装气体继电器。

（4）防爆管

大型变压器或要求高的变压器要求安装防爆管。防爆管安装在变压器大盖上面，下面与变压器油箱相连，上端弯曲向外。防爆管主要由钢管和安全阀片（低强度玻璃膜或酚醛树脂膜片）组成。当变压器内部发生放电等严重故障时，内部压力剧增，安全阀片被冲破，泄去变压器内部压力，防止变压器变形或爆炸。

（5）绝缘套管

是将变压器高、低压绕组引线从箱内引至箱外的装置，它保证了变压器线圈引线与变压器外壳之间的电气绝缘，从而也就保证了与大地之间电气绝缘，同时，它还起到固定引线并与外电路连接的作用。

（6）分接开关

分接开关用于改变变压器一次绕组抽头，借以改变变压器的变压比，从而调整二次电压值。分接开关分为有载调压和无载调压两种。用户配备的一般都是无载调压分接开关。电压 10 kV、容量不超过 6 300 kVA 变压器分接开关接线如图 6—30 所示。该开关设有三个挡位，相应的变压比分别为 10.5/0.4 kV、10/0.4 kV、9.5/0.4 kV，分别适用于电压偏高、电压适中和电压偏低的情况。

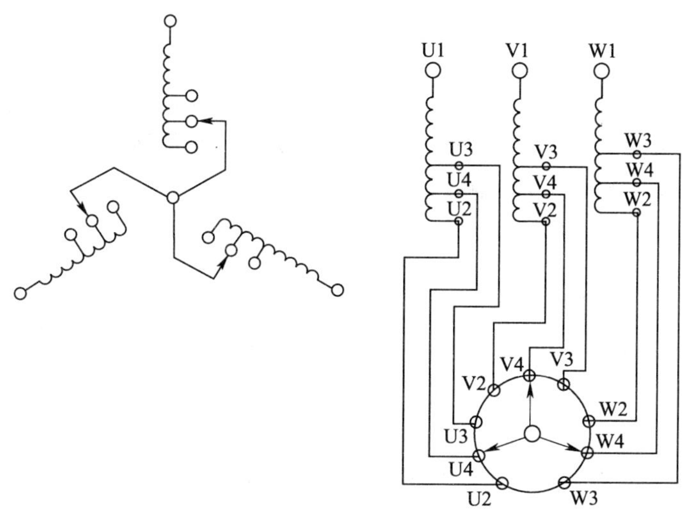

图 6—30 分接开关与变压器绕组抽头

无载调压开关的操作必须在停电之后进行。改变挡位前、后均用万用表和电桥测量绕组的直流电阻。线间直流电阻偏差不得超过平均值的 2%。

（7）测温元件

测温元件是安装在变压器油箱上部或铭牌附近温度计或其他测温元件，用于监测变压器内部温度。

2. 变压器的技术参数

（1）变压器的额定容量 S_N

变压器的额定容量是指变压器在正常工作条件下所能提供的最大容量，即变压器的视在功率。

（2）变压器的额定电压 U_N

变压器的额定电压包括一次侧的额定电压 U_{N1} 和二次侧额定电压 U_{N2}，均指线电压。由于允许高压电源电压在 ±5% 范围内浮动，所以一次侧电压只是表示电压的等级，而二次侧额定电压指空载电压。

（3）额定电流 I_N

变压器的额定电流指的是线电流，三相电路变压器的额定电流为：

一次侧：
$$I_{1N}=\frac{S}{\sqrt{3}U_{1N}} \tag{6—3}$$

二次侧：
$$I_{2N}=\frac{S}{\sqrt{3}U_{2N}} \tag{6—4}$$

（4）阻抗电压 U_K

阻抗电压是表示变压器内阻抗大小的参数。将变压器二次侧短路，一次侧施加电压并慢慢升高至一次侧电流等于额定电流，此时一次侧所对应的电压称为短路电压，记为 U_{1K}。该短路电压与额定电压之比即变压器的阻抗电压，用百分数来表示，即：

$$U_K=\frac{U_{1K}}{U_{1N}}\times 100\% \tag{6—5}$$

10 kV 变压器阻抗电压在 4% ~6%；35 kV 变压器阻抗电压多在 6.5% ~ 7.5%；大容量变压器的阻抗电压会更大。

（5）变压器的空载电流 I_0

空载电流是指变压器二次侧开路时，一次侧仍有一定的电流，这部分电流称为空载电流 I_0。空载电流由磁化电流（产生磁通）和铁损电流（由铁心损耗引起）组成。对于 50 Hz 电源变压器而言，空载电流基本上等于磁化电流。

3. 变压器的安装

变压器安装分为室内安装与室外安装。室内安装变压器应注意以下问题：

（1）为了保证变压器散热良好，变压器下方应设通风道，墙上方或屋顶应有排气孔。通风孔与排气孔都应装上铁丝网，以防小动物钻入而引起事故。变压器采用自然通风时，变压器室地面应高出室外 1.1 m。

（2）油浸变压器室建筑应满足一级耐火等级要求。变压器室的门应以非燃或难燃材料制成，且门向外开。当变压器室位于车间内、建筑物内、容易沉积可燃粉尘和可燃纤维场所、附近有粮和棉等易燃物大量集中的露天堆场、变压器室下面有地下室时，变压器室的门应满足甲级防火门要求。

（3）总油量超过 100 kg 的室内油浸变压器，宜装设在单独的防爆间内，并应设置消防设施。室内单台电气设备总油量在 100 kg 以上时应设置储油池或挡油设施。储油池应能容纳 100% 的油；挡油设施应能容纳 20% 的油，并能将油排至安全处。民用主体建筑内的附设变电所和车间内变电所的油浸变压器室，应设置容量为 100% 变压器油量的储油池。储油池是为了当变压器发生火灾时，使燃烧的油流入并在池内熄灭，不致使火灾事故扩大到整个建筑物或车间。储油池的通常做法是在变压器油坑内铺以厚度大于250 mm的卵石层，卵石层底下设置储油池，或利用变压器油坑内卵石之间的缝隙储油。铺设卵石层可以起到隔火降温、防止变压器油燃烧扩散的作用。卵石直径宜为50～80 mm，若当地无卵石，也可用无孔碎石替代。挡油设施是为了防止变压器发生火灾时，不致使变压器油流窜到变压器室外，引起周围物品起火。挡油设施的型式可有多种，如利用变压器室地坪抬高时的进风坑兼作挡油设施；或设置挡油门；以及使变压器室地坪有一定的斜坡（坡向后壁）等。

（4）为了维护方便，安装变压器时应考虑把油标、温度计、气体继电器、取油放样油阀等设置在最方便处，一般是靠近进门处，且留有较大空间。10 kV变压器壳体距门不应小于1 m，距墙不应小于0.8 m，装有操作开关时不应小于1.2 m；35 kV变压器距门不应小于2 m，距墙不应小于1.5 m。

（5）变压器的接地一般是二次绕组中性点、外壳及阀型避雷器三者共用。变压器的工作零线应与接地线分开，工作零线不得埋入地下。另外，接地要良好，接地线上应有可断开的连接点。

（6）油浸电力变压器安装应略有倾斜，从没有储油柜的一方向有储油柜的一方有1%～1.5%的上升坡度，以便使油箱内意外产生的气体顺利进入气体继电器。

（7）变压器防爆管喷口前方不得有可燃物。

（8）变压器二次侧母线支架高度不应小于2.3 m，高压母线两侧应加遮栏。母线的安装，不应影响变压器的吊心检修。一次、二次引线均不得使绝缘套管受力。

（9）居住建筑物内安装的油浸式变压器，单台容量不得超过400 kVA。

（10）变压器门应上锁，并在门外悬挂“高压危险”警示牌。

户外变压器的安装有地上安装、台上安装和柱上安装三种。变压器容量不超过315 kVA者可在柱上安装，315 kVA以上者应在地上或台上安装。户外安装除注意与室内安装一些相同的安全要求外，还要注意以下要求：

（1）附设变电所、露天或半露天变电所中，油量为1 000 kg及以上的变压器，应设置容量为100%油量的挡油设施。

（2）户外变压器的一次和二次引线均应采用绝缘导线。

（3）柱上变压器应安装平稳、牢固，腰栏应为直径4 mm的镀锌铁丝绕4圈以上，且铁丝不得有接头，缠绕必须紧密。

（4）柱上变压器底部距地面高度不应小于2.5 m，裸导体距地面高度不应小于

3.5 m。

（5）变压器台高度一般不应低于0.5 m，其围栏高度不应低于1.7 m，变压器壳体距围栏不应小于1 m，变压器操作面距围栏不应小于2 m。

（6）变压器围栏上应有“止步，高压危险!”的明显标志。

4. 变压器的运行

要保证变压器正常运行，首先必须保证电压、电流及功率符合技术要求。变压器高压侧电压偏差不得超过额定值的±5%，低压侧最大不平衡电流不得超过额定值的25%。此外，还要求变压器的运行声音不得太大或不均匀；套管外部保持清洁；外壳和低压侧中性点接地保持完好，接线端子不应过热等。

变压器运行中，最值得关注的一个重要指标便是变压器的温度与温升。一般油浸式变压器采用A级耐热绝缘，A级绝缘最高允许温度为105℃。以环境温度40℃为基准，可推算变压器各部分允许温升，见表6—17。考虑到变压器油的温度一般比线圈低10℃，所以变压器油允许温升为55℃。

表6—17　　变压器各部分允许温升

部位	允许温升（℃）	测量方法
绕组	65	电阻法
油（上层）	55	温度计

温升是变压器发热快慢与冷却效果的综合指标，当环境温度低时，即使温升达到上限，变压器也未必超过A级绝缘耐压温度，从这个角度而言，A级绝缘的耐热温度（105℃）是判断变压器运行是否安全的最终依据。变压器中的温度计用于直接监视变压器上层油温，考虑到油温与绕组温度相差10℃，所以，在变压器运行中，只要上层油温不超过95℃，绕组便不会超过105℃，即为安全。不过长期运行在此温度下会加快变压器绝缘老化，所以变压器运行时，绕组温度最好控制在95℃以下，相应地变压器上层油温应控制在85℃以下。

考虑到变压器的实际使用情况，变压器允许在一定条件下过负荷运行。变压器过负荷运行分为正常过负荷运行和事故过负荷运行。

正常过负荷运行是指在不影响变压器绕组绝缘与使用寿命的情况下，在用电高峰或环境温度比较低的冬季，依据过负荷倍数及过载前变压器油上层温升情况，允许变压器过负荷运行一定时间，具体见表6—18。

表 6—18　　　　油浸式电力变压器过负荷允许时间（h：min）

过负荷倍数	过负荷前上层油面温升（℃）					
	18	24	30	36	42	48
1.05	5:50	5:25	4:50	4:00	3:00	1:30
1.10	3:50	3:25	2:50	2:00	1:25	0:10
1.15	2:50	2:25	1:50	1:20	0:35	
1.20	2:05	1:40	1:15	0:45		
1.25	1:35	1:15	0:50	0:25		
1.30	1:10	0:50	0:30			
1.35	0:55	0:35	0:15			
1.40	0:40	0:25				
1.45	0:25	0:10				
1.50	0:15					

所谓变压器事故过负荷运行，并非指变压器发生事故情况下过负荷运行，而是指当两台变压器并列运行时，其中一台变压器发生故障，而又不能停电，由未发生故障的另一台变压器来承担两台变压器所供负荷。变压器事故过负荷倍数和允许持续时间见表 6—19。

表 6—19　　　　允许事故过负载的倍数和时间

过负荷倍数	1.3	1.45	1.60	1.75	2	2.4	3
允许过负荷时间（min）	120	80	30	15	7.5	3.5	1.5

三、互感器

互感器实际上就是一类特殊的变压器，其作用一是把高电压和大电流按照一定比例变换成低电压和小电流，以便为测量仪表和继电保护装置提供所需参量；另外，互感器把电网中处于高压的部分与处于低压测量的仪表和继电保护部分隔离开，保证人员和设备的安全。

互感器分为电压互感器（TV）和电流互感器（TA）两类。我国生产的电压互感器二次侧额定电压均为 100 V；我国生产的电流互感器二次侧的额定电流均为5 A。

1. 电流互感器

（1）基本原理

电流互感器的一次绕组匝数很少，而二次侧匝数较多。使用时，一次绕组串入具有大电流通过的主电路当中，二次侧则串入阻抗非常小的电流表或其他仪表的线圈中，这样，互感器的二次绕组近似工作在短路状态。根据变压器工作原理，可以得出一次侧和二次侧电流按绕组匝数的反比例变化：

$$I_1 = \frac{N_2}{N_1}I_2 = K_I I_2 \qquad (6—6)$$

其中，I_1和N_1为一次侧电流与绕组匝数；I_2和N_2为二次侧电流和绕组匝数。K_I称为电流互感器的变流比。

（2）电流互感器的技术参数

1）额定电压。电流互感器的额定电压是指其一次绕组可以接入电路的额定电压，而不是一次绕组或二次绕组端子之间的电压。

2）变流比。变流比是指电流互感器一次绕组额定电流与二次绕组额定电流之比。变流比在铭牌上标出时直接以分数的形式给出，分子表示一次绕组额定电流，分母表示二次绕组的额定电流，二次侧一般为5 A。如某电流互感器的变流比为200/5，表示交流互感器一次侧额定电流为200 A，二次侧为5 A。

3）精度等级。交流互感器的精度等级是用电流的相对误差表示的，即：

$$\Delta I_r = \frac{K_I I_2—I_{1N}}{I_{1N}} \qquad (6—7)$$

式中，ΔI_r——电流相对误差（也叫变流比误差）；

K_I——变流比；

I_2——实测二次侧电流；

I_{1N}——一次侧额定电流。

该相对误差即为电流互感器的精度等级，通常分为0.2、0.5、1、3、10五个等级。一般情况下，用于计量仪表的电流互感器的精度等级为0.5，用于继电器的电流互感器精度等级为3。

4）容量。电流互感器的容量是指其二次侧允许接入负载的视在功率。二次侧串入的负载越多，视在功率也就越大，然而二次侧负载不能无限增加，否则，电流互感器有烧毁的可能。由于视在功率与负载阻抗成正比，所以电流互感器的容量一般用二次侧允许接入负载阻抗表示。

（3）电流互感器安全要求

1）电流互感器由于二次绕组匝数远远大于一次绕组匝数，一旦二次侧开路，会在二次端子间形成很高的电压，非常危险。所以，应避免二次侧开路，具体措施有：

①对于接在线路中没有使用的电流互感器，应将其二次回路绕组短路。

②为避免交流互感器二次回路开路危险，二次回路不得安装熔断器。

③二次侧接线应采用截面积不小于 2.5 mm^2 的绝缘铜线，排列整齐，连接良好，二次接线不应有接头。

2）二次侧要避免超过额定负载，超载的后果一是降低测量精度，另一方面导致电流互感器过热烧毁。

3）电流互感器外壳及二次回路一点应良好接地，当一次绕组、二次绕组间因绝缘破坏而被高压击穿时，可将高压引入大地，确保人身和设备安全。电流互感器二次回路只许一点接地而不应再有接地。若两点接地则有可能引起分流，因而会影响测量精度或者影响继电器动作。

4）电流互感器的极性和相序必须正确。

2. 电压互感器

（1）基本原理

电压互感器是一种较为精确的变换电压的降压变压器，与电流互感器正好相反，其一次绕组具有较多匝数，二次绕组匝数较少。一次侧接入高压回路，二次侧接入阻抗很大的电压表或其他仪表或装置。运行时，电压互感器的二次侧接近开路状态，根据变压器工作原理，电压互感器的一次侧与二次侧电压与绕组匝数成正比：

$$U_1 = \frac{N_1}{N_2}U_2 = K_U U_2 \tag{6—8}$$

其中，U_1 和 N_1 为一次电压与绕组匝数；U_2 和 N_2 为二次电压和绕组匝数。K_U 称为电压互感器的变压比。

（2）电压互感器的技术参数

1）额定电压。电压互感器的额定电压是指电压互感器一次绕组的额定电压。

2）变压比。电压互感器的变压比是指其一次绕组额定电压与二次绕组额定电压之比，二次绕组额定电压一般为 100 V。在电压互感器铭牌上一般以分数的形式直接标出一次绕组和二次绕组的额定电压值。

3）精度等级。电压互感器的精度等级是用电压的相对误差表示的，即：

$$\Delta U_{r} = \frac{K_{U}U_{2}-U_{1N}}{U_{1N}} \tag{6—9}$$

式中，ΔU_{r}——电压相对误差（也叫变压比误差）；

K_{U}——变压比；

U_{2}——实测二次电压；

U_{1N}——一次侧额定电压。

电压互感器精度等级一般分为0.5级、1级和3级三个等级。实际使用时根据具体情况选用不同精度等级的电压互感器。如用于电度计量的专用电压互感器，其精度等级应选0.5级；用于测量仪表的，应选0.5级或1级；用于继电器的可选择3级精度的电压互感器。

4）容量。电压互感器的容量是指二次绕组运行接入的负荷功率，分为额定容量和最大容量两种。由于电压互感器的精度随二次负载功率大小而变化，容量增加，精度降低。铭牌所说额定容量是指最高精度级的容量。

最大容量是指允许发热条件规定的极限容量，一般情况下，二次侧不应达到这个容量。

（3）电压互感器安全要求

1）为了设备检修方便，在故障时可及时切除设备，电压互感器一次侧经隔离开关接入电网，对于35 kV及以下电压互感器应有高压熔断器，而对于110 kV以上互感器因相应电压等级高压熔断器灭弧问题难以解决，考虑高压配电装置可靠性较高，故可不设熔断器。

2）为了防止电压互感器二次侧短路或过载，应在二次侧安装熔断器或低压断路器。但开口三角形接线不应装设熔断器，因为正常运行时开口三角形两端无电压，无法监视熔断器的完好性。

3）为了防止一次侧高压窜入二次侧，保证二次侧设备与人身安全，与电流互感器一样，电压互感器二次侧必须有一点接地。

4）电压互感器的外壳接地应与变电所主接地网连接，并应可靠接地，以防止电位升高损坏设备或造成人身伤亡。

四、高压电器

高压电器与低压电器有着同样的功能和类别，包括高压断路器、高压熔断器、高压隔离开关、高压负荷开关等。然而，高压电器由于其使用额定电压高，电流大等原因，高压电器在结构上更加复杂，形式上更加多样，因而高压电器与低压电器有着明显的区别。

1. 高压断路器

高压断路器是高压开关设备中最重要、最复杂的。高压断路器具有强有力灭弧装置，既能在正常情况下接通和分断负荷电流，又能借助继电保护装置在故障情况下切断过载或短路电流。而且，很多断路器还可以借助自动装置实现自动重合操作。显然，高压断路器是能够实现控制与保护双重作用的开关电器。

（1）高压断路器的种类与构造

各种高压断路器的最大区别在于灭弧方式，依照灭弧方式的不同，高压断路器有以下类别：

1）油断路器。又可分为多油断路器和少油断路器。它们都是以变压器油作为灭弧介质，断路器的触头在油中接通或断开。

2）真空断路器。触头在真空中断开、接通，依靠真空环境灭弧。

3）SF_6 断路器。利用 SF_6 气体来熄灭电弧的断路器。

4）压缩空气断路器。利用强力压缩空气来吹灭电弧的断路器。

5）固体产气断路器。利用固体产气材料在电弧高温作用下分解出的气体熄灭电弧。

6）磁吹断路器。在空气中，由磁场将电弧吹入灭弧栅中，使之拉长、冷却而熄灭电弧。

少油断路器油量很少，一般只有几千克到十几千克。少油断路器动静触点分离时，电弧使油汽化，同时动触杆向下运动，产生向上油流，实现横吹、纵吹和机械油吹灭弧。如果分断的电流较小，横吹阶段即可熄灭电弧；如果分断的电流较大，必须到纵、横吹阶段才能熄灭电弧。如图 6—31 所示为一少油断路器结构图。

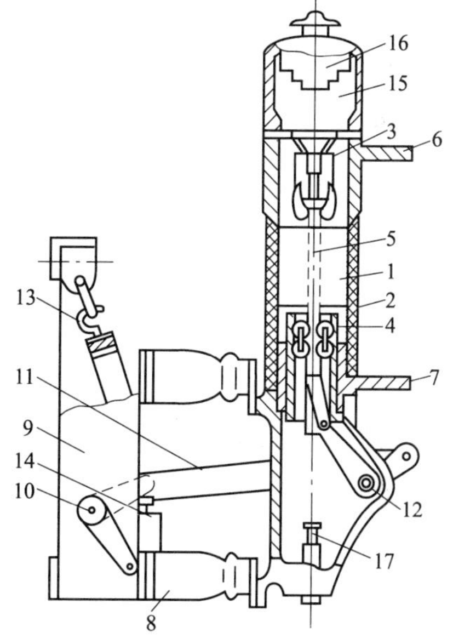

图 6—31 少油断路器结构

1—灭弧室 2—大绝缘筒 3—静触头 4—中间触头 5—动触杆 6—上接线板 7—下接线板 8—绝缘子 9—底座 10—主轴 11—绝缘拉杆 12—转轴 13—分闸大簧 14—合闸弹簧缓冲器 15—缓冲空间 16—油气分离器 17—分闸油缓冲器

真空断路器除具有真空灭弧室外，与其他断路器没有太大差别。真空断路器的灭弧室如图 6—32 所示。真空灭弧室外壳是由绝缘筒 1、金属盖 2、金属盖 3 和波纹管组成的密闭容器。灭弧室的静触头 4 固定在静导电杆 6 上，它穿过静端盖 2 并与之焊为一体。动触头 5 固定在动导电杆 7 的一端上，动导电杆在中部与波纹管 8 的一个端口焊在一起，波纹管的另外一个端口与动端盖 3 的中孔焊接，动导电杆从中孔中穿出，运动时能保证真空外壳的密闭性。

真空断路器的触头为对接式触头，用铜合金等材料制成。真空断路器燃弧过程中产生的金属蒸气和带电粒子迅速扩散，很快被屏蔽罩冷凝和吸收。电弧电流本身产生的横向磁场使电弧受力沿触头表面切线方向快速移动，从而降低触头温度，减少触头烧损。

SF_6断路器采用 SF_6作为灭弧介质材料。SF_6气体具有很强的灭弧能力，静止的 SF_6气体其灭弧能力为空气的 100 倍。利用 SF_6气体吹灭电弧时，气体压力和吹弧速度都不需要很大，就能在高压下断开相当大的电流。

如图 6—33 所示为 LN2—10 SF_6断路器单相结构示意图。其灭弧原理是：当动触头与静弧指分开时，产生的电弧从弧触指转移到环形电极上，电弧电流通过环形

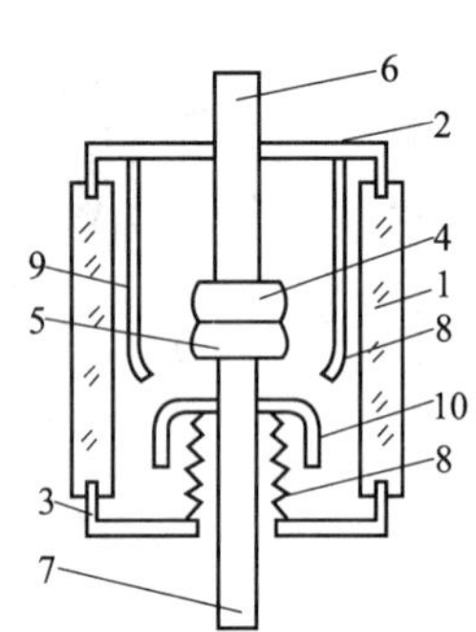

图 6—32　真空断路器灭弧室结构

1—绝缘筒　2—静端盖　3—动端盖　4—静触头　5—动触头　6—静导电杆　7—动导电杆　8—波纹管　9—主屏蔽罩　10—波纹管屏蔽罩

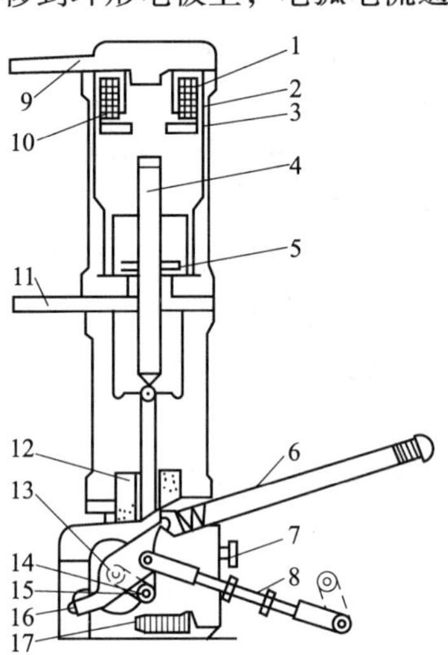

图 6—33　LN2—10 SF_6 断路器单相结构示意图

1—绕组　2—弧触指　3—环形电极　4—动触头　5—助吹装置　6—分闸弹簧　7—自封阀盖　8—推杆　9—上接线座　10—静触指　11—下接线座　12—吸附器　13—主轴　14—分闸缓冲　15—主拐臂　16—拐臂　17—合闸缓冲

电极流过线圈并产生磁场。电弧相当于通电导体，它在磁场中受到力的作用，于是电弧旋转起来，同时，电弧的高温使周围的 SF_6 气体被加热，整个密闭箱内压力升高，在喷口处形成高效强劲气流，将电弧冷却熄灭。于是介质绝缘迅速恢复，实现断路。助吹装置的作用是当切断小电流时，气压不足，于是用它增加吹弧压力，以保证足够强的灭弧能力。

（2）常用高压断路器优缺点

1）油断路器。油断路器作为高压断路器的第一代产品，在过去发挥过重要作用，而且今天仍占有相当的比重，不过油断路器有着明显缺点，主要体现在：

①以变压器油作为灭弧介质，变压器油为可燃液体，在电弧作用下分解出大量易燃气体，在一定条件下甚至发生爆炸。因此，在大型建筑物底层或地下室高压配电室，以及有易燃易爆气体产生的化工、矿山企业不能采用油断路器。

②不能频繁操作。油断路器在切断电流熄灭电弧时要经历一个过程，电弧引起变压器油分解出的气体的消散需要时间，油断路器油筒中的油气压力缓解也需要时间。频繁操作油断路器会引起喷油，甚至导致断路器爆炸。

③油断路器需要维护维修的零部件较多，维修项目及工作量大，维修费用高，周期长。

由于存在以上缺点，油断路器将逐渐趋于淘汰。

2）真空断路器。真空断路器具有以下特点：

①真空断路器以真空作为灭弧与绝缘环境，没有油及其他易燃易爆物质。使用起来具有很高的安全性和可靠性。其动静触点密封在真空筒中，其分合形成的电弧被密封在真空中，产生的炙热金属气体不外露，本身无爆炸危险，也不会引起周围可燃气体爆炸。

②真空断路器在分断时，电弧在真空中很快被熄灭，之后真空的绝缘性能迅速恢复。真空断路器开关动作行程小，动导电杆惯性小，因而很适于频繁操作。

③操作简单，维修量小。

④无油，对环境无污染。

真空断路器的不足之处是易产生较高的操作过电压，且其制造工艺较复杂。

3）SF_6 断路器。SF_6 断路器与真空断路器一样具有很大的短路电流分断能力，在当前的电力系统中压等级配电中占有统治地位。两者比较，真空断路器更适合操作特别频繁的场合，如电弧炉、高压电动机、电力电容器组的控制等。

SF_6 断路器与真空断路器一样，维修都比较简单。但 SF_6 的电弧分解物有毒，检修时要采取措施防止人身中毒，而真空断路器不存在这个问题。

从价格来看，真空断路器比 SF_6 断路器稍低，但两者价格均比油断路器高得多，不过随着工艺水平的提高，价格问题将逐步缓解，那时，价格问题将不再是真空断路器和 SF_6 断路器取代油断路器的障碍。

2. 高压熔断器

高压熔断器是最简单的高压保护电器，主要用于 6 ~ 35 kV 小容量变压器、输电线路及其他装置的短路和过载保护。高压熔断器分为户内型管式熔断器和户外型跌开式熔断器。

（1）户内型管式熔断器

户内型管式熔断器又称限流式熔断器，其熔丝装在充满石英砂的瓷管中，当过电流使熔丝熔断时，在瓷管内产生电弧，由于石英对电弧有冷却和去游离作用，所以灭弧能力很强，能在短路电流达到最大值之前将电弧熄灭，限制短路电流的数值，所以这种熔断器是具有限流作用的熔断器。

图 6—34 为 RN1 型熔断器外形图，图 6—35 为 RN1 型熔断器熔断管剖面图。限流式熔断器采用紫铜作熔丝，熔断温度较高。在熔丝上焊有小锡球，通过电流时，小锡球先熔化，铜锡相互渗透，形成低熔点的铜锡合金，降低了熔丝熔点，在较低的温度下即可熔断。采用几根熔丝并联，便于把大电弧分散为几个细小电弧，电弧与填料的接触面积增大，加速了电弧的熄灭。工作熔丝熔断后，指示熔丝随即熔断，熔管端部的熔断指示器弹出，给出熔断指示。

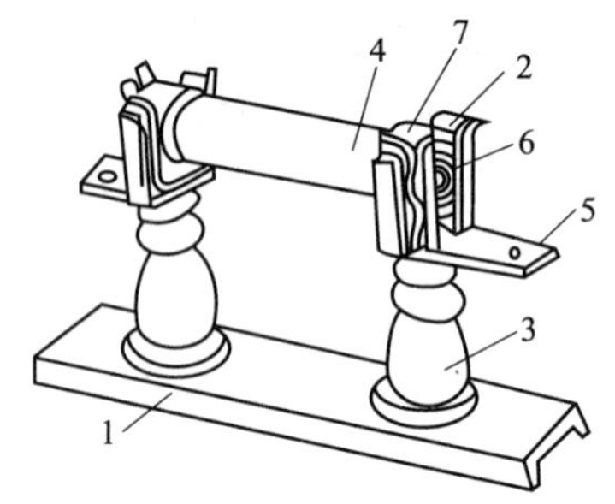

图 6—34　RN1 型熔断器外形

1—底座　2—触头座　3—支撑绝缘子　4—熔丝管　5—接线端子　6—熔丝指示器　7—金属管帽

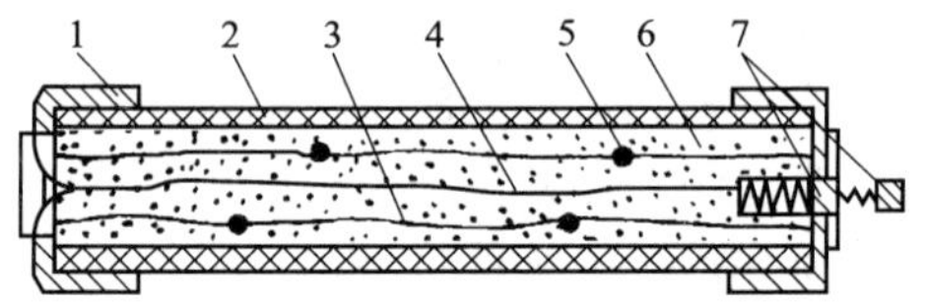

图 6—35　熔断器熔断管剖面图

1—管帽　2—瓷管　3—工作熔丝　4—指示熔丝　5—锡球　6—石英砂填料　7—熔断指示器

限流式熔断器在断开过程中无游离气体排出，所以在室内配电装置中广泛采用。RN1 和 RN2 型是普通熔断器，RN3 和 RN4 型是带有片状熔体的熔断器，RN5 和 RN6 为改进型熔断器。其中，RN2、RN4、RN6 是用于保护电压互感器的熔断器。

（2）户外型跌开式熔断器

图 6—36 为 RW3 型跌开式熔断器外形。跌开式熔断器将熔丝串入熔管内，利用熔丝将熔丝管上端的活动关节拉紧，从而熔断器触头闭合后不会脱开。当熔丝被熔断后，活动关节松开，由熔管自身的和上静触头的推力使熔管跌落，形成明显的断开状态。

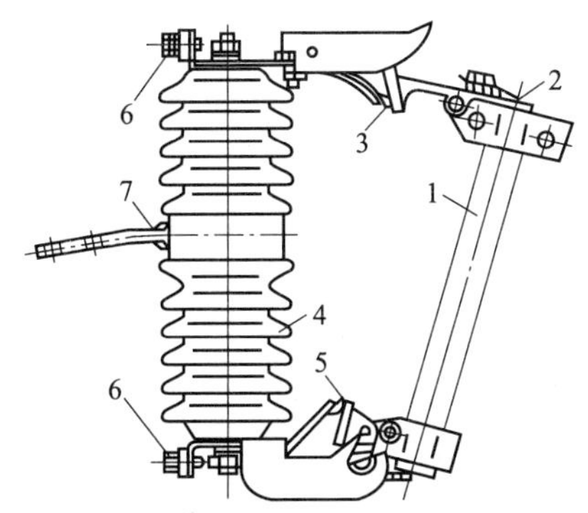

图 6—36 RW3 型跌开式熔断器外形图
1—熔管 2—熔丝元件 3—上触头
4—绝缘瓷套管 5—下触头
6—端部螺栓 7—紧固板

跌开式熔断器熔丝熔断时，熔管内壁在电弧的作用下分解出大量气体，沿熔管纵向吹出电弧，使电弧熄灭；吹出熔管外的电弧则随着熔管的翻落迅速拉长而熄灭。若分断很大的电流，管内压力更大，可冲开熔管上端的封盖，两端排气吹灭电弧，以避免可能的机械破坏。跌开式熔断器在灭弧时会有大量气体产生，并伴有很大的响声，所以一般只在室外使用。

跌开式熔断器除具有过电流保护功能外，还可以接通和分开空载架空线路、空载变压器和小负荷电流。跌开式熔断器合闸、拉闸都必须配有绝缘用具，用绝缘杆完成。合闸时用绝缘杆的操作件顶住或勾住熔管封闭端的金属向上推合。分闸时用绝缘杆的操作件勾住熔管封闭端的金属向下拉开（RW4 型），或顶开熔管上方的脱扣罩（鸭嘴帽）（RW3 型）令其自行翻落。

跌开式熔断器是分相操作的，操作第二相时会产生较为强烈的电弧。跌开式熔断器正确的操作顺序是：拉闸时先拉中相，再拉开下风侧边相，最后拉开上风侧边相；合闸时，先合上上风侧边相，再合上下风侧边相，最后合上中相。

跌开式熔断器应注意以下安装事项：

1）安装牢固，接触紧密、良好。

2）各相熔断器应在同一水平线上，相邻熔断器之间的间距户外不应小于 0.7 m（户内 0.6 m）；对地面高度户外不应小于 4.5 m（户内 3 m）；装在被保护设备上方时，与被保护设备外廓的水平距离不应小于 0.5 m。

3）熔管上端向外倾斜 20°～30°，以便熔断器能向下翻落。

4）熔管长度应适当，合闸后动触头应能被鸭嘴盖住 2/3 以上，以防止误掉闸。熔管不能过长，以免顶住鸭嘴帽，致使熔断器不能翻落。

5）熔丝可熔断部分应位于熔管中间偏上位置，熔丝额定电流不得大于熔管额定电流。

3. 高压隔离开关

(1) 高压隔离开关的用途

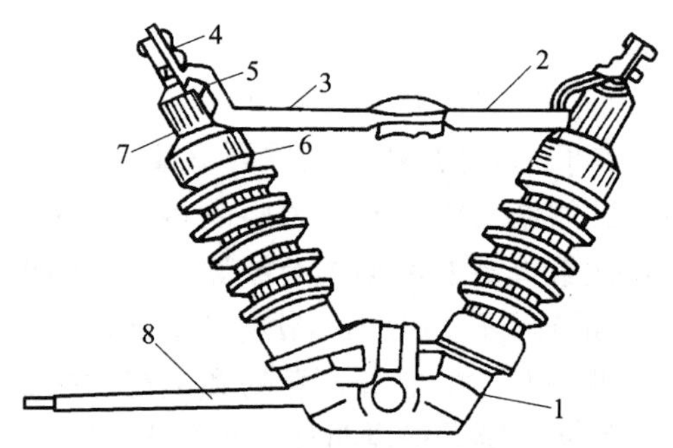

图 6—37 GW5—110D 型隔离开关

1—底座 2、3—刀开关 4—接线端子 5—挠性连接导体 6—棒式绝缘子 7—支撑座 8—接地刀开关

隔离开关主要用来将高压配电装置中需要停电的部分与带电部分可靠地隔离，以保证检修工作的安全。隔离开关的触头全部敞露在空气中，具有明显的断开点，隔离开关没有灭弧装置，因此不能用来切断负荷电流或短路电流，否则在高压作用下，断开点将产生强烈电弧，并很难自行熄灭，甚至可能造成飞弧（相对地或相间短路），烧损设备，危及人身安全，这就是所谓“带负荷拉隔离开关”的严重事故。如图 6—37 所示为一种 V 形双柱隔离开关。

隔离开关还可以用来进行某些电路的切换操作，以改变系统的运行方式。例如：在双母线电路中，可以用隔离开关将运行中的电路从一条母线切换到另一条母线上。同时，也可以用来操作一些小电流的电路，包括：

1）接通或断开电压互感器或阀型避雷器。

2）接通或断开 35 kV，不超过 10 km 的空载输电线路。

3）接通或断开 10 kV，不超过 5 km 的空载配电线路。

4）接通或断开容量不超过 315 kVA 的空载变压器。

(2) 隔离开关的安装与操作安全

户外型隔离开关露天安装时应水平安装，使带有瓷裙支持的绝缘子确实能起到防雨作用；户内型隔离开关，垂直安装时，静触头在上方，带有套管的可以倾斜一定角度安装。一般情况下，静触头接电源，动触头接负荷，但是电缆进线的受电柜的第一台隔离器开关正好相反，电源接动触头端，负载接静触头端。

高压隔离开关配有手动操作机构时，操作手柄中心距侧墙的距离不得小于 0.3 m，至带电体的距离不得小于 1.2 m。

因为隔离开关不能带负荷操作，所以拉闸、合闸前应检查与之串联的断路器是否在分断位置。如果用隔离开关操作规定容量范围内的变压器，拉闸、合闸前应先从低压侧停掉全部负载。

拉闸、合闸前应先拔出定位销。拉闸、合闸应动作迅速，但终了时不要用力过猛。拉闸、合闸完毕应重新上好定位销，并观察触头位置和状态。

操作过程中，如发现错误，应冷静处理，避免发生更严重的问题。如合闸过程中发现电弧，不得将已经合上的或将要合上的隔离开关再拉下来，而是迅速合上，否则会造成弧光短路。

4. 高压负荷开关

高压负荷开关是一种可以带负荷分合的电路控制电器。它具有简单的灭弧装置，可以熄灭切断负载电流时产生的电弧。户内型高压负荷开关有明显的断开点，在断开电路后又具有隔离开关的作用。户外型高压负荷开关没有明显的断开点，三相触头装于同一油筒内，依靠油介质灭弧，广泛用于10 kV架空线路。

如图6—38所示为FN3—10型负荷开关。在铁制的框架上装有6个绝缘子，上部三个绝缘子是用环氧树脂浇注而成的空腔圆柱体，它既用做支撑与绝缘，又作为喷射压缩空气的汽缸。当负荷开关断开时，活塞压缩汽缸使气体从动静触头间喷出，吹灭电弧。

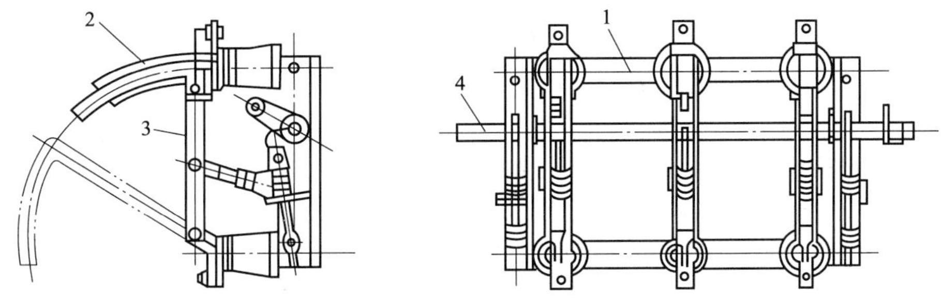

图6—38　FN3—10型负荷开关

1—框架　2—灭弧腔　3—动触刀　4—传达轴

除了上述压缩空气式负荷开关外，与高压断路器相类似，还有油浸式、真空式以及以SF_6为灭弧介质的高压负荷开关。

负荷开关只能用来接通和分断负荷电流，不能用来切断短路电流，因此，负荷开关必须与高压熔断器配合使用，由熔断器切断短路电流。

在变配电站（室）中，因电气误操作而重复引发的恶性事故时有发生。对人身安全构成严重威胁的五种恶性电气误操作事故是：

（1）带负荷断开（或接通）隔离开关。

（2）带电挂（接通）接地线（接地开关）。

（3）带接地线（接地开关）接通断路器（隔离开关）。

（4）误断开（或接通）断路器。

（5）误入带电间隔。

为此，变配电装置应采取能够防止上述五种恶性事故的技术措施，即设置具有“五防”功能的联锁保护。

五、电力电容器

电力电容器是一种静止的无功补偿设备。它的主要作用是向电力系统提供无功功率，提高功率因数。采用就地无功补偿，可以减少输电线路输送电流，起到减少线路能量损耗和压降，改善电能质量和提高设备利用率的重要作用。

1. 电力电容器分类与构造

电力电容器的种类很多。按其安装的方式可分为户内及户外式；按其相数可分为单相及三相；按其运行的额定电压可分为高压和低压；按其外壳材料可分为金属外壳、瓷绝缘外壳、胶木铜外壳等数种。按其内部浸渍液体来分，有矿物油、氯化联苯、蓖麻油、硅油、十二烷基苯等数种。按其工作条件来分，可分为并联电容器（移相电容器）、串联电容器、耦合电容器、电热电容器、脉冲电容器、均压电容器、滤波电容器和标准电容器。其中，并联电容器是电力系统最常用的一种电力电容器。

如图 6—39 所示为并联电容器结构图。并联电容器的钢质外壳内装有电容元件。这些电容元件是由薄铝箔作为两极，中间隔以极薄的固体介质（包括电容器纸）后再卷绕成单元的电容器元件。高压电容器为了满足高压与容量要求，一般是若干个电容器元件并联成一个单元，然后多个单元进行串联连接。低压电容器中的电容器元件采用并联，按容量与电压等级组合成所需规格的并联电容器。其内部可根据需要接成单相或三相。

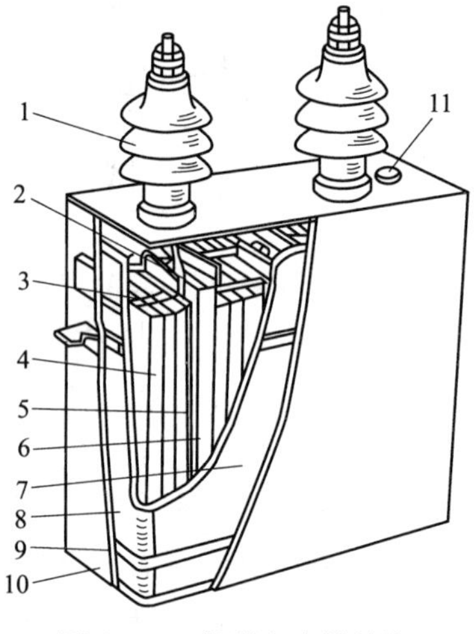

图 6—39　并联电容器结构

1—出线套管　2—出线连接片　3—连接片　4—电容元件　5—出线连接片固定板　6—组间绝缘　7—包封件　8—夹板　9—紧箍　10—外壳　11—封口盖

2. 电力电容器放电

电力电容器与其他电器不同，断电后其储存的电荷与能量不会随着电源的断开而马上消失。电容器断电后的残余能量与自身电容成正比，与所加电压的平方成正比。一个容量为 1 000 kVar，电压为 10 kV 的单相电容器，其储存的能量最大可达 3 000 J 以上。实际上，0.05 J 的电容放电能量已能使人产生明显的痛感，而 3 000 J 的能量将足以使人灼伤甚至死亡。所以，为了保证断电后维修人员的安全，电力电容器要么能够借助自身电路如变压器、互感器或电动机的线圈自行放电，要么接入放电电阻。

选择电容器放电电阻应遵循以下原则：

（1）应使电容器的残留电压在电容器切断 30 s 内降至 65 V 以下。

（2）为了减少正常运行过程中放电电阻的电能损耗，规定每 1 kVar 电容器容量放电电阻电能消耗不应大于 1 W。

对于三角形联结的 10 kV 电容器，每相放电电阻可根据下式计算：

$$R \leqslant 1.5 \times 10^6 U^2 / Q$$

其中，R——每相放电电阻，单位 Ω；

U——相电压，单位 kV；

Q——每相电容器容量，单位 kVar。

即使采取了上述电容器自行放电措施，放电时间也足够长，在对电容器进行检修前，仍需进一步进行放电处理，应将电容器进行接地、短路放电。任何时候，都不要两手同时接触电容器的两个出线端子，以免受到残余电荷的电击，造成不必要的伤害。对于退出运行的电容器，应将其长期短路，以免在拆卸、接线时受到残余电荷的冲击。

3. 电容器控制与操作

高压电容器组总容量不超过 100 kVar 时，可用跌开式熔断器保护与控制；总容量 100 ~ 300 kVar 时，应采用负荷开关保护与控制；总容量为 300 kVar 以上时，应采用真空断路器或其他断路器保护与控制。

在对电容器进行操作时，应注意以下问题：

（1）正常情况下全站停电操作时，应先断开电容器的开关，后断开各路出线开关或断路器；全站正常情况下恢复送电时，应先接通各路出线开关，后接通电容器的开关。

（2）全站事故停电，应先断开电容器的开关。

（3）电容器断路器跳闸后，不得强行送电；熔丝熔断后，查明原因之前，不得更换熔丝送电。

（4）无论是高压电容器还是低压电容器，都不允许在带有残留电荷的情况下合闸。否则，可能产生很大电流冲击。电容器重新合闸前，至少应放电 3 min。

（5）正如前文所述，对电容器进行检查、修理时要进行接地、短路人工放电。

本章小结

1. 外壳防护等级和防触电保护分类是电气设备的基本安全分级和分类方法，同时也是电气安全的基本标准。掌握电气设备的外壳防护等级及防触电保护分类的目的在于，在不同危险程度的用电环境中合理选择适当的电气设备和产品。

2. 电动机是常用的一类电气设备，要根据使用环境选择具有相应防护方式的电机。控制电机温升是保证电机绝缘寿命的关键，同时，防止欠压与缺相可有效避免电机烧毁事故。

3. 手持式电动工具使用广泛且与人体接触紧密，对人的危险性大。应根据使用环境的危险性选择适当防护等级和防护方式的手持电动工具。

4. 照明灯具从安全角度分类有：外壳防护等级分类、防触电保护方式分类、适用安装表面分类和使用环境分类。除了正确选择灯具类别外，还应注意灯具的正确安装。

5. 弧焊设备主要危险来自空载电压，为此可采取三方面措施加以防护，一是在高危险环境中采用空载电压较低的弧焊变压器，二是采取戴帆布手套等个体防护措施，三是可以考虑弧焊变压器防触电装置。此外，弧焊机的正确接地也是保障焊接安全的重要措施。

6. 保护电器可分为带电保护电器和停电保护电器。带电保护电器即所谓自动断电类保护电器，包括断路器、熔断器、保护继电器；停电保护电器即停电后提供隔离保护的电器，统称隔离器，常用的低压隔离器为隔离开关。熔断器具有反时限保护特性，可用于过载与短路保护。然而，考虑到电动机启动电流是工作电流的数倍，所以熔断器只能作为电动机的短路保护，无法作为过载保护。热继电器是利用电流热效应原理来工作的保护电器，具有与电动机允许过载特性相近的反时限保护特性，可用于电动机过载保护、缺相及电流不平衡运转的保护。隔离开关是一种常见的隔离器，隔离开关一般没有灭弧装置，不可用其断开负载电流，或只能断开小负载电流。

7. 变电所一般以高压设备为主，包括电力变压器、高压互感器、高压断路器、高压熔断器、隔离开关和电力电容器等。电力变压器是变电所的核心设备，高压断路器和高压熔断器是变电设备和高压线路的保护装置，其主要灭弧方式有油浸、真空、SF_6气体介质等。高压隔离开关是保证停电检修安全的必备装置，由于其不具备灭弧能力，不可用其切断或闭合负载，必须在通过断路器或高压负荷开关断开负载后，再断开高压隔离开关，送电时，操作过程正好相反。电力电容器是变电系统无功功率补偿装置，断电后其储存电荷对人有致命危险。电力电容器自身一般设有放电装置或借助其他设备的线圈进行放电，尽管如此，在进行检修前，仍需对其接地实施人工放电，以免发生意外。

复习思考题

1. 电气设备的外壳防护等级涉及外壳的哪些防护功能，每种防护功能分为多少级？

2. IP代码第一位特种数字代表了外壳对固体异物进入和人接近设备内部危险部件两种防护功能的“综合”等级，如何理解？

3. 电工电子设备防触电保护分类是一种按触电保护方式对设备进行分类的方法，该分类标准声明它并不代表设备的安全等级。然而，这种分类无论如何是与安全性分不开的，请比较各类设备的安全性。

4. 具有双重绝缘的电气设备，如果其电源软线中设有接地保护线，请问该设备是否还属于Ⅱ类设备？

5. 请分析三相异步电动机欠压和缺相的危险性。

6. 从安全角度而言，灯具有哪些分类方法？如何根据使用场所选择灯具？

7. 手工交流弧焊机主要危险为空载电压，如何预防空载电压危险？

8. 交流弧焊机应如何接地？如果焊钳一端接地会有什么后果？

9. 低压保护电器如何分类的？各类保护电器的作用是什么？

10. 说明断路器电磁式过流保护、过热（过载）保护和欠压保护工作原理。

11. 说明上下级断路器保护特性的选用原则与整定值关系。

12. 熔断器用于电动机保护时，如何选择熔体的额定电流？说明为什么熔断器只能用于电动机的短路保护，而不能用于电动机的过载保护？

13. 为电动机选择热继电器时，如何根据整定电流范围这一技术参数选择热继电器的热元件？

14. 断开电源负载时，断路器与隔离开关应首先断开哪一个？接通电源负载时，操作顺序又如何？

15. 变配电所主要有哪些电气设备？有何用途？

16. 变压器自身有哪些防护装置，有何用途？

17. 高压电压与电流互感器各自的主要危险是什么？如何预防？

18. 高压断路器常用灭弧方式有哪些类别？有何优缺点？

19. 高压熔断器有哪些类别，各适于何种场所？

20. 在变配电站（室）中，因电气误操作而引发的五种恶性电气事故有哪些？应采取什么防护措施？

第七章　电气防火、防爆

本章学习目标

1. 理解电气火灾和爆炸事故的原因，熟悉各种电气设备构成电气引燃源的危险分析。

2. 掌握危险物质及其分类、分级和分组。

3. 掌握危险环境的特征；熟悉危险区域的划分方法。

4. 熟悉防爆电气设备的种类、标志及选型方法。

5. 掌握常用的电气防火防爆措施。

电气火灾和爆炸事故在火灾和爆炸事故中占有较大的比例。统计资料显示，我国发生的电气火灾占全部火灾的30%左右，居于各种火灾原因的首位。据有关资料，在化学工业中，约有80%以上的生产车间是爆炸性危险环境；石油开采现场和精炼厂约有70%的场所属于爆炸性危险环境。在爆炸性危险环境中，由于电气方面的原因，例如电气设备或线路的危险温度、电火花和电弧等会构成引发火灾爆炸的引燃源，造成人身伤亡和财产损失。本章以电气引燃源的防范为核心讲述电气防火防爆相关知识。

第一节　电气引燃源

电气装置运行中产生的危险温度和电火花（及电弧）是引发可燃物火灾和爆炸的两种基本引燃源，称为电气引燃源。

一、危险温度

电气设备运行时总伴随着产生一定的热效应，引起电气设备某部分与周围介质产生温度差，称为温升。就原因而言，首先，导体总是有电阻的，当电流通过导体时，必然要消耗一定的电能，其大小为

$$\Delta W = \int_{t_1}^{t_2} i^2(t) R \mathrm{d}t \tag{7—1}$$

式中，ΔW——在 $t_1 \sim t_2$时间段内导体上消耗的电能，J；

i（t）——流过导体的电流，A；

R——导体的电阻，Ω；

这部分电能转换为热能，其大小与电流的平方和导体电阻值大小成正比。其次，对于电动机、变压器等电气设备，由于使用了铁心，交变电流的交变磁场在铁心中产生磁滞损耗和涡流损耗，使铁心发热，温度升高。铁心磁通密度越高，电流频率越高，铁心钢片厚度越大，这部分热量越大。一般电气设备用电工钢片在磁通密度为1 T、频率为50 Hz的条件下，单位质量的功率损耗多为1 ~2 W/kg。

此外，有机械运动的电气设备由于摩擦会引起发热，电气设备的漏磁、谐波也会引起发热等都会使温度升高。

电气设备在正常运行时，其发热与散热平衡，最高温度和最高温升都不会超过允许范围。当电气设备的正常运行遭到破坏时，发热量增加，温度升高，出现危险温度，在一定条件下即可能引起火灾。

引起电气设备过度发热的不正常运行大体有以下几种情况：

1．短路

短路就是指不同的电位的导电部分包括导电部分对地之间的低阻性短接。发生短路时，线路中电流增大为正常时的数倍乃至数十倍，由于载流导体来不及散热，温度急剧上升，除对电气线路和电气设备产生危害外，还形成危险温度。短路的暂态过程会产生很大的冲击电流，在其流过设备的瞬间将产生很大的电动力，造成电气设备损坏。

在三相供电系统中，可能发生的短路形式有三相短路、两相短路和单相短路。其中三相短路和两相短路属于相间短路，发生的情况相对较少。相间短路一般能够产生较大的短路电流，该短路电流使过流保护装置动作，及时切断电源，较少发生电弧性短路，因此较少发生电气火灾。单相短路是电气系统中最常见的短路形式（占70% ~80%），电气火灾多是由于供电线路单相短路造成的。单相短路的主要

形式是单相接地短路，可分为金属性短路和电弧性短路。金属性短路因其短路电流大，过流保护装置在短路电流的作用下短时间内能够切断电源，故起火的危险并不大。而电弧性短路由于故障点接触不良，未被熔融而迸发出电弧或电火花。由于发生电弧性短路的故障点阻抗较大，它的短路电流并不大，过流保护装置难以动作，从而使电弧持续存在。值得注意的是，略大于0.5 A的电流产生的电弧温度即可高达2 000 ~3 000℃，足以引燃任何可燃物，并且维持电弧的电压低至20 V时仍可使电弧连续稳定存在。这种短路电弧引发的火灾占电气火灾的一半以上。

电气设备安装和检修中的接线和操作错误，可能引起短路；运行中的电气设备或线路发生绝缘老化、变质；或受过度高温、潮湿、腐蚀作用；或受到机械损伤等而失去绝缘能力，可能导致短路。由于外壳防护等级不够，导电性粉尘或纤维进入电气设备内部，也可能导致短路。因防范措施不到位，小动物、霉菌及植物等也可能导致短路。由于雷击等过电压、操作过电压的作用，电气设备的绝缘可能遭到击穿而短路。

2. 过载

电气线路或设备长时间过载也会导致温度异常上升，形成引燃源。过载的原因主要有如下几种情况。

(1) 电气线路或设备设计选型不合理，或没有考虑足够的裕量，以致在正常使用情况下出现过热。

(2) 电气设备或线路使用不合理，负载超过额定值或连续使用时间过长，超过线路或设备的设计能力，由此造成过热。

(3) 设备故障运行会造成设备和线路过负载，如三相电动机单相运行或三相变压器不对称运行均可能造成过负载。

(4) 电气回路谐波能使线路电流增大而过载。如三相四线制电路三次及其奇数倍（9次、15次谐波等），谐波电流会引起中性线过载危险。如图7—1所示为一三相四线回路中相线和中性线的基波（50 Hz）和三次谐波（150 Hz）的电流波形，假设三相负载对称，三相电流相等，因三相基波相位角互差120°，在中性线上的矢量和为零。但各相三次谐波电流在中性线上却相位相同，不是互相抵消而是互相叠加。这样中性线电流不再为零，当三次及其奇数倍谐波电流含量大时，中性线电流可等于甚至大大超过相线电流。如果三相负载不平衡，中性线再叠加上不平衡电流后，其发热将更为严重。而中性线截面常常取为相线截面的1/3 ~1/2，在非线性负载日益增多，能产生大量三次谐波的气体放电灯等非线性负载大量使用的情况下，中性线的严重过载将带来火灾的隐患。

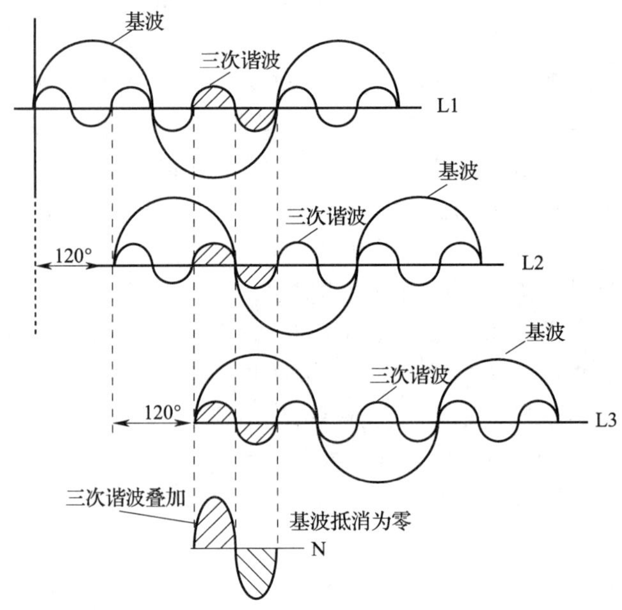

图 7—1　三次谐波电流在中性线上的叠加示意图

产生三次谐波的设备主要有：节能灯、荧光灯、计算机、变频空调、微波炉、镇流器、焊接设备、UPS 电源等。如节能荧光灯，因灯管内电弧的负阻特性，产生的谐波电流主要为三次谐波电流。

3. 漏电

电气设备或线路发生漏电时，因其电流一般较小，不能促使线路上熔断器的熔丝动作。一般当漏电电流沿线路比较均匀地分布，发热量分散时，火灾危险性不大。而当漏电电流集中在某一点时，可能引起比较严重的局部发热，引燃成灾。

4. 接触不良

电气线路或电气装置中的电路连接部位是系统中的薄弱环节，是产生危险温度的主要部位之一。

电气接头连接不牢、焊接不良或接头处夹有杂物，都会增加接触电阻而导致接头过热。刀开关、断路器、接触器的触头、插销的触点等，如果没有足够的接触压力或表面粗糙不平等，均可能增大接触电阻，产生危险温度。对于铜、铝接头，由于铜和铝的理化性能不同，接触状态会逐渐恶化，导致接头过热。

5. 铁心过热

对于电动机、变压器、接触器等带有铁心的电气设备，如果铁心短路（片间绝缘破坏）或线圈电压过高，由于涡流损耗和磁滞损耗增加，使铁损增大，将造成铁心过热并产生危险温度。

6. 散热不良

电气设备在运行时必须确保具有一定的散热或通风措施。如果这些措施失效，如通风道堵塞、风扇损坏、散热油管堵塞、安装位置不当、环境温度过高或距离外界热源太近等，均可能导致电气设备和线路过热。

7. 机械故障

由交流异步电动机驱动的设备，如果转动部分被卡死或轴承损坏，造成堵转或负载转矩过大，都会因电流显著增大而导致电动机过热。交流电磁铁在通电后，如果衔铁被卡死，不能吸合，则线圈中的大电流持续不降低，也会造成过热。

8. 电压异常

相对于额定值，电压过高和过低均属电压异常。电压过高时，除使铁心发热增加外，对于恒阻抗设备，还会使电流增大而发热。电压过低时，除可能造成电动机堵转、电磁铁衔铁吸合不上，使线圈电流大大增加而发热外，对于恒功率设备，还会使电流增大而发热。

二、电火花和电弧

电火花是电极间的击穿放电，电弧是大量电火花汇集而成的。在切断感性电路时，断路器触头分开瞬间，由于高温引起热电子发射，产生的电离作用使断开的触点之间形成密度很大的电子流和离子流，形成电弧和电火花。电弧形成过程中导电通道电流密度可达 10^4 ~ 10^7 A/cm^2，可使触头金属材料强烈发热，电弧形成后的弧柱温度可高达 6 000 ~ 7 000℃，甚至 10 000℃以上，不仅能引起可燃物燃烧，还能使金属熔化、飞溅，构成危险的火源。在有爆炸危险的场所，电火花和电弧是十分危险的因素。

电火花大体分为工作火花和事故火花两类。

工作火花指电气设备正常工作或正常操作过程中所产生的电火花，例如，刀开关、断路器、接触器、控制器接通和断开线路时会产生电火花；插销拔出或插入时的火花；直流电动机的电刷与换向器的滑动接触处、绕线转子异步电动机的电刷与集电环的滑动接触处也会产生电火花等。切断感性电路时，断口处火花能量较大，危险性也较大。其火花能量可按下式估算：

$$W_L = \frac{1}{2}LI^2 \quad (7—2)$$

式中，L——电路中的电感；

I——电路中的电流。

当该火花能量超过周围爆炸性混合物的最小引燃能量时，即可能引起爆炸。

事故火花包括线路或设备发生故障时出现的火花。如绝缘损坏、导线断线或连接松动导致短路或接地时产生的火花；电路发生故障，熔丝熔断时产生的火花；沿绝缘表面发生的闪络等。

电力线路和电气设备在投切过程中由于受感性和容性负荷的影响，在电路参数与相位作用下，会产生铁磁谐振和高次谐波，并引起过电压，这个过电压也会破坏电气设备绝缘造成击穿，并产生电弧。

事故火花还包括由外部原因产生的火花，如雷电直接放电及二次放电火花、静电火花、电磁感应火花等。

除上述外，电动机转子与定子发生摩擦（扫膛）或风扇与其他部件相碰也会产生火花，这都是由碰撞引起的机械性质的火花。

就电气设备着火而言，外界热源也可能引起火灾。如油浸变压器周围堆积杂物、油污并由外界火源引燃，可能导致变压器喷油燃烧甚至爆炸事故。

除油浸变压器外，多油断路器、电力电容器、充油套管、油浸纸绝缘电力电缆等充油设备也可能发生爆炸，充油设备的绝缘油在高温电弧作用下气化和分解，喷出大量油雾和可燃气体，还可引起空间爆炸。

在周围空间有爆炸性混合物，在危险温度或电火花作用下引起空间爆炸；如发电机的氢冷装置漏气或酸性蓄电池排出氢气等，形成爆炸性混合物，遇到危险温度或电火花可引起空间爆炸。

三、电气装置及电气线路引燃源

1. 电动机

异步电动机的火灾危险性是由于其内部和外部的诸如制造工艺和操作运行等种种原因造成的发热所引起的。其原因主要有：电源电压波动、频率过低；电动机运行中发生过载、闷车（堵转）、扫膛；电动机绝缘破坏，产生漏电，甚至发生相间、匝间短路；绕组断线或接触不良；选型和启动方式不当等。

（1）电动机过载运行

电动机过载运行，使电流超过额定值，长时间过载，会导致电动机超过允许温升，加速绝缘劣化，严重时会烧毁电动机，构成引燃源。

异步电动机的电磁转矩与绕组电压的平方成正比。当电源电压降低为额定电压的 80% 时，其电磁转矩下降到额定转矩的 64%，将无法正常带动额定负载，导致电动机转速下降，转差率上升，使电流增大，时间一长，就会引起绕组过热，形成电气引燃源，严重时会烧毁电动机。

（2）闷车（堵转）

当异步电动机所带负载转矩大于电动机的最大电磁转矩时，电动机将带不动负载，导致转速迅速下降为零。此时电流最大可为额定电流的 7 倍，会很快地使电动机烧毁并形成引燃源。

（3）电动机漏电或短路

电动机因绝缘劣化、检修时绝缘受损、异物进入电动机内、绕组受潮等会造成电动机漏电、接地短路、绕组匝间或相间短路，漏电电流或短路时的电弧会形成危险的电气引燃源。

（4）接触不良或断线

连接电动机主电路的接线处各接点接触不良或松动时，接触电阻增大，导致接点发热，使接点处的氧化加速，导致接触状态进一步劣化，因发热形成的高温会烧毁接点，形成电弧火花，构成引燃源。

三相异步电动机如果发生某相断线，则形成了缺相运行。此时，电动机绕组中的电流会明显上升，但又达不到保护电动机的熔断器的熔断电流值。因此，大电流长时间作用引起定子绕组过热，导致电动机烧毁，形成引燃源。

异步电动机形成引燃源的主要部位是绕组、铁心和轴承以及引线（电流回路）。其既有电气方面的原因也有机械方面的原因。而它们往往不是孤立的，电气原因可能引起机械方面的故障或事故，反之亦然；有时呈互为因果的恶性循环。

2. 电缆

当导线电缆发生短路、过载、局部过热、电火花或电弧等故障状态时，所产生的热量将远远超过正常状态。火灾案例表明，有的绝缘材料是直接被电火花或电弧引燃；有的绝缘材料是在高温作用下发生自燃；有的绝缘材料是在高温作用下加速了热老化进程，导致热击穿短路，产生的电弧将其引燃。

电缆构成引燃源的原因：

（1）电缆绝缘损坏

运输过程或敷设过程中造成的电缆绝缘的机械损伤，运行中的过载，接触不良、短路故障等都会使绝缘损坏，导致绝缘击穿而产生电弧。

（2）电缆头故障使绝缘物自燃

施工不规范，质量差，电缆头不清洁等降低了线间绝缘。

（3）电缆接头盒内发生故障燃烧

电缆接头盒的中间接头因压接不紧、焊接不良和接头材料选择不当，导致运行中接头氧化、发热、流胶或绝缘介质质量不合格，灌注时盒内存有空气，电缆盒密封不好，进入了水或潮气等，都会引起绝缘击穿，形成短路甚至发生爆炸。

（4）堆积在电缆上的粉尘起火

积粉不清扫，可燃性粉尘在外界高温或电缆过负荷时，在电缆表面的高温作用下，发生自燃起火。

（5）可燃气体从电缆沟窜入变、配电室

电缆沟与变、配电室的连通处未采取严密封堵措施，可燃气体通过电缆沟窜入变、配电室，引起火灾爆炸事故。

（6）电缆起火形成蔓延

电缆受外界引火源作用一旦起火，火焰沿电缆延燃，使危害扩大。

3. 低压开关设备和保护电器

开关电器在大气中开断时，只要电源电压超过 12 ~ 20 V，电流超过 0.25 ~ 1 A，在触头之间就会产生电弧。例如，铜触头间的最小生弧电压为 13 V，最小生弧电流为 0.43 A，当切断 220 V 交流电路时产生电弧的最小电流为 0.5 A。若切断电流时加于触头间的电压小于上述值，则会产生电火花。由于开关电器工作时，电路的电压和电流大都大于生弧电压和生弧电流，所以切断电路时必然产生电弧，在爆炸危险场所会引起电气火灾爆炸。

4. 电热器具和照明灯具引燃源

电热器具是将电能转换成热能的用电设备。常用的电热器具有电炉、电吹风机、电烤箱、电熨斗、电烙铁、电褥子等。

电热器具的电阻丝由镍铬合金制成，使用时温度可达 800℃以上，可引燃与其接触的或临近的可燃物。电热器具的功率一般比较大，使用不当容易引起火灾。电热器具连续工作时间过长，将使温度过高烧毁绝缘材料，引燃起火。电热器具电源线容量不够，可导致发热起火。

电熨斗和电烙铁的工作温度高达 500 ~ 600℃，能直接引燃可燃物。电褥子通电时间过长，或经常折叠，致使电热元件损坏发生短路，将因过热而引起火灾；如将电褥子折叠使用，破坏其散热条件，亦可导致起火燃烧。

照明灯泡和灯具工作温度较高，如安装、使用不当，均可能引起火灾。白炽灯泡表面温度随灯泡功率大小和生产厂家不同而差异很大，在一般散热条件下，其表面温度可参考表7—1。

表7—1　　一般散热条件下白炽灯灯泡表面温度

灯泡功率/W	40	75	100	150	200
表面温度/℃	55～60	140～200	170～220	150～230	160～300

有关试验表明，200 W的白炽灯灯泡紧贴纸张时，12 min即可引燃（引燃时的温度为333℃）；紧贴棉被时，5 min即可引燃（引燃时的温度为367℃）。卤钨灯、高压汞灯这类灯具的表面温度一般高达500～800℃，极易引起可燃物品起火。各种原因导致灯泡爆碎时，炽热的钨丝遇可燃物，会引起可燃物燃烧。

日光灯镇流器运行时间过长或质量不高，将使发热增加，温度上升，如超过镇流器所用绝缘材料的引燃温度，亦可引燃成灾。

第二节　危险物质

在大气条件下，气体、蒸气或薄雾、粉尘或纤维状的易燃物质与空气的混合物，点燃后燃烧能在整个范围内传播的混合物称为爆炸性混合物。含有爆炸性气体混合物的环境称为爆炸性气体环境；含有爆炸性粉尘混合物的环境称为爆炸性粉尘环境。凡有爆炸性混合物出现或可能有爆炸性混合物出现，且出现的量达到足以要求对电气设备和电气线路的结构、安装和使用采取防爆措施的区域称为爆炸危险区域。能形成上述爆炸性混合物的物质称为爆炸危险物质。

一、危险物质的分类及其性能参数

1．危险物质的分类

我国将爆炸危险物质分为以下三类：

Ⅰ类：矿井甲烷；

Ⅱ类：爆炸性气体、蒸气、薄雾；

Ⅲ类：爆炸性粉尘、纤维。

矿井下的瓦斯气体其主要成分为甲烷，因矿井下环境的特殊性，甲烷被单列为Ⅰ类。其他场所的爆炸性气体、蒸气、薄雾被划为Ⅱ类。Ⅲ类专指爆炸性粉尘、纤维，不包括不可能形成爆炸性粉尘混合物的悬浮状、堆积状可燃性粉尘或可燃纤维。

2. 危险物质的性能参数

危险物质的主要性能参数有闪点、燃点、引燃温度、爆炸极限、最小点燃电流比、最大试验安全间隙、蒸气密度等。

（1）闪点

在规定的试验条件下，易燃液体能释放出足够的蒸气并在液面上方与空气形成爆炸性混合物，点火时能发生闪燃的最低温度。易燃液体的闪点见表7—2。

表7—2　　爆炸性气体、蒸气的性能参数

物质名称	引燃温度组别	引燃温度/℃	闪点/℃	容积爆炸极限		蒸气密度（空气为1）
				下限/%	上限/%	
Ⅰ级						
甲烷	T1	537	气体	5.0	15.0	0.55
ⅡA级						
硝基甲烷	T2	415	36	7.1	63	2.11
氯代甲烷（甲基氯）	T1	625	气体	7.1	18.5	1.78
乙烷	T1	515	气体	3.0	15.5	1.04
溴乙烷	T1	511	< -20.0	6.7	11.3	3.76
1，4－二氧杂环乙烷	T4	180	12.2	2.0	22.0	3.03
1，2－二氯乙烷	T2	412	13.3	6.2	16.0	3.40
丙烷	T1	466	气体	2.1	9.5	1.56
3－氯－1，2－环氧丙烷	T2	385	28.0	2.3	34.4	3.28
丁烷	T2	365	气体	1.5	8.5	2.05
氯丁烷	T3	245	-12.0	1.8	10.1	3.20
戊烷	T3	285	< -40.0	1.4	7.8	2.49
己烷	T3	233	-21.7	1.2	7.5	2.79
庚烷	T3	215	-4.0	1.1	6.7	3.46
辛烷	T3	210	12.0	0.8	6.5	3.94
壬烷	T3	205	31	0.7	5.6	4.43
癸烷	T3	205	46.0	0.7	5.4	4.90

续表

物质名称	引燃温度组别	引燃温度/℃	闪点/℃	容积爆炸极限		蒸气密度（空气为1）
				下限/%	上限/%	
氯乙烯	T2	413	气体	3.8	29.3	2.16
苯乙烯	T1	490	32.0	1.1	8.0	3.59
甲醇	T1	455	11.0	5.5	36.0	1.10
乙醇	T2	422	11.1	3.5	19.0	1.59
丙醇	T2	405	15	2.1	13.5	2.07
丁醇	T2	340	29	1.4	10.0	2.55
戊醇	T3	300	32.7	1.2	10.5	3.04
二甲醚	T3	240	气体	3.0	27.0	1.59
乙醚	T4	170	-45.0	1.7	48.0	2.55
二丁醚	T4	175	25.0	1.5	7.6	4.48
甲乙酮	T1	505	-6.1	1.8	11.5	2.48
丙酮	T1	537	-19.0	2.5	13.0	2.00
乙醛	T4	140	-37.8	4.0	57.0	1.52
丁醛	T3	203	-6.7	1.4	12.5	2.48
甲酸甲酯	T2	450	< -20	5.0	20.0	2.07
乙酸乙酯	T2	400	-4.4	1.1	11.5	3.04
乙酸	T1	485	40.0	4.0	17.0	2.07
乙酸酐	T2	315	49.0	2.0	10.2	3.52
乙腈	T1	524	5.6	4.4	16.0	1.42
丙烯腈	T1	481	0	2.8	28.0	1.83
甲胺	T2	430	气体	5.0	20.7	1.07
苯	T1	555	11.1	1.2	8.0	2.70
噻吩	T2	395	-1.1	1.5	12.5	2.90
呋喃	T2	390	0	2.3	14.3	2.30
甲苯	T1	535	4.4	1.2	7.0	3.18
二甲苯	T1	465	30	1.0	7.6	3.66

续表

物质名称	引燃温度组别	引燃温度/℃	闪点/℃	容积爆炸极限		蒸气密度（空气为1）
				下限/%	上限/%	
乙苯	T2	430	15	1.0	7.8	3.66
萘	T1	540	80	0.9	5.9	4.42
氨	T1	630	气体	15.0	28.0	0.59
一氧化碳	T1	605	气体	12.5	74.0	0.97
氰化氢	T1	538	-17.8	5.6	41.0	0.93
硫化氢	T3	260	气体	4.3	45.0	1.19
汽油	T3	280	-42.8	1.4	7.6	3.40
ⅡB级						
环丙烷	T1	465	气体	2.4	10.4	1.45
环氧乙烷	T2	425	气体	3.0	100.0	1.52
乙烯	T2	425	气体	2.7	34.0	0.97
1，3-丁二烯	T2	415	气体	1.1	12.5	1.87
乙醚	T4	170	-45.0	1.7	48.0	2.55
乙基甲基醚	T4	190	气体	2.0	10.1	2.07
丙烯醛	T3	—	<-20	2.8	31.0	1.94
城市煤气	T1	—	气体	5.3	32.0	—
ⅡC级						
乙炔	T2	305	气体	1.5	82.0	0.90
氢	T1	560	气体	4.0	75.0	0.07
二硫化碳	T5	102	-30	1.0	60.0	2.64
水煤气	T1	—	气体	7.0	72.0	—

（2）燃点

燃点是物质在空气中点火时发生燃烧，移去火源仍能继续燃烧的最低温度。对于闪点不超过45 ℃的易燃液体，燃点仅比闪点高1～5 ℃，一般只考虑闪点，不考虑燃点。对于闪点比较高的可燃液体和可燃固体，闪点与燃点相差较大，应用时有必要分别加以考虑。

（3）引燃温度

引燃温度又称自燃点或自燃温度，是指在规定试验条件下，可燃物质不需要外来火源即发生燃烧的最低温度。一些气体、蒸气的引燃温度见表 7—2；一些粉尘、纤维的引燃温度见表 7—3；一些固体的引燃温度见表 7—4。

表 7—3　　易燃易爆粉尘、纤维的性能参数

粉尘种类	物质名称	引燃温度组别	高温表面沉积 5 mm 粉尘的引燃温度/℃	云状粉尘的引燃温度/℃	爆炸极限 /g·m^{-3}	粉尘平均粒径/μm	危险性种类
火药	一号硝化棉	T13	154	—	—	100 目	爆
	黑火药	T12	230	—	—	100 目	爆
炸药	梯恩梯	T12	220	—	—	—	爆
	奥克托金	T12	220	—	—	—	爆
	黑索金	T13	159	—	—	—	爆
	特屈儿	T13	168	—	—	—	爆
	泰安	T13	157	—	—	—	爆
矿物	铝（表面处理）	T11	320	590	37～50	10～15	爆
	铝（含油）	T12	230	400	37～50	10～20	爆
	铁粉	T12	242	430	153～240	100～150	易导
	镁	T11	340	470	44～59	5～10	爆
	红磷	T11	305	360	48～64	30～50	易燃
	炭黑	T12	535	>690	36～45	10～20	易导
	锌	T11	430	530	212～284	10～15	易导
	电石	T11	325	555	—	<200	易燃
	锆石	T11	305	360	92～123	5～10	易导
化学药品	蒽	T11	熔融升华	505	29～39	40～50	易燃
	苯二（甲）酸	T11	熔融	650	60～83	80～100	易燃
	硫黄	T11	熔融	235	—	30～50	易燃
	结晶紫	T11	熔融	475	46～70	15～30	易燃
	阿斯匹林	T11	熔融	405	31～41	60	易燃

续表

粉尘种类	物质名称	引燃温度组别	高温表面沉积5 mm粉尘的引燃温度/℃	云状粉尘的引燃温度/℃	爆炸极限/g·m^{-3}	粉尘平均粒径/μm	危险性种类
合成树脂	聚乙烯	T11	熔融	410	26～35	30～50	易燃
	聚苯乙烯	T11	熔融	475	27～37	40～60	易燃
	聚乙烯醇	T11	熔融	450	42～55	5～10	易燃
	聚丙烯酯	T11	熔融炭化	505	35～55	5～7	易燃
	聚氨酯（类）	T11	熔融	425	46～63	50～100	易燃
	聚乙烯四钛	T11	熔融	480	52～71	<200	易燃
	聚乙烯氮戊环酮	T11	熔融	465	42～58	10～15	易燃
	聚氯乙烯	T11	熔融炭化	595	63～86	4～5	易燃
	酚醛树脂（酚醛清漆）	T11	熔融炭化	520	36～49	10～20	易燃
橡胶天然树脂	聚丙烯腈	T11	炭化	505	—	5～7	—
	有机玻璃粉	T11	熔融炭化	435	—	—	易燃
	骨胶（虫胶）	T11	沸腾	475	—	20～50	易燃
	硬质橡胶	T11	沸腾	360	36～40	20～30	易燃
	天然树脂	T11	熔融	370	38～52	20～30	易燃
	松香	T11	熔融	325	—	50～80	易燃
沥青蜡类	硬蜡	T11	熔融	400	26～36	30～50	易燃
	绕组沥青	T11	熔融	620	—	50～80	易燃
	硬沥青	T11	熔融	620	—	50～150	易燃
	软沥青（EP54）	T11	熔融	620	—	50～80	易燃
农产品	小麦谷物粉	T11	290	420	—	15～30	易燃
	筛米粉	T11	270	410	—	50～100	易燃
	马铃薯淀粉	T11	炭化	430	—	20～30	易燃
	黑麦谷粉	T11	305	430	—	50～100	易燃
	砂糖粉	T11	熔融	360	77～99	20～40	易燃

续表

粉尘种类	物质名称	引燃温度组别	高温表面沉积5 mm粉尘的引燃温度/℃	云状粉尘的引燃温度/℃	爆炸极限/g·m^{-3}	粉尘平均粒径/μm	危险性种类
纤维粉	啤酒麦芽粉	T11	285	405	—	100～150	易燃
	亚麻粕粉	T11	285	470	—	—	易燃
	菜种渣粉	T11	炭化	465	—	400～600	易燃
	烟草纤维	T11	290	485	—	50～100	易燃
	软木粉	T11	325	460	44～59	30～40	易燃
燃料粉	有烟煤粉	T11	235	595	41～57	5～10	导
	贫煤粉	T11	285	680	34～45	5～7	导
	无烟煤粉	T11	>430	>600	—	100～150	导
	木炭粉（硬质）	T11	340	595	39～52	1～2	易导
	泥煤焦炭粉	T11	360	615	40～54	1～2	易导
	石墨	T11	不着火	>750	—	15～25	导
	炭黑	T11	535	>690	—	10～20	导

表7—4　　　　固体的引燃温度

物质名称	引燃温度/℃	物质名称	引燃温度/℃
黄（白）磷	60	硫	260
纸张	130	木炭	350
棉花	150	萘	515
布匹	200	蒽	470
焦炭	700	赤磷	200
煤	400	三硫化四磷	100
赛璐珞	140	松香	240
木材	250	沥青	280

（4）爆炸极限

爆炸极限是表征可燃气体、蒸气、薄雾、粉尘、纤维危险性的重要参数。爆炸极限是指在一定的温度和压力下，当可燃气体、蒸气、薄雾、粉尘、纤维与空气（或氧）在一定浓度范围内均匀混合，遇到火源发生爆炸的浓度范围。该范围的最低浓度称为爆炸下限（LEL）、最高浓度称为爆炸上限（UEL）。可燃气体的蒸气、薄雾的爆炸极限一般用其在混合气体中所占的体积分数来表示；可燃粉尘、纤维一般用其在混合物中的质量浓度（g/m^3）表示。

爆炸极限并非是一个常数，它受环境温度、初始压力、氧含量、惰性介质含量、容器的形状和大小、引燃源的作用状况等多种因素影响发生变化。

环境温度越高，燃烧越快，爆炸极限范围越大。

随初始压力升高，绝大多数气体混合物的爆炸下限略有下降，爆炸上限明显上升，爆炸极限范围增大。反之，随初始压力减小，爆炸极限范围缩小，当初始压力减小至某一数值时，爆炸极限范围缩至某一点，即爆炸下限与上限重合，意味着压力再降低时，混合气体将不会发生爆炸。将爆炸极限范围缩小为0时的初始压力称为临界压力。

氧含量升高，爆炸下限变化不大，爆炸上限明显升高，使得爆炸极限范围扩大。例如，甲烷在空气中的爆炸极限是4.9%～15%，在纯氧中的爆炸极限则是5.0%～61%。

混合气体中惰性气体含量增加，爆炸极限范围随之缩小。继续增加惰性气体含量，可使爆炸极限范围缩小为0，则该混合气体不再发生爆炸。

当容器细窄时，由于容器壁的冷却作用，爆炸极限范围变小。当容器直径减小至一定程度时，火焰不能蔓延，可消除爆炸危险，这个直径叫做临界直径。如甲烷的临界直径为0.4～0.5 mm，氢和乙炔的临界直径为0.1～0.2 mm。

引燃源温度越高，加热面积越大或作用时间越长，都使得爆炸极限范围越大。例如，对于甲烷，100 V，1 A的电火花不会引起爆炸；2 A的电火花可引起爆炸，爆炸极限为5.9 %～13.6%；3 A电火花的爆炸极限扩大为5.85%～14.8%。

（5）最小点燃电流比

最小点燃电流比（MICR）是指在规定试验条件下，气体、蒸气、薄雾等爆炸性混合物的最小点燃电流与甲烷爆炸性混合物的最小点燃电流之比。

（6）最小引燃能量

除最小点燃电流外，还经常用到最小引燃能量。最小引燃能量是指在规定的试验条件下，能使爆炸性混合物燃爆所需最小电火花的能量。如果引燃源的能量低于这个临界值，一般不会着火。

最小引燃能量受混合物性质、引燃源特征、压力、浓度、温度等因素的影响。纯氧中的最小引燃能量小于空气中的引燃能量。压力减小，最小引燃能量明显增大。例如，当压力分别为0.98 MPa，0.78 MPa，0.59 MPa和0.39 MPa时，乙炔分解爆炸的最小引燃能量分别为 3 mJ，6 mJ，12 mJ 和 32 mJ。在某一浓度下，最小引燃能量取得最小值；离开这一浓度，最小引燃能量都将变大。一些可燃气体、蒸气与空气的爆炸性混合物的最小引燃能量见表 7—5。一些粉尘与空气的爆炸性混合物的最小引燃能量见表 7—6。

表 7—5　　可燃气体、蒸气与空气的爆炸性混合物的最小引燃能量

名称	化学式	体积分数/%	最小引燃能量/mJ
乙炔	$HC \equiv CH$	7.73	0.02
乙烯	$CH_2=CH_2$	6.52	0.096
丙烯	$CH_3CH=CH_2$	4.44	0.282
二异丁烯	$(CH_3)_3CCH_2C(CH_3)=CH_2$	1.71	0.96
甲烷	CH_4	9.50	0.33
丙烯	$CH_3CH_2CH_3$	4.02	0.31
戊烯	$CH_3(CH_2)_3CH_3$	2.55	0.49
乙腈	CH_3CH	7.02	6.00
乙胺	$C_2H_5NH_2$	5.28	2.40
乙醚	$C_2H_5OC_2H_5$	3.37	0.49
乙醛	CH_3CHO	7.72	0.376
丙烯醛	$CH_2=CHCHO$	5.64	0.13
甲醇	CH_3OH	12.24	0.215
丙酮	CH_3COCH_3	4.97	1.15
乙酸乙酯	$CH_3CO_2C_2H_5$	4.02	1.42
乙烯基醋酸	$CH_2=CHCH_2COOH$	4.44	0.70
苯	C_6H_6	2.71	0.55
甲苯	$C_6H_5CH_3$	2.27	2.50
二硫化碳	CS_2	6.52	0.015
氨	NH_3	21.8	680
氢	H_2	29.6	0.02
硫化氢	H_2S	12.2	0.077

表 7—6　　粉尘与空气爆炸性混合物的最小引燃能量

名称	层积状	悬浮状	名称	层积状	悬浮状
铝	1.6	10	聚乙烯	—	30
铁	7	20	聚苯乙烯	—	15
镁	0.24	20	酚醛树脂	40	10
钛	0.008	10	醋酸纤维	—	11
锆	0.000 4	5	沥青	4 ~ 6	20 ~ 25
锰铁合金	8	80	大米	—	40
硅	2.4	80	小麦	—	50
硫	1.6	15	大豆	40	50
硬脂酸铝	40	10	砂糖	—	30
阿司匹林	160	25	硬木	—	20

（7）最大试验安全间隙

最大试验安全间隙（MESG），是衡量爆炸性物品传爆能力的性能参数，是指在规定试验条件下，两个经间隙长为 25 mm 连通的容器，一个容器内燃爆时不致引起另一个容器内燃爆的最大连通间隙。

二、危险物质的分级分组

按危险物质的性能参数对其进行分级分组，以便有针对性地对危险物质进行防范。

1. 爆炸性气体混合物的分级、分组

（1）分级

Ⅰ类爆炸性气体仅有矿井甲烷一种气体，不分级。

Ⅱ类爆炸性气体混合物，按其最大试验安全间隙（MESG）或最小点燃电流比（MICR）分级，共分为 A、B、C 三级，即ⅡA、ⅡB、ⅡC，并符合表 7—7 的规定。

表 7—7　最大试验安全间隙（MESG）或最小点燃电流比（MICR）分级

级别	最大试验安全间隙（MESG）（mm）	最小点燃电流比（MICR）
ⅡA	≥0.9	>0.8
ⅡB	≥0.5 < MESG < 0.9	0.45 ≤ MICR ≤ 0.8
ⅡC	≤0.5	<0.45

（2）分组

Ⅱ类爆炸性气体混合物按引燃温度进行分组，分为 T1 ~ T6 共 6 组，各组相应的引燃温度范围见表 7—8。

表 7—8　　引燃温度分组

组　　别	引燃温度 t（℃）
T1	$450 < t$
T2	$300 < t \leqslant 450$
T3	$200 < t \leqslant 300$
T4	$135 < t \leqslant 200$
T5	$100 < t \leqslant 135$
T6	$85 < t \leqslant 100$

爆炸性气体、蒸气、薄雾分级、分组的举例见表 7—9。

表 7—9　　爆炸性气体的分类、分级和分组

类和级	最大试验安全间隙（mm）	最小点燃电流比	引燃温度（℃）及组别					
			T1	T2	T3	T4	T5	T6
			$t > 450$	$300 < t \leqslant 450$	$200 < t \leqslant 300$	$135 < t \leqslant 200$	$100 < t \leqslant 135$	$85 < t \leqslant 100$
Ⅰ	1. 14	1. 0	甲烷					
ⅡA	0. 9 ~ 1. 14	0. 8 ~ 1. 0	乙烷、丙烷、丙酮、氯苯、苯乙烯、氯乙烯、甲苯、苯胺、甲醇、一氧化碳、乙酸乙酯、乙酸、丙燃腈	丁烷、乙醇、丙烯、丁醇、乙酸丁酯、乙酸戊酯、乙酸酐	戊烷、己烷、庚烷、癸烷、辛烷、汽油、硫化氢、环己烷	乙醚、乙醇	—	亚硝酸乙酯

续表

类和级	最大试验安全间隙（mm）	最小点燃电流比	引燃温度（℃）及组别					
			T1	T2	T3	T4	T5	T6
			$t>450$	$300<t\leqslant450$	$200<t\leqslant300$	$135<t\leqslant200$	$100<t\leqslant135$	$85<t\leqslant100$
ⅡB	0.5～0.9	0.45～0.8	二甲醚、民用煤气、环丙烷	环氧乙烷、环氧丙烷、丁二烯、乙烯	异戊二烯	—	—	—
ⅡC	≤0.5	≤0.45	水煤气、氢、焦炉煤气	乙炔	—	—	二硫化碳	硝酸乙酯

注：最大试验安全间隙与最小点燃电流比在分级上的关系只是近似相等。

2. 爆炸性粉尘、纤维的分组

（1）爆炸性粉尘环境中的粉尘种类

爆炸性粉尘环境中粉尘应分为以下四种。

1）爆炸性粉尘：这种粉尘即使在空气中氧气很少的环境中也能着火，呈悬浮状态时能发生剧烈的爆炸，如镁、铝、铝青铜等粉尘。

2）可燃性导电粉尘：与空气中的氧起发热反应而燃烧的导电性粉尘，如石墨、炭黑、焦炭、煤、铁、锌、钛等粉尘。导电性粉尘的电阻系数等于或小于 $1\times10^{3}\ \Omega\cdot m$。

3）可燃性非导电粉尘：与空气中的氧起发热反应而燃烧的非导电性粉尘，如聚乙烯、苯酚树脂、小麦、玉米、砂糖、染料、可可、木质、米糠、硫黄等粉尘。

4）可燃纤维：与空气中的氧气发热反应而燃烧的纤维，如棉花纤维、麻纤维、丝纤维、毛纤维、木质纤维、人造纤维等。

对于电气装置来说，导电性粉尘导致电火花的危险性较非导电性粉尘高，从电气装置的危险温度及电气火花导致的危险程度来说，导电性粉尘亦较非导电性粉尘高。

（2）爆炸性粉尘环境中的粉尘分组

在爆炸性粉尘环境中出现的粉尘按引燃温度分组，分为 T11～T13 共 3 组。各组相应的引燃温度范围见表 7—10。

表 7—10　　引燃温度分组

温度组别	引燃温度（t）℃
T11	$t>270$
T12	$200<t\leq 270$
T13	$150<t\leq 200$

注：确定粉尘温度组别时，应取粉尘云的引燃温度和粉尘层的引燃温度两者中的低值。

第三节　危险环境

由于爆炸性气体、蒸气或薄雾、粉尘或纤维状的物理性质、出现的形式、涉及的范围、存在的概率和持续的时间的不同，发生爆炸的可能性及危害程度是不同的。同时，上述因素，也直接影响着爆炸危险环境的区域范围。因此，除了对爆炸性环境中的气体、蒸气或薄雾、粉尘或纤维状进行分级、分组之外，还需要根据爆炸性气体出现的频繁程度和持续时间，对爆炸性气体危险环境进行区域划分。对场所进行区域划分的目的是便于正确选择和安装危险场所中的电气装置，实现爆炸和火灾危险环境中电气装置的安全使用。

一、爆炸性气体环境

1. 爆炸性气体危险场所的危险等级

爆炸性气体危险场所的危险等级反映场所内爆炸性气体混合物出现的频繁程度和持续时间。我国国家标准与 IEC 标准的规定一致，根据爆炸性气体混合物出现的频繁程度和持续时间将爆炸性气体危险场所划分为三个级别，用“区”来描述，即 0 区、1 区和 2 区。其各自的定义如下：

1）0 区：在正常情况下，爆炸性气体混合物连续或长时期存在的场所。

2）1 区：在正常情况下，爆炸性气体混合物有可能出现的场所。

3）2 区：在正常情况下，爆炸性气体混合物不可能出现，或即使出现也只是短时间存在的场所。

这里的正常情况是指设备正常的启动、运转、停止、易燃物质产品的装卸、密闭容器盖的开闭，安全阀、排放阀以及所有工厂设备都在其设计参数要求范围内工作的状态。

上述三个区域中，0 区是最为危险的环境，但除了封闭的空间，如密闭的容器、储油罐等内部气体空间外，很少存在0区。虽然爆炸性气体的浓度高于爆炸上限，但是可能进入空气而达到爆炸极限范围内的环境仍划为0区。例如，固定盖顶的液体储罐，当液面以上空间未充惰性气体时应划为0区。三个区域中，2区相对危险性较小。

对于具有潜在的爆炸危险性的环境，一般是基于区域的定义和相关的要素划分区域。主要考虑的因素主要有：

1）存在爆炸性气体的可能性。

2）爆炸性气体的释放量。

3）爆炸性气体的特性（如：气体的密度等）。

4）环境条件（主要是通风，还包括气压、温度、湿度等）。

5）远离释放源的距离。

当符合下列条件时，可划为非爆炸危险环境。

1）没有释放源且易燃物质又不可能侵入的区域。

2）易燃物质可能出现的最高体积浓度不超过爆炸下限（LEL）的10%。

3）在生产过程中，使用明火的设备附近或炽热部件表面温度超过区域内易燃物质引燃温度的设备附近。

4）在生产装置区外，露天或开敞设置的输送易燃物质的架空管道地带（但其阀门等的密封处除外）。

2. 释放源和通风条件的影响

（1）释放源的等级

确定环境的危险区域类型的根本因素是鉴别释放源和确定释放源的等级。

释放源按其释放可燃物质的频率、持续时间和数量等划为三个基本等级，即连续级、第一级、第二级释放源。其中：

连续级释放源——预计长期释放或短时频繁释放的释放源。

第一级释放源——预计在正常运行时周期性释放或偶尔释放的释放源；类似于“正常运行时会释放易燃物质的泵、压缩机和阀门的密封处”“正常运行时会向空间释放易燃物质的取样点”等情况可划为第一级释放源。

第二级释放源——预计在正常运行时不可能释放，即使释放也仅仅是偶尔短时释放的释放源。类似“正常运行时不能出现释放易燃物质的泵、压缩机和阀门的密封处”“正常运行时不能释放易燃易爆物质的法兰、连接件和管道接头”“正常运行时不能向空间释放易燃物质的安全阀、排气孔和其他孔口处”等情况可划为第二级释放源。

现场实际情况可能同时具有连续级、第一级、第二级三个基本等级中的两个或三个释放源，即所谓多级释放源。它指的是那些基本上已经被定为连续级或第一级的释放源，它们同时又指以比基本等级频率小，或者释放时间短，且能形成更大范围危险场所而释放的释放源。

一般情况下，连续级释放源形成0区危险环境，第一级释放源形成1区危险环境，第二级释放源形成2区危险环境。

值得注意的是，在三个释放等级描述中使用了一些术语，如连续级释放源定义中的“长期释放”“短时频繁释放”；第一级释放源定义中的“周期或偶尔释放”；第二级释放源定义中的“偶尔短时释放”等。由于只是定性的说法，实践中对上述术语的理解，往往存在较大的差异。一般应参照如下粗略定量考虑。即：

连续级释放源定义中的“长期释放”是指持续时间在20～30 h以上；“短时频繁释放”中的“短时”是指持续时间在2～3 h以下；“频繁”是指一年中出现20～30次以上。

第二级释放源定义中的“偶尔短时释放”中的偶尔指的是一年中仅发生2～3次以下。

第一级释放源定义中的“周期或偶尔释放”可以参考连续级和第二级释放源把握。

为了便于对各个区域的概念进行掌握和比较，可以参考图7—2的爆炸危险水平比较概念图。

(2) 通风类型划分

通风的有效性直接影响着爆炸性环境的存在和形成。不同的通风效果将直接影

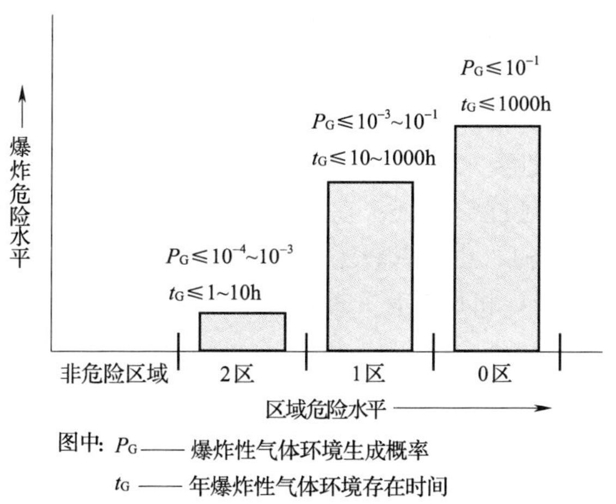

图7—2 爆炸危险水平比较概念图

响危险环境的最终划分结果。适当的通风可以加速爆炸性混合物在空气中的扩散和消散，良好的、有效的通风效果可以缩小危险环境的范围或使高一级的危险环境降为低一级的危险环境，甚至无爆炸危险环境。相反，无通风或差的通风效果也会扩大危险环境的范围，甚至可能使低一级的危险环境变成高一级的危险环境。因此，通风等级的确定也是确定环境的危险区域类型的重要因素之一。

1）通风的主要型式。通风主要有自然通风和人工通风两种类型。

自然通风，指的是一种由风或温度的配合效果而引起的空气流动或新鲜空气的置换。户外开放场所、户外开放式建筑物或具备良好自然通风条件的户内环境（如空气对流通道）的通风都可列为自然通风。

人工通风，指的是一种利用人工方法（例如排气扇等）使危险环境的空气流动或新鲜空气置换。人工通风是一种强制性通风，又分为对整体场所进行的普遍性强制通风和对局部场所进行的针对性强制通风。

2）通风的有效性。通风的有效性主要反映通风连续性的优劣，影响着爆炸危险环境的存在或形成。通风有效性分为“良好”“一般”和“差”三个等级。

“良好通风”指的是通风连续地存在。

“一般通风”指的是在正常运行时，预计通风存在，允许短时、不经常的不连续通风。

“差的通风”指的是不能满足“良好”或“一般”标准的通风，但预计不会出现长时间的不连续通风。

与通风相对应的“无通风”，指的是不采取新鲜空气置换措施的状态。

自然通风条件下，对户外场所，一般情况下，判断通风条件应以假设最小风速为 0.5 m/s 为基础，且连续地存在。这种情况下，通风的有效性应被看做是“良好”。

在人工通风条件下，估计通风有效性时，应考虑通风设备的可靠性和有效性。例如，通常良好的有效性要求具有备用的风机，且在故障状态下，备用风机能自动启动。但是，若通过措施能够保证，在通风设备出现故障时可燃性物质不会释放（例如自动关闭加工设备），也可以假定通风有效性良好。

3）通风的等级。IEC 和我国有关标准将通风分为高、中、低三个等级。分别定义为：

高级通风（VH）——能够在释放源处瞬间降低其浓度，使其低于爆炸下限（LEL），区域范围很小甚至可以忽略不计。

中级通风（VM）——能够控制浓度，使得区域界限外部的浓度稳定地低于爆炸下限，虽然释放源正在释放中，并且释放停止后，爆炸性环境持续存在时间不会过长。

低级通风（VL）——在释放源释放过程中，不能控制其浓度，并且在释放源停止释放后，也不能阻止爆炸性环境持续存在。

3. 爆炸性气体场所危险区域的划分

划分危险区域时，应综合考虑释放源级别和通风条件，并应遵循以下原则：

（1）首先应按下列释放源级别划分区域

存在连续级释放源的区域可划为 0 区；存在第一级释放源区域，可划为 1 区；存在第二级释放源的区域，可划为 2 区。

（2）其次应根据通风条件调整区域划分

当通风良好时，应降低爆炸危险区域等级。良好的通风标志是混合物中危险物质的浓度被稀释到爆炸下限的 25% 以下。当通风不良时，应提高爆炸危险区域等级。

局部机械通风在降低爆炸性气体混合物浓度方面比自然通风和一般机械通风更为有效时，可采用局部机械通风降低爆炸性危险区域等级。

在障碍物、凹坑、死角等处，由于通风不良，应局部提高爆炸危险区域等级。

利用堤或墙等障碍物，可限制比空气重的爆炸性气体混合物的扩散，缩小爆炸危险范围。

通风等级是与通风的有效性相配合来反映通风的总体情况的，并影响危险区域的划分。

通风对区域类型的影响见表 7—11。

表 7—11　　通风对区域类型的影响

释放源等级	通风等级						
	高			中			低
	通风有效性						
	良好	一般	差	良好	一般	差	良好、一般或差
连续级	(0 区 NE) 非危险[1]	(0 区 NE) 2 区[1]	(0 区 NE) 1 区[1]	0 区	0 区 + 2 区	0 区 + 1 区	0 区
第一级	(1 区 NE) 非危险[1]	(1 区 NE) 2 区[1]	(1 区 NE) 2 区[1]	1 区	1 区 + 2 区	1 区 + 2 区	1 区或 0 区[3]
第二级[2]	(2 区 NE) 非危险[1]	(2 区 NE) 非危险[1]	2 区	2 区	2 区	2 区	1 区甚至 0 区[3]

注：1）0 区 NE、1 区 NE 或 2 区 NE 表示在正常条件下，其范围可忽略不计的理论上的区域。

2）由第二级释放源产生的 2 区范围也许会超过可归为第一级或连续级释放源引起的范围，在这种情况下，应取较大的距离。

3）若通风很弱，而且事实上释放爆炸性环境的情况实质上还连续存在（亦即接近“无通风”条件），则为 0 区。

“+”表示被……包围。

4. 爆炸性气体环境危险区域的范围

爆炸性气体环境危险区域的范围应按下列要求确定：

（1）爆炸危险区域的范围应根据释放源的级别和位置、易燃物质的性质、通风条件、障碍物及生产条件、运行经验，经技术经济比较综合确定。

（2）建筑物内部，宜以厂房为单位划定爆炸危险区域的范围。但也应根据生产的具体情况，当厂房内空间大，释放源释放的易燃物质量少时，可按厂房内部分空间划定爆炸危险的区域范围，并应符合下列规定：

1）当厂房内具有比空气密度大的易燃物质时，厂房内通风换气次数不应少于2次/h，且换气不受阻碍；厂房地面上高度1 m以内容积的空气与释放至厂房内的易燃物质所形成的爆炸性气体混合浓度应小于爆炸下限。

2）当厂房内具有比空气密度小的易燃物质时，厂房平屋顶平面以下1 m高度内，或圆顶、斜顶的最高点以下2 m高度内的容积的空气与释放至厂房内的易燃物质所形成的爆炸性气体混合物的浓度应小于爆炸下限。

应注意，释放至厂房内的易燃物质的最大量应按1 h释放量的3倍计算，但不包括由于灾难性事故引起破裂时的释放量。

另外，我国相关规程将相对密度小于或等于0.75的爆炸性气体规定为轻于空气的气体；相对密度大于0.75的爆炸性气体规定为重于空气的气体。

（3）当易燃物质可能大量释放并扩散到15 m以外时，爆炸危险区域的范围应划分附加2区。

（4）在物料操作温度高于可燃液体闪点的情况下，可燃液体可能泄漏时，其爆炸危险区域的范围可适当缩小。

在确定爆炸危险区域的等级和范围时，宜符合图7—3至图7—6中爆炸性气体在不同密度和不同通风条件下典型爆炸危险区域划分示例的规定，并应根据易燃物质的释放量、释放速度、沸点、温度、闪点、相对密度、爆炸下限、障碍等条件，结合实践经验确定。在爆炸危险环境实施电气防爆措施的整体工作中，爆炸危险区域的划分是一项相对难度较大的环节。在危险区域划分时，既要防止盲目提高区域危险等级和扩大危险区域的范围所造成的不必要的经济投入增加；同时，还要防止盲目降低区域危险等级和缩小危险区域的范围所导致的电气防爆措施不到位，增大爆炸事故发生的风险。因此，爆炸危险区域的划分不仅需要由懂得可燃物质性能、设备和工艺性能的专业人员进行，还应与安全、电气及其他专业的工程技术人员商议共同完成。

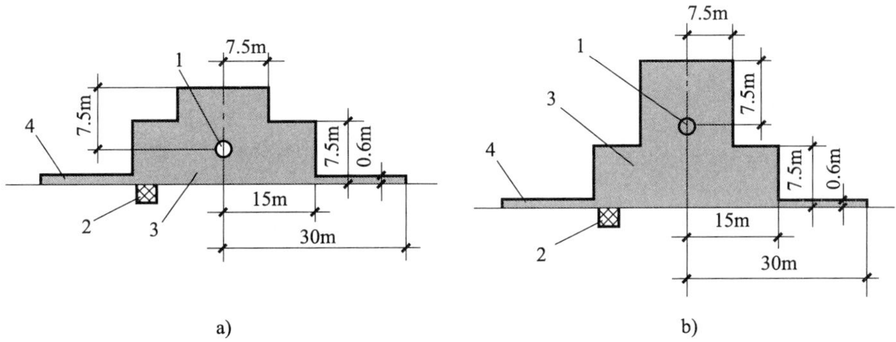

图 7—3　蒸气密度大于空气密度、通风良好的爆炸危险区域

a）释放源接近地面　b）释放源离开地面

1—第二级释放源　2—1 区　3—2 区　4—附加 2 区

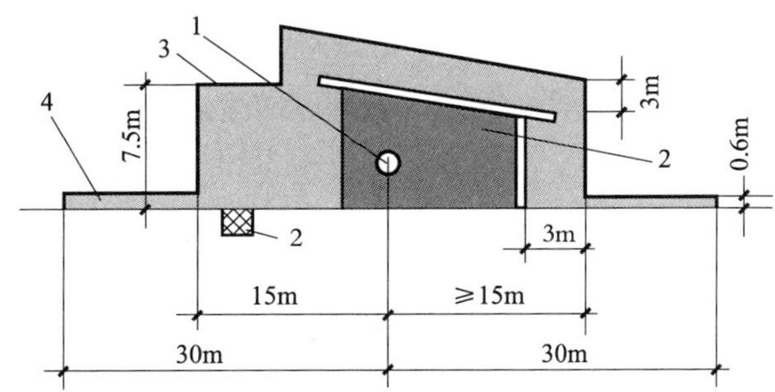

图 7—4　蒸气密度大于空气密度、通风不良的爆炸危险区域

1—第二级释放源　2—1 区　3—2 区　4—附加 2 区

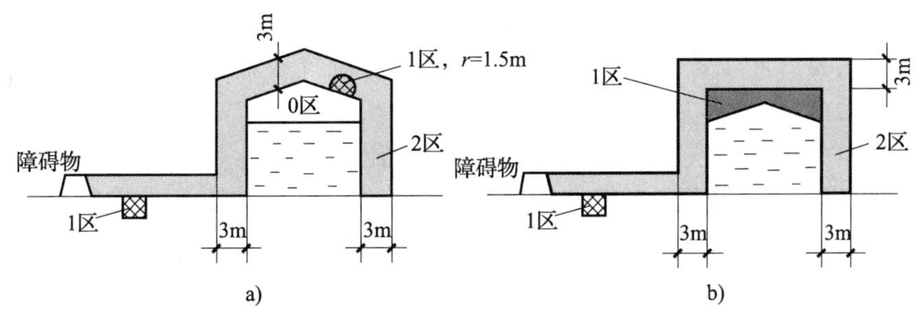

图 7—5　蒸气密度大于空气密度、户外储罐的爆炸危险区域

a）固定式　b）浮顶式

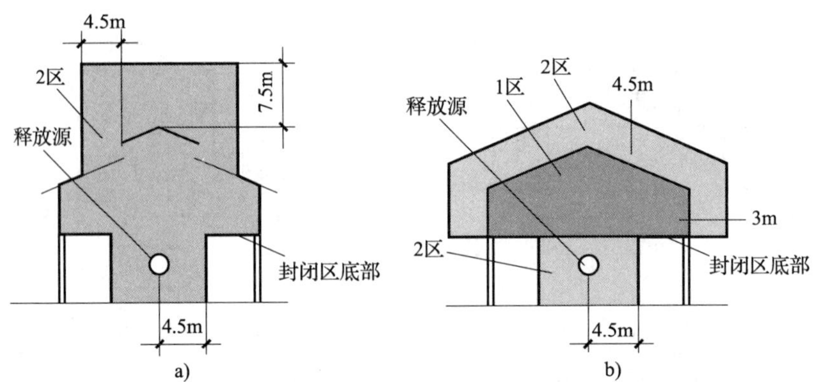

图 7—6　蒸气密度小于空气密度的压缩机房的爆炸危险区域

a）通风良好　b）通风不良

二、爆炸性粉尘环境

爆炸性粉尘环境是指在生产、加工、处理、转运或储存过程中出现或可能出现爆炸性粉尘、可燃性导电粉尘、可燃性非导电粉尘和可燃纤维与空气形成的爆炸性粉尘混合物的环境。

1．爆炸性粉尘环境的分区

（1）爆炸性粉尘环境根据爆炸性粉尘混合物出现的频繁程度和持续时间，按下列规定进行分区。

1）10 区：连续出现或长期出现爆炸性粉尘环境。

2）11 区：有时会将积留下的粉尘扬起而偶然出现爆炸性粉尘混合物的环境。

（2）爆炸危险区域的划分应按爆炸性粉尘的量、爆炸极限和通风条件确定。

符合下列条件之一时，可划为非爆炸危险区域：

1）装有良好除尘效果的除尘装置，当该除尘装置停车时，工艺机组能联锁停车。

2）设有为爆炸性粉尘环境服务，并用墙隔绝的送风机室，其通向爆炸性粉尘环境的风道设有能防止爆炸性粉尘混合物侵入的安全装置，如单向流通风道及能阻火的安全装置。

3）区域内使用爆炸性粉尘的量不大，且在排风柜内或风罩下进行操作。

（3）应注意，为爆炸性粉尘环境服务的排风机室，应与被排风区域的爆炸危险区域等级相同。

2. 爆炸性粉尘环境危险区域的范围

（1）爆炸性粉尘环境的范围，应根据爆炸性粉尘的量、释放率、浓度和物理特性，以及同类企业相似厂房的实践经验等确定。

（2）爆炸性粉尘环境在建筑物内部，宜以厂房为单位确定范围。

（3）在国家标准 GB 12476.1《可燃性粉尘环境用电气设备　第 1 部分：用外壳和限制表面温度保护的电气设备　第 1 节：电气设备的技术要求》中，给出了等同采用 IEC61241－1－1 的可燃性粉尘环境区域划分方法，即根据可燃性粉尘/空气混合物出现的频率和持续时间及粉尘层厚度进行的分类。将可燃性粉尘环境分为 20 区、21 区和 22 区。各区定义如下：

1）20 区。在正常运行工程中，可燃性粉尘连续出现或经常出现其数量足以形成可燃性粉尘与空气混合物和/或可能形成无法控制和极厚的粉尘层的场所及容器内部。

2）21 区。在正常运行过程中，可能出现粉尘数量足以形成可燃性粉尘与空气混合物但未划入 20 区的场所。该区域包括，与充入或排放粉尘点直接相邻的场所、出现粉尘层和正常操作情况下可能产生可燃浓度的可燃性粉尘与空气混合物的场所。

3）22 区。在异常情况下，可燃性粉尘云偶尔出现并且只是短时间存在，或可燃性粉尘偶尔出现堆积或可能存在粉尘层并且产生可燃性粉尘空气混合物的场所。如果不能保证排除可燃性粉尘堆积或粉尘层时，则应划为 21 区。

三、火灾危险环境

火灾危险环境是指在生产、加工、处理、转运或储存过程中出现或可能出现下列火灾危险物质之一，且在其数量和配置上能引起火灾危险的环境。

（1）闪点高于环境温度的可燃液体；在物料操作温度高于可燃液体闪点的情况下，有可能泄漏但不能形成爆炸性气体混合物的可燃液体。

（2）不可能形成爆炸性粉尘混合物的悬浮状、堆积状可燃粉尘或可燃纤维以及其他固体状可燃物质。

1. 火灾危险环境中可燃物质种类

在火灾危险环境中能引起火灾危险的可燃物质可分为下列四种：

（1）可燃液体

如柴油、润滑油、变压器油等。

（2）可燃粉尘

如铝粉、焦炭粉、煤粉、面粉、合成树脂粉等。

（3）固体状可燃物质

如煤、焦炭、木材等。

（4）可燃纤维

如棉花纤维、麻纤维、丝纤维、毛纤维、木质纤维、合成纤维等。

2. 火灾危险区域划分

火灾危险环境根据火灾事故发生的可能性和后果，以及危险程度及物质状态的不同，按下列规定进行分区。

（1）21 区

具有闪点高于环境温度的可燃液体，在数量和配置上能引起火灾危险的环境。

（2）22 区

具有悬浮状、堆积状的可燃粉尘或可燃纤维，虽不可能形成爆炸混合物，但在数量和配置上能引起火灾危险的环境。

（3）23 区

具有固体状可燃物质，在数量和配置上能引起火灾危险的环境。

第四节　防爆电气设备和防爆电气线路

众所周知，当爆炸性物质（可燃性气体或粉尘等）、空气（氧气）和引燃源三个条件同时存在，且爆炸性物质与空气的混合浓度处于爆炸极限范围内时，将不可避免地发生爆炸。因此，为了防止爆炸事故的发生，首先是设法避免上述三条件同时存在。最基本的技术是将所有可能产生引燃源（危险温度和电火花、电弧）的电气设备安装在非爆炸、火灾危险区域。但在实践中，许多工业生产现场的实际情况和具体应用要求，决定了相当一部分电气设备必须安装在爆炸、火灾危险区域内。此时需要选用具有特定防爆技术措施的电气装置来防止电气引燃源的形成，保证生产现场的安全，避免灾难性爆炸事故的发生。

一、防爆电气设备

1. 防爆电气设备类型

按照使用环境的不同，防爆电气设备分成两类：Ⅰ类为煤矿井下用电气设备；Ⅱ类为工厂用电气设备。按防爆结构型式，防爆电气设备分为以下类型：

（1）隔爆型

这类电气设备具有隔爆外壳，其外壳具有良好的耐爆性和隔爆性，能承受内部的爆炸性混合物爆炸而不致受到损坏，而且不致使内部爆炸通过外壳任何接合面或结构孔洞引起外部爆炸性混合物爆炸。当电气设备外壳内发生爆炸时，火焰经各接合面喷出时，由于作为隔爆间隙的接合面间隙及结构孔洞的间隙足够小，接合面宽度足够大，阻断了燃烧的链式反应，起到了熄火作用。隔爆间隙的作用原理也可用间隙的散热作用来解释。当火焰通过间隙传出时被冷却，其温度降到引燃温度以下，便不致发生传爆。

隔爆型电气设备的外壳用钢板、铸钢、铝合金、灰铸铁等材料制成。

隔爆型电气设备可经隔爆型接线盒（或插销座）接线，亦可直接接线。连接处应有防止拉力损坏接线端子的设施，应有密封措施，连接装置的接合面应有足够的长度。

隔爆型电气设备的紧固螺栓和螺母须有防松装置，不透螺孔须留有1.5倍防松垫圈厚度的余量；紧固螺栓不得穿透外壳，周围和底部余厚不得小于3 mm。螺纹啮合不得少于6扣，啮合长度的要求是：容积为100 cm^3及其以下者不得小于5 mm，容积为100 cm^3以上者不得小于8 mm。

正常运行时产生火花或电弧的电气设备须设有联锁装置，保证电源接通时不能打开壳、盖，而壳、盖打开时不能接通电源。

（2）增安型

这类电气设备没有隔爆外壳，是通过在结构上采取种种措施来提高安全程度。使电气设备在正常时不会产生火花、电弧，也不会产生足以引燃爆炸性混合物的高温。

增安型设备的绝缘带电部件的外壳防护不得低于IP44，裸露带电部件的外壳防护不得低于IP54。引入电缆或导线的连接件应保证与电缆或导线连接牢固、接线方便，同时还须防止电缆或导线松动、自行脱落、扭转，并能保持足够的接触压力。在正常工作条件下，连接件的接触压力不得因温度升高而降低；连接件不得带有可能损伤电缆或导线的棱角；正常紧固时不得产生永久变形和自行转动；不允许用绝缘材料部件传递接点压力。用于连接多股线的连接件须采取措施，防止导线松股；使用铜铝导线连接时，应采用铜铝过渡接头。

（3）本质安全型

这类电气设备在正常工作或规定的故障状态下产生的火花或热效应均不能点燃规定的爆炸性混合物。

本质安全型设备按其使用场所的安全程度分为ia级和ib级。前者是在正常工作、发生一个故障及发生两个故障时均不能点燃爆炸性混合物的电气设备，主要用于0区；后者是正常工作和发生一个故障时不能点燃爆炸性混合物的电气设备，主要用于1区和2区。由一个故障引起的一系列故障只能算做一个故障。

除特殊情况外，本质安全型设备及其关联设备外壳防护等级不得低于IP20，用于煤矿井下采掘工作面的不得低于IP54。其外部连接可以采用接线端子与接线盒或采用插接件，接线端子之间、接线端子与外壳之间均应有足够的距离，插接件应有防止拉脱的措施。

为了防止非本质安全电路的危险能量窜入本质安全电路，采用安全栅来作为一个限制能量的接口，限制过大的能量从非本质安全电路进入本质安全电路。从安全栅的结构划分，安全栅可分成齐纳式安全栅和隔离式安全栅。

齐纳式安全栅电路结构如图7—7所示，由快速熔断器FU、齐纳二极管（稳压二极管）VS1、VS2和限流电阻R1三部分组成。正常工作情况下，端子1、2之间的电压低于VS1、VS2的击穿电压，VS1、VS2处在“开路”状态，安全栅电路不会影响系统的正常工作。当1、2端因某种原因混入高电压时，VS1、VS2反向击穿呈“导通”状态，将混入的高电压限制在VS1、VS2的稳定电压上，使3、4端不会出现高电压。同时，VS1、VS2击穿导致电流急剧上升，使FU瞬时熔断，切断了1、2端高电压的输入。而当现场（危险区域内）发生故障，如负载短路时，R1立即起到限流作用，将短路电流限制在安全的范围内。

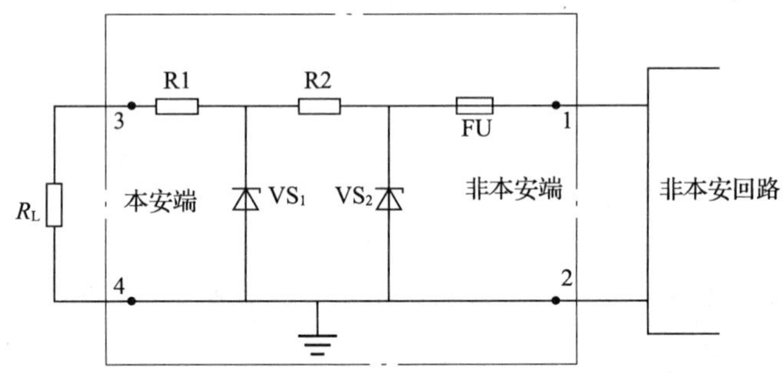

图7—7　齐纳式安全栅电路结构

隔离式安全栅一般由快速熔断器、可靠隔离单元以及一个相当于具有限压、限流功能的二极管安全栅网络组成，其基本组成示意图如图7—8所示。由快速熔断器实现快速切断功能；可靠隔离单元的变压器起隔离作用，齐纳二极管和电阻构成的安全栅网络起限流、限压作用。隔离式安全栅由于采用了快速切断、隔离、限流、限压等多种措施，一方面保证了系统的防爆性能，另一方面增强了系统的抗干扰能力。

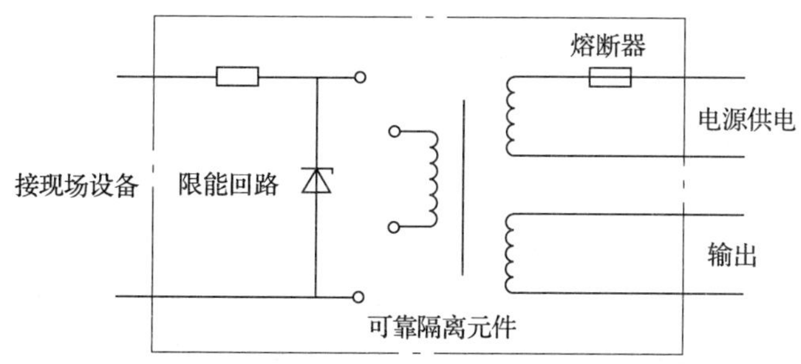

图 7—8　隔离式安全栅的基本组成示意图

本质安全电路端子与非本质安全电路端子之间的距离不得小于 50 mm。本质安全电路的电源变压器的二次电路必须与一次电路之间保持良好的电气隔离。

（4）正压型

这类电气设备具有正压外壳，能够保持壳内的保护气体，即新鲜空气或惰性气体的压力高于周围爆炸性环境的压力，以阻止外部的爆炸性混合物进入外壳内。

正压型设备按充气结构分为通风、充气、气密等三种型式。保护气体可以是空气、氮气或其他非可燃气体。

这类电气设备的外壳内不得有影响安全的通风死角。正常时，其出风口气压或充气气压不得低于 196 Pa。当压力低于 98 Pa 或压力最小处的压力低于 49 Pa 时，自动装置必须发出报警信号或切断电源。

这种设备应有联锁装置，保证运行前先通风、充气。运行前通风、充气的总量最少不得小于设备气体容积的 5 倍。运行前通风时间可按下式计算

$$t=\frac{K\left(V+V_{\mathrm{P}}\right)}{Q} \tag{7—3}$$

式中，K—— 容积倍数，一般 $K \geqslant 5$；

V—— 设备气体容积，m^3；

V_{P}—— 管道气体容积，m^3；

Q——气体流量，m^3/s。

这种设备在运行中，火花、电弧不得从缝隙或出风口吹出。

(5) 充油型

这类电气设备将可能产生电火花、电弧或危险温度的带电零部件浸在绝缘油中，使之不能点燃油面以上或壳外的爆炸性混合物。

充油型设备外壳上应有排气孔，孔内不得有杂物；油量必须足够，最低油面以下油面深度不得小于25 mm，油面指示必须清晰，油质必须良好；油面温度T1～T4组不得超过100℃，T5组不得超过80℃，T6组不得超过70℃。充油型设备应当水平安装，其倾斜度不得超过5°；运动中不得移动，机械连接不得松动。

(6) 充砂型

这类电气设备将细颗粒材料充填于设备外壳内，在规定的使用条件下，壳内出现的电弧、火焰、壳壁温度或粒料表面温度不能点燃壳外爆炸性混合物。

充砂型设备的外壳应有足够的机械强度，其防护不得低于IP44。细粒填充材料应填满外壳所有空隙，颗粒直径为0.25～1.6 mm。填充时细颗粒材料含水量不得超过0.1%。

(7) 无火花型

这类电气设备在正常运行条件下不产生电弧和任何火花，也不产生能引燃周围爆炸性混合物的高温表面或灼热点，且一般不会发生有引燃作用的故障。

(8) 浇封型

这类电气设备整台设备或其中的某些部分浇封在浇封剂中，在正常运行和认可的过载或故障下不能引燃周围的爆炸性混合物。

(9) 气密型

这类电气设备具有用熔化（如软钎焊、硬钎焊、熔接）、挤压或胶粘的方法镜像密封的气密外壳。这种外壳能够防止外部气体进入壳内。

(10) 特殊型

这类电气设备是指结构上不属于上述各种类型的防爆电气设备。

(11) 粉尘型

这类电气设备防止引燃主要是通过限制外壳最高表面温度，和采用“尘密”或“防尘”外壳限制粉尘进入来实现。对应于“尘密”和“防尘”外壳，该类设备分为A、B两种型式。“尘密”外壳能够阻止所有可见粉尘颗粒进入外壳。“防尘”外壳不能完全阻止粉尘进入，但其进入量不会妨碍设备安全运行，粉尘不应堆积在该外壳内易产生引燃危险的位置上。

2. 防爆电气设备的标志

表 7—12 为防爆电气设备的标志表。

表 7—12　　　　　　　　　防爆电气设备的标志表

序　号	电气设备防爆型式	标　志
1	隔爆型	Ex d
2	增安型	Ex e
3	本质安全型	Ex ia 和 Ex ib
4	正压型	Ex p
5	充油型	Ex o
6	充砂型	Ex q
7	无火花型	Ex n
8	浇封型	Ex m
9	气密型	Ex h
10	特殊型	Ex s
11	粉尘型	DIP A21 或 DIP B22 等 （旧标志为：Ex DT 和 Ex DP）

（1）防爆型电气设备外壳的明显处，须设置清晰的永久性凸纹标志。设备外壳的明显处须设置铭牌，并可靠固定。铭牌须包括以下内容：

1）铭牌的右上方应有明显的“Ex”标志。

2）防爆标志依次标明防爆型式、类型、级别和温度组别等。

3）防爆合格证编号。

4）其他需要标出的特殊条件。

5）有防爆型式专用标准规定的附件标志。

6）产品出厂日期和产品编号。

（2）完整的防爆标志及其释义举例如下：

1）dⅡBT3——表示Ⅱ类 B 级 T3 组隔爆型电气设备。

2）iaⅡAT5——表示Ⅱ类 A 级 T5 组的 ia 级本质安全型电气设备。

3）epⅡBT4——表示主体为增安型，并有正压型部件的防爆型电气设备。在采用一种以上复合防爆型式时，先标出主体防爆型式标志字母，后标出其他防爆型式标志字母。

4）dⅡ（NH_3）或dⅡ氨——表示用于氨气环境的隔爆型电气设备。对于只允许用于某一种可燃性气体或蒸气环境的电气设备，可直接用该气体、蒸气的分子式或名称标志，而不必注明级别和组别。

5）eⅡBT4，或eⅡB（125 ℃），或eⅡB（125 ℃）T4——最高表面温度125 ℃的工厂用增安型电气设备。对于Ⅱ类电气设备，可以标温度组别，也可以标最高表面温度，亦可二者都标出。

3. 爆炸危险环境中电气设备的选用

（1）一般原则

宜将正常运行时发生火花的电气设备，布置在爆炸危险性较小或没有爆炸危险的环境内。

在满足工艺生产及安全的前提下，应减少防爆电气设备的数量。在爆炸危险环境，不宜采用携带式电气设备。

爆炸危险环境内的电气设备必须是符合现行国家标准并有国家检验部门防爆合格证的产品。

选择电气设备前，应掌握所在爆炸危险环境的有关资料，包括环境等级和区域范围划分，以及所在环境内爆炸性混合物的级别、组别等有关资料。根据电气设备使用环境的等级、电气设备的种类和使用条件选择电气设备。

选用的防爆电气设备的级别和组别，不应低于该爆炸性气体环境内爆炸性气体混合物的级别和组别。当存在有两种以上易燃性物质形成的爆炸性气体混合物时，应按危险程度较高的级别和组别选用防爆电气设备。

爆炸危险区域内的电气设备，应符合周围环境内化学的、机械的、热的、霉菌以及风沙等不同环境条件对电气设备的要求。电气设备结构应满足电气设备在规定的运行条件下不降低防爆性能的要求。

矿井用防爆电气设备的最高表面温度，无煤粉沉积时不得超过450℃，有煤粉沉积时不得超过150℃。工厂爆炸性气体环境用防爆电气设备的最高表面温度不得超过表7—13的规定。工厂爆炸性粉尘环境用防爆电气设备的最高表面温度不得超过表7—14的规定。

表7—13　　气体、蒸气爆炸危险环境电气设备最高表面温度

组别	T1	T2	T3	T4	T5	T6
最高表面温度/℃	450	300	200	135	100	85

表 7—14　　电气设备最高允许表面温度

引燃温度组别	无过负荷的设备	有过负荷的设备
T11	215℃	195℃
T12	160℃	145℃
T13	120℃	110℃

（2）爆炸性气体环境的电气设备选型

1）各种电气设备防爆结构选型

① 旋转电动机。旋转电动机防爆结构的选型见表 7—15。表 7—15 至表 7—19 中符号意义如下：○表示适用；△表示尽量避免采用；×表示不适用。

②低压变压器。低压变压器防爆结构的选型见表 7—16。

③低压开关和控制器类。低压开关和控制器类防爆结构的选型见表 7—17。

④灯具类。灯具类防爆结构的选型见表 7—18。

⑤信号报警装置等电气设备。信号报警装置等电气设备防爆结构的选型见表 7—19。

表 7—15　　旋转电动机防爆结构的选型

电气设备 \ 防爆结构 \ 爆炸危险区域	1 区			2 区			
	隔爆型 d	正压型 p	增安型 e	隔爆型 d	正压型 p	增安型 e	无火花型 n
笼型异步电动机	○	○	△	○	○	○	○
绕线转子异步电动机	△	△		○	○	○	×
同步电动机	○	○	×	○	○	○	
直流电动机	△	△		○	○		
电磁滑差离合器（无电刷）	○	△	×	○	○	○	△

注：①表中符号：○为适用；△为慎用；×为不适用（下同）。

②绕线转子异步电动机及同步电动机采用增安型时，其主体是增安型防爆结构，发生电火花的部分是隔爆或正压型防爆结构。

③无火花型电动机在通风不良及户内有比空气重的易燃物质区域内慎用。

表 7—16　　低压变压器防爆结构的选型

爆炸危险区域 / 防爆结构 / 电气设备	1 区			2 区			
	隔爆型 d	正压型 p	增安型 e	隔爆型 d	正压型 p	增安型 e	充油型 o
变压器（包括启动用）	△	△	×	○	○	○	○
电抗线圈（包括启动用）	△	△	×	○	○	○	○
仪表用互感器	△		×	○		○	○

表 7—17　　低压开关和控制器类防爆结构的选型

爆炸危险区域 / 防爆结构 / 电气设备	0 区	1 区					2 区				
	本质安全型 ia	本质安全型 ia，ib	隔爆型 d	正压型 p	充油型 o	增安型 e	本质安全型 ia，ib	隔爆型 d	正压型 p	充油型 o	增安型 e
刀开关、断路器			○					○			
熔断器			△					○			
控制开关及按钮	○	○	○		○		○	○		○	
电抗启动器和启动补偿器			△				○				○
启动用金属电阻器			△	△		×		○	○		○
电磁阀用电磁铁			○			×		○			○
电磁摩擦制动器			△			×		○			△
操作箱、柱			○	○				○	○		
控制盘			△	△				○	○		
配电盘			△					○			

注：①电抗启动器和启动补偿器采用增安型时，是指将隔爆结构的启动运转开关操作部件与增安型防爆结构的电抗线圈或单绕组变压器组成一体的结构。

②电磁摩擦制动器采用隔爆型时，是指将制动片、滚筒等机械部分也装入隔爆壳体内。

③在 2 区内电气设备采用隔爆型时，是指除隔爆型外，也包括主要有火花部分为隔爆结构而其外壳为增安型的混合结构。

表 7—18　　灯具类防爆结构的选型

电气设备 \ 防爆结构 \ 爆炸危险区域	1 区		2 区	
	隔爆型 d	增安型 e	隔爆型 d	增安型 e
固定式灯	○	×	○	○
移动式灯	△		○	
携带式电池灯	○		○	
指示灯类	○	×	○	○
镇流器	○	△	○	○

表 7—19　　信号、报警装置等电气设备防爆结构的选型

电气设备 \ 防爆结构 \ 爆炸危险区域	0 区	1 区				2 区			
	本质安全型 ia	本质安全型 ia，ib	隔爆型 d	正压型 p	增安型 e	本质安全型 ia，ib	隔爆型 d	正压型 p	增安型 e
信号、报警装置	○	○	○	○	×	○	○	○	○
插接装置			○				○		
接线箱（盒）			○		△		○		○
电气测量表计			○	○	×		○	○	○

2）正压型电气设备及通风系统选用要求。当选用正压型电气设备及通风系统时，应符合下列要求：

①通风系统必须用非燃性材料制成，其结构应坚固，连接应严密，并不得有产生气体滞留的死角。

②电气设备应与通风系统联锁。运行前必须先通风，并应在通风量大于电气设备及其通风系统容积的 5 倍时，才能接通电气设备的主电源。

③在运行中，进入电气设备及其通风系统内的气体，不应含有易燃物质或其他有害物质。

④在电气设备及其通风系统运行中，其风压不应低于 50 Pa。当风压低于 50 Pa 时，应自动断开电气设备的主电源或发出信号。

⑤通风过程排出的气体，不宜排入爆炸危险环境；当采取有效地防止火花和炽热颗粒从电气设备及其通风系统吹出的措施时，可排入 2 区空间。

⑥ 对于闭路通风的正压型电气设备及其通风系统，应供给清洁气体。

⑦电气设备外壳及通风系统的小门或盖子应采取联锁装置或加警告标志等安全措施。

⑧电气设备必须有一个或几个与通风系统相连的进、排气口，排气口在换气后须妥善密封。

3）充油型电气设备选用要求。充油型电气设备，应在没有振动、不会倾斜和固定安装的条件下采用。

4）采用非防爆型电气设备作隔墙机械传动的要求。在采用非防爆型电气设备作隔墙机械传动时，应符合下列要求：

①安装电气设备的房间，应用非燃烧体的实体墙与爆炸危险区域隔开。

②传动轴传动通过隔墙处应采用填料函密封或有同等效果的密封措施。

③安装电气设备房间的出口，应通向非爆炸危险区域和无火灾危险的环境。

当安装电气设备的房间必须与爆炸性气体环境相通时，应对爆炸性气体环境保持相对的正压。

5）变、配电所和控制室的设计要求。变、配电所和控制室的设计应符合下列要求：

①变电所、配电所（包括配电室）和控制室应布置在爆炸危险区域范围以外，当为正压室时，可布置在 1 区、2 区内。

②对于易燃物质比空气重的爆炸性气体环境，位于 1 区、2 区附近的变电所、配电所和控制室的室内地面，应高出室外地面 0.6 m。

6）爆炸性气体环境接地设计要求。爆炸性气体环境接地设计应符合下列要求：

①按有关电力设备接地设计技术规程规定不需要接地的下列部分，在爆炸性气体环境内仍应进行接地：

a. 在不良导电地面处，交流额定电压为 380 V 及以下和直流额定电压为 440 V 及以下的电气设备正常不带电的金属外壳。

b. 在干燥环境，交流额定电压为 127 V 及以下，直流电压为 110 V 及以下的电气设备正常不带电的金属外壳。

c. 安装在已接地的金属结构上的电气设备。

② 在爆炸危险环境内，电气设备的金属外壳应可靠接地。爆炸性气体环境 1 区内的所有电气设备以及爆炸性气体环境 2 区内除照明灯具以外的其他电气设备，应采用专门的接地线。该接地线若与相线敷设在同一保护管内时，应具有与相线相等的绝缘。此时爆炸性气体环境的金属管线，电缆的金属包皮等，只能作为辅助接地线。

爆炸性气体环境 2 区内的照明灯具，可利用有可靠电气连接的金属管线系统作为接地线，但不得利用输送易燃物质的管道。

③接地干线应在爆炸危险区域不同方向不少于两处与接地体连接。

④电气设备的接地装置与防止直接雷击的独立避雷针的接地装置应分开设置，与装设在建筑物上防止直接雷击的避雷针的接地装置可合并设置；与防雷电感应的接地装置亦可合并设置。接地电阻值应取其中最低值。

（3）爆炸性粉尘环境电气设备的选型

1）防爆电气设备选型。除可燃性非导电粉尘和可燃纤维的 11 区环境采用防尘结构（标志为 DIPB，原为 DP）的粉尘防爆电气设备外，爆炸性粉尘环境 10 区及其他爆炸性粉尘环境 11 区均采用尘密结构（标志为 DIPA，原为 DT）的粉尘防爆电气设备，并按照粉尘的不同引燃温度选择不同引燃温度组别的电气设备。

2）采用非防爆型电气设备进行隔墙机械传动时的要求。在爆炸性粉尘环境采用非防爆型电气设备进行隔墙机械传动时，应符合下列要求：

①安装电气设备的房间，应采用非燃烧体的实体墙与爆炸性粉尘环境隔开。

②应采用通过隔墙由填料函密封或同等效果密封措施的传动轴传动。

③安装电气设备房间的出口，应通向非爆炸和无火灾危险的环境，当安装电气设备的房间必须与爆炸性粉尘环境相通时，应对爆炸性粉尘环境保持相对的正压。

3）爆炸性粉尘环境内，有可能过负荷的电气设备，应装设可靠的过负荷保护。

4）爆炸性粉尘环境内的事故排风用电动机，应在生产发生事故情况下便于操作的地方设置事故启动按钮等控制设备。

5）在爆炸性粉尘环境内，应少装插座和局部照明灯具。如必须采用时，插座宜布置在爆炸性粉尘不易积聚的地点，局部照明灯宜布置在事故时气流不易冲击的位置。

6）爆炸性粉尘环境接地设计要求。爆炸性粉尘环境接地设计应符合下列要求：

①按有关电力设备接地设计技术规程，不需要接地的下列部分，在爆炸性粉尘环境内，仍应进行接地：

a. 在不良导电地面处，交流额定电压为 380 V 及以下和直流额定电压 440 V 及以下的电气设备正常不带电的金属外壳。

b. 在干燥环境，交流额定电压为 127 V 及以下，直流额定电压为 110 V 及以下的电气设备正常不带电的金属外壳。

c. 安装在已接地的金属结构上的电气设备。

②爆炸性粉尘环境内电气设备的金属外壳应可靠接地。爆炸性粉尘环境 10 区内的所有电气设备，应采用专门的接地线，该接地线若与相线敷设在同一保护管内时，应具有与相线相等的绝缘。电缆的金属外皮及金属管线等只作为辅助接地线。

爆炸性粉尘环境11区内的所有电气设备，可利用有可靠电气连接的金属管线或金属构件作为接地线，但不得利用输送爆炸危险物质的管道。

③为了提高接地的可靠性，接地干线宜在爆炸危险区域不同方向且不少于两处与接地体连接。

④电气设备的接地装置与防止直接雷击的独立避雷针的接地装置应分开设置，与装设在建筑物上防止直接雷击的避雷针的接地装置可合并设置；与防雷电感应的接地装置亦可合并设置。接地电阻值应取其中最低值。

（4）火灾危险环境电气设备选型

1）火灾危险环境的电气设备应符合周围环境内化学的、机械的、热的、霉菌及风沙等环境条件对电气设备的要求。

2）在火灾危险环境内，正常运行时有火花的和外壳表面温度较高的电气设备，应远离可燃物质。

3）在火灾危险环境内，应根据区域等级和使用条件，按表7—20选择相应类型的电气设备。

表7—20　　火灾危险环境电气设备防护结构的选型

<table>
<tr><th colspan="2">火灾危险区域
防护结构
电气设备</th><th>21区</th><th>22区</th><th>23区</th></tr>
<tr><td rowspan="2">电动机</td><td>固定安装</td><td>IP44</td><td rowspan="4">IP54</td><td>IP21</td></tr>
<tr><td>移动式、携带式</td><td>IP54</td><td>IP54</td></tr>
<tr><td rowspan="2">电器和仪表</td><td>固定安装</td><td>充油型、IP54、IP44</td><td rowspan="2">IP44</td></tr>
<tr><td>移动式、携带式</td><td>IP54</td></tr>
<tr><td rowspan="2">照明灯具</td><td>固定安装</td><td>IP2X</td><td rowspan="4">IP5X</td><td rowspan="4">IP2X</td></tr>
<tr><td>移动式、携带式</td><td rowspan="3">IP5X</td></tr>
<tr><td colspan="2">配电装置</td></tr>
<tr><td colspan="2">接线盒</td></tr>
</table>

注：①在火灾危险环境21区内固定安装的正常运行时有滑环等火花部件的电动机，不宜采用IP44结构。

②在火灾危险环境23区内固定安装的正常运行时有滑环等火花部件的电动机，不应采用IP21型结构，而应采用IP44型。

③在火灾危险环境21区内固定安装的正常运行时有火花部件的电器和仪表，不宜采用IP44型。

④移动式和携带式照明灯具的玻璃罩，应有金属网保护。

⑤表中防护等级的标志应符合现行国家标准《外壳防护等级的分类》的规定。

4）在火灾危险环境内，不宜使用电热器。当生产要求必须使用电热器时，应将其安装在非燃材料的底板上。

5）电压为 10 kV 及以下的变电所、配电所，不宜设在有火灾危险区域的正上面或正下面。若与火灾危险区域的建筑物毗连时，应符合下列要求：

①电压为 1～10 kV 配电所可通过走廊或套间与火灾危险环境的建筑物相通，通向走廊或套间的门应为难燃烧体的。

②变电所与火灾危险环境建筑物共用的隔墙应是密实的非燃烧体。管道和沟道穿过墙和楼板处，应采用非燃烧性材料严密堵塞。

③变压器室的门窗应通向非火灾危险环境。

6）在易沉积可燃粉尘或可燃纤维的露天环境，设置变压器或配电装置时应采用密闭型的。

7）露天安装的变压器或配电装置的外廓距火灾危险环境建筑物的外墙在 10 m 以内时，应符合下列要求：

①火灾危险环境靠变压器或配电装置一侧的墙应为非燃烧体的。

②在变压器或配电装置高度加 3 m 的水平线以上，其宽度为变压器或配电装置外廓两侧各加 3 m 的墙上，可安装非燃烧体的装有铁丝玻璃的固定窗。

8）火灾危险环境接地设计应符合下列要求：

①在火灾危险环境内的电气设备的金属外壳应可靠接地。

②接地干线应有不少于两处与接地体连接。

二、防爆电气线路

在爆炸危险环境中，电气线路安装位置、敷设方式、导体材质、连接方法等的选择均应根据环境的危险等级进行。

1. 爆炸性气体环境的电气线路

（1）爆炸性气体环境电气线路的设计和安装应符合下列要求：

1）电气线路应在爆炸危险性较小的环境或远离释放源的地方敷设。

①当易燃物质比空气重时，电气线路应在较高处敷设或直接埋地；架空敷设时宜采用电缆桥架；电缆沟敷设时沟内应充砂，并宜设置排水措施。

②当易燃物质比空气轻时，电气线路宜在较低处敷设或电缆沟敷设。

③电气线路宜在有爆炸危险的建、构筑物的墙外敷设。

2）敷设电气线路的沟道、电缆或钢管，所穿过的不同区域之间墙或楼板处的孔洞，应采用非燃性材料严密堵塞。

3）当电气线路沿输送易燃气体或液体的管道栈桥敷设时，应符合下列要求：

①沿危险程度较低的管道一侧。

②当易燃物质比空气重时，在管道上方；比空气轻时，在管道的下方。

4）敷设电气线路时宜避开可能受到机械损伤、振动、腐蚀以及可能受热的地方，不能避开时，应采取预防措施。

5）在爆炸性气体环境内，低压电力、照明线路用的绝缘导线和电缆的额定电压，必须不低于工作电压，且不应低于500 V。工作中性线的绝缘的额定电压应与相线电压相等，并应在同一护套或管子内敷设。

6）在1区内单相网络中的相线及中性线均应装设短路保护，并使用双极开关同时切断相线及中性线。

7）在1区内应采用铜芯电缆；在2区内宜采用铜芯电缆，当采用铝芯电缆时，与电气设备的连接应有可靠的铜—铝过渡接头等措施。

8）选用电缆时应考虑环境腐蚀、鼠类和白蚁危害以及周围环境温度及用电设备进线盒方式等因素。在架空桥架敷设时宜采用阻燃电缆。

9）对3~10 kV电缆线路，宜装设零序电流保护；在1区内保护装置宜动作于跳闸；在2区内宜作用于信号。

（2）本质安全系统的电路应符合下列要求：

1）当本质安全系统电路的导体与其他非本质安全系统电路的导体接触时，应采取适当预防措施。不应使接触点处产生电弧或电流增大、产生静电或电磁感应。

2）连接导线当采用铜导线时，引燃温度为T1~T4组时，其导线截面与最大允许电流应符合表7—21的要求。

表7—21　本质安全型设备导线截面与最大允许电流（适用于T1~T4组）

导线截面（mm^2）	0.017	0.03	0.09	0.19	0.28	0.44
最大允许电流（A）	1.0	1.65	3.3	5.0	6.6	8.3

3）导线绝缘的耐压强度应为2倍额定电压，最低为500 V。

（3）除本质安全系统的电路外，在爆炸性气体环境1区、2区内电缆配线的技术要求，应符合表7—22的规定。

明设塑料护套电缆，当其敷设方式采用能防止机械损伤的电缆槽板、托盘或桥架方式时，可采用非铠装电缆。在易燃物质比空气轻且不存在会受鼠、虫等损害情形时，在2区电缆沟内敷设的电缆可采用非铠装电缆。

表 7—22　　爆炸性气体环境电缆配线技术要求

项目 / 技术要求 / 爆炸危险区域	电缆明设或在沟内敷设时的最小截面			接线盒	移动电缆
	电力	照明	控制		
1 区	铜芯 2.5 mm^2 及以上	铜芯 2.5 mm^2 及以上	铜芯 2.5 mm^2 及以上	防爆型	重型
2 区	铜芯 1.5 mm^2 及以上，或铝芯 4 mm^2 及以上	铜芯 1.5 mm^2 及以上，或铝芯 2.5 mm^2 及以上	铜芯 1.5 mm^2 及以上	隔爆、增安型	中型

铝芯绝缘导线或电缆的连接与封端应采用压接、熔焊或钎焊，当与电气设备（照明灯具除外）连接时，应采用适当的过渡接头。

在 1 区内电缆线路严禁有中间接头，在 2 区内不应有中间接头。

(4) 除本质安全系统的电路外，在爆炸性气体环境 1 区、2 区内电压为 1 000 V以下的钢管配线的技术要求，应符合表 7—23 的要求。

表 7—23　　爆炸危险环境钢管配线技术要求

项目 / 技术要求 / 爆炸危险区域	钢管明配线路用绝缘导线的最小截面			接线盒分支盒挠性连接管	管子连接要求
	电力	照明	控制		
1 区	铜芯2.5 mm^2 及以上	铜芯2.5 mm^2 及以上	铜芯2.5 mm^2 及以上	隔爆型	对 Dg25 mm 及以下的钢管螺纹旋合不应少于5 扣，对 Dg32 mm 及以上的不应少于 6 扣并有锁紧螺母
2 区	铜芯1.5 mm^2 及以上，铝芯 4 mm^2 及以上	铜芯1.5 mm^2 及以上，铝芯 2.5 mm^2 及以上	铜芯1.5 mm^2 及以上	隔爆、增安型	对 Dg25 mm 及以下的螺纹旋合不应少于 5 扣，对 Dg32 mm 及以上的不应少于 6 扣

钢管应采用低压流体输送用镀锌焊接钢管。为了防腐蚀，钢管连接的螺纹部分应涂以铅油或磷化膏。在可能凝结冷凝水的地方，管线上应装设排除冷凝水的密封接头。与电气设备的连接处宜采用挠性连接管。

（5）在爆炸性气体环境1区、2区内钢管配线的电气线路必须做好隔离密封，且应符合下列要求：

1）爆炸性气体环境1区、2区内，下列各处必须作隔离密封：

①当电气设备本身的接头部件中无隔离密封时，导体引向电气设备接头部件前的管段处。

②直径50 mm以上钢管距引入的接线箱450 mm以内处，以及直径50 mm以上钢管每距15 m处。

③相邻的爆炸性气体环境1区、2区之间；爆炸性气体环境1区、2区与相邻的其他危险环境或正常环境之间。

进行密封时，密封内部应用纤维作填充层的底层或隔层，以防止密封混合物流出，填充层的有效厚度必须大于钢管的内径。

2）供隔离密封用的连接部件，不应作为导线的连接或分线用。

（6）在爆炸性气体环境1区、2区内，绝缘导线和电缆截面的选择，应符合下列要求：

1）导体允许载流量，不应小于熔断器熔体额定电流的1.25倍，和低压断路器长延时过电流脱扣器整定电流的1.25倍（2项情况除外）。

2）引向电压为1 000 V以下笼型异步电动机支线的长期允许载流量，不应小于电动机额定电流的1.25倍。

（7）10 kV及以下架空线路严禁跨越爆炸性气体环境，架空线路与爆炸性气体环境的水平距离，不应小于杆塔高度的1.5倍。在特殊情况下，采取有效措施后，可适当减少距离。

2. 爆炸性粉尘环境的电气线路

（1）爆炸性粉尘环境电气线路的设计和安装应符合下列要求：

1）电气线路应在爆炸危险性较小的环境处敷设。

2）敷设电气线路的沟道、电缆或钢管，在穿过不同区域之间墙或楼板处的孔洞，应采用非燃性材料严密堵塞。

3）敷设电气线路时宜避开可能受到机械损伤、振动、腐蚀以及可能受热的地方，如不能避开时，应采取预防措施。

4）爆炸性粉尘环境10区内高压配线应采用铜芯电缆；爆炸性粉尘环境11区

内高压配线除用电设备和线路有剧烈振动者外，可采用铝芯电缆。

爆炸性粉尘环境 10 区内全部的和爆炸性粉尘环境 11 区内有剧烈振动的，电压为 1 000 V 以下用电设备的线路，均应采用铜芯绝缘导线或电缆。

5）爆炸性粉尘环境 10 区内绝缘导线和电缆的选择应符合下列要求：

①绝缘导线和电缆的导体允许载流量不应小于熔断器熔体额定电流的 1.25 倍，和低压断路器长延时过电流脱扣器整定电流的 1.25 倍（下面②条情况除外）。

②引向电压为 1 000 V 以下笼型异步电动机的支线的长期允许载流量，不应小于电动机额定电流的 1.25 倍。

③电压为 1 000 V 以下的导线和电缆，应按短路电流进行热稳定校验。

6）在爆炸性粉尘环境内，低压电力、照明线路用的绝缘导线和电缆的额定电压，必须不低于网络的额定电压，且不应低于 500 V。工作中性线绝缘的额定电压应与相线的额定电压相等，并应在同一护套或管子内敷设。

7）在爆炸性粉尘环境 10 区内，单相网络中的相线及中性线均应装设短路保护，并使用双极开关同时切断相线和中性线。

8）爆炸性粉尘环境 10 区、11 区内电缆线路不应有中间接头。

9）选用电缆时应考虑环境腐蚀、鼠类和白蚁危害以及周围环境温度及用电设备进线盒方式等因素。在架空桥架敷设时宜采用阻燃电缆。

10）对 3 ~ 10 kV 电缆线路应装设零序电流保护；保护装置在爆炸性粉尘环境 10 区内宜动作于跳闸，在爆炸性粉尘环境 11 区内宜作用于信号。

（2）电压为 1 000 V 以下的电缆配线技术要求，应符合表 7—24 要求。

表 7—24　　爆炸性粉尘环境电缆配线技术要求

项目 / 技术要求 / 爆炸危险区域	电缆的最小截面	移动电缆
10 区	铜芯 2.5 mm^2 及以上	重型
11 区	铜芯 1.5 mm^2 及以上 铝芯 2.5 mm^2 及以上	中型

注：铝芯、绝缘导线或电缆的连接与封端应采用压接。

（3）在爆炸性粉尘环境内，严禁采用绝缘导线或塑料管明设。当采用钢管配线时，电压为 1 000 V 以下的钢管配线的技术要求，应符合表 7—25 要求。

表 7—25　　爆炸性粉尘环境钢管配线技术要求

技术要求／项目／爆炸危险区域	绝缘导线的最小截面	接线盒、分支盒	管子连接要求
10 区	铜芯 2.5 mm^2 及以上	尘密型	螺纹旋合应不少于 5 扣
11 区	铜芯 1.5 mm^2 及以上 铝芯 2.5 mm^2 及以上	尘密型，也可采用防尘型	螺纹旋合应不少于 5 扣

钢管应采用低压流体输送用镀锌焊接钢管。为了防腐蚀，钢管连接的螺纹部分应涂以铅油或磷化膏。在可能凝结冷凝水的地方，管线上应装设排除冷凝水的密封接头。

（4）在 10 区内敷设绝缘导线时，必须在导线引向电气设备接头部件，以及与相邻的其他区域之间作隔离密封。供隔离密封用的连接部件，不应作为导线的连接或分线用。

3. 火灾危险环境的电气线路

火灾危险环境电气线路的设计和安装应符合下列要求：

（1）在火灾危险环境内，可采用非铠装电缆或钢管配线明敷设。在火灾危险环境 21 区或 23 区内，可采用硬塑料管配线。在火灾危险环境 23 区内，当远离可燃物质时，可采用绝缘导线在针式或鼓形瓷绝缘子上敷设。

沿未抹灰的木质吊顶和木质墙壁敷设的以及木质闷顶内的电气线路应穿钢管明设。

（2）在火灾危险环境内，电力、照明线路的绝缘导线和电缆的额定电压，不应低于线路的额定电压，且不低于 500 V。

（3）在火灾危险环境内，当采用铝芯绝缘导线和电缆时，应有可靠的连接和封端。

（4）在火灾危险环境 21 区或 22 区内，电动起重机不应采用滑触线供电；在火灾危险环境 23 区内，电动起重机可采用滑触线供电，但在滑触线下方不应堆置可燃物质。

（5）移动式和携带式电气设备的线路，应采用移动电缆或橡套软线。

（6）在火灾危险环境内，当需采用裸铝、裸铜母线时，应符合下列要求：

1）不需拆卸检修的母线连接处，应采用熔焊或钎焊。

2）母线与电气设备的螺栓连接应可靠，并应防止自动松脱。

3）在火灾危险环境 21 区和 23 区内，母线宜装设保护罩，当采用金属网保护罩时，应采用 IP2X 结构；在火灾危险环境 22 区内母线应有 IP5X 结构的外罩。

4）当露天安装时，应有防雨、雪措施。

（7）10 kV 及以下架空线路严禁跨越火灾危险区域。

第五节　电气防火、防爆措施

电气防火、防爆措施首先考虑的是一方面消除或减少爆炸性混合物，另一方面消除电气引燃源的措施；在无法消除它们时，则设法采用各种隔离措施使它们不能同时存在，避免相互作用来防止电气火灾、爆炸的发生。电气防火、防爆措施具有较强的综合性，不仅包括电气火灾、爆炸的预防措施，还包括一旦发生火灾、爆炸，如何有效灭火，减少损失的电气相关措施，主要有消防供电以及电气灭火等方面措施内容。

一、电气火灾爆炸危险的防范措施

（1）在爆炸性气体环境中应采取下列防止爆炸的措施：

1）首先应使产生爆炸的条件同时出现的可能性减到最小程度。

2）工艺设计中应采取消除或减少易燃物质的产生及积聚的措施：

①工艺流程中宜采取较低的压力和温度，将易燃物质限制在密闭容器内。

②工艺布置应限制和缩小爆炸危险区域的范围，并宜将不同等级的爆炸危险区，或爆炸危险区与非爆炸危险区分隔在各自的厂房或界区内。

③在设备内可采用以氮气或其他惰性气体填充的措施。

④宜采取安全联锁或事故时加入聚合反应阻聚剂等化学药品的措施。

3）防止爆炸性气体混合物的形成，或缩短爆炸性气体混合物滞留时间，宜采取下列措施：

①工艺装置宜采取露天或开敞式布置。

②设置机械通风装置。

③在爆炸危险环境内设置正压室。

④在区域内易形成和积聚爆炸性气体混合物的地点设置自动测量仪器装置，当气体或蒸气浓度接近爆炸下限值的 50% 时，应能可靠地发出信号或切断电源。

4）在区域内应采取消除或控制电气设备线路产生火花、电弧或高温的措施。

（2）在爆炸性粉尘环境中应采取下列防止爆炸的措施：

1）防止产生爆炸的基本措施，应使产生爆炸的条件同时出现的可能性减小到最小程度。

2）防止爆炸危险，应按照爆炸性粉尘混合物的特征，采取相应的措施。爆炸性粉尘混合物的爆炸下限随粉尘的分散度、湿度、挥发性物质的含量、灰分的含量、火源的性质和温度等而变化。

3）在工程设计中应先取下列消除或减少爆炸性粉尘混合物产生和积聚的措施：

①工艺设备宜将危险物料密封在防止粉尘泄漏的容器内。

②宜采用露天或开敞式布置，或采用机械除尘或通风措施。

③宜限制和缩小爆炸危险区域的范围，并将可能释放爆炸性粉尘的设备单独集中布置。

④提高自动化水平，可采用必要的安全联锁。

⑤爆炸危险区域应设有两个以上出入口，其中至少有一个通向非爆炸危险区域，其出入口的门应向爆炸危险性较小的区域侧开启。

⑥应定期清除沉积的粉尘。

⑦可增加物料的湿度，降低空气中粉尘的悬浮量。

⑧应限制产生危险温度及火花，特别是由电气设备或线路产生的过热及火花。应选用防爆或其他防护类型的电气设备及线路。

（3）电气火灾危险防范措施：

1）开关、插座和照明灯具靠近可燃物时，应采取隔热、散热等措施。卤钨灯和额定功率不小于 100 W 的白炽灯泡的吸顶灯、槽灯、嵌入式灯，其引入线应采用磁管、矿棉等不热材料作隔热保护。超过 60 W 的白炽灯、卤钨灯、高压钠灯、金属卤灯光源、荧光高压汞灯（包括电感镇流器）等不应直接安装在可燃装修材料或可燃构建上。

2）可燃材料仓库内宜使用低温照明灯具，并应对灯具的发热部件采取隔热等防火保护措施；不应设置卤钨灯等高温照明灯具。配电箱及开关宜设置在仓库外。

3）配电线路敷设在有可燃物的闷顶内时，应采取穿金属管等防火保护措施；敷设在有可燃物的吊顶内时，宜采取穿金属管、采用封闭式金属线槽或难燃材料的塑料管等防火保护措施。

4）电力电缆不应和输送甲、乙、丙类液体管道，可燃气体管道，热力管道敷设在同一管沟内。配电线路不得穿越通风管道内腔或敷设在通风管道外壁上，穿金属管保护的配电线路可紧贴通风管道外壁敷设。

5）甲类厂房、甲类仓库、可燃材料堆垛，甲、乙类液体储罐，液化石油气储罐，可燃、助燃气体储罐与架空电力线的最近水平距离不应小于电杆（塔）高度的1.5倍，丙类液体储罐与架空电力线的最近水平距离不应小于电杆（塔）高度的1.2倍。35 kV以上的架空电力线与单罐容积大于200 m^3或总容积大于1 000 m^3的液化石油气储罐（区）的最近水平距离不应小于40.0 m，当储罐为地下直埋式时，架空电力线与储罐的最近水平距离可减小50%。

6）在下列场所宜设置剩余电流动作电气火灾监控系统：

①按一级负荷供电且建筑高度大于50.0 m的乙、丙类厂房和丙类仓库。

②按二级负荷供电且室外消防用水量大于30 L/s的厂房（仓库）。

③按二级负荷供电的剧院、电影院、商店、展览馆、广播电视楼、电信楼、财贸金融楼和室外消防用水量大于25 L/s的其他公共建筑。

④国家级文物保护单位的重点砖木或木结构的古建筑。

⑤按一、二级负荷供电的消防用电设备。

二、消防供电

（1）建筑物、储罐（区）、堆场的消防用电设备，其电源应符合下列要求：

1）除粮食仓库及粮食筒仓工作塔外，建筑高度大于50.0 m的乙、丙类厂房和丙类仓库的消防用电按一级负荷供电。

2）下列建筑物、储罐（区）和堆场的消防用电应按二级负荷供电：

①室外消防用水量大于30 L/s的工厂、仓库。

②室外消防用水量大于35 L/s的可燃材料堆场、可燃气体储罐（区）和甲、乙类液体储罐（区）。

③座位数超过1 500个的电影院、剧院，座位数超过3 000个的体育馆、任一层面积超过3 000 m^2的商店、展览建筑、省（市）级及以上的广播电视楼、电信楼和财贸金融楼，室外消防用水量超过25 L/s的其他公共建筑。

3）除上述一级、二级供电负荷以外的建筑物、储罐（区）和堆场的消防用电可按三级负荷供电。

（2）一级负荷供电的建筑，当采用自备发电设备作备用电源时；自备发电设备应设置自动和手动启动装置，且自动启动方式应能在30 s内供电。

（3）消防应急照明灯具和灯光疏散指示标志的备用电源的连续供电时间不应

少于 30 min。

（4）消防用电设备应采用专用的供电回路，当生产、生活用电被切断时，应仍能保证消防用电，其配电设备应有明显标志。

（5）消防控制室、消防水泵房、防烟与排烟风机房的消防用电设备及消防电梯等的供电，应在其配电线路的最末一级配电箱处设置自动切换装置。

（6）消防用电设备的配电线路应满足火灾时连续供电的需要，其敷设应符合下列要求：

1）暗敷时，应穿管并应敷设在不燃烧体结构内且保护层厚度不应小于 30 mm。明敷时（包括敷设在吊顶内），应穿金属管或封闭式金属线槽，并应采取防火保护措施。

2）当采用阻燃或耐火电缆时，敷设在电缆井、电缆沟内可不采取防火保护措施。

3）当采用矿物绝缘类不燃性电缆时，可直接明敷。

4）宜与其他配电线路分开敷设；当敷设在同一井沟内时，宜分别布置在井沟的两侧。

三、电气灭火

发生电气火灾或火灾场所邻近带电设备时，火场环境在原有危险因素的基础上又增加了触电危险因素，使环境变得更加危险。在这样的环境实施火灾扑救工作，必须认清火场触电危险何在，并有针对地采取防范对策，才能有效保护扑救人员，避免发生触电事故。

（1）触电危险

实施扑灭电气火灾时，应注意的触电危险如下：

1）电气设备或线路发生火灾，如果未及时切断电源，扑救人员在火灾扑救工作中，身体或所持器械可能会触及电气设备或线路的带电部分而造成触电事故。

2）若扑救火灾时使用了具有一定导电性的灭火剂，如水枪射出的直流水柱、泡沫灭火器射出的泡沫等，当其射至带电部分时，也可能造成触电事故。

3）火灾发生后，电气设备可能因高温导致绝缘损坏而发生漏电；电气线路可能因电线断落而接地短路，使正常时不带电的金属构架、地面等部位带电，也可能导致接触电压或跨步电压。

（2）切断电源

由上述分析可知，电气火灾一旦发生，首先要设法切断电源。切断电源应注意以下几点：

1）火灾发生后，由于受热、受潮和燃烧产物的附着，会使开关设备绝缘能力降低，因此，切断电源时宜使用绝缘工具操作，以防止触电。

2）切断电源的地点要选择适当，防止切断电源后影响灭火工作。当需要采用剪断电线的方法断电时，各相电线不得在同一部位剪断，以防形成短路。剪断架空电线时，剪断位置应选择在电源方向的支持物附近，以防电线剪断后落下来，造成接地短路和跨步电压触电事故。

3）应当注意，有的电气设备即使切断了电源，还仍然可能带有足以构成触电危险的电压。如电力电容器在断电后未经放电，会长时间带有危险的电压。

（3）带电灭火安全要求

无法及时断电或因特殊需要不能断电时，则需带电灭火。带电灭火须注意以下几方面：

1）灭火剂的正确使用。二氧化碳灭火器、干粉灭火器的灭火剂都是不导电的，可用于带电灭火。泡沫灭火器的灭火剂（水溶液）不宜用于带电灭火。用二氧化碳等不导电灭火剂灭火时，机体、喷嘴至带电体的最小距离为：电压为 10 kV 者不应小于 0.4 m，电压为 35 kV 者不应小于 0.6 m。

2）水枪灭火要点。

①水枪灭火时宜采用喷雾水枪。这种水枪流过水柱的泄漏电流小，带电灭火比较安全。

②用普通直流水枪灭火时，为防止通过水柱的泄漏电流通过人体，可以将水枪喷嘴接地；也可以让灭火人员穿戴绝缘手套、绝缘靴或穿戴均压服操作。

③用水枪灭火时，人体与带电体之间需保持必要的安全距离。水枪喷嘴至带电体的距离，电压为 10 kV 及其以下者不应小于 3 m；电压为 220 kV 及其以上者不应小于 5 m。

（4）充油电气设备的灭火

充油电气设备起火时，如果着火仅局限在设备外部，可直接用二氧化碳、干粉灭火器带电灭火。若火势较大，应先切断电源，并可用水灭火。当发生油箱开裂，喷油燃烧，火势很大时，除切断电源外，还应将油放进储油坑，坑内和地面上的油火可用泡沫扑灭。应注意防止燃烧着的油流入电缆沟而顺沟蔓延，电缆一旦被引燃，在扑救过程不但要防范触电危险，还要防范因电缆绝缘材料燃烧产生的有害气体的中毒和窒息危险。电缆沟内的油火只能用泡沫覆盖扑灭。

本章小结

1. 电气防火防爆是电气安全的主要构成之一，电气引燃源的防范是电气防火防爆的核心内容。电气装置运行中产生的危险温度和电火花（及电弧）是引发可燃物火灾和爆炸的两种基本引燃源。

2. 明了危险物质的分类、分级、分组是对爆炸火灾危险场所进行有针对性的防范的前提。爆炸危险物质分为三类。Ⅰ类爆炸性气体仅有矿井甲烷一种气体，不分级、分组。Ⅱ类爆炸性气体混合物，按其最大试验安全间隙或最小点燃电流比分级，共分为三级，按引燃温度进行分组，共分为6组。Ⅲ类：爆炸性粉尘、纤维，按引燃温度共分为3组。

3. 根据爆炸性气体或爆炸性粉尘混合物出现的频繁程度和持续时间，对爆炸性危险环境进行区域划分，是正确选择和安装危险场所中的电气装置，实现爆炸和火灾危险环境中电气装置的安全使用的基础。爆炸性气体危险场所分为三个级别，即0区、1区和2区。爆炸性粉尘危险场所分为两个级别，即10区和11区。

4. 按防爆结构型式，防爆电气设备有多种类型，不同类型的防爆结构其防护机理和防护水平各不相同。其中，隔爆型电气设备应用最为广泛，本质安全型的防爆水准最高。

5. 选择电气设备，应掌握所在爆炸危险环境的有关资料，包括环境等级和区域范围划分，以及所在环境内爆炸性混合物的级别、组别等有关资料。根据电气设备使用环境的等级、电气设备的种类和使用条件选择电气设备。

6. 发生电气火灾或火灾场所邻近带电设备时，必须认清火场触电危险何在，并有针对地采取防范对策，才能有效保护扑救人员，避免发生触电事故。

复习思考题

1. 电气引燃源的基本形式有哪些？试分析各种电气引燃源形成的原因。

2. 简述三次谐波引起三相四线线路零线过热的原理。

3. 简述我国对爆炸危险物质是如何分类的。

4. 危险物质的主要性能参数有哪些？

5. 试说明最大试验安全间隙（MESG）是衡量爆炸性物品何种能力的性能参数，为什么？

6. 对Ⅱ类爆炸性气体混合物，为什么既要分级，还要分组？
7. 试说明爆炸性气体危险场所的 0 区、1 区和 2 区的区别。
8. 符合何种条件时，可划为非爆炸危险环境？
9. 试说明防爆电气设备有哪些类型，并简述隔爆型电气设备的防爆机理。
10. 爆炸性气体环境的变、配电所和控制室的设计有哪些要求？
11. 在哪些场所宜设置剩余电流动作于跳闸的电气火灾监控系统？
12. 消防供电的负荷是如何分级的？
13. 试分析实施扑灭电气火灾时的触电危险性。
14. 电气火灾一旦发生，首先要设法切断电源，切断电源应注意些什么？

第八章 雷电防护

本章学习目标

1. 了解雷电的种类及其发生机理，熟悉雷电的参数。
2. 掌握雷电的危害机理及其后果，熟悉防雷建筑物的分类。
3. 理解接闪器保护范围的确定方法。
4. 掌握各类雷击事故的防范措施保护原理和适用范围。熟知人身防雷的安全要求。

雷击的危险分析与对策相关知识是电气安全工程知识结构中的不可或缺的内容。本章主要内容是雷电危害的种类、原因、后果及防护措施。重点阐明雷电的危害、防雷建筑物的分类、各类防雷建筑物的防雷要求、防雷装置及其保护范围计算、人身防雷等。

第一节 雷电种类及危害

雷电是大自然中的一种现象，雷击会产生极高的过电压（数百万伏至数千万伏）；极大的过电流（数十千安至数百千安）。雷击会造成设施或设备的毁坏，造成大规模停电，造成火灾或爆炸，还可能直接伤及人身。

一、雷电的种类

带电积云是构成雷电的基本条件。积雨云里的气流，使云滴、冰晶受到冲击而发生剧烈的碰撞和摩擦，因而破裂分离，同时带上电荷。带正电的小冰晶被气流带到云的顶部，而带负电的大冰晶较重，下沉到云的下层。因此，垂直方向的气流起到了引起大规模电荷分离的作用。这样在积雨云的不同部位就聚集着正电荷或负电荷。当云层里的电荷越积越多，达到一定强度时，或带不同电荷的积云互相接近到一定程度，以及带电积云与大地凸出物接近到一定程度时，就会把阻挡它们结合的空气层击穿。由于导电通道电流强度很大，通道上的空气就会被烧得极为炽热，可达10^4℃，发出耀眼的白光——闪电。闪道上的高温，使空气膨胀、水滴汽化膨胀，从而产生冲击波，发出强烈的爆炸般的轰鸣——雷声。

从电气物理学的观点来看，雷云中的水滴和冰晶构成了电荷的载体，上升气流是电荷的运输手段，太阳将地面附近的空气层加热，造成水的蒸发来供给湿气。这个系统可以看作包括供给能源的太阳在内的一个巨大的静电发电机。

1. 直击雷

带电积云与地面目标之间的强烈放电称为直击雷。现以常见的云地闪（又称落地雷）对直击雷进行说明，如图 8—1 所示。当带电积云聚集负电荷的中心其电场强度达到10^4 V/cm 左右时，云雾大气就会发生电击穿，气体分子游离产生大量离子，成为导电介质，并伴有气体发光现象，这部分导电气体被称为流光或流柱。在方向为垂直地面向上的电场作用下，电子雪崩导电靠从电场获得的动能去碰撞前方的气体分子，使这段导电气体沿着电场作用力方向向下发展。但由于运动的惯性和碰撞的概率，每个电子的速度方向并不一定是垂直向下的，加之许多随机因素致

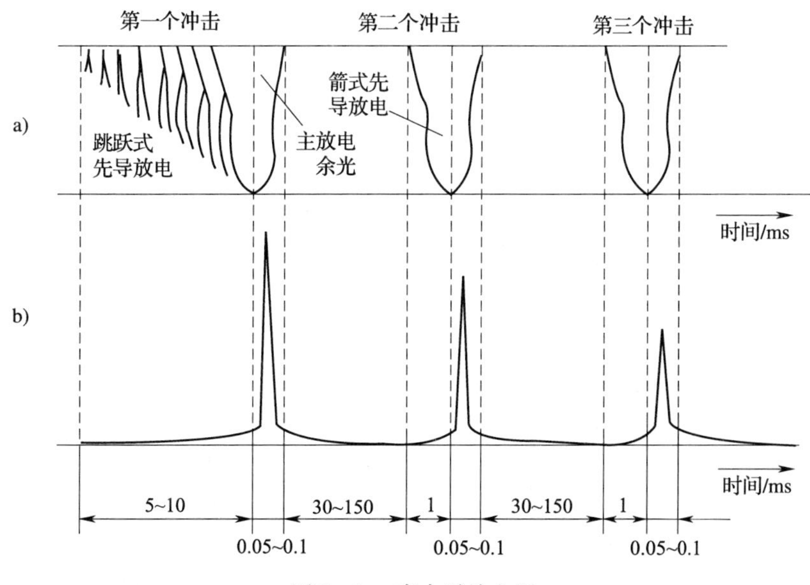

图 8—1　直击雷放电图

a）光学照片图　b）电流波形图

使导电气体向下发展的方向并非垂直向下，而是呈现为一条弯曲有分叉的折线段。这条暗淡的折线段光柱逐级向下方推进，被称为梯级先导或梯式先导。它向下推进的平均速度为 1.5×10^{7} cm/s。单个梯级的长度平均为 50 m 左右，其变化范围为 3 ~ 200 m。各梯级间平均有 50 μs 的间歇时间。当具有负电荷的梯式先导到达离地 3 ~ 5 m 时，形成强烈的地面大气电场，引起地面空气产生向上的流光，称为回击。此流光与下行的先导相接通，形成一个直通云中负电荷区的导电通道，地面的感应正电荷迅速流入此通道冲向云中，由于大地是导体，地面电荷可以全部集中到通道，使得电流很大，峰值电流可达 10^{4} A 左右，形成很亮的光柱。由此称回击为主放电或主闪击。主放电向上发展，至云端即告结束。其放电时间仅 50 ~ 100 μs。其推进速度比梯式先导快得多，平均为 5×10^{9} cm/s。其通道的直径平均为几厘米。回击过程中，地面的正电荷不断把储存在先导放电主通道和分枝中的负电荷中和掉。主放电结束后继续有微弱的余光。

在第一个放电闪击结束后，过几十毫秒，又出现第二个放电闪击。这是由于带电积云中分布的电荷互相间被空气绝缘分隔，其电荷的迁移聚积需要时间，待重又聚集到负电荷中心处后，又可以循已有离子的原通道再次放电。大约 50% 的直击雷有重复放电的性质。平均每次雷击有三四个放电闪击，最多能出现几十个放电闪击。第一个闪击的先导放电是梯级式先导放电，第二个以后的先导放电由于是循原通道再次放电，其放电不再逐级缓慢推进，而是顺利快捷完成，称其为箭形先导放电。一次雷击的全部放电时间一般不超过 500 ms。

2. 感应雷

感应雷也称为雷电感应或感应过电压。它分为静电感应雷和电磁感应雷。

静电感应雷是雷电的静电感应效应产生的。当带电积云接近地面，由于静电感应，在架空线路导线、金属架空管道、金属储罐、建筑物金属屋面及其他导电凸出物顶部可感应出大量与带电积云下端电荷异号的电荷。这时，地面的架空金属管线、屋面及导电突出物顶部所带的电荷是被束缚住的。一旦带电积云与其他客体放电，带电积云下端的电荷消失，地面的架空金属管线、屋面及导电突出物所带的电荷失去束缚，可以自由移动，它与地面物之间的电场就可以产生对地面物之间的高电压，可能造成闪络，被称做二次雷效应，因起因于静电感应，也被称为静电感应雷。更为重要的当这种静电感应现象发生在架空线路和电信电缆等金属长导体上时，长导线上聚积的电荷一旦可以自由移动，其产生的高电压以光速向导线两端传播，形成被称为感应过电压波的一种脉冲波。感应过电压波沿输电线或电信线路传播，所到之处会击穿绝缘，损坏电气和电子设备，产生电火花和电弧，引起火灾，造成人员伤害。此外，带电积云的梯级式先导放电向大地方向伸展时，先导通道里的大量电荷也会在架空长导线上感应积聚大量异号电荷，在自地面产生回击放电后，主放电通道的电荷迅速消失，使长导线上的电荷顿时失去束缚，也会产生感应过电压波。根据调查统计，沿低压架空线路侵入高电位而造成的事故占总雷害事故的70%以上。

电磁感应雷是雷电的电磁感应效应引起的。雷电放电时，无论是闪电在空间的先导通道还是回击通道，其电流均会在空间一定范围内产生电磁作用。它可以对闭合的金属回路感应产生很大的冲击电流，也可以在不闭合的导体回路产生感应电动势，由于迅变时间极短，感应的电压可以很高，以致产生电火花形成引燃危险。在闪电通过的避雷装置附近，会产生强烈的迅变脉冲电磁场，形成一种干扰源，称作雷电电磁脉冲或雷击电磁脉冲（LEMP－lightning electromagnetic impulse）。随着经济建设的高速发展，电子信息设备的应用已深入至国民经济、国防建设和人民生活的各个领域，各种电子、微电子装置在各行业大量使用，由于这些系统和设备能耗极小、灵敏度极高、体积很小，能够耐受雷电电磁脉冲的能力很低，雷电电磁脉冲侵入所产生的电磁效应、热效应会对系统和设备造成干扰或永久性损坏。

3. 球雷

球雷是一种球形闪电，或称为球闪，民间称为滚地雷。是雷电放电时形成的发光火球。火球常见的颜色为橙色和红色。当以炫目强光出现时，也可看到黄、蓝和绿色。其直径平均为25 cm左右，大多数为10～100 cm，极端情况则从0.5 cm至数米。运动速度常为1～2 m/s。其寿命常为1～5 s，也有些存在时间达到数分钟。在雷雨季节，球雷可能从门、窗、烟囱等通道侵入室内。其行走路径有的是从高空直接向下降，在接近地面时突然改变方向作水平移动；也有的在地面突然出现，沿弯弯曲曲路径前行；也有的沿地表滚动。一般球雷是无声的，也有伴随嘶嘶声或爆裂声。有的产生硫黄、臭氧或二氧化氮气味。一些火球的消失是无声的，且不留任何痕迹，但大多数在消失时伴有爆炸，严重的会造成人员伤亡和建筑物毁坏。球雷出现的概率约为雷电放电次数的2%。关于球雷的产生机理，世界各国的研究者已经进行了大量研究，提出了基于各种理论的球闪模型有几十种，有的还在实验室作出了各种球闪。例如涡旋—孤子理论认为：有电磁效应的球闪是等离子体孤子。从物理学的观点来看，孤子是物质非线性效应的一种特殊产物。孤子的出奇的稳定性与这些非线性系统遵守无穷多个守恒定律有关。另外，球闪的化学反应模型认为：球闪是靠它内部含有的混合气体的化学反应所释放出的热量来维持长寿命的。这些理论和模型都能解释球雷的部分性质，但都尚不够完善。

二、雷电参数

雷电的主要参数包括雷暴日、雷电流幅值、雷电流陡度、冲击过电压等。雷电参数是防雷设计的重要依据。

1. 雷暴日

雷暴日是表征雷电活动的频繁程度的参数，经常采用年雷暴日数来衡量。只要一天之内能听到雷声的就记为一个雷暴日。因此雷暴日数越大，说明雷电活动越频繁。由于各年雷暴日数变化较大，所以采用多年的平均值。通常说的雷暴日都是指一年内的平均雷暴日数，即年平均雷暴日，单位 d/a。雷暴日数与纬度有关。炎热潮湿的赤道附近雷暴日数最多，两极雷暴日数最少。山地雷电活动较平原频繁，其雷暴日约为平原的 3 倍。我国广东省的雷州半岛和海南省一带雷暴日在 80 d/a 以上，长江流域以南地区雷暴日为 40 ~ 80 d/a，长江以北大部分地区雷暴日为 20 ~ 40 d/a，西北地区雷暴日多在 20 d/a 以下。西藏地区因印度洋暖流沿雅鲁藏布江上溯，很多地方雷暴日高达 50 ~ 80 d/a。我国主要城市的年均雷暴日数见表 8—1。

我国把年平均雷暴日不超过 15 d/a 的地区划为少雷区；超过 40 d/a 划为多雷区；超过 90 d/a 划为强雷区。因电子信息系统承受雷电电磁脉冲的能力比较低，其地区雷暴日等级划分比较严格。在电子信息系统防雷技术规范中，将地区雷暴日等级划分为少雷区、多雷区、高雷区、强雷区。其中，少雷区的雷暴日在 20 d/a 及以下；多雷区的雷暴日大于 20 d/a，不超过 40 d/a；高雷区的雷暴日大于 40 d/a，不超过 60 d/a；强雷区的雷暴日超过 60 d/a 以上。

我国各地雷暴开始的月份差异很大，南方一般从二月开始，长江流域一般从三月开始，华北和东北延迟至四月开始，西北延迟至五月开始。防雷准备工作均应在雷雨季节前做好。我国全年平均雷电的分布具有如下特征：从地区的气候来看，温热而潮湿的地区比寒冷而干燥的地区雷电多；从地理区域来看，南方多于北方，东部多于西部；从地理纬度来看，低纬度比高纬度的雷电多，赤道附近区域雷电发生最多；从地势来看，山区多于平原，平原多于沙漠，内陆多于滨海或江湖地区；从雷电发生时间来看，夏季多于其他季节，是全年雷电活动的高峰期；在一日之内则是下午和上半夜多于上午和下半夜。

表 8—1　　　　全国主要城市年平均雷暴日数统计表

地名	雷暴日数（d/a）	地名	雷暴日数（d/a）	地名	雷暴日数（d/a）
1. 北京市	36.3	沈阳市	26.9	徐州市	29.4
2. 天津市	29.3	大连市	19.2	连云港市	29.6
3. 上海市	28.4	鞍山市	26.9	12. 浙江省	
4. 重庆市	36.0	本溪市	33.7	杭州市	37.6
5. 河北省		锦州市	28.8	宁波市	40.0
石家庄市	31.2	9. 吉林省		温州市	51.0
保定市	30.7	长春市	35.2	丽水市	60.5
邢台市	30.2	吉林市	40.5	衢州市	57.6
唐山市	32.7	四平市	33.7	13. 安徽省	
秦皇岛市	34.7	通化市	36.7	合肥市	30.1
6. 山西省		图们市	23.8	蚌埠市	31.4
太原市	34.5	10. 黑龙江省		安庆市	44.3
大同市	42.3	哈尔滨市	27.7	芜湖市	34.6
阳泉市	40.0	大庆市	31.9	阜阳市	31.9
长治市	33.7	伊春市	35.4	14. 福建省	
临汾市	31.1	齐齐哈尔市	27.7	福州市	53.0
7. 内蒙古自治区		佳木斯市	32.2	厦门市	47.4
呼和浩特市	36.1	11. 江苏省		漳州市	60.5
包头市	34.7	南京市	32.6	三明市	67.5
海拉尔市	30.1	常州市	35.7	龙岩市	74.1
赤峰市	32.4	苏州市	28.1	15. 江西省	
8. 辽宁省		南通市	35.6	南昌市	56.4

续表

地名	雷暴日数（d/a）	地名	雷暴日数（d/a）	地名	雷暴日数（d/a）
九江市	45.7	邵阳市	57.0	康定县	52.1
赣州市	67.2	郴州市	61.5	23．贵州省	
上饶市	65.0	20．广东省		贵阳市	49.4
新余市	59.4	广州市	76.1	遵义市	53.3
16．山东省		深圳市	73.9	凯里市	59.4
济南市	25.4	湛江市	94.6	六盘水市	68.0
青岛市	20.8	茂名市	94.4	兴义市	77.4
烟台市	23.2	汕头市	52.6	24．云南省	
济宁市	29.1	珠海市	64.2	昆明市	63.4
潍坊市	28.4	韶关市	77.9	东川市	52.4
17．河南省		21．广西壮族自治区		个旧市	50.2
郑州市	21.4			景洪市	120.8
洛阳市	24.8	南宁市	84.6	大理市	49.8
三门峡市	24.3	柳州市	67.3	丽江	75.8
信阳市	28.8	桂林市	78.2	河口	108
安阳市	28.6	梧州市	93.5	25．西藏自治区	
18．湖北省		北海市	83.1	拉萨市	68.9
武汉市	34.2	22．四川省		日喀则市	78.8
宜昌市	44.6	成都市	34.0	那曲县	85.2
十堰市	18.8	自贡市	37.6	昌都县	57.1
恩施市	49.7	攀枝花市	66.3	26．陕西省	
黄石市	50.4	西昌市	73.2	西安市	15.6
19．湖南省		绵阳市	34.9	宝鸡市	19.7
长沙市	46.6	内江市	40.6	汉中市	31.4
衡阳市	55.1	达州市	37.1	安康市	32.3
大庸市	48.3	乐山市	42.9	延安市	30.5

续表

地名	雷暴日数（d/a）	地名	雷暴日数（d/a）	地名	雷暴日数（d/a）
27. 甘肃省		银川市	18.3	三亚市	69.9
兰州市	23.6	石嘴山市	24.0	琼中	115.5
酒泉市	12.9	固原县	31.0	32. 香港特别行政区	
天水市	16.3	30. 新疆维吾尔自治区			
金昌市	19.6			香港	34.0
28. 青海省		乌鲁木齐市	9.3	33. 澳门特别行政区	
西宁市	31.7	克拉玛依市	31.3		
格尔木市	2.3	伊宁市	27.2	澳门	（暂缺）
德令哈市	19.3	库尔勒市	21.6	34. 台湾省	
29. 宁夏回族自治区		31. 海南省		台北市	27.9
		海口市	104.3		

2. 雷电流幅值

雷电流幅值是指主放电时冲击电流的最大值。雷电流幅值与气象、自然条件等因素有关，可达数十至数百千安。根据大量的实测数据，可得到雷电流概率曲线。我国大部分地区（平均雷暴日大于 20 d/a 的地区）的雷电流幅值的概率可用下式表达：

$$\lg P = -\frac{I}{88} \tag{8—1}$$

式中，P——雷电流幅值超过 I 的概率，%；

I——雷电流幅值，kA。

对于我国西北、内蒙古等雷电活动较弱的地区（平均雷暴日为 20 d/a 及以下的地区），雷电流幅值的概率可用下式表达：

$$\lg P = -\frac{I}{44} \tag{8—2}$$

3. 雷电流陡度

雷电流陡度是指雷电流随时间上升的速度。雷电流陡度决定于雷电流幅值和雷电流波头时间。雷电流冲击波波头陡度可达到 50 kA/μs，平均陡度约为 30 kA/μs。

雷电流陡度越大，对电气设备造成的危害也越大。做防雷设计时，要求将雷电流波形典型化等值，使其可用公式表达，以便于进行计算。斜角波和半余弦波是常用的等值波形，如图 8—2 所示。

采用波头形状为斜角波作为等值波形进行计算时，波头时间按 2. 6 μs 考虑，波头陡度为 $\frac{I}{2.6}$ kA/μs。在防雷要求较高的场合，波头形状宜取为半余弦波。其波头部分表达式为

$$i = \frac{I}{2}\left(1 - \cos\frac{\pi t}{\tau_t}\right) \qquad (8—3)$$

式中，τ_t——雷电流波头时间，$\tau_t = \pi/\omega$。半余弦波波头的最大陡度出现在波头中间，即 $t = \frac{\tau_t}{2}$，其值为

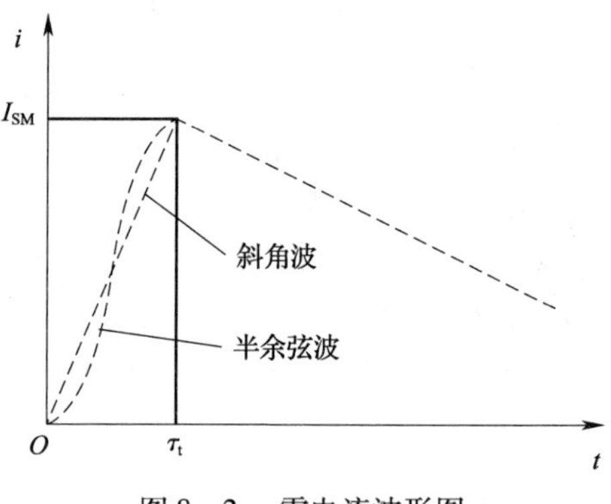

图 8—2　雷电流波形图

$$\left.\frac{\mathrm{d}i}{\mathrm{d}t}\right|_{max} = \frac{I\omega}{2} \qquad (8—4)$$

4. 雷击冲击过电压

雷击时的冲击过电压很高，直击雷冲击过电压可用下式表达：

$$u = iR_i + L\frac{\mathrm{d}i}{\mathrm{d}t} \qquad (8—5)$$

式中，u—— 直击雷冲击过电压，kV；

i—— 雷电流，kA；

R_i—— 防雷接地装置的冲击接地电阻，Ω；

$\frac{\mathrm{d}i}{\mathrm{d}t}$——雷电流陡度，kA/μs；

L——雷电流通路的电感，μH。

由式（8—5）可知，直击雷冲击过电压由两部分组成。前一部分决定于雷电流的大小和雷电流通道的电阻；后一部分决定于雷电流陡度和雷电流通道的电感。如图 8—3 所示为斜角波和半余弦波波头对应的直击雷冲击过电压波形。直击雷冲击过电压可高达数千千伏。

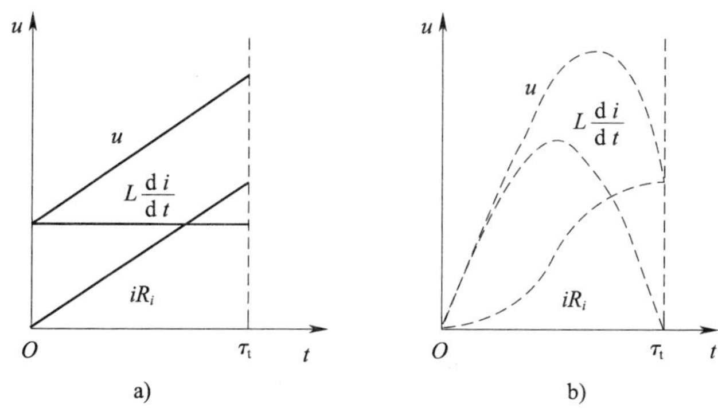

图 8—3　直击雷冲击过电压波形图

a）斜角波　b）半余弦波

三、雷电的危害

雷电具有电流大、电压高、冲击性强等特点。雷电所产生的高电压及闪电的静电感应效应、电磁感应效应、热效应、机械效应、冲击波效应和电动力效应等可产生各种破坏作用。雷电可造成设备和设施的损坏，引起大规模停电，造成人身事故。就其破坏因素来看，雷电具有电性质、热性质和机械性质三方面的破坏作用。

1．电性质的破坏作用

电性质的破坏作用表现为数百万伏乃至更高的冲击电压，可能毁坏电力系统电气设备的绝缘，烧断电线，造成大规模停电；绝缘损坏可引起短路，导致火灾或爆炸事故；二次放电的电火花也可能引起火灾或爆炸，二次放电也能造成电击。绝缘损坏后，可能导致高压窜入低压，在大范围内带来触电的危险。数十至百千安的雷电流流入地下，会在雷击点及其连接的金属部分产生极高的对地电压，可能直接导致接触电压电击和跨步电压触电事故。雷电的电磁效应对弱电系统的电子装置会形成永久性损坏或形成电磁干扰，造成系统的误动作乃至酿成事故。输电线路遭雷击时，哪怕造成持续时间仅为 20 ms、电压瞬间降低仅为 30% 的电压变动，就足以破坏计算机系统的运行机能。

2．热性质的破坏作用

闪电击中地面的物体，雷电流产生的焦耳—楞次热效应具有很强的破坏作用。其破坏作用表现在直击雷放电的高温电弧能直接引燃可燃物，造成火灾。强大的雷电流通过导体，瞬间转换出大量的热能，可导致金属熔化、飞溅，从而引起火灾或爆炸。

3. 机械性质的破坏作用

机械性质的破坏作用表现为强大的雷电通过被击物时，被击物体中的水分急剧蒸发而产生气体，因气体剧烈膨胀的机械作用致使被击物毁坏和爆炸。闪电的回击通道其瞬时功率很高，能够形成爆炸式的冲击波。在强闪电通道附近几厘米至几米范围，初始时的冲击波波阵面的超压可达到 10^6 Pa 数量级。此外雷电的电动力效应等也有一定的破坏作用。

第二节　雷电防护措施

熟悉防雷建筑物的分类及各类防雷建筑物的防雷要求；掌握各类防雷装置的工作原理和性能；理解接闪器的保护范围计算；熟知人身防雷的安全要求等对雷电防护十分重要。

一、防雷分类

建筑物根据其重要性、使用性质、发生雷电事故的可能性和后果分为三类：

1. 第一类防雷建筑物

（1）凡制造、使用或储存炸药、火药、起爆药、火工品等大量爆炸物质的建筑物，因电火花而引起爆炸，会造成巨大破坏和人身伤亡的建筑物。

（2）具有 0 区或 10 区爆炸危险环境的建筑物。

（3）具有 1 区爆炸危险环境，因电火花而引起爆炸会造成巨大破坏和人身伤亡的建筑物。

例如，火药制造车间、乙炔站、电石库、汽油提炼车间等。

2. 第二类防雷建筑物

（1）国家级重点文物保护的建筑物。

（2）国家级的会堂、办公建筑物、大型展览和博览建筑物、大型火车站、国宾馆、国家级档案馆、大型城市的重要给水水泵房等特别重要的建筑物。

（3）国家级计算中心、国际通信枢纽等对国民经济有重要意义且装有大量电子设备的建筑物。

（4）制造、使用和储存爆炸物质的建筑物，且电火花不易引起爆炸或不致造成巨大破坏和人身伤亡的建筑物。

（5）具有 1 区爆炸危险环境的建筑物，且电火花不易引起爆炸或不致造成巨大破坏和人身伤亡的建筑物。如油漆制造车间、氧气站、易燃品库等。

（6）具有2区、11区爆炸危险环境的建筑物。

（7）工业企业内有爆炸危险的露天气钢质封闭气罐。

（8）预计雷击次数大于0.06次/a的部、省级办公建筑物及其他重要的或人员密集的公共建筑物。

（9）预计雷击次数大于0.3次/a的住宅、办公楼等一般性民用建筑物。

3．第三类防雷建筑物

（1）省级重点文物保护的建筑物和省级档案馆。

（2）预计雷击次数大于或等于0.012次/a，且小于或等于0.06次/a的部、省级办公建筑物及其他重要或人员密集的公共建筑物。

（3）预计雷击次数大于或等于0.06次/a，且小于或等于0.3次/a的住宅、办公楼等一般性民用建筑物。

（4）预计雷击次数大于和等于0.06次/a的一般性工业建筑物。

（5）根据雷击后对工业生产的影响及产生的后果，并结合当地气象、地形、地质及周围环境等因素，确定需要防雷的21区、22区、23区火灾危险环境。

（6）平均雷暴日大于15 d/a的地区，高度在15 m及其以上的烟囱、水塔等孤立的高耸建筑物；在平均雷暴日小于或等于15 d/a的地区，高度在20 m及以上的烟囱、水塔等孤立的高耸建筑物。

4．建筑物预计雷击次数的计算

（1）建筑物预计雷击次数按下式计算：

$$N = kN_gA_e \tag{8—6}$$

式中，N——建筑物预计雷击次数，次/a；

k——校正系数；

N_g——建筑物所处地区雷击大地的年平均密度，次/（km^2·a）；

A_e——与建筑物截收相同雷击次数的等效面积，km^2。

校正系数k在一般情况下取1，在下列情况下取相应数值：

1）位于旷野孤立的建筑物取2。

2）金属屋面的砖木结构建筑物取1.7。

3）位于河边、湖边、山坡下或山地中土壤电阻率较小处、地下水露头处、土山顶部、山谷风口等处的建筑物，以及特别潮湿的建筑物取1.5。

（2）雷击大地的年平均密度按下式计算：

$$N_g = 0.024\ T_d^{1.3} \tag{8—7}$$

式中，T_d——年平均雷暴日，根据当地气象台、站资料确定（d/a）。

（3）建筑物等效面积A_e的计算：

建筑物等效面积A_e应为其实际平面积向外扩大后的面积。其计算方法应符合下列要求：

1）当建筑物的高H小于100 m时，其每边的扩大宽度和等效面积应按下列公式计算确定（见图8—4）

$$D = \sqrt{H(200 - H)} \tag{8—8}$$

$$A_e = \left[LW + 2(L + W) \cdot \sqrt{H(200 - H)} + \pi H(200 - H)\right] \cdot 10^{-6} \tag{8—9}$$

式中，D——建筑物每边的扩大宽度，m；

L、W、H——分别为建筑物的长、宽、高，m。

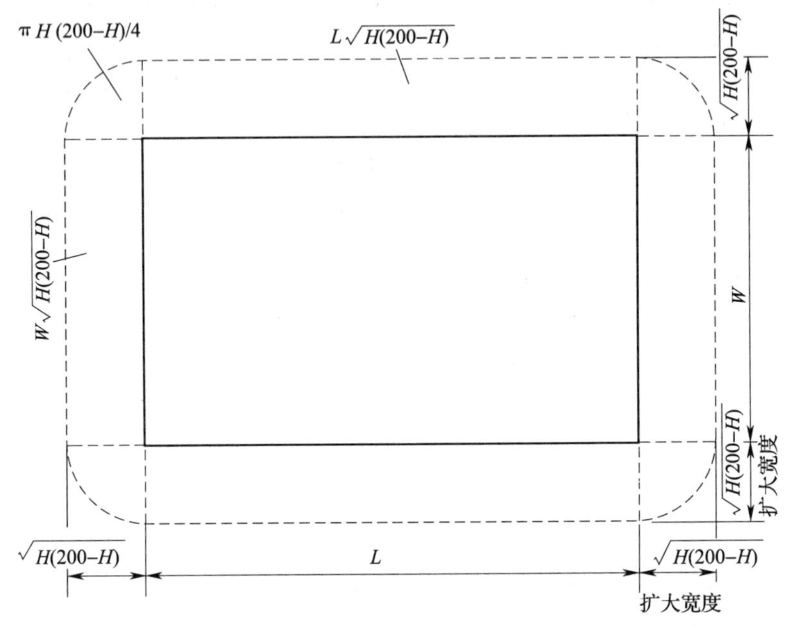

图8—4　建筑物的等效面积

注：建筑物平面积扩大后的面积A_e如图中周边虚线所包围的面积

2）当建筑物的高H等于或大于100 m时，其每边的扩大宽度应按等于建筑物的高H计算；建筑物等效面积应按下式确定：

$$A_e = \left[LW + 2H(L + W) + \pi H^2\right] \cdot 10^{-6} \tag{8—10}$$

3）当建筑物各部位的高不同时，应沿建筑物周边逐点算出最大扩大宽度，其截收相同雷击次数等效面积 A_e 应按每点最大扩大宽度外端的连接线所包围的面积计算。

二、防雷装置

防雷装置是指接闪器、引下线、接地装置、电涌保护器及其他连接导体的总合。避雷器是一种专门的防雷装置。

1. 接闪器

接闪器的保护原理是利用其高出被保护物的突出地位，把雷电引向自身，然后经引下线、接地装置到大地，形成一条安全的雷电流通路，使被保护物免受雷击之害。

（1）接闪器的形式

接闪器由下列一种或多种组成：

1）独立避雷针。

2）架空避雷线或架空避雷网。

3）直接装设在建筑物上的避雷针、避雷带或避雷网。

除第一类防雷建筑物和第二类防雷建筑物中的国家级重点文物保护单位和具有爆炸危险的建筑物之外，建筑物宜利用钢筋混凝土屋面、梁、柱等的钢筋作为建筑物的接闪器。

（2）接闪器保护范围

在设计接闪器时，可以单独或组合采用以下方法：避雷网；滚球法。

避雷网是用网格形导体以给定的网格宽度和给定的引下线间距盖住需要防雷的空间。这种方法在保护原理上是基于法拉第笼原理，通常被称做法拉第保护型式。

滚球法是将电气几何理论应用在建筑物防雷分析中的简化分析方法。假想以 h_r 为半径的球体沿需要防直击雷的部位滚动，当球体只触及接闪器（包括被利用作为接闪器的金属物），或只触及接闪器和地面（包括与大地接触且能承受雷击的金属物），而不触及需要保护的部位时，则该部分就得到接闪器的保护。滚球法的应用基于以下简化的雷闪数学模型（电气—几何模型）：

$$h_r = 10I^{0.65} \tag{8—11}$$

式中，h_r——雷闪的最后闪击距离（击距），即在此所规定的滚球半径，m；

I——雷电流幅值，即与 h_r 相对应的可以防护的最小雷电流幅值，kA。

雷电先导的发展起初是不确定的，直到先导头部电压足以击穿它与地面目标间的间隙时，也即先导与地面目标的距离等于击距时，才受到地面影响而开始定向。

例如，对于第一类防雷建筑物 h_r 为 30 m，根据式（8—6），能够计算出按滚球半径为 30 m 布置的接闪器其可防护的最小雷电流幅值 I 为 5.4 kA。当雷电流大于和等于该数值时，雷闪将击于接闪器上，而当雷电流小于该值时，雷闪有可能穿过接闪器击于被保护物上。

不同防雷级别的滚球半径见表 8—2。除滚球半径外，表 8—2 中还给出了避雷网网格的要求。

表 8—2　　滚球半径和避雷网网格

建筑物防雷类别	滚球半径 h_r（m）	避雷网网格尺寸（m）
第一类防雷建筑物	30	≤5×5 或≤6×4
第二类防雷建筑物	45	≤10×10 或≤12×8
第三类防雷建筑物	60	≤20×20 或≤24×16

1）单支避雷针的保护范围按图 8—5 确定。图中，h 为避雷针高度，h_r 为滚球半径。

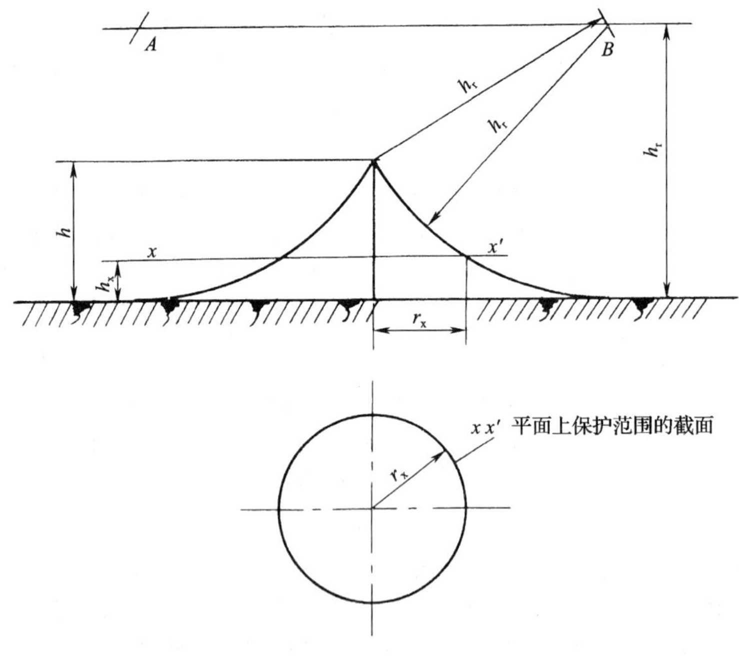

图 8—5　单支避雷针的保护范围

先在距地面高度 h_r 处作一条平行于地面的平行线 AB，再以避雷针针尖（$h \leqslant h_r$ 时）或避雷针正下方 h_r 高度点（$h > h_r$ 时）为圆心，以 h_r 为半径作弧线与该水平线相交 A、B，然后以该交点为圆心、以 h_r 为半径作圆弧与避雷针和地面相接。弧线以下即单支避雷针的保护范围。该保护范围是一个圆锥体。在 h_x 高度的平面 xx' 上的保护半径 r_x 和地面上的保护半径 r_0 分别为

$$r_x = \sqrt{h(2h_r - h)} - \sqrt{h_x(2h_r - h_x)} \tag{8—12}$$

$$r_0 = \sqrt{h(2h_r - h)} \tag{8—13}$$

2）双支等高避雷针的保护范围按图 8—6 确定。图中，D 为两避雷针之间的水

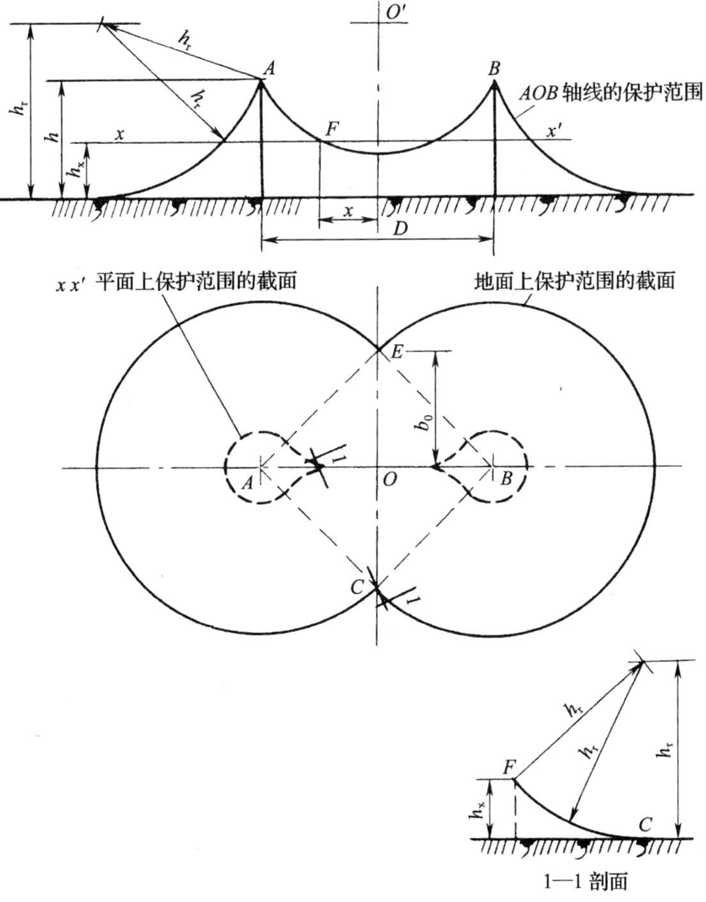

图 8—6　双支等高避雷针的保护范围

平距离。当 $D \geqslant \sqrt{h(2h_r - h)}$ 时，分别按两支单针计算其保护范围。当 $D < \sqrt{h(2h_r - h)}$ 时，按以下方法计算其保护范围：

①AEBC 外侧保护范围按单支避雷针计算。

②C、E 点位于两针间的垂直平分线上。在地面每侧的最小保护宽度 b_0 按下式计算：

$$b_0 = CO = EO = \sqrt{h(2h_r - h) - \left(\frac{D}{2}\right)^2} \qquad (8—14)$$

在 AOB 轴线上，距中心线任一距离 x 处，其在保护范围上边线上的保护高度 h_x 按下式确定：

$$h_x = h_r - \sqrt{(h_r - h)^2 + \left(\frac{D}{2}\right)^2 - x^2} \qquad (8—15)$$

该保护范围上边线是以中心线距地面 h_r 的一点 O' 为圆心，以 $\sqrt{(h_r - h)^2 + (D/2)^2}$ 为半径所作的圆弧 AB。

③两针间 AEBC 内的保护范围，ACO 部分的保护范围按以下方法确定：在任一保护高度和 C 点所处的垂直平面上，以 h_x 作为避雷针，按单支避雷针的方法逐点确定（见图 8—6 的 1—1 剖面）。确定 BCO、AEO、BEO 部分的保护范围的方法与 ACO 部分相同。

④确定 xx' 平面上保护范围截面的方法。以单支避雷针的保护半径 r_x 为半径，以 A、B 为圆心作弧线与四边形 AEBC 相交，以单支避雷针的（$r_0 - r_x$）为半径，以 E、C 为圆心作弧线与上述弧线相接。如图 8—6 中的粗虚线。

3）双支不等高避雷针的保护范围按图 8—7 确定。图中，h_1 和 h_2 分别为两避雷针的高度。在 $h_1 \leqslant h_r$ 和 $h_2 \leqslant h_r$ 的情况下，当 $D \geqslant \sqrt{h_1(2h_r - h_1)} + \sqrt{h_2(2h_r - h_2)}$ 时，各支避雷针的保护范围按单支避雷针的方法确定；当 $D < \sqrt{h_1(2h_r - h_1)} + \sqrt{h_2(2h_r - h_2)}$ 时，双支避雷针的保护范围按以下方法确定：

①AEBC 外侧的保护范围，按照单支避雷针的方法确定。

②CE 线或 HO' 线的位置按下式计算：

$$D_1 = \frac{(h_r - h_2)^2 - (h_r - h_1)^2 + D^2}{2D} \qquad (8—16)$$

③在地面上每侧的最小保护宽度 b_0 按下式计算：

$$b_0 = CO = EO = \sqrt{h_1(2h_r - h_1) - D_1^2} \qquad (8—17)$$

在 AOB 轴线上，A、B 间保护范围上边线按下式确定：

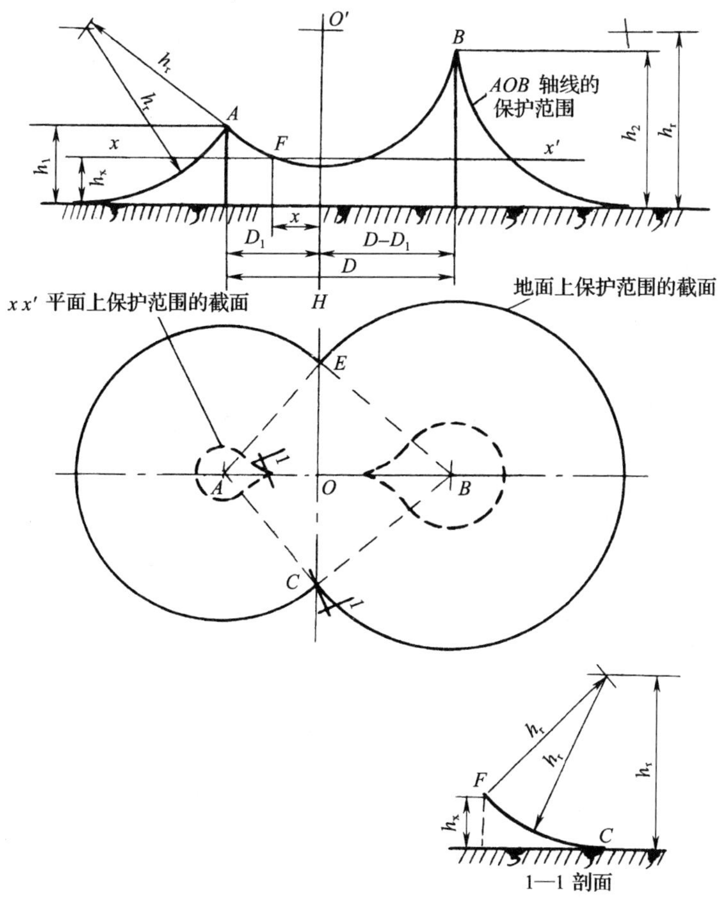

图 8—7　双支不等高避雷针的保护范围

$$h_x = h_r - \sqrt{(h_r - h_1)^2 + D_1^2 - x^2} \tag{8—18}$$

式中，x——距 CE 线或 HO'线的距离。

该保护范围上边线是以 HO' 线上距地面 h_r 的一点 O' 为圆心，以 $\sqrt{(h_r - h_1)^2 + D_1^2}$为半径所作的圆弧 AB。

④两针间 $AEBC$ 内的保护范围，ACO 与 AEO 是对称的，BCO 与 BEO 是对称的，ACO 部分的保护范围按以下方法确定：在 h_x和 C 点所处的垂直平面上，以 h_x 作为假想避雷针，按单支避雷针的方法确定（见图 8—7 的 1—1 剖面图）。确定

AEO、*BCO*、*BEO* 部分的保护范围的方法与 *ACO* 部分的相同。

⑤确定 xx' 平面上保护范围截面的方法与双支等高避雷针相同。

4）矩形布置的四支等高避雷针的保护范围，在 $h \leqslant h_r$ 的情况下，当 $D_3 \geqslant 2\sqrt{h(2h_r - h)}$ 时，应各按双支等高避雷针的方法确定；当 $D_3 < 2\sqrt{h(2h_r - h)}$ 时，应按下列方法确定（参见图 8—8）。

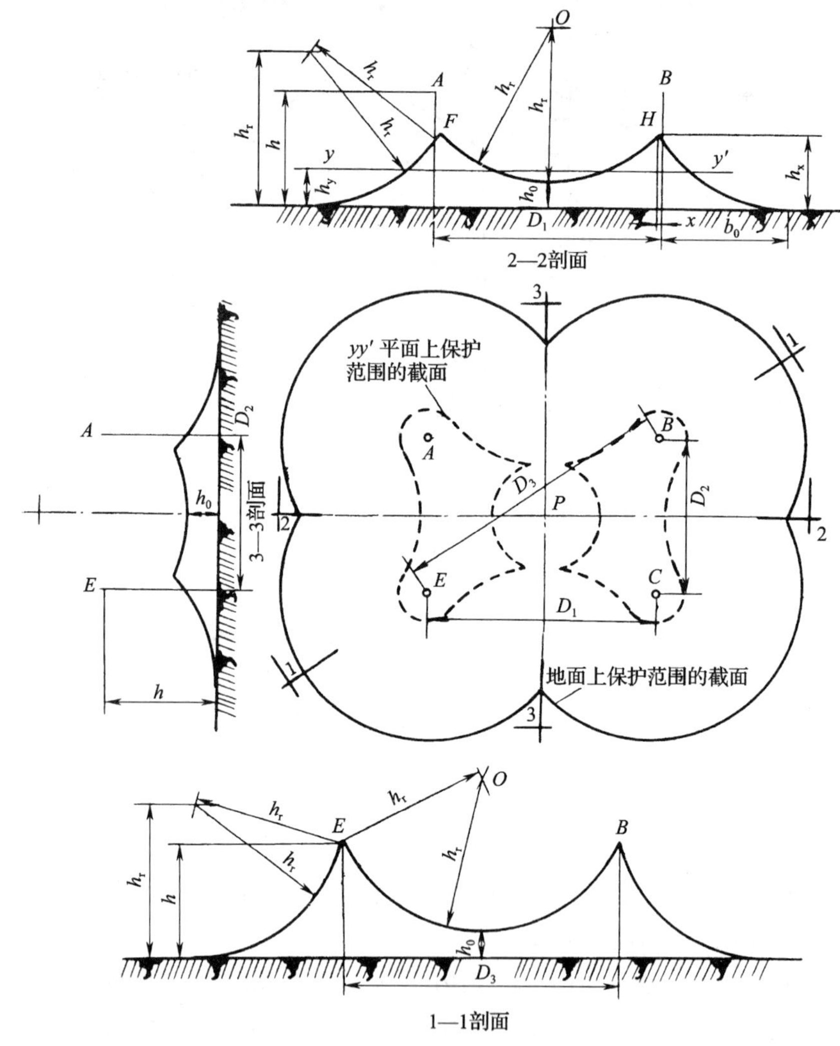

图 8—8　四支等高避雷针的保护范围

①四支避雷针的外侧各按双支避雷针的方法确定。

②B、E 避雷针连线上的保护范围如图 8—8 的 1—1 剖面图所示，外侧部分按单支避雷针的方法确定。两针间的保护范围按以下方法确定：以 B、E 两针针尖为圆心，h_r为半径作弧相交于 O 点，以 O 点为圆心，h_r为半径作圆弧，与针尖相连的这段圆弧即为针间保护范围。保护范围最低点的高度 h_0按下式计算：

$$h_0 = \sqrt{h_r^2 - \left(\frac{D_3}{2}\right)^2} + h - h_r \tag{8—19}$$

③图 8—8 的 2—2 剖面的保护范围，以 P 点的垂直线上的 O 点（距地面的高度为 $h_r + h_0$）为圆心，h_r为半径作圆弧与 B、C 和 A、E 双支避雷针所作出在该剖面的外侧保护范围延长圆弧相交于 F、H 点。F 点（H 点与此类同）的位置及高度可按下列计算式确定：

$$(h_r - h_x)^2 = h_r^2 - (b_0 + x)^2 \tag{8—20}$$

$$(h_r + h_0 - h_x)^2 = h_r^2 - \left(\frac{D_1}{2} - x\right)^2 \tag{8—21}$$

④确定图 8—8 的 3—3 剖面保护范围的方法与第③项相同。

⑤确定四支等高避雷针中间，在 h_0至 h 之间于 h_y高度的 yy'平面上保护范围截面的方法：以 P 点为圆心、$\sqrt{2h_r(h_y - h_0) - (h_y - h_0)^2}$为半径作圆或圆弧，与各双支避雷针在外侧所作的保护范围截面组成该保护范围截面。如图 8—8 中的虚线所示。

避雷线的保护范围可按滚球法确定，本书不作介绍。

当采用接闪器保护建筑物、封闭气罐时，其外表面的 2 区爆炸危险环境可不在滚球法确定的保护范围内。

(3) 接闪器材料

接闪器所用材料应能满足机械强度和耐腐蚀的要求，还应有足够的热稳定性，以能承受雷电流的热破坏作用。

避雷针一般用镀锌圆钢或钢管制成。避雷网和避雷带用镀锌圆钢或扁钢制成。接闪器最小尺寸见表 8—3。避雷线一般采用截面积不小于 35 mm^2的镀锌钢绞线。

(4) 接闪器应用中的注意事项

在独立避雷针、架空避雷线（网）的支柱上严禁悬挂电话线、广播线、电视接收天线及低压架空线等。

表 8—3　　接闪器常用材料的最小尺寸

类别	规格	圆钢或钢管		扁钢	
		圆钢直径/mm	钢管直径/mm	截面/mm²	厚度/mm²
避雷针	针长 1 m 以下	12	20	—	—
	针长 1 ~2 m	16	25	—	—
	针在烟囱上方	20	—	—	—
避雷网和避雷带	网格 6 m×6 m 至 10 m×10 m	8	—	48	—
	网格在烟囱上方	12	—	100	4

2. 避雷器

避雷器是电力系统中普遍使用的防雷保护装置。在发电厂、变电所、高压输电线路上，装设有各种型式的避雷器，用来保护电力系统中的电气设备和电气线路，也作为防止高电压侵入室内的安全措施。避雷器并联在被保护设备或设施上，正常时处在不导通的状态。出现雷击过电压时，击穿放电，切断过电压，发挥保护作用。过电压终止后，避雷器迅速恢复不通状态，恢复正常工作。按其工作原理，避雷器分为保护间隙、管型避雷器、阀型避雷器和氧化锌避雷器，前三种避雷器使用越来越少，已日趋淘汰，氧化锌避雷器已占主导地位。

（1）截波和残压及其危害

用避雷器保护变压器时，由于雷电冲击波具有高频特性，连接导线对于高频呈现的感抗增加，不能忽略不计；同时，变压器电容对于高频呈现的容抗变小，并起主要作用，其等效电路如图 8—9 所示。当冲击波到来，使 a 点电压上升到避雷器放电电压 U_0时，避雷器击穿放电，电容 C 充电使 b 点很快达到 U_0；如果等效电阻 R（包括避雷器阀电阻、接地电阻和导线电阻）很小，电容 C 直接经电感 L 放电，形成 R、L、C 串联电路的振荡，b 点电压 U_0 又急剧变为接近 $-U_0$。这相当于在变压器上突然加上了接近于$2U_0$的冲击波，称此冲击波为截波。截波的危害在于对变压器的绝缘具有损坏作用。

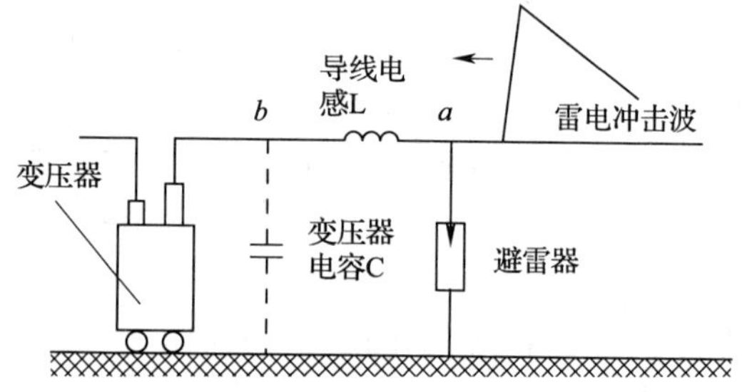

图 8—9　冲击等效电路

对图 8—9 所示谐振电路，可以列出下列方程：

$$\frac{1}{C}\int i\mathrm{d}t + L\frac{\mathrm{d}i}{\mathrm{d}t} + Ri = 0 \tag{8—22}$$

式中，R——电阻，包括避雷器阀电阻、接地电阻和导线电阻，Ω；

C——变压器电容，μF；

L——导线电感，mH；

i——电容器放电电流，A；

t——电容器放电时间，s。

经过对上式进行微分并整理，可得到下列常系数二阶齐次微分方程：

$$\frac{\mathrm{d}^2 i}{\mathrm{d}t^2} + \frac{R}{L}\frac{\mathrm{d}i}{\mathrm{d}t} + \frac{1}{LC}i = 0 \tag{8—23}$$

其特征方程为 $\lambda^2 + \frac{R}{L}\lambda + \frac{1}{LC} = 0$，根为 $\lambda_1 = -\frac{R}{2L} + \sqrt{\left(\frac{R}{2L}\right)^2 - \frac{1}{LC}}$ 和 $\lambda_1 = -\frac{R}{2L} - \sqrt{\left(\frac{R}{2L}\right)^2 - \frac{1}{LC}}$。微分方程的解为：

$$i = Ae^{\lambda_1 t} + Be^{\lambda_2 t} \tag{8—24}$$

当 $\left(\frac{R}{2L}\right)^2 \geqslant \frac{1}{LC}$ 时，即 $R \geqslant 2\sqrt{\frac{L}{C}}$ 时，λ_1 和 λ_2 为负实根，电流按指数衰减，不发生振荡。如果 $\left(\frac{R}{2L}\right)^2 < \frac{1}{LC}$ 即 $R < 2\sqrt{\frac{L}{C}}$ 时，λ_1 和 λ_2 为复根，则电路发生振荡，电流 i 成为振荡电流。

如令 $\alpha = \frac{R}{2L}$，$\omega = \sqrt{\frac{1}{LC} - \left(\frac{R}{2L}\right)^2}$，则 $\lambda_1 = -\alpha + j\omega$，$\lambda_2 = -\alpha - j\omega$ 。电流为

$$\begin{aligned} i &= Ae^{(-\alpha+j\omega)t} + Be^{(-\alpha-j\omega)t} \\ &= Ae^{-\alpha t}(\cos\omega t + j\sin\omega t) + Be^{-\alpha t}(\cos\omega t - j\sin\omega t) \\ &= e^{-\alpha t}[(A + B)\cos\omega t + j(A - B)\sin\omega t] \end{aligned} \tag{8—25}$$

设 $t = 0$，时 $i = 0$（即设避雷器击穿放电后的一瞬间，电容上电压充至最高时作为计算起点），可得 $A + B = 0$。

由于 $t = 0$，$u_C = U_0$，忽略电阻 R 上的压降，根据谐振条件可知

$$u_C = -u_L = -L\frac{\mathrm{d}i}{\mathrm{d}t} \tag{8—26}$$

于是，第二个初始条件可以写成

$$\left.\frac{\mathrm{d}i}{\mathrm{d}t}\right|_{t=0} = -\frac{U_0}{L} \tag{8—27}$$

通过对 i 求导并代入第二个初始条件，可求得 $A-B=-\frac{U_0}{j\omega L}$。代入式（8—25），得到回路电流为

$$i=-\frac{U_0}{\omega L}e^{-\alpha t}\sin\omega t \tag{8—28}$$

由电路理路可知，电容上的正弦电压滞后于电流90°，其波形曲线如图8—10所示。

设 $L=25\ \mu H$，$C=1\ 000\ pF$，$R=1\ 000\ \Omega$，可求得 $f=\omega/(2\pi)=968\ kHz$，衰减系数 $\alpha=200\ s^{-1}$。半个周期后，电压幅值仅衰减0.01%。这就是说，电容上的电压，亦即变压器上的电压在瞬间内几乎从 U_0 变成 $-U_0$，即构成截波。

为了防止截波的危害，可以在避雷器支路上串联一个电阻，使 $R\geqslant 2\sqrt{L/C}$，以遏制振荡的发生。但这个电阻的接入会造成过高的残压，残压是雷电流在避雷器支路上产生的电压降。如图8—11所示，避雷器放电后，由于冲击波波头仍有上升趋势，避雷器上端电压并不沿指数曲线1衰减，而是沿曲线2变化，即上升至很高的残压 U_m 之后再下降。过高的残压也会对变压器的绝缘形成损坏。

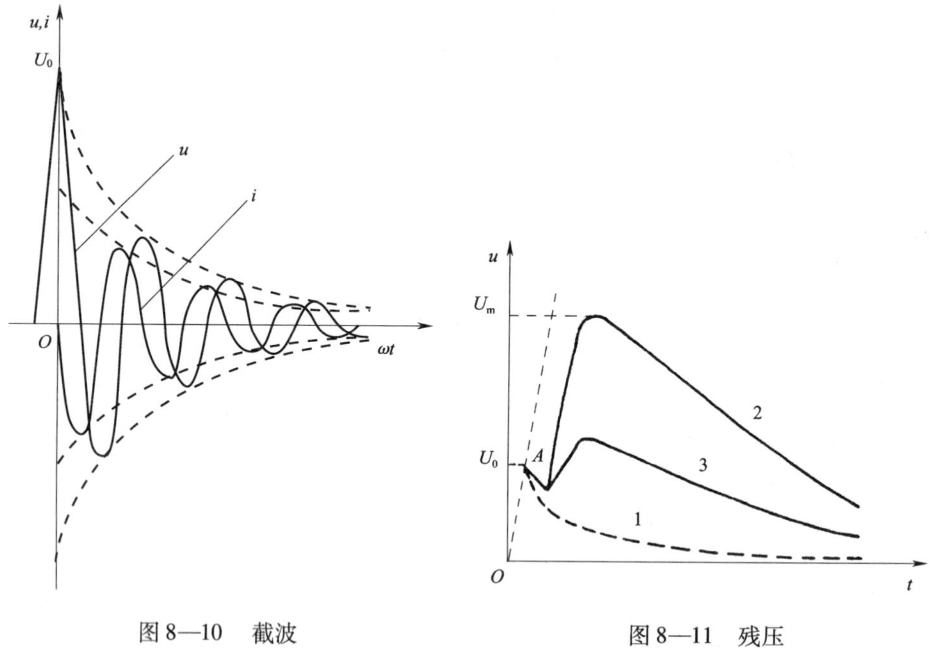

图8—10　截波　　　图8—11　残压

想达到既能够避免振荡，又能够限制残压的目的，可以通过在避雷器支路中串联一个电流大时阻值小、电流小时阻值大的非线性电阻来解决此问题。实际上，阀

型避雷器就是采用了非线性电阻的避雷器。在避雷器刚刚放电（即冲击波波头部分侵入不多），电流不太大时其非线性电阻表现为较高的阻值，以遏制振荡；在避雷器放电后，冲击波波头后一部分到达，即电流很大时，其非线性电阻表现为很低的阻值，以限制残压。这时，避雷器上端电压将沿图 8—11 中的曲线 3 变化。

（2）避雷器结构

阀型避雷器主要由瓷套、火花间隙和非线性电阻组成。瓷套是绝缘的，起支撑和密封作用。火花间隙是由多个间隙串联而成的。每个火花间隙由两个黄铜电极和一个云母垫圈组成。云母垫圈的厚度为 0.5 ~ 1 mm。由于电极间距离很小，其间电场比较均匀，间隙伏—秒特性较平，保护性能较好。非线性电阻又称电阻阀片。电阻阀片是直径为 55 ~ 100 mm 的饼形元件，由金刚砂（SiC）颗粒烧结而成。非线性电阻的电阻值不是一个常数，而是随电流的变化而变化的：电流大时阻值很小，电流小时阻值很大。其伏—安特性可用下式表达：

$$U = K_m I^{\alpha} \tag{8—29}$$

式中，K_m——材料系数，决定于材料性质和电阻阀片的几何尺；

α——非线性系数（阀性系数），一般在 0.2 左右。

在避雷器火花间隙上串联了非线性电阻之后，雷电流通过非线性电阻时只遇到很小的电阻，而雷电流过后尾随而来的工频续流比雷电流小得多，会遇到很大的电阻，这就为火花间隙切断工频续流创造了良好的条件。非线性电阻和间隙对于雷电流，大开阀门，将雷电流泄入地下；对于工频电流，迅速关闭阀门，切断续流。其作用类似一个阀门，因此得名“阀型”。

金属氧化锌避雷器是一种现代避雷器，其基本元件是作为非线性电阻的氧化锌阀片。阀片串联装入磁套内密封组成避雷器，没有火花间隙。阀片的主要成分为氧化锌，掺有少量其他金属氧化物。在电子显微镜下可以观察到阀片的结构是由直径约 10 μm 的 ZnO 颗粒其周围包以由掺杂物所形成的约 0.1 μm 的氧化膜。这层氧化膜的电阻率在低电压下约为 10^{10} Ω · m；而在高电压下骤然降为 1 Ω · cm。具有极好的非线性保护性能，又称为压敏阀型避雷器。压敏避雷器体积很小，广泛适用于高、低压电气设备的防雷保护。值得注意的是，由于氧化锌避雷器没有串联火花间隙，其氧化锌阀片长期直接受到工频电压作用，会出现老化现象，一旦老化，其保护特性变坏，运行电压下的电流增大，因此，可以通过定期检测其泄漏电流等参数，来检查其老化情况，以确保安全运行。

国产的普通阀型避雷器有 FS 和 FZ 两种系列。FS 系列的火花间隙没有分路电阻，阀片较小（ϕ55 mm），适用于配电系统。FZ 系列的间隙带有分路电阻，阀片较大（ϕ100 mm），适用于变电所电气设备的大气过电压保护。国产的磁吹式阀型避雷器有 FCZ 和 FCD 两种系列。FCZ 系列主要适用于 330 kV 及以上超高压变电所电气设备的大气过电压保护，同时，还兼作内部过电压的后备保护。FCD 系列主要用于旋转电动机的保护。

3. 引下线

防雷装置的引下线应满足机械强度、耐腐蚀和热稳定的要求。引下线一般采用圆钢或扁钢，宜优先采用圆钢。圆钢直径不应小于 8 mm；扁钢截面不应小于 48 mm^2。引下线防腐蚀要求与避雷网、避雷带相同。

引下线应沿建筑物外墙敷设，并经最短途径接地。建筑艺术要求较高者可暗敷，但圆钢直径不应小于 10 mm；扁钢截面不应小于 80 mm^2。建筑物的消防梯、钢柱等金属构件宜作为引下线，但其各部件之间均应连成电气通路。

采用多根引下线时，宜在各引下线上于距地面 0.3～1.8 m 之间装设断接卡。

当利用混凝土内钢筋、钢柱作为自然引下线并同时采用基础接地体时，可不设断接卡，但利用钢筋作引下线时，应在室内外的适当地点设若干连接板，该连接板可供测量、接人工接地体和作等电位连接用。当仅利用钢筋作引下线并采用埋于土壤中的人工接地体时，应在每根引下线上于距离地面不低于 0.3 m 处设接地连接板。采用埋于土壤中的人工接地体时应设断接卡，其上端应与连接板或钢柱焊接。连接板处宜有明显标志。

采用多条引下线时，第一类和第二类防雷建筑物至少应有两条引下线，其间距离分别不得大于 12 m 和 18 m；第三类防雷建筑物周长超过 25 m 或高度超过 40 m 时，也应有两条引下线，其间距离不得大于 25 m 。

在易受机械损坏和防人身接触的地方，地面上 1.7 m 至地面下 0.3 m 的一段接地线应采用暗敷或镀锌角钢、改性塑料管或橡胶管等保护设施。

4. 防雷接地装置

接地装置是防雷装置的重要组成部分。接地装置向大地泄放雷电流，限制防雷装置及与其连接的金属物体对地电压不致过高。

（1）埋于土壤中的人工垂直接地体宜采用角钢、钢管或圆钢；埋于土壤中的人工水平接地体宜采用扁钢或圆钢。圆钢直径不应小于 10 mm；扁钢截面不应小于 100 mm^2，其厚度不应小于 4 mm；角钢厚度不应小于 4 mm；钢管壁厚不应小于 3.5 mm。在腐蚀性较强的土壤中，应采取热镀锌等防腐措施或加大截面。

（2）人工垂直接地体的长度宜为 2.5 m。人工垂直接地体间的距离及人工水平接地体间的距离宜为 5 m。

（3）人工接地体在土壤中的埋设深度不应小于0.5 m。接地体应远离由于砖窑、烟道等高温影响使土壤电阻率升高的地方。

（4）在高土壤电阻率地区，降低防直击雷接地装置接地电阻宜采用下列方法：

1）采用多支线外引接地装置，外引长度不应大于有效长度。所谓外引接地是指将接地体引至附近的土壤电阻率较低的地方。所谓有效长度是指能够有效地将冲击电流散流入地的接地体的长度。这是因为电脉冲在地中的传播受限，且冲击雷电流的陡度很高，外引导体本身的感抗骤增，这使得一个接地体仅有一定的延伸长度能够有效地将冲击电流散流入地。

2）接地体埋于较深的低电阻率土壤中。

3）采用降阻剂。是指在接地体周围换以或加入低电阻率的固体或液体材料，以降低流散电阻。降阻剂可由多种成分组成，如电解质、固化剂、润滑剂及填充材料等，具有良好的导电性。也有的降阻剂采用非电解质的碳素粉末作导电材料。将其施用于接地体和土壤之间，一方面能够与金属接地体紧密接触，形成足够大的电流流通面；另一方面它能向土壤渗透，在接地体周围形成一个变化平缓的低电阻区域。

4）换土。指的是给接地体坑内换上低电阻率土壤以降低接地电阻。

（5）跨步电压的抑制。防直击雷的人工接地体距建筑物出入口或人行道不应小于3 m。当小于3 m时应采取下列措施之一：

1）水平接地体局部深埋不应小于1 m。

2）水平接地体局部应包绝缘物，可采用50～80 mm厚的沥青层。

3）采用沥青碎石地面或在接地装置上面敷设50～80 mm厚的沥青层，其宽度应超过接地体2 m。

（6）埋在土壤中的接地装置，其连接应采用焊接，并在焊接处作防腐处理。

（7）接地电阻值。防雷接地电阻一般指冲击接地电阻，接地电阻值视防雷种类和建筑物类别而定。独立避雷针、架空避雷线或架空避雷网应有独立的接地装置，每一引下线的冲击接地电阻不宜大于10 Ω。附设接闪器每一引下线的冲击接地电阻一般也不应大于10 Ω；但对于不太重要的第三类建筑物可放宽至30 Ω。防感应雷装置的工频接地电阻不应大于10 Ω。防雷电侵入波的接地电阻，视其类别和防雷级别，冲击接地电阻不应大于5～30 Ω，其中，阀型避雷器的接地电阻不应大于5～10 Ω。

冲击接地电阻一般都小于工频接地电阻。这是因为极大的雷电流自接地体流入土壤时，接地体附近形成很强的电场，击穿土壤中的裂隙和孔隙并产生火花，相当于增大了接地体的泄放电流面积，减小了接地电阻。同时，在强电场的作用下，土壤电阻率有所降低，也使接地电阻有减小的趋势。尽管因雷电流陡度很大，有高频特征，使引下线和接地体本身的电抗增大；在接地体较长时泄放电流还将受到影响，使接地电阻有增大的趋势，但一般情况下使接地电阻减小的趋势占主导地位。土壤电阻率越高，雷电流越大，接地体和接地线越短，则冲击接地电阻减小越多。

1）接地装置冲击接地电阻与工频接地电阻的换算按下式确定：

$$R_{\sim} = AR_{i} \tag{8—30}$$

式中，$R_{\sim}$——接地装置各支线的长度取值小于或等于接地体的有效长度 l_e 或者有支线大于 l_e 而取其等于 l_e 时的工频接地电阻，Ω；

A——换算系数；

R_i——冲击接地电阻，Ω。

换算系数 A 的数值按图 8—12 确定。图中 l 为接地体最长支线的实际长度，其计量与接地体的有效长度 l_e 类同。当它大于 l_e 时，取其等于 l_e。

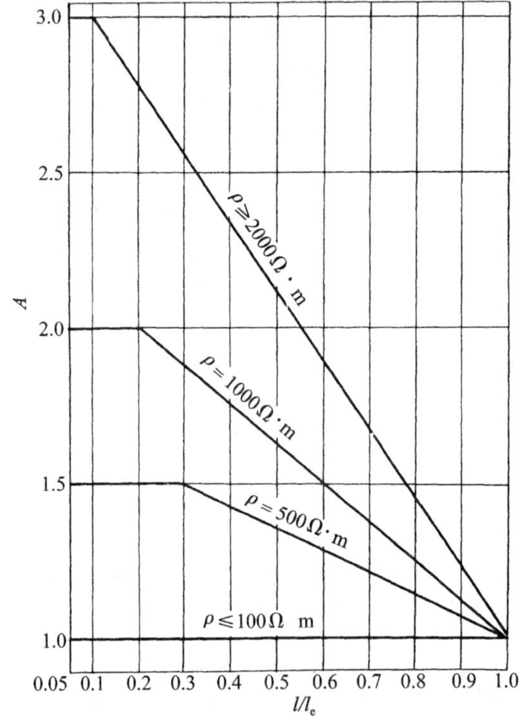

图 8—12　换算系数

2）接地体的有效长度按下式确定：

$$l_e = 2\sqrt{\rho} \tag{8—31}$$

式中，l_e——接地体的有效长度，m；

ρ——敷设接地体处的土壤电阻率，Ω·m。

接地体的 l 和 l_e 计量方法如图 8—13 所示。

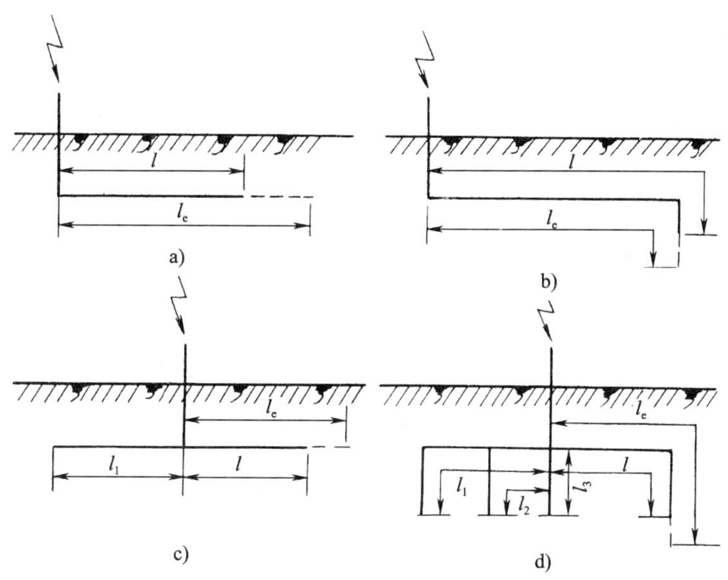

图 8—13　接地体有效长度的计量

a）单根水平接地体　b）末端接垂直接地体的单根水平接地体

c）多根水平接地体，$l_1 \leq l$　d）接多根垂直接地体的多根水平接地体，$l_1 \leq l$、$l_2 \leq l$、$l_3 \leq l$

3）环绕建筑物的环形接地体应按以下方法确定冲击接地电阻：

①当环形接地体周长的一半大于或等于接地体的有效长度 l_e 时，引下线的冲击接地电阻应为从与该引下线的连接点起沿两侧接地体各取 l_e 长度算出的工频接地电阻（换算系数 A 等于 1）。

②当环形接地体周长的一半 l 小于 l_e 时，引下线的冲击接地电阻应为以接地体的实际长度算出的工频接地电阻再除以 A 值。

4）与引下线连接的基础接地体，当其钢筋从与引下线的连接点量起大于 20 m 时，其冲击接地电阻应为以换算系数 A 等于 1 和以该连接点为圆心，20 m 为半径的半球体范围内的钢筋体的工频接地电阻。

(8) 除独立避雷针外，在接地电阻满足要求的前提下，防雷接地装置可以和其他接地装置共用。

三、防雷技术措施

在考虑雷击防护技术措施时，应根据建筑物、电气设备以及其他保护对象的类别和特征，分别对直击雷、雷电感应、雷电波侵入、雷击电磁脉冲等有针对性地采取适合的防雷技术措施。

第一类防雷建筑物、第二类防雷建筑物和第三类防雷建筑物均应采取防直击雷和防雷电波侵入的措施。

第一类防雷建筑物和制造、使用或储存爆炸物质以及具有爆炸危险环境的第二类防雷建筑物还应采取防雷电感应的措施。

装有防雷装置的建筑物，在防雷装置与其他设施和建筑物内人员无法隔离的情况下，应采取等电位联结。

1. 防直击雷措施

如图 8—14 所示为建筑物易受雷击部位示意图。根据建筑物屋面的坡度其易受雷击的部位分为以下几种情况，图中粗实线处为易受雷击部位；虚线处为不易受雷击的屋檐或屋脊；标记“°”处为雷击率最高的部位。

1）平屋面或坡度不大于 1/10 的屋面——檐角、女儿墙、屋檐。如图 8—14a、图 8—14b 所示。

2）坡度大于 1/10 且小于 1/2 的屋面——屋角、屋脊、檐角、屋檐。如图 8—14c所示。

3）坡度不小于 1/2 的屋面——屋角、屋脊、檐角。如图 8—14d 所示。

4）对图 8—14c、图 8—14d，在屋脊有避雷带的情况下，当屋檐处于屋脊避雷带的保护范围内时屋檐上可不设避雷带。

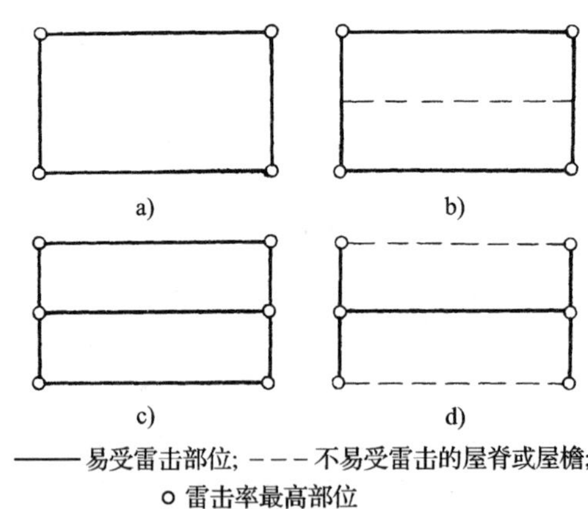

图 8—14 建筑物易受雷击的部位

(1) 第一类防雷建筑物

1）应装设独立避雷针或架空避

雷线（网），使被保护的建筑物及风帽、放散管等突出屋面的物体均处于接闪器的保护范围内。架空避雷网的网格尺寸不应大于5 m×5 m或6 m×4 m。

2）排放爆炸危险气体、蒸气或粉尘的放散管、呼吸阀、排风管等的管口外的规定空间应处于接闪器的保护范围内，当无管帽时，该规定空间为管口上方半径5 m的半球体。当有管帽时，管帽以上的垂直高度和距管口处的水平距离取值均不大于5 m，具体取值可见表8—4，根据装置内压力与周围空气压力的压力差和排放物的密度来确定。接闪器与雷闪的接触点应设在上述空间之外。若上述排放爆炸危险气体、蒸气或粉尘的放散管、呼吸阀、排风管等，当其排放物达不到爆炸浓度、长期点火燃烧、一排放就点火燃烧时，及发生事故时排放物才达到爆炸浓度的通风管、安全阀，接闪器的保护范围可仅保护到管帽，无管帽时可仅保护到管口。

表8—4　　有管帽的管口外处于接闪器保护范围内的空间

装置内的压力与周围空气压力的压力差（kPa）	排放物的比重	管帽以上的垂直高度（m）	距管口处的水平距离（m）
<5	重于空气	1	2
5~25	重于空气	2.5	5
≤25	轻于空气	2.5	5
>25	重或轻于空气	5	5

3）独立避雷针的杆塔、架空避雷线的端部和架空避雷网的各支柱处应至少设一根引下线。对用金属制成或有焊接、绑扎连接钢筋网的杆塔、支柱，宜利用其作为引下线。

4）独立避雷针和架空避雷线（网）的支柱及其接地装置与被保护建筑物及与其有联系的管道、电缆等金属物之间，以及架空避雷线（网）至屋面和各种突出屋面的风帽、放散管等物体之间必须保证必要的安全距离，以防止二次放电危害。冲击接地电阻越大，被保护的高度越高、避雷线（网）的支柱越高，避雷线（网）的水平长度越大，则对应的安全距离越大，但任何情况下均不得小于3 m。

5）独立避雷针、架空避雷线或架空避雷网应有独立的接地装置，每一引下线的冲击接地电阻不宜大于 10 Ω。在土壤电阻率高的地区，可适当增大冲击接地电阻。

6）当建筑物太高或其他原因难以装设独立避雷针、架空避雷线、避雷网时，可将避雷针或网格不大于 5 m×5 m 或 6 m×4 m 的避雷网或由其混合组成的接闪器直接装在建筑物上，避雷网应按图 8—14 所示沿屋角、屋脊、屋檐和檐角等易受雷击的部位敷设。并必须符合下列要求：

①所有避雷针应采用避雷带互相连接。

②引下线不应少于两根，并应沿建筑物四周均匀或对称布置，其间距不应大于 12 m。

③建筑物应装设均压环，环间垂直距离不应大于 12 m，所有引下线、建筑物的金属结构和金属设备均应连到环上。均压环可利用电气设备的接地干线环路。

④防直击雷的接地装置应围绕建筑物敷设成环形接地体，每根引下线的冲击接地电阻不应大于 10 Ω，并应和电气设备接地装置及所有进入建筑物的金属管道相连，此接地装置可兼作防雷电感应之用。

⑤当建筑物高于 30 m 时，尚应采取防侧击的措施，即从 30 m 起每隔不大于 6 m沿建筑物四周设水平避雷带并与引下线相连；将 30 m 及以上外墙上的栏杆、门窗等较大的金属物与防雷装置连接。

⑥在电源引入的总配电箱处宜装设过电压保护器。

⑦当树木高于建筑物且不在接闪器保护范围之内时，树木与建筑物之间的净距不应小于 5 m。

（2）第二类防雷建筑物

1）宜采用装设在建筑物上的避雷网（带）或避雷针或由其混合组成的接闪器。避雷网（带）应按图 8—14 所示沿屋角、屋脊、屋檐和檐角等易受雷击的部位敷设，并应在整个屋面组成不大于 10 m×10 m 或 12 m×8 m 的网格。所有避雷针应采用避雷带相互连接。

2）突出屋面的放散管、风管、烟囱等物体，应按下列方式保护：

①排放爆炸危险气体、蒸气或粉尘的放散管、呼吸阀、排风管等管道，其接闪器的保护范围要求与第一类防雷建筑物相同。

②排放无爆炸危险气体、蒸气或粉尘的放散管、烟囱，1 区、11 区和 2 区爆炸危险环境的自然通风管，装有阻火器的排放爆炸危险气体、蒸气或粉尘的放散管、呼吸阀、排风管，以及排放物达不到爆炸浓度、长期点火燃烧、一排放就点火燃烧、发生事故时排放物才达到爆炸浓度的通风管、安全阀、煤气放散管等，其防雷

保护应符合下列要求：

金属物体可不装接闪器，但应和屋面防雷装置相连；在屋面接闪器保护范围之外的非金属物体应装接闪器，并和屋面防雷装置相连。

3）引下线不应少于两根，并应沿建筑物四周均匀或对称布置，其间距不应大于 18 m。当仅利用建筑物四周的钢柱或柱子钢筋作为引下线时，可按跨度设引下线，但引下线的平均间距不应大于 18 m。

4）每根引下线的冲击接地电阻不应大于 10 Ω。防直击雷接地宜和防雷电感应、电气设备、信息系统等接地共用同一接地装置，并宜与埋地金属管道相连；当不共用、不相连时，两者间在地中的距离任何情况下不应小于 2 m。在共用接地装置与埋地金属管道相连的情况下，接地装置宜围绕建筑物敷设成环形接地体。

5）防止雷电流流经引下线和接地装置时产生的高电位对附近金属物或电气线路的反击，必须保证金属物或电气线路与引下线之间满足相关规范要求的安全距离。在电气接地装置与防雷的接地装置共用或相连的情况下：当低压电源线路用全长电缆或架空线换电缆引入时，宜在电源线路引入的总配电箱处装设过电压保护器，当按 Y，yno 联结或 D，yn11 联结的配电变压器设在本建筑物内或敷设于外墙处时，在高压侧采用电缆进线的情况下，宜在变压器高、低压侧各相上装设避雷器，在高压侧采用架空进线的情况下，除按国家现行有关规范的规定在高压侧装设避雷器外，尚需在低压侧各相上装设避雷器。

（3）第三类防雷建筑物

1）宜采用装设在建筑物上的避雷网（带）或避雷针或由这两种混合组成的接闪器。避雷网（带）应按图 8—14 所示沿屋角、屋脊、屋檐和檐角等易受雷击的部位敷设。并应在整个屋面组成不大于 20 m×20 m 或 24 m×16 m 的网格。

平屋面的建筑物，当其宽度不大于 20 m 时，可仅沿周边敷设一圈避雷带。

2）每根引下线的冲击接地电阻不宜大于 30 Ω，但对预计雷击次数大于或等于 0.012 次/a，且小于或等于 0.06 次/a 的部、省级办公建筑物及其他重要或人员密集的公共建筑物则不宜大于 10 Ω。其接地装置宜与电气设备等接地装置共用。防雷的接地装置宜与埋地金属管道相连。当不共用、不相连时，两者间在地中的距离不应小于 2 m。

在共用接地装置与埋地金属管道相连的情况下，接地装置宜围绕建筑物敷设成环形接地体。

3）建筑物宜利用钢筋混凝土屋面板、梁、柱和基础的钢筋作为接闪器、引下线和接地装置，但应符合设计规范对作为接地体时的基础内钢筋网在周围地面以下距地面的距离，以及每根引下线所连接的钢筋表面积总和等的规定。

4）突出屋面的物体的保护方式其要求与第一类防雷建筑物突出屋面的放散管、风管、烟囱等物体的规定相同。

5）砖烟囱、钢筋混凝土烟囱，宜在烟囱上装设避雷针或避雷环保护。多支避雷针应连接在闭合环上。金属烟囱应作为接闪器和引下线。

6）引下线不应少于两根，但周长不超过 25 m 且高度不超过 40 m 的建筑物可只设一根引下线。引下线应沿建筑物四周均匀或对称布置，其间距不应大于 25 m。当仅利用建筑物四周的钢柱或柱子钢筋作为引下线时，可按跨度设引下线，但引下线的平均间距不应大于 25 m。

7）防止雷电流流经引下线和接地装置时产生的高电位对附近金属物或电气线路的反击，必须保证金属物或电气线路与引下线之间满足相关规范要求的安全距离。

（4）露天堆场

粮、棉及易燃物大量集中的露天堆场，宜采取防直击雷措施。当其年计算雷击次数大于或等于 0.06 时，宜采用独立避雷针或架空避雷线防直击雷。独立避雷针和架空避雷线保护范围的滚球半径 h_r 可取 100 m。

在计算雷击次数时，建筑物的高度可按堆放物可能堆放的高度计算，其长度和宽度可按可能堆放面积的长度和宽度计算。

2. 防雷电感应的措施

（1）第一类防雷建筑物

1）建筑物内的设备、管道、构架、电缆金属外皮、钢屋架、钢窗等较大金属物和突出屋面的放散管、风管等金属物，均应接到防雷电感应的接地装置上。

金属屋面周边每隔 18 ~ 24 m 应采用引下线接地一次。

现场浇制的或由预制构件组成的钢筋混凝土屋面，其钢筋宜绑扎或焊接成闭合回路，并应每隔 18 ~ 24 m 采用引下线接地一次。

2）平行敷设的管道、构架和电缆金属外皮等长金属物，其净距小于 100 mm 时应采用金属线跨接，跨接点的间距不应大于 30 m；交叉净距小于 100 mm 时，其交叉处亦应跨接。

当长金属物的弯头、阀门、法兰盘等连接处的过渡电阻大于 0.03 Ω 时，连接处应用金属线跨接。对有不少于 5 根螺栓连接的法兰盘，在非腐蚀环境下，可不跨接。

3）防雷电感应的接地装置应和电气设备接地装置共用，其工频接地电阻不应大于 10 Ω。防雷电感应的接地装置与独立避雷针、架空避雷线或架空避雷网的接地装置之间的距离任何情况下不得小于 3 m。

屋内接地干线与防雷电感应接地装置的连接，不应少于两处。

（2）第二类防雷建筑物中的制造、使用或储存爆炸物质以及具有爆炸危险环境的建筑物

1）建筑物内的设备、管道、构架等主要金属物，应就近接至防直击雷接地装置或电气设备的保护接地装置上，可不另设接地装置。

2）平行敷设的管道、构架和电缆金属外皮等长金属物保护方式其要求与第一类防雷建筑物的规定相同，但长金属物连接处可不跨接。

3）建筑物内防雷电感应的接地干线与接地装置的连接不应少于两处。

3. 防雷电波侵入措施

（1）第一类防雷建筑物

1）低压线路宜全线采用电缆直接埋地敷设，在入户端应将电缆的金属外皮、钢管接到防雷电感应的接地装置上。当全线采用电缆有困难时，可采用钢筋混凝土杆和铁横担的架空线，并应使用一段金属铠装电缆或护套电缆穿钢管直接埋地引入，其埋地长度 l（m）与埋电缆处的土壤电阻率 ρ（Ω·m）应符合 $l \geqslant 2\sqrt{\rho}$ 的关系，但不应小于 15 m。

在电缆与架空线连接处，尚应装设避雷器。避雷器、电缆金属外皮、钢管和绝缘子铁脚、金具等应连在一起接地，其冲击接地电阻不应大于 10 Ω。

2）架空金属管道，在进出建筑物处，应与防雷电感应的接地装置相连。距离建筑物 100 m 内的管道，应每隔 25 m 左右接地一次，其冲击接地电阻不应大于 20 Ω，并宜利用金属支架或钢筋混凝土支架的焊接、绑扎钢筋网作为引下线，其钢筋混凝土基础宜作为接地装置。

埋地或地沟内的金属管道，在进出建筑物处亦应与防雷电感应的接地装置相连。

（2）第二类防雷建筑物

1）当低压线路全长采用埋地电缆或敷设在架空金属线槽内的电缆引入时，在入户端应将电缆金属外皮、金属线槽接地，对制造、使用或储存爆炸物质以及具有爆炸危险环境的建筑物，上述金属物尚应与防雷的接地装置相连。

2）制造、使用或储存爆炸物质以及具有爆炸危险环境的建筑物，其低压电源线路应符合下列要求：

①低压架空线应改换一段埋地金属铠装电缆或护套电缆穿钢管直接埋地引入，

其埋地长度 l（m）与埋电缆处的土壤电阻率 ρ（Ω·m）应符合 $l \geqslant 2\sqrt{\rho}$ 的关系，但电缆埋地长度不应小于 15 m。入户端电缆的金属外皮、钢管应与防雷的接地装置相连。在电缆与架空线连接处尚应装设避雷器。避雷器、电缆金属外皮、钢管和绝缘子铁脚、金具等应连在一起接地，其冲击接地电阻不应大于 10 Ω。

②平均雷暴日小于 30 d/a 地区的建筑物可采用低压架空线直接引入建筑物内，但应符合下列要求：

在入户处应装设避雷器或设 2～3 mm 的空气间隙，并应与绝缘子铁脚、金具连在一起接到防雷的接地装置上，其冲击接地电阻不应大于 5 Ω。

入户处的三基电杆绝缘子铁脚、金具应接地，靠近建筑物的电杆，其冲击接地电阻不应大于 10 Ω，其余两基电杆不应大于 20 Ω。

3）除制造、使用或储存爆炸物质以及具有爆炸危险环境的建筑物以外的第二类防雷建筑物，其低压电源线路应符合下列要求：

①当低压架空线转换金属铠装电缆或护套电缆穿钢管直接埋地引入时，其埋地长度应大于或等于 15 m，入户端电缆的金属外皮、钢管应与防雷的接地装置相连。在电缆与架空线连接处尚应装设避雷器。避雷器、电缆金属外皮、钢管和绝缘子铁脚、金具等应连在一起接地，其冲击接地电阻不应大于 10 Ω。

②当架空线直接引入时，在入户处应加装避雷器，并将其与绝缘子铁脚、金具连在一起接到电气设备的接地装置上。靠近建筑物的两基电杆上的绝缘子铁脚应接地，其冲击接地电阻不应大于 30 Ω。

4）架空和直接埋地的金属管道在进出建筑物处应就近与防雷的接地装置相连，当不相连时，架空管道应接地，其冲击接地电阻不应大于 10 Ω。制造、使用或储存爆炸物质以及具有爆炸危险环境的建筑物，引入、引出该建筑物的金属管道在进出处应与防雷的接地装置相连；对架空金属管道尚应在距建筑物约 25 m 处接地一次，其冲击接地电阻不应大于 10 Ω。

（3）第三类防雷建筑物

1）对电缆进出线，应在进出端将电缆的金属外皮、钢管等与电气设备接地相连。当电缆转换为架空线时，应在转换处装设避雷器；避雷器、电缆金属外皮和绝缘子铁脚、金具等应连在一起接地，其冲击接地电阻不宜大于 30 Ω。

2）对低压架空进出线应在进出处装设避雷器并与绝缘子铁脚、金具连在一起接到电气设备的接地装置上。当多回路架空进出线时，可仅在母线或总配电箱处装设一组避雷器或其他型式的过电压保护器，但绝缘子铁脚、金具仍应接到接地装置上。

3）进出建筑物的架空金属管道，在进出处应就近接到防雷或电气设备的接地装置上或独自接地，其冲击接地电阻不宜大于30 Ω。

（4）变配电装置的防护

3～10 kV变配电站防雷保护接线如图8—15所示。图中的三条线路分别表示配电所配电装置直接与架空线路连接、经电缆段后与架空线连接、经限流电抗器和电缆段后与架空线连接三种情况下避雷器的配置。对于3～10 kV配电所（无变压器），母线上的阀型避雷器F2可以不装。

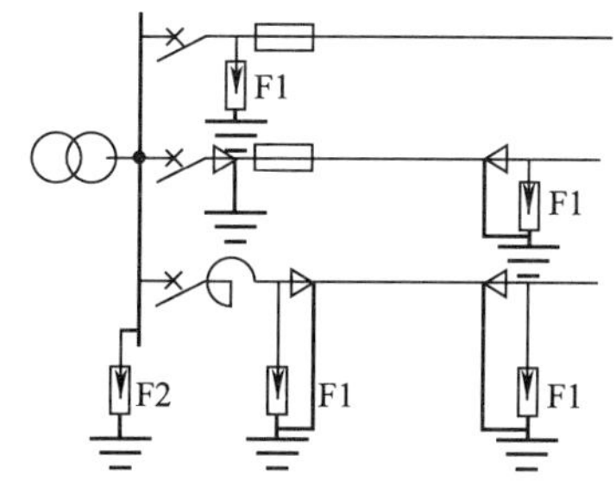

图8—15　3～10 kV变配电站雷电波侵入防护接线图

4. 防雷击电磁脉冲措施

防雷击电磁脉冲是在建筑物遭受直接雷击或附近遭雷击的情况下，线路和设备防过电流和过电压，即防在上述情况下产生的电涌（Surge）。

一个电子信息系统是否需要防雷击电磁脉冲，应在完成直接、间接损失评估和建设、维护投资预测后认真分析综合考虑，做到安全、适用、经济。

（1）防雷区（LPZ）

将需要实施雷击电磁脉冲防护的空间划分为不同的防雷区，以规定各部分空间不同的雷击电磁脉冲的严重程度和指明各区交界处的等电位连接点的位置。

防雷区应按下列原则划分：

1）$LPZ0_A$区：本区内的各物体都可能遭到直接雷击和导走全部雷电流；本区内的电磁场强度没有衰减。

2）$LPZ0_B$区：本区内的各物体不可能遭到大于所选滚球半径对应的雷电流直接雷击，但本区内的电磁场强度没有衰减。

3）LPZ1区：本区内的各物体不可能遭到直接雷击，流经各导体的电流比$LPZ0_B$区更小；本区内的电磁场强度可能衰减，这取决于屏蔽措施。

4）LPZ$n+1$后续防雷区：当需要进一步减小流入的电流和电磁场强度时，应增设后续防雷区，并按照需要保护的对象所要求的环境区选择后续防雷区的要求条件。

注：$n=1$、2、…

各区以在其交界处的电磁环境有明显改变作为划分不同防雷区的特征。

通常，防雷区的数越高电磁场强度越小。

一建筑物内电磁场受到如窗户这样的洞的影响和金属导体（如等电位连接带、电缆屏蔽层、管子）上电流的影响以及电缆路径的影响。

将需要保护的空间划分成不同防雷区的一般原则如图 8—16 所示。

将一建筑物划分为几个防雷区和做符合要求的等电位连接的例子，如图 8—17 所示。

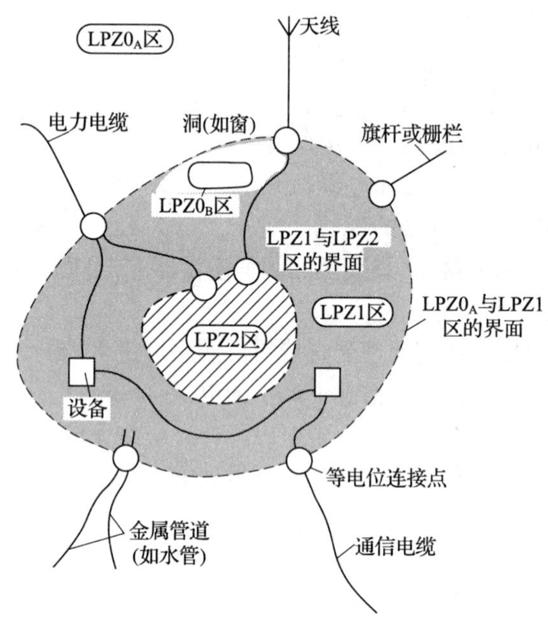

图 8—16　将一个需要保护的空间划分为不同防雷区的一般原则

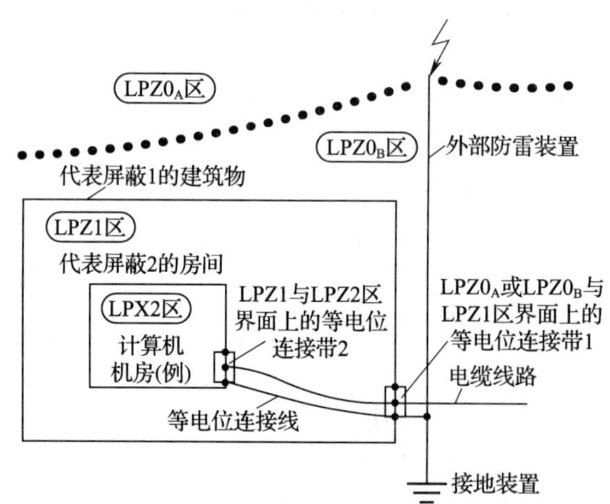

图 8—17　将一建筑物划分为几个防雷区和做符合要求的等电位连接的例子

此处所有电力线和信号线从同一处进入被保护空间 LPZ1 区，并在设于 $LPZ0_A$ 或 $LPZ0_B$ 与 LPZ1 区界面处的等电位连接带 1 上做等电位连接。这些线路在设于 LPZ1 与 LPZ2 区界面处的内部等电位连接带 2 上再做等电位连接。将建筑物的外屏蔽 1 连接到等电位连接带 1，内屏蔽 2 连接到等电位连接 2。LPZ2 的这种构成方式，使雷电流不能导入此空间，也不能穿过此空间。

（2）防雷击电磁脉冲措施要求

防雷击电磁脉冲的主要技术措施包括屏蔽、接地、等电位连接和安装电涌保护器等。

1）屏蔽和等电位连接措施要求

①屏蔽是减少电磁干扰的基本措施。为减少电磁干扰的感应效应，宜采取以下的基本屏蔽措施：建筑物和房间的外部设屏蔽措施，以合适的路径敷设线路，线路屏蔽。这些措施宜联合使用。

②等电位连接的目的在于减小需要防雷的空间内各金属物与各系统之间的电位差。为改进电磁环境，所有与建筑物组合在一起的大尺寸金属件都应等电位连接在一起，并与防雷装置相连，但第一类防雷建筑物的独立避雷针及其接地装置除外。如屋顶金属表面、立面金属表面、混凝土内钢筋和金属门窗框架。

在需要保护的空间内，当采用屏蔽电缆时其屏蔽层应至少在两端并宜在防雷区交界处做等电位连接，当系统要求只在一端做等电位连接时，应采用双层屏蔽，外层屏蔽按前述要求处理。

在分开的各建筑物之间的非屏蔽电缆应敷设在金属管道内，如敷设在金属管、金属格栅或钢筋成格栅形的混凝土管道内，这些金属物从一端到另一端应是导电贯通的，并分别连到各分开的建筑物的等电位连接带上。电缆屏蔽层应分别连到这些带上。

如图 8—18 所示是一钢筋混凝土建筑物等电位连接的例子。如图 8—19 所示是对一办公建筑物设计防雷区、屏蔽、等电位连接和接地的例子。

屏蔽层仅一端做等电位连接和另一端悬浮时，它只能防静电感应，无法防范磁场强度变化所感应的电压。为减少屏蔽芯线的感应电压，在屏蔽层仅一端做等电位连接的情况下，应采用绝缘隔开的双层屏蔽，外层屏蔽应至少在两端作等电位连接。在这种情况下外屏蔽层与其他同样做了等电位连接的导体构成环路，感应出一电流，因此产生减低源磁场强度的磁通，从而基本上抵消掉无外屏蔽层时所感应的电压。

③在建筑物或房间的大空间屏蔽是由诸如金属支撑物、金属框架或钢筋混

凝土的钢筋等自然构件组成时，这些构件构成一个格栅形大空间屏蔽，穿入这类屏蔽的导电金属物应就近与其做等电位连接。

④穿过各防雷区界面的金属物和系统，以及在一个防雷区内部的金属物和系统均应在界面处做符合下列要求的等电位连接。

a. 所有进入建筑物的外来导电物均应在 $LPZ0_A$ 或 $LPZ0_B$ 与 LPZ1 区的界面处做等电位连接。当外来导电物、电力线、通信线在不同地点进入建筑物时，宜设若干等电位连接带，并应就近连到环形接地体、内部环形导体或此类钢筋上。它们在电气上是贯通的并连通到接地体，含基础接地体。

b. 环形接地体和内部环形导体应连到钢筋或金属立面等其他屏蔽构件上，宜每隔 5 m 连接一次。

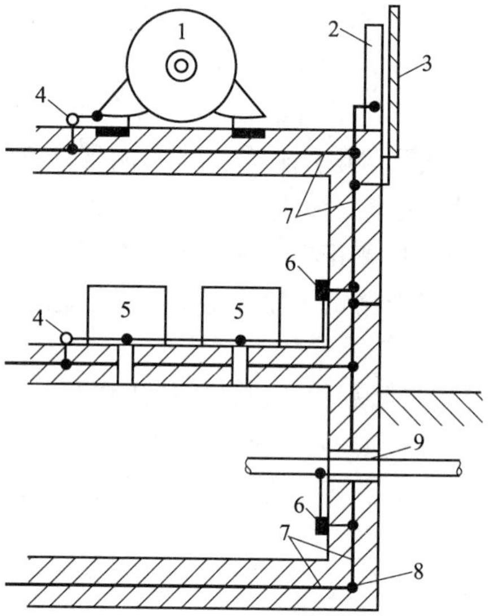

图 8—18　一钢筋混凝土建筑物内等电位连接的例子

1—电力设备　2—钢支柱　3—立面的金属盖板
4—等电位连接点　5—电气设备
6—等电位连接带　7—混凝土内的钢筋
8—基础接地体
9—各种管线的共用入口

2）接地措施要求。防雷击电磁脉冲的接地除应符合前述一般防雷接地要求之外，尚应符合下列规定。

①每幢建筑物本身应采用共用接地系统，其原则构成示如图 8—20 所示。

②当互相邻近的建筑物之间有电力和通信电缆连通时，宜将其接地装置互相连接。

③防雷接地与交流工作接地、直流工作接地、安全保护接地共用一组接地装置时，接地装置的接地电阻值必须按接入设备中要求的最小值确定。

3）对电涌保护器和其他的要求。合理选用和安装电涌保护器 SPD（Surge protective device）是防止雷击电磁脉冲危害的必要技术措施。电涌保护器又称浪涌保护器，通常安装于电源线、信号线进线入口处，用于限制瞬态过电压和分走电涌电流，电涌保护器的构成至少含有一非线性元件。电涌保护器根据其采用的非线性元件的特性的不同，分为电压开关型、限压型和组合型等。按其在电子信息系统中功能的不同，分为电源型、天馈型和信号型等几种。

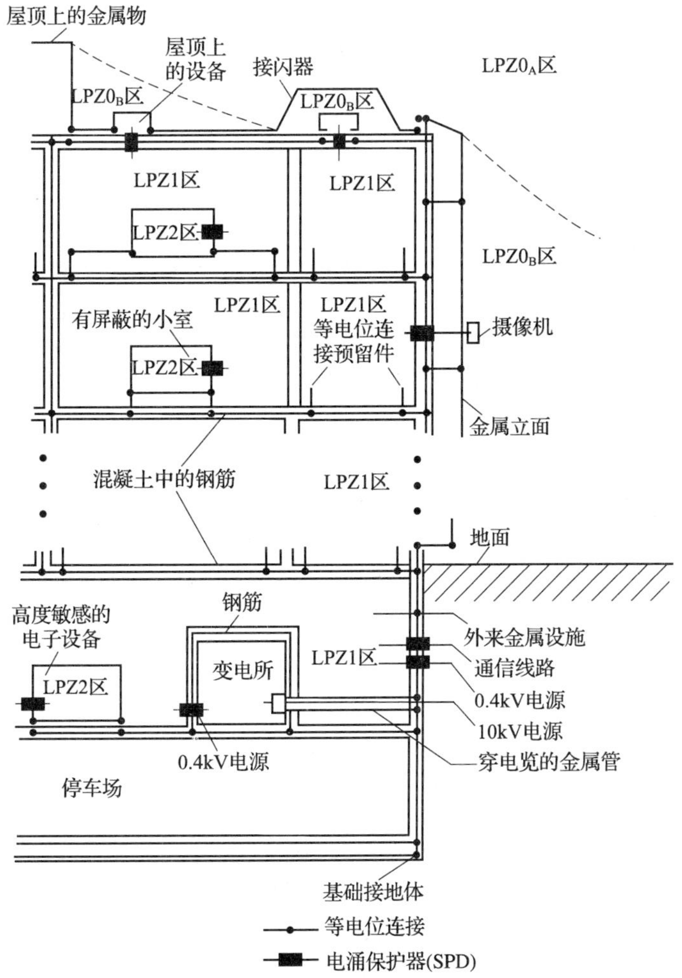

图 8—19　对一办公建筑物设计防雷区、屏蔽、等电位连接和接地的例子

电压开关型 SPD 工作原理：在无电涌出现时为高阻抗，当出现电压电涌时变为低阻抗。通常采用放电间隙、充气放电管、闸流管和三端双向可控硅元件作这类 SPD 的组件。也称“短路开关型”或“克罗巴型”SPD。计算机通信网络专用 SPD 响应时间≤1 ns 。

限压型 SPD 工作原理：在无电涌出现时为高阻抗，随电涌电流和电压的增加，

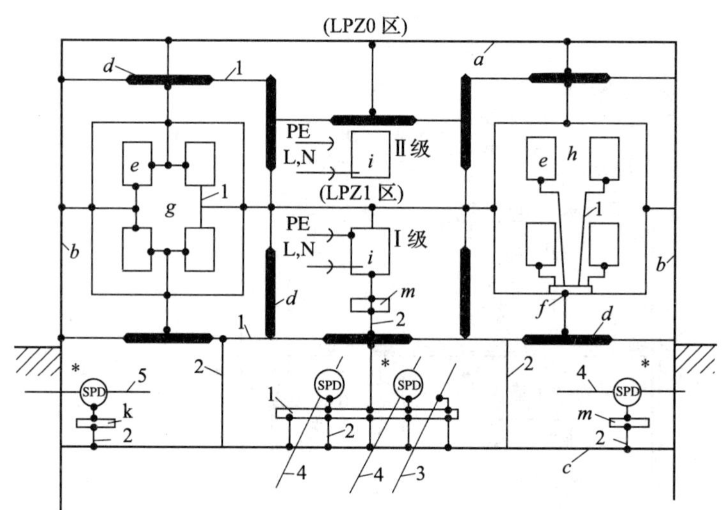

图 8—20　接地、等电位连接和共用接地系统的构成

注：a—防雷装置的接闪器以及可能是建筑物空间屏蔽的一部分，如金属屋顶。

b—防雷装置的引下线以及可能是建筑物空间屏蔽的一部分，如金属立面、墙内钢筋。

c—防雷装置的接地装置（接地体网络、共用接地体网络）以及可能是建筑物空间屏蔽的一部分，如基础内钢筋和基础接地体。

d—内部导电物体，在建筑物内及其上不包括电气装置的金属装置，如电梯轨道、吊车、金属地面、金属门框架、各种服务性设施的金属管道、金属电缆桥架、地面、墙和天花板的钢筋。

e—局部信息系统的金属组件，如箱体、壳体、机架。

f—代表局部等电位连接带单点连接的接地基准点（ERP）。

g—局部信息系统的网形等电位连接结构。

h—局部信息系统的星形等电位连接结构。

i—固定安装引入 PE 线的Ⅰ级设备和不引入 PE 线的Ⅱ级设备。

k—主要供电力线路和电力设备等电位连接用的总接地带、总接地母线、总等电位连接带。也可用做共用等电位连接带。

l—主要供信息线路和信息设备等电位连接用的环形等电位连接带、水平等电位连接导体，在特定情况下，采用金属板。也可用做共用等电位连接带。用接地线多次接到接地系统上做等电位连接，宜每隔 5 m 连一次。

m—局部等电位连接带。

1—等电位连接导体。

2—接地线。

3—服务性设施的金属管道。

4—信息线路或电缆。

5—电力线路或电缆。

*—进入 LPZ1 区处，用于管道、电力和通信线路或电缆等外来服务性设施的等电位连接。

阻抗跟着连续变小。通常采用压敏电阻、抑制二极管作这类 SPD 的组件。也称“钳压型” SPD。

组合型 SPD 工作原理：由上述两种组件组合而成。可显示两者都有的特性。

对电涌保护器的选用和安装要求如下：

①当电源采用 TN 系统时，从建筑物内总配电盘（箱）开始引出的配电线路和分支线路必须采用 TN—S 系统。

②虽原则上规定要在各防雷区界面处做等电位连接，但由于工艺要求或其他原因，被保护设备的安装位置不会正好设在界面处而是设在其附近，在这种情况下，当线路能承受所发生的电涌电压时，电涌保护器可安装在被保护设备处，而线路的金属保护层或屏蔽层宜首先于界面处做一次等电位连接。

③电涌保护器必须能承受预期通过它们的雷电流，并应符合以下两个附加要求：通过电涌时的最大限幅电压和有能力熄灭在雷电流通过后产生的工频续流。

在建筑物进线处和其他防雷区界面处的最大电涌电压，即电涌保护器的最大限幅电压加上其两端引线的感应电压应与所属系统的基本绝缘水平和设备允许的最大电涌电压协调一致。为使最大电涌电压足够低，其两端的引线应做到最短。

在不同界面上的各电涌保护器还应与其相应的能量承受能力相一致。

当无法获得设备的耐冲击电压时 220/380 V 三相配电系统设备的耐冲击过电压可按表 8—5 选用。

表 8—5　　220/380 V 三相系统各种设备耐冲击过电压额定值

设备的位置	电源处的设备	配电线路和最后分支线路的设备	用电设备	特殊需要保护的设备
耐冲击过电压类别	Ⅳ类	Ⅲ类	Ⅱ类	Ⅰ类
耐冲击电压额定值（kV）	6	4	2.5	1.5

注：Ⅰ类——需要将瞬态过电压限制到特定水平的设备。

Ⅱ类——如家用电器、手提工具和类似负荷。

Ⅲ类——如配电盘，断路器，包括电缆、母线、分线盒、开关、插座的布线系统，以及应用于工业的设备和永久接至固定装置的固定安装的电动机等一些其他设备。

Ⅳ类——如电气计量仪表、一次侧过流保护设备、波纹控制设备。

④TN—S 系统中，电子信息系统设备配电线路的 SPD 安装位置如图 8—21 所示。

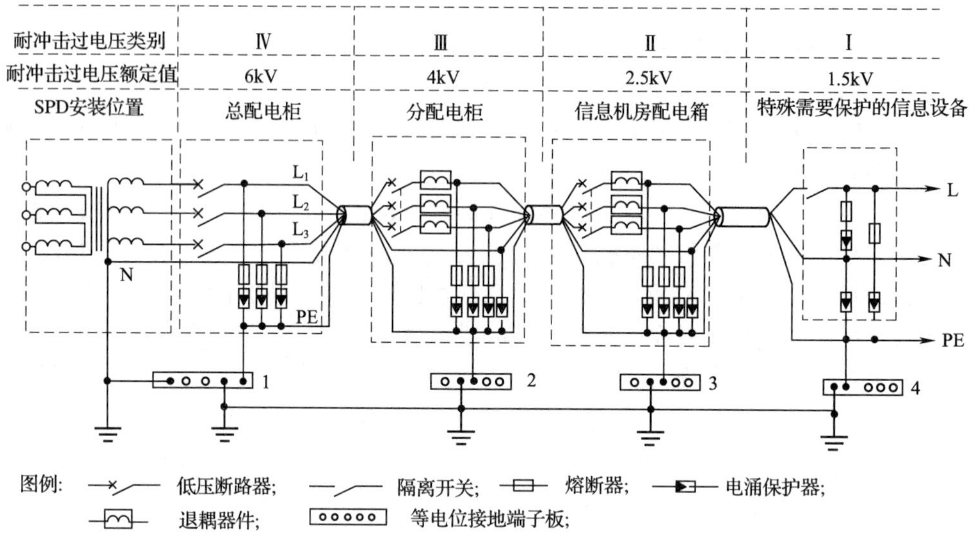

图 8—21　电子信息系统设备配电线路的电涌保护器安装位置（TN—S）

1—总等电位接地端子板　2—楼层等电位接地端子板　3、4—局部等电位接地端子板

5. 人身防雷

雷暴时，由于带电积云直接对人体放电，雷电流入地产生对地电压，以及二次放电等都可能对人造成致命的电击。因此，应注意必要的人身防雷安全要求。

（1）室外人身防雷

雷雨天气情况下，室外人身防雷要求：

1）为了防止雷击事故和雷电流入地产生的跨步电压伤人，要远离建筑物的避雷针及其接地引下线；远离各种天线、电线杆、高塔、烟囱、旗杆、孤立的树木和没有防雷装置的孤立的小建筑等。

2）如有条件应进入有宽大金构架、有防雷设施的建筑物或金属壳的汽车和船只，但是帆布篷车和拖拉机、摩托车等在雷电发生时是比较危险的，应尽快离开。

3）应尽量离开山丘、海滨、河边、池旁；避开铁丝网、金属晒衣绳。

4）减少在户外活动时间，尽量避免在野外逗留。不要在旷野里行走。不要骑在牲畜上或自行车上行走；不要用金属杆的雨伞，不要把带有金属杆的工具如铁锹、锄头扛在肩上。人在遭受雷击前，会突然有头发竖起或皮肤颤动的感觉，这时应立刻躺倒在地，或选择低洼处蹲下，双脚并拢，双臂抱膝，头部下俯，尽量缩小暴露面即可。

（2）室内人身防雷

雷雨天气情况下，室内人身防雷要求：

1）电视机的室外天线应与电视机脱离，而与接地线连接。

2）关好门窗，防止球形雷窜入室内造成危害。可在建筑物空调系统的通风口处设置接地的金属网栅，并设置阴雨天外窗自动关闭的装置。

3）人体最好离开可能传来雷电侵入波的照明线、动力线、电话线、广播线、收音机和电视机电源线、收音机和电视机天线，以及与其相连的各种金属设备1.5 m以上，尽量暂时不用电器，最好拔掉电源插头；不要靠近室内的金属设备如暖气片、自来水管、下水管，以防止这些线路和设备对人体的二次放电。避免靠近潮湿的墙壁。

本章小结

1. 雷击的危险分析与对策相关知识是电气安全工程知识结构中不可或缺的内容。本章的主要内容包括几大方面，即：各种类型雷电产生的机理；形成雷击事故的原因、后果；及其各种雷电的防护措施。

2. 本章重点阐明了雷电的危害、防雷建筑物的分类、各类防雷建筑物的防雷要求、防雷装置及其保护范围计算、人身防雷等。

3. 在考虑雷击防护技术措施时，应根据建筑物、电气设备以及其他保护对象的类别和特征，分别对直击雷、雷电感应、雷电波侵入、雷击电磁脉冲等有针对性地采取适合的防雷技术措施。避雷针、避雷线、避雷网、避雷带是常用的接闪器。避雷器是一种专用的防雷装置，主要用来保护电力设备和电力线路，也用做防止高电压侵入室内的安全措施。

4. 随着各种电子、微电子装置的大量使用，电子信息系统的雷击电磁脉冲防护越来越体现出其重要性。防雷击电磁脉冲的主要技术措施包括屏蔽、接地、等电位连接和安装电涌保护器等。

5. 人身防雷方面，既要防雷云直接对人体放电，还要注意对雷电流入地产生的跨步电压，以及二次放电等。

复习思考题

1. 雷电的种类有哪些？概要分析描述直击雷全部放电过程。
2. 简述感应过电压波的形成机理。
3. 简述雷电电磁脉冲形成机理及危害。
4. 雷电的主要参数包括哪些？
5. 建筑物的防雷分类是怎样划分的？
6. 接闪器保护范围如何确定？
7. 试说明避雷器的结构及工作原理。
8. 何为二次放电，给出防范其伤害的措施建议。

第九章 静电防护

本章学习目标

1. 熟悉静电的产生、消散及其影响因素。
2. 掌握静电的危害机理及其后果。
3. 理解常用的静电防护措施的保护原理。
4. 熟悉静电危险的安全界限，掌握各种防静电技术措施及其应用条件。

防静电事故是电气事故防范的重要组成部分。本章以静电危害及其防护为中心内容，分析静电的产生、消散、影响因素、特点及危害机理；在此基础上，阐明静电危险的安全界限、各种防静电技术措施原理及其应用条件等。

第一节 静电的产生及危害

处于相对稳定状态的电荷被称做静电。所谓相对稳定状态是指相对于观察者而言，物质所带电荷处于静止或缓慢变化。由于电荷静止不动或其运动非常缓慢，故其所引起的磁场效应较之电场效应来说可以忽略不计。静电现象是广泛存在于自然界、工业生产和人们日常生活中的一种十分普遍的电现象。通常将由于某种静电现象的作用或影响而存在着人员伤亡、财产损失或环境（系统）受到破坏的状态与条件统称为静电危害。静电危害是火工、化工、石油、粉碎加工等行业引发火灾和爆炸的主要危险因素之一。除此之外，静电也能给人以电击，造成二次事故。静电还可能妨碍生产。静电最大的危害是引发爆炸或火灾，因此，静电防护是以防止爆炸和火灾为重点。为了便于正确理解静电防护的机理，首先需要对静电的特性有一个基本的认识。

一、静电的产生

人们熟知，摩擦可以产生静电。实验证明，不仅仅是摩擦时会产生静电，只要两种物质紧密接触后再分离，就可能产生静电。摩擦产生静电的实质是通过摩擦扩大了接触分离的规模，使静电易于产生。从理论上来说，静电的产生与两种物质相互接触时的接触电位差和接触面上的偶电荷层直接相关。

1. 静电的起电方式

(1) 接触—分离起电

相接触的两种物体，其间距离达到或小于 25×10^{-8} cm 时，两种物体中的电子穿过交界面互相扩散，由于不同原子得失电子的能力不同，不同原子（包括原子团和分子）外层电子的能级不同，总的扩散趋势使其间发生电子的转移。界面两侧会出现等量异号的两层电荷。这两层电荷称为偶电荷层。偶电荷层电场的作用（与总扩散趋势反向）使电子的转移达到动平衡。将呈现于界面之间的电位差称为接触电位差。接触电位差与物质性质及其表面状况有很大的关系。固体物质的接触电位差只有千分之几至十分之几伏，最大 1 V 左右。

根据偶电荷层和接触电位差的理论，可知两种物质紧密接触再分离时，即可能产生静电。两种物质互相摩擦后之所以能产生静电，除了包括通过摩擦实现较大面积的紧密接触，在接触面上产生偶电荷层之外，同时摩擦由于有热效应，还可以改变相互作用面的表面能量状态，促进静电的产生。

在两物体分离的瞬间，偶电荷层将发生畸变，使得分离处的局部电场强度剧烈增加，致使极板间的电荷倒流，使极板上的电量发生传导中和。这种倒流现象受限于材料的电导率。对于导体材料，电荷可以自由流动，由于传导中和的原因，使分离后所带电荷量很少，甚至全部中和。对于非导体材料，分离后偶电荷层上的大部分电荷仍积存于表面，如果电量很大，局部形成高电压。当电场强度超过空隙中的气体击穿电压强度时，将形成气体放电，引起放电中和。所以，非导体材料的接触表面快速分离时，带电的最大值受限于空隙间空气的绝缘强度。

任意两种固体相接触并使其突然分离或相互摩擦，均可测得它们各自带上大小相等而符号相反的电荷。将多种物质分别进行两两相互摩擦的实验，把每次实验中两种物质中带正电的排在前面，带负电的排在后面，依次排列下去，可以形成一个长长的序列，这样的序列叫做静电序列或静电起电序列。表9—1所示为相关标准和资料公布的静电序列。静电序列反映出由材料种类所决定的共同趋势。但应当指出，物质呈现的电性在很大程度上还受到物质所含杂质成分、表面氧化和吸附情况、温度、湿度、压力、外界电场等因素的影响，使实验结果不完全一致。

表 9—1　　相关标准和资料公布的静电序列

IEC/15D/48/CD (1995)	MIL－HDBK－263A (1991)	AT&T 静电放电计划管理 (1992)	IEEE Std. C62. 47 (1992)
+人手	+人手	+石棉	+石棉
玻璃	兔毛	醋酸酯	醋酸酯
云母	玻璃	玻璃	玻璃
聚酰胺	云母	人头发	人头发
毛皮	人头发	尼龙	尼龙
羊毛	尼龙	羊毛	羊毛
丝绸	羊毛	毛皮	毛皮
铝	毛皮	铅	铅
纸	铅	丝绸	丝绸
棉花	丝绸	铝	铝
钢	铝	纸	纸
木材	纸	聚氨酯	聚氨酯
硬橡胶	棉花	棉花	棉花
聚酯	钢	木材	木材
聚乙烯	木材	钢	钢
聚氯乙烯	琥珀	封腊	封腊
－聚四氟乙烯	封腊	硬橡胶	硬橡胶
	硬橡胶	醋酸酯纤维	聚酯薄膜
	镍、铜	聚酯薄膜	环氧玻璃
	黄铜、银	环氧玻璃	镍、铜、银
	金、白金	镍、铜、银	黄铜、不锈钢
	硫黄	紫外保护膜	合成橡胶
	醋酸酯纤维素	黄铜、不锈钢	聚丙烯树脂
	聚酯	合成橡胶	聚苯乙烯塑料
	赛璐珞	聚丙烯树脂	聚氨酯塑料

续表

IEC/15D/48/CD (1995)	MIL－HDBK－263A (1991)	AT&T 静电放电计划管理 (1992)	IEEE Std. C62. 47 (1992)
	奥纶	聚苯乙烯塑料	聚酯
	聚氨酯	聚氨酯塑料	萨冉树脂
	聚乙烯	萨冉树脂	聚乙烯
	聚丙烯	聚酯	聚丙烯
	聚氯乙烯（乙烯树脂）	聚乙烯聚丙烯	聚氯乙烯（乙烯树脂）
	聚三氟氯乙烯聚合物	聚氯乙烯（乙烯树脂）	聚四氟乙烯
	硅	聚四氟乙烯	－硅橡胶
	－聚四氟乙烯	－硅橡胶	

静电序列反映下述特征：

1）序列中任意两种物质相互摩擦后，前者失去电子带正电，后者得到电子带负电。

2）两种物质在静电序列表上的位置相距越远，摩擦后产生的电位差越大。

（2）感应起电

图 9—1 所示为一种典型的感应起电过程。当 B 导体与接地导体 C 相连时，如图 9—1a 所示，由导体在静电场中的静电感应现象可知，B 导体在带电体 A 的感应下，其靠近带电体 A 的端部出现正电荷，但 B 导体对地电位仍然为零；当 B 导体离开接地导体 C 时，如图 9—1b 所示，图中 B 导体成为带电体。

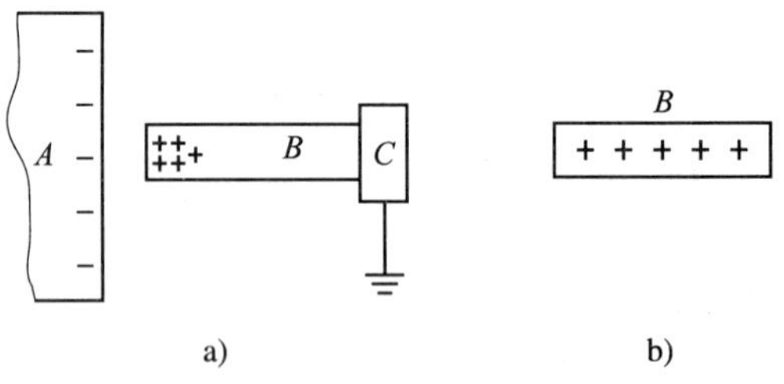

图 9—1　感应起电

a）分离前　b）分离后

（3）破裂起电

材料破断后因破坏了正、负电荷的平衡，而使破断的两段各带上等量异号电荷，即产生了静电。固体粉碎、液体分离过程的起电属于破裂起电。破裂起电的示意图如图 9—2 所示。

图 9—2　破裂起电

a）破断前正负电荷平衡　b）破断后两段各带上异号电荷

（4）剥离起电

对两种密切结合的物体进行剥离时，可引起电荷分离而使双方带电。剥离起电的静电量取决于接触面积、接触面的黏着力和剥离速度等。剥离起电的示意图如图 9—3 所示。

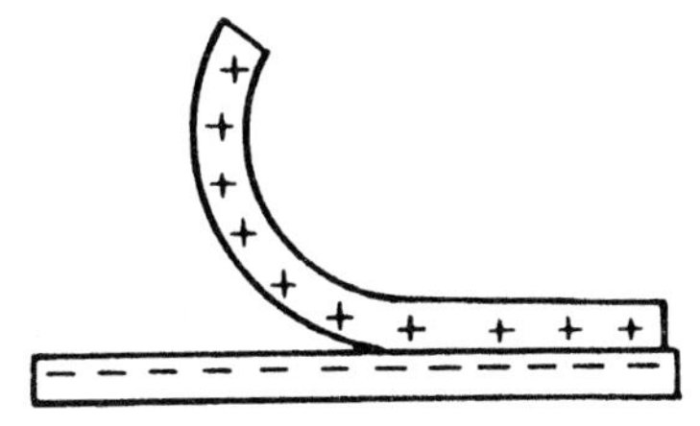

图 9—3　剥离起电

（5）电荷迁移

当一个带电体与一个非带电体接触时，电荷将重新分配，即发生电荷迁移而使非带电体带电。例如，当带电雾滴或粉尘撞击导体时，便会产生电荷迁移；当气体离子流射在不带电的物体上时，也会产生电荷迁移。

除上述几种主要的起电方式外，电解、压电、热电等效应也可能产生偶电荷层或起电。

2. 固体静电

固体静电可用偶电荷层和接触电位差的理论来解释。偶电荷层上的接触电位差是极为有限的，而固体静电电位可高达数万伏以上，其原因在于电容的变化。

电容器上的电压 U、电量 Q、电容 C 三者之间保持 $U=Q/C$ 的关系。对于平板电容器，其电容如式（9—1）所示

$$C=\frac{\varepsilon S}{d} \qquad (9—1)$$

式中，ε——极间电介质的介电常数；

S——极板面积；

d——极间距离。

由上述关系可以导出式（9—2）

$$U = \frac{Qd}{\varepsilon S} \tag{9—2}$$

即：当 Q，ε，S 不变时，$U \propto d$。

将两种相接近的两个带电面看成是电容器的极板。紧密接触时，其间 d 只有 25×10^{-8} cm。若二者分开为 1 cm，即 d 增大为 400 万倍。与其对应，如接触电位差为 0.01 V，则（在不考虑分开时电荷逆流的情况下）二者之间的电压 U 可达 40 000 V。

橡胶、塑料、纤维等行业工艺过程中的静电电压可达数万伏，甚至数十万伏，如不采取有效措施，很容易引起火灾。

3. 人体静电

人体静电引发的放电是酿成静电灾害的重要原因之一。人体静电主要由摩擦、接触—分离和感应产生。

人体在日常活动过程中，衣服、鞋以及所携带的用具与其他材料摩擦或接触—分离时，均可能产生静电。

例如，当穿着化纤布料服装的人从合成革面的椅子上起立时，由于衣服与椅面之间的摩擦和接触—分离，人体静电可达 10 000 V 以上。

液体或粉体从手持容器中倒出或流出时，带走一种极性的电荷，而持容器的人体上将留下另一种极性的电荷。

人体是导体，在静电场中也能够感应起电而成为带电体，乃至引起感应放电。

4. 粉体静电

粉体实质是处在微小颗粒状态下的固体，其静电的产生也符合偶电荷层的基本原理。

当粉体物料被研磨、搅拌、筛分或处于高速运动时，由于粉体颗粒与颗粒之间及粉体颗粒与管道壁、容器壁或其他器具之间的碰撞、摩擦，或粉体破断等都会产生危险的静电。

塑料粉、药粉、面粉、麻粉、煤粉和金属粉等各种粉体都可能产生静电。粉体静电电压可高达数万伏。

应当指出，铝粉、镁粉等金属粉体也能产生和积累静电。这是因为悬浮状态的颗粒与大地之间总是通过空气绝缘的，因此，粉体产生和积累静电与组成粉体的材料是否是绝缘材料无关。

粉体的静电带电在化肥、化纤制品、药品、食品、涂料制品、橡胶制品、火工品等制造行业广泛存在，是构成上述行业生产系统发生燃烧、爆炸事故的重要原因。

5．液体静电

液体在流动、过滤、搅拌、喷雾、喷射、飞溅、冲刷、灌注和剧烈晃动等过程中，由于静电荷的产生速度高于静电荷的泄漏速度，从而积聚静电荷，可能产生十分危险的静电。当积聚的静电荷，其放电的能量大于可燃混合物的最小引燃能量，并在放电间隙中爆炸性蒸气混合物处于爆炸极限范围内时，将引起火灾、爆炸事故。

两种物质接触—分离会产生静电，如果其中一方为液体时，液体与固体的接触面上也会出现偶电荷层。其中，紧贴于固体表面的离子层称为固定电荷层；与固定电荷层相邻，能够随液体流动的异号离子层称为滑移电荷层。当液体流动时，带走了偶电荷层上滑移电荷层的电荷，形成液体带电。此过程被称为冲流起电。一种极性的电荷随液体流动，由此产生所谓流动电流，因流动电流的充电作用，会造成管道的终端容器内静电电荷的积累。

在流速、管径不变的情况下，流动电流 I 与管道长度 L 保持以下关系：

$$I = I_{\infty}\left(1 - e^{-L/L_b}\right) + I_0 e^{-L/L_b} \qquad (9\text{—}3)$$

式中，I_{∞}——饱和流动电流，可以写为

$$I_{\infty} = \frac{\pi}{4}D^2 v \rho_{m\infty} \qquad (9\text{—}4)$$

I_0——进口处流动电流；

L_b——管道饱和长度，$L_b = \tau v$；

v——流速；

$\rho_{m\infty}$——液体饱和电荷密度（即稳定时的电荷密度）；

τ——液体静电时间常数，$\tau = \varepsilon\rho$。

显然，随着管道长度的增加，式（9—34）带有 e^{-L/L_b} 的两项逐渐趋近于零，管道内流动电流逐渐趋近一个稳定值。这个稳定值就是饱和流动电流 I_{∞}。

液体静电的产生除了前述的冲流起电之外，还有沉降带电、喷雾起电和溅泼起电等情况。

沉降起电是指悬浮在液体中的固体微粒由于密度差异发生沉降，在不同物质交界面上形成的偶电荷层发生正负电荷分离，使固体微粒和液体分别带上等量异号电荷。

喷雾起电是指当液体类物质从管口、喷嘴和管道龟裂处等高速喷出时，由于液体与喷出口发生摩擦，也由于液体的飞溅和与附近物体及空气发生冲撞，以及由于这些喷射在空间的液体类物质扩散和分离，形成许多微小液滴，使偶电荷层分离而带电。

溅泼起电是指当液体的非浸润性微小液滴溅落在物体表面时，界面上将形成偶电荷层，由于液滴的惯性滚动而发生偶电荷层电荷分离，使液滴与物体表面分别带上异号电荷。

6. 气体静电

气体的分子或原子因受光的作用或受高速电子撞击，以及高温气体分子之间相撞，会使电子获得足够的能量，脱离原子核的束缚，使分子或原子成为带正电荷的离子。另一方面，卤素、氧元素等具有易于捕捉电子的性质，当其获得电子时，便成为带负电荷的离子。

普通状态下的气体由于宇宙射线、地球上放射性元素等的电离作用每立方厘米空气中每秒钟约有 10 个分子发生电离，在常温下每立方厘米空气中约有 100 ~ 1 000个带电粒子（电子和离子）。尽管如此，空气中的自然存在的带电粒子是极为有限的。

纯净的气体在通常条件下不会带电，即使高速流动或高速喷出也不会产生静电。但实际上，绝对纯净的气体是不存在的，由于气体内往往含有灰尘、铁末、液滴等固体颗粒或液体颗粒，正是在这些颗粒的碰撞、摩擦、分裂等过程中产生了静电。当气体中混有悬浮液体微粒时，在高压气力喷出后形成气、液混合物引起的带电，相当于液体的喷雾起电。例如，喷漆的过程实质上是将含有大量杂质的气体高速喷出，就会伴随比较强的静电产生。当气体中混有悬浮固体微粒时，在高压喷出后形成气、固混合物引起的带电，相当于气力输送下的粉体起电。

在石油化工生产过程中，常使用一些易于挥发的可燃、易爆溶剂和物料，容易形成达到爆炸极限的可燃气体、蒸气与空气的混合物。一旦遇到超过其最小引燃能量的静电放电，可能引发火灾或爆炸事故。例如，乙炔自钢瓶中放出时，可产生高达 6 kV 的静电电压。

二、静电的消散

静电的消散有两种主要方式，即中和和泄漏。前者主要是通过空气发生的；后者主要是通过带电体本身及其相连接的其他物体发生的。

1. 静电中和

由前所述知道，空气中自然存在着极为有限的带电粒子，这些带电粒子的存在，使带电体在同空气的接触中，其所带电荷会逐渐得到中和。但由于这些中和是极为缓慢的，以致一般不会被觉察到。带电体上的静电通过空气迅速的中和发生在静电放电的时候。静电放电是当带电体周围的场强超过周围介质的绝缘击穿场强时，因介质产生电离而使带电体上的电荷部分或全部消失的现象。静电放电有以下几种形式，如图 9—4 所示。

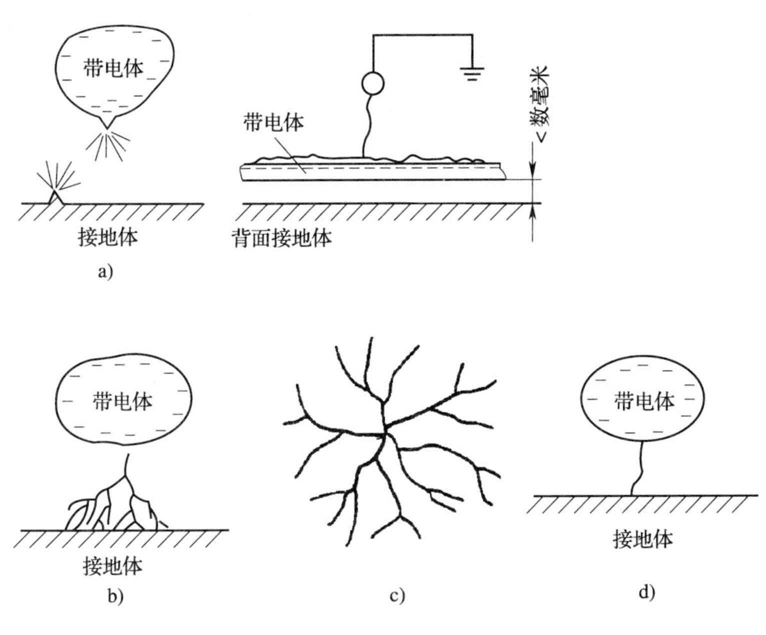

图 9—4 静电放电

a）电晕放电 b）刷形放电 c）传播型刷形放电 d）火花放电

(1) 电晕放电

它是发生在不均匀的、场强很高的电场中的辉光放电。辉光放电是一种当电场强度达到气体的放电场强时，在气体中以发光形式出现的电传导现象。电晕放电主要发生在带电体尖端附近或其他曲率半径很小处附近的局部区域内。在这些很小的区域内，由于电场强度很高，气体分子发生电离，在电极周围产生微弱的发淡蓝色光的电晕层，不形成放电通道，没有显著的发热和电极的蒸发。电晕放电有时伴有不大的嘶嘶声。

电晕放电时，电流很小，能量密度不高，感应电晕单次脉冲放电能量小于

20 μJ，有源电晕单次脉冲放电能量增大若干倍，但引燃、引爆能力甚小。

（2）刷形放电

它是发生于带电量大的绝缘体与导体之间空气介质中的一种放电形式。该放电形式放电通道不集中，呈分枝状。刷形放电时伴有声光。由于绝缘体束缚电荷的能力很强，其表面容易出现刷形放电。刷形放电释放的能量不超过 4 mJ，引燃、引爆能力中等。

（3）传播型刷形放电

在高速起电场所及静电非导体背面衬有接地导体（如高电阻率薄膜背面衬有接地金属导体）的情况下，薄膜两面带有异性电荷。如有导体接近薄膜表面，则发生放电，非导体表面上一定范围的大量电荷经过邻近电离了的气体迅速流向初始放电点，并带有声光特征，构成所谓传播型刷形放电。传播型刷形放电能量大，引燃、引爆能力强。

（4）火花放电

它是发生于分隔两电极间的空气或其他电介质材料突然被击穿，使电流急剧上升，电压急剧下降，引起带有瞬间闪光并有集中通道的短暂放电现象。火花放电时伴有短促的爆裂声。火花放电释放能量比较集中，引燃、引爆能力很强。

2. 静电泄漏

静电泄漏是指带电体上的电荷通过自身或其他物体等途径向大地传导而使其部分或全部消失的过程。绝缘体上的静电泄漏主要有两条途径：一条是经绝缘体表面泄漏；另一条是经绝缘体内部泄漏。前者遇到的是表面电阻；后者遇到的是体积电阻。

静电通过绝缘体本身的泄漏类似电容器放电，其电量符合以下规律：

$$Q = Q_0 e^{-t/\tau} \tag{9—5}$$

式中，Q_0——泄漏前的电量（初始值）；

t——泄漏时间；

τ——泄漏时间常数。

对于生产过程中产生的有害静电，泄漏时间常数越大，静电越不容易泄漏，危险性越大。通常用带电体上的电荷消散至其初始值的一半时所需要的时间，即当 $Q = Q_0/2$ 时所用的时间来衡量静电泄漏的快慢，亦即衡量危险性的大小。这个时间叫做电荷半值时间。通过简单运算，可求得电荷半值时间为

$$t_{1/2} = 0.693RC = 0.693\varepsilon p \tag{9—6}$$

很多易起电材料的电阻率都很高，其上静电泄漏很慢。例如，某橡胶的电阻率

$\rho = 1 \times 10^{14}\ \Omega \cdot m$、介电常数 $\varepsilon = 17 \times 10^{-12}$ F/m，则时间常数 $\tau = RC = \varepsilon p = 1\ 700$ s、电荷半值时间 $t_{1/2} = 1\ 176$ s，即接近 20 min。

因为绝缘体静电泄漏很慢，所以，同一绝缘体各部分可能在较长时间内保持不同的电位。或者说，同一绝缘体某些部位的电位可能不高，而另一些部位可能带有危险电位。

静电泄漏受湿度的影响很大。随着湿度增加，绝缘体表面吸附水分子形成薄薄的水膜，并溶解空气中的二氧化碳气体和绝缘体析出的电解质，使绝缘体表面电阻大为降低，从而加速静电泄漏，抑制了静电荷的积累，有利于静电的防护。反之，空气湿度降低，绝缘体表面电阻率升高，静电泄漏变慢，静电的危险性增大。正因为此，静电事故多发生在干燥的季节。对于一些高分子绝缘材料，在发生表面吸附水蒸气的同时还发生水分扩散至物体结构内部的吸湿作用，吸湿性越大的绝缘材料，其静电受湿度的影响也越大。

三、静电的影响因素

对静电的产生和积累产生影响作用的因素有多种，包括材质、工艺设备和参数、环境条件等。掌握静电的影响因素，对于静电的危害控制十分必要。

1. 材质和杂质的影响

材料的电阻率对静电泄漏有很大影响。对于固体材料，体电阻率不大于 $1 \times 10^{6}\ \Omega \cdot m$的物料及表面电阻率不大于 $1 \times 10^{7}\ \Omega$ 的固体表面称为静电导体。由于静电导体电阻率较低，泄漏较强，除非与地绝缘，否则其上难于积累静电。将体电阻率大于 $1 \times 10^{6}\ \Omega \cdot m$，小于 $1 \times 10^{10}\ \Omega \cdot m$ 的物料及表面电阻率大于 $1 \times 10^{7}\ \Omega$，小于 $1 \times 10^{11}\ \Omega$ 的固体表面称为静电亚导体。将体电阻率大于或等于 $1 \times 10^{10}\ \Omega \cdot m$ 的物料及表面电阻率大于或等于 $1 \times 10^{11}\ \Omega$ 的固体表面称为静电非导体。静电非导体具有很高的电阻率，在其上能够积聚足够数量的静电荷，从而引起各种静电危害。对于液体，电阻率为 $1 \times 10^{8}\ \Omega \cdot m$ 以下时，由于泄漏较强而不容易积累静电；当电阻率为 $1 \times 10^{10}\ \Omega \cdot m$ 左右时最容易产生静电；而电阻率大于 $1 \times 10^{13}\ \Omega \cdot m$ 以上时，由于其分子极性很弱反而不容易产生静电。因此，液体静电表现为在一定范围内，随着电阻率的增加而增加；超过某一范围以后，随着电阻率的增加，液体静电反而下降的规律。石油、重油的电阻率为 $1 \times 10^{10}\ \Omega \cdot m$ 以下，静电危险性较小。石油制品和苯的电阻率多为 $1 \times 10^{10} \sim 1 \times 10^{11}\ \Omega \cdot m$，静电危险性较大。对于粉体，当管道、搅拌器或料槽材料与粉体材料相同时，不易产生静电，而且粉体带电情况也不规则，有的带正电，有的带负电，有的不带电，其带正电的颗粒数与带负电的颗粒数大致相等。当管道、搅拌器或料槽材料用金属材料制成、粉体为绝缘材料时，产生静电的多少主要决定于粉体的性质，而与管道、搅拌器或料槽种类没有多大关系。当管道、搅拌器或料槽以及粉体均为绝缘材料时，材料性质对静电的影响很大，并可能因材料改变而改变静电的极性。悬浮粉体因处在绝缘状态，受材料的影响不大。

当材料属于容易得失电子的材料、生产物料与工艺装置两种材料在静电序列之中序差较大，且材料电阻率很高时，容易产生和积累静电。生产中常见的乙烯、丙烷、丁烷、汽油、轻油、苯、甲苯、二甲苯、硫酸、橡胶、赛璐珞和塑料等都比较容易产生和积累静电。

杂质对静电有很大的影响，一般情况下，杂质有增加静电的趋势。例如液体内含有高分子材料（如橡胶、沥青）的杂质时，会增加静电的产生。液体内含有水分时，在液体流动、搅拌或喷射过程中会产生附加静电；液体宏观运动停止后，液体内水珠的沉降过程也会产生静电。如果油管或油槽底部积水，经搅动后容易引起静电事故。物体表面受到杂质污染，特别是有机物的污染，或表面被氧化腐蚀时，往往会增大静电产生。

2. 工艺设备和工艺参数的影响

接触面积、接触压力、物体表面粗糙程度以及分离速度对静电的产生有很大的影响。接触面积越大，偶电荷层正、负电荷越多，产生静电越多。例如对于粉体，颗粒越小者，一定量粉体的表面积越大，产生静电越多。接触压力越大，会增加电荷的分离，以致产生较多的静电。管道内壁越粗糙，摩擦或冲击和分离的机会越多，产生的静电或流动电流就越大。分离速度越高，偶电层电荷在分离过程发生复合的机会越少，产生静电越多。

物体的带电历程也是影响静电产生的因素之一。一般在最初进行接触—分离时，静电发生最多，随着反复地接触—分离，产生静电的程度将减弱。如果物体已经带有部分静电，则接触—分离时静电的发生量将减少。

液体流速和管径对静电影响很大。饱和流动电流可用下式表达：

$$I_{\infty} = Kv^{\alpha}D^{\beta} \tag{9—7}$$

式中，K——决定于液体和管道性质的系数，对于煤油、汽油等碳氢液体在长直管道内流动时，取 $K=3.75\times10^{-6}\ \mathrm{A\cdot s^2/m^4}$；

v——流速，m/s；

D——管道内径，m；

α、β——流速影响系数和管径影响系数，见表9—2。

表 9—2　　计算饱和流动电流时的流速及管径影响系数

管道直径	α	β
管道内径 0.1～0.5 cm	1.88	0.88
管道内径 1.62～10.9 cm	2.4	1.6

设备的几何形状也对静电有影响。例如，平传动带与传动轮之间的滑动位移比三角传动带大，产生的静电也比较强烈。过滤器会大大增加接触和分离程度，可能使液体静电电压增加十几倍乃至百倍以上。

生产系统中，下列工艺过程和情形比较容易产生和积累静电：

（1）固体物质大面积的摩擦，如纸张与辊轴摩擦、橡胶或塑料碾制、传动带与传动轮或辊轴摩擦等；固体物质在压力下接触而后分离，如塑料压制、上光等；固体物质在挤出、过滤时与管道、过滤器等发生摩擦，如塑料的挤出、赛璐珞的过滤等；带传动装置等。

（2）固体物质的粉碎、研磨过程，粉体物料的管路输送、筛分、过滤、干燥过程，悬浮粉尘的高速运动等。

（3）在混合器中搅拌各种高电阻率物质，如纺织品的涂胶过程等。

（4）高电阻率液体在管道中流动且流速超过 1 m/s 时，液体喷出管口时，液体注入容器发生冲击、冲刷和飞溅时等。

（5）液化气体、压缩气体或高压蒸汽在管道中流动和由管口喷出时，如从气瓶放出压缩气体、喷漆等。

（6）穿着化纤、丝、毛普通工作服、穿高绝缘底工作鞋的人员在操作、行走、起立时等。

3. 环境条件的影响

介质物体处在潮湿的空气环境中将发生水分吸附现象，使材料表面电阻率随空气湿度增加而降低。相对湿度越高，材料表面电荷密度越低。但当相对湿度在 40% 以下时，材料表面静电电荷密度几乎不受相对湿度的影响而保持为某一最大值。

带静电体周围导体布置对静电电压有很大的影响。由 $Q=CU$ 可知，静电电量 Q 不变时，静电电压 U 与电容 C 成反比。带静电体周围导体的面积、其间的距离、方位都可影响电容 C，从而影响其间静电电压 U。例如，传动带刚离开传动带轮时电压并不高，但转到两传动带轮中间位置时，由于距离拉大，电容大大减小，电压则大大升高。又如，油料在管道内流动时电压也不很高，但当注入油罐，特别是注入大容积油罐时，油面中部因电容较小而电压较高。又如，粉体经管道输送时，在管道中间胀大处和出口处，由于电容减小，静电电压升高，容易由较大的静电火花引起爆炸事故。

此外，导电性地面在很多情况下能加强静电的泄漏，减少静电的积累。

四、静电的危害

在生产工艺过程中因静电放电作用、静电感应作用和静电库伦力作用等可带来事故隐患和危害。工艺过程中产生的静电可能引起爆炸和火灾，也可给人以电击，还会妨碍生产，以及干扰和损坏电子设备。其中，爆炸或火灾是最大的危害和危险。

1. 爆炸和火灾

静电能量虽然不大，但因其电压很高而容易发生放电。如果所在场所有易燃物质，又有由易燃物质形成的爆炸性混合物，包括爆炸性气体和蒸气，以及爆炸性粉尘等，即可能由静电火花引起爆炸或火灾。

将空间存在可由静电引爆的爆炸性混合物，或对其进行直接加工、处理和操作等工艺作业场所统称为静电危险场所。

一些轻质油料及化学溶剂，如汽油、煤油、酒精、苯等容易挥发，与空气形成爆炸性混合物。在这些液体的载运、搅拌、过滤、注入、喷出和流出等工艺过程中，容易由静电火花引起爆炸和火灾。与轻质油料相比，重油和渣油的危险性较小，但其静电的危险依然存在，而且也有爆炸和火灾的事例。

金属粉末、药品粉末、合成树脂和天然树脂粉末、燃料粉末和农作物粉末等都能与空气形成爆炸性混合物。在这些粉末的磨制、干燥、筛分、收集、输送、倒装及其他有摩擦、撞击、喷射、振动的工艺过程中，都比较容易由静电火花引起爆炸和火灾。

塑料、橡胶、造纸等行业经常用到一些化学溶剂，也能形成爆炸性混合物。在其原料搅拌、制品挤压和分离、摩擦等工艺过程中，容易由静电火花引起火灾，甚至引起爆炸。

氢气、乙炔等气体易形成爆炸性混合物。易燃液体的蒸气或气体高速喷射时容易由静电引起爆炸。水蒸气高速喷射时也能引起乙炔爆炸和危险环境里的爆炸性混合物爆炸。

应当指出，在爆炸、火灾危险环境，带静电的人体接近接地导体或其他导体时，以及接地的人体接近带电的物体时，均可能发生火花放电，引发爆炸或火灾。

对于静电引起的爆炸和火灾，就行业性质而言，以炼油、化工、橡胶、造纸、印刷和粉末加工等行业事故最多。就工艺种类而言，以输送、装卸、搅拌、喷射、开卷和卷绕、涂层、研磨等工艺过程事故最多。

导体放电时，其上电荷全部消失。其静电场储存的能量一次集中释放。有较大的危险性。

绝缘体放电时，其上电荷不能一次放电而全部消失，其静电场所储存的能量也不能一次集中释放，危险性较小。但是，当爆炸性混合物的最小引燃能量很小时，绝缘体上的静电放电火花也能引起混合物爆炸；而且，正是由于绝缘体上的电荷不能在一次放电中全部消失，而使得绝缘体具有多次放电的危险性。静电电压为30 kV的绝缘体在空气中放电时，放电能量可达数百微焦，足以引燃某些爆炸性混合物发生爆炸。

在相同带电电位条件下，液体或固体表面带负电荷时发生的放电比带正电荷时发生的放电，对可燃气体的引燃能力会大一个数量级。在如下环境，更容易发生引燃、引爆的静电危害。

（1）可燃物的温度比常温高。

（2）局部环境氧含量（或其他助燃气含量）比正常空气高。

（3）爆炸性气体的压力比常压高。

（4）相对湿度较低。

2. 静电电击

静电电击是静电对人体放电所形成的瞬间冲击性电流的作用。它不同于电流持续通过人体的电击。由于生产工艺过程中积累的静电能量总是有限的，一般不能达到使人致命的程度。尽管如此，不能排除由静电电击导致严重后果的可能性。例如，人体可能因静电电击而发生坠落、跌倒或触碰设备危险部位等，造成二次事故。静电电击还可能引起工作人员紧张而妨碍工作等。

3. 妨碍生产

在某些生产过程中，如不消除静电，将会妨碍生产或降低产品质量。

纺织行业中，对于化纤及含水极少的棉纱，在梳棉、纺纱、整理和漂染等工艺过程中，因摩擦产生静电，其静电库伦力作用的结果，可造成根丝飘动、纱线松散、缠花断头、吸附灰尘等，从而造成产品质量降低。

在粉体加工行业，生产过程中产生的静电除带来火灾和爆炸危险外，还会降低生产效率，影响产品质量。例如，粉体筛分时，由于静电电场力的作用吸附细微的粉末，使筛目变小而降低生产效率；计量时，由于计量器具吸附粉体，还会造成误差；粉体装袋时，由于静电斥力的作用，粉体四散飞扬，既损失粉体，又污染环境等。

在塑料和橡胶行业，由于制品与辊轴的摩擦，制品的挤压和拉伸，会产生较多静电。压延机压出的橡胶产品静电可达 80 kV。在印花或绘画的情况下，静电力使油墨移动会大大降低产品质量；塑料薄膜也会因静电而缠卷不紧等。

在造纸行业，在纸张烘焙干燥收卷工艺中，纸张与金属辊筒摩擦产生静电，在纸张离开辊筒时电位高达 15 ~ 20 kV，经胶光后静电可达 50 kV，造成收卷困难、吸污量增大影响质量等。

在印刷行业，纸张与机器、油墨接触摩擦而带静电，静电电位高达几千伏，甚至上万伏以上，导致纸张不能分开，粘在传动带上，使套印不准，降低印刷质量等。

在感光胶片行业，由于胶片与辊轴的高速摩擦，胶片静电电压高达数千至数万伏。如在暗室中发生放电，即使是极微弱的放电，胶片将因感光而报废。同时，胶卷基片因静电吸附灰尘或纤维会降低胶片质量，还会造成涂膜不匀等。

在电子工业中，半导体芯片生产过程广泛使用石英及高分子物质制作的器具和材料，由于它们具有的高绝缘性，使生产过程容易积聚大量的电荷，令芯片吸附浮游尘埃，造成产品发生极间短路等，降低成品率。

伴随电子器件向高度集成化、微细化、低动作电压化发展，无论在半导体器件的生产过程还是在半导体器件用户的组装生产过程中，由于静电放电（ESD：Electro－Static Discharge）造成的半导体器件破坏问题越来越显著。尤其是对于金属氧化物半导体（MOS：Metal－Oxide－Semiconductor），因其输入回路的阻抗非常高，使得其外部即使仅施加很小的静电放电，也会在其内部产生很大的电压冲击，容易造成损坏。静电放电不仅能造成计算机、自控、通信、监视等系统中的电子元件、集成电路损坏，还可能对无线电通信、电子设备产生干扰等，造成误动作乃至系统瘫痪。

第二节　静电防护措施

静电最为严重的危险是引起爆炸和火灾。因此，静电安全防护重点是对引发爆炸和火灾的防护。各种防护措施应根据现场环境条件、生产工艺和设备、加工物件的特性以及发生静电危害的可能程度予以研究选用。

一、静电危险的安全界限

当静电相关量值超过其满足相应条件的安全界限时，就可能引发静电危险。熟悉静电的安全界限，对控制静电危险十分重要。

1. 静电放电点燃界限

（1）导体间的静电放电能量按下式计算：

$$W = \frac{1}{2}CU^2 \tag{9—8}$$

式中，W——放电能量，J；

C——导体间的等效电容，F；

U——导体间的电位差，V。

当其数值大于可燃物的最小点燃能量时，就有引燃危险。

（2）当两导体电极间的电位低于 1.5 kV 时，将不会因静电放电使最小点燃能量大于或等于 0.25 mJ 的烷烃类石油蒸气引燃。

（3）在接地针尖等局部空间发生的感应电晕放电不会引燃最小点燃能量大于 0.2 mJ 的可燃气。

2. 物体带电安全管理界限

（1）当固体器件的表面电阻率或体电阻率分别在 1×10^8 Ω 及不大于 1×10^6 Ω · m以下时，除了与火炸药有关情况外，一般在生产中不会因静电积累而引起危害。对某些爆炸危险程度较低的场所（如环境湿度较高、可燃物最小点燃能量较高等情况），在正常情况下，表面电阻率或体电阻率分别低于 1×10^{11} Ω 和 1×10^{10} Ω · m 时，也不会因静电积累而引起静电引燃危险。

（2）用非金属材料制造液体储存罐、输送管道时，材料表面电阻率和体电阻率应分别低于 1×10^{10} Ω 和 1×10^8 Ω · m。

（3）在气体爆炸危险场所外露静电非导体部件的最大宽度及表面积，参见表 9—3。

（4）固体静电非导体（背面 15 cm 内无接地导体）的不引燃放电安全电位对于最小点燃能量大于 0.2 mJ 的可燃气是 15 kV。

（5）轻质油品装油时，油面电位应低于 12 kV。

（6）轻质油品的安全静止电导率应大于 50 pS/m。

（7）对于采取了基本防护措施的，内表面涂有静电非导体的导电容器，若其涂层厚度不大于 2 mm，并避免快速重复灌装液体，则此涂层不会增加危险。

表 9—3　　气体爆炸危险场所外露静电非导体部件的最大宽度及表面积

环境条件		最大宽度/cm	最大表面积/cm^2
0 区	Ⅱ类 A 组爆炸性气体	0.3	50
	Ⅱ类 B 组爆炸性气体	0.3	25
	Ⅱ类 C 组爆炸性气体	0.1	4
1 区	Ⅱ类 A 组爆炸性气体	3.0	100
	Ⅱ类 B 组爆炸性气体	3.0	100
	Ⅱ类 C 组爆炸性气体	2.0	20

3. 引起人体电击的静电电位

（1）人体与导体间发生放电的电荷量达到 2×10^{-7} C 以上时，就可能感到电击。当人体的电容为 100 pF 时，发生电击的人体电位约 3 kV，不同人体电位的电击程度见表 9—4。

表 9—4　　人体带电电位与静电电击程度的关系

人体电位/kV	电击程度	备注
1.0	完全无感觉	
2.0	手指外侧有感觉，但不疼	发出微弱的放电声
2.5	有针触的感觉，有哆嗦感，但不疼	
3.0	有被针刺的感觉，微疼	
4.0	有被针深刺的感觉，手指微疼	见到放电的微光
5.0	从手掌到前腕感到疼	指尖延伸出微光
6.0	手指感到剧疼，后腕感到沉重	
7.0	手指和手掌感到剧疼，稍有麻木感觉	
8.0	从手掌到前腕有麻木的感觉	
9.0	手腕子感到剧疼，手感到麻木沉重	
10.0	整个手感到疼，有电流过的感觉	
11.0	手指剧疼，整个手感到被强烈电击	
12.0	整个手感到被强烈打击	

注：人体的静电容量大约为 100 pF。

（2）当带电体是静电非导体时，引起人体电击的界限，因条件不同而变化。在一般情况下，当电位在 30 kV 以上向人体放电时，将感到电击。

二、静电防护措施

1．基本防护措施

（1）减少静电荷产生

对接触起电的物料，应尽量选用在带电序列中位置较邻近的，或对产生正负电荷的物料加以适当组合，使最终达到起电最小。

在生产工艺设计上，对有关物料应尽量做到接触面积和压力较小，接触次数较少，运动和分离速度较慢。

（2）使静电荷安全消散

1）接地。在静电危险场所，所有属于静电导体的物体必须接地。对金属物体应采用金属导体与大地做导通性连接，对金属以外的静电导体及亚导体则通过非金属导电材料或防静电材料以及防静电制品使其接地，即实施所谓间接接地。

静电导体与大地间的总泄漏电阻值在通常情况下均不应大于1×10^6 Ω。每组专设的静电接地体的接地电阻值一般不应大于100 Ω，在山区等土壤电阻率较高的地区，其接地电阻值也不应大于1 000 Ω。

根据现场条件，为了有利于静电的泄漏，为了减轻火花放电和感应带电的危险，可采用阻值为$1\times10^7\sim1\times10^9$ Ω的导电性工具。生产现场使用静电导体制作的操作工具应接地。

2）增湿。局部环境的相对湿度宜增加至50%以上。为了提高降低静电的效果，相对湿度应提高到65%～70%；对于吸湿性很强的聚合材料，相对湿度应提高到80%～90%。

应当指出，增湿主要是增强静电沿绝缘体表面的泄漏，而不是增加通过空气的泄漏。因此，对于表面容易形成水膜，即对于表面容易被水润湿的绝缘体，如醋酸纤维、硝酸纤维素、纸张、橡胶等，增湿对消除静电是有效的；而对于表面不能形成水膜，即表面不能被水润湿的绝缘体，如纯涤纶、聚四氟乙烯，增湿对消除静电是无效的。对于表面水分蒸发极快的绝缘体，增湿也是无效的。对于孤立的带静电绝缘体，空气增湿以后，虽然其表面能形成水膜，但没有泄漏的途径，对消除静电也是无效的。而且在这种情况下，一旦发生放电，由于能量的释放比较集中，火花还比较强烈。增湿的方法也不得用在气体爆炸危险场所0区。

应当注意，空气的相对湿度在很大程度上受温度的影响。增湿的方法不宜用于消除高温环境里的绝缘体上的静电。

3）合理选用设备材料。合理选用设备材料是从工艺上采取适当的措施，限制和避免静电的产生和积累。生产工艺设备应采用静电导体或静电亚导体，避免采用静电非导体。如在遇到分层或套叠的结构时，避免使用静电非导体材料；在静电危险场所使用的软管及绳索的单位长度电阻值应为 $1\times10^{3}\sim1\times10^{6}$ Ω/m。在气体爆炸危险场所禁止使用金属链。

4）采用防静电添加剂。在某些物料中，可添加适量的防静电添加剂，以降低其电阻率。抗静电添加剂是化学药剂，具有良好的导电性或较强的吸湿性。在容易产生静电的高绝缘材料中，加入抗静电添加剂之后，能降低材料的体积电阻率或表面电阻率，加速静电的泄漏，消除静电的危险。但应注意防止某些抗静电添加剂的毒性和腐蚀性造成的危害。

在橡胶行业，为了提高橡胶制品的抗静电性能，可采用炭黑、金属粉等添加剂。在石油行业，可采用油酸盐、环烷酸盐、铬盐、合成脂肪酸盐等作为抗静电添加剂，以提高石油制品的导电性，消除静电危险。在有粉体作业的行业，也可以采用不同类型的抗静电添加剂。例如，某生产过程中，火药药粉的静电电压高达24 000 V，加入0.3%的石墨以后，静电电压降低为5 400 V，而加入0.8%的石墨以后，静电电压降低为500 V。

应当指出，对于悬浮粉体和蒸气静电，因其每一微小的颗粒（或小珠）都是互相绝缘的，所以，任何抗静电添加剂都不起作用。

5）装设静电缓和器。对于高带电的物料，宜在接近排放口前的适当位置装设静电缓和器。例如当烃类油品通过精细过滤器时，会产生大量静电荷，从过滤器出口到储器之间，应留有不少于30 s的缓和时间。对于电导率大于50 pS的液体，可以不受缓和时间要求的限制。

（3）静电屏蔽

带电体应进行局部或全部静电屏蔽，或利用各种形式的金属网，减少静电的积聚。静电屏蔽是用接地导体（即屏蔽导体）靠近带静电体放置，以增大带静电体对地电容，降低带电体静电电位，从而减轻静电放电的危险。应当注意到，屏蔽不能消除静电电荷。此外，屏蔽还能减小可能的放电面积，限制放电能量，防止静电感应。屏蔽体或金属网应可靠接地。

（4）消除静电放电条件

在设计和制造工艺装置或装备时，应避免存在静电放电的条件，如在容器内避免出现细长的导电性突出物和避免物料的高速剥离等。

（5）环境危险程度的控制

控制气体中可燃物的浓度，保持在爆炸下限以下。如采用通风装置或抽气装置及时排出爆炸性混合物，使混合物的浓度不超过爆炸下限；在不影响工艺过程的正常运转和产品质量，且经济上合理的情况下，用不可燃介质代替易燃介质。

（6）限制静电非导体材料制品的暴露面积及暴露面的宽度

对于静电非导体材料，工艺过程产生的静电电荷大部分积存于表面，限制静电非导体材料制品的暴露面积及暴露面的宽度，能够限制其电量使之不会很大，使其局部形不成高电压，无法形成有害的气体放电。

（7）使用静电消除器

静电消除器是利用外部设备或装置产生需要的正电荷或负电荷，以消除带电体上的电荷。静电消除器又叫静电中和器，是能产生电子和离子的装置。由于产生了电子和离子，物料上的静电电荷得到相反极性电荷的中和，从而消除静电的危险。静电消除器主要用来中和非导体上的静电。尽管不一定能把带电体上的静电完全中和掉，但可中和至安全范围以内。与抗静电添加剂相比，静电消除器具有不影响产品质量、使用方便等优点。静电消除器应用很广，种类很多。按照工作原理和结构的不同，大体上可以分为感应式消除器、高压式消除器、放射线式消除器和离子风式消除器。静电消除器原则上应安装在带电体接近最高电位的部位。爆炸危险场所要使用防爆型静电消除器。消除属于静电非导体物料的静电，应根据现场情况采用不同类型的静电消除器。

感应式消除器的工作原理如图 9—5 所示，生产物料上的静电在放电针感应出极性相反的电荷，并在针尖附近形成很强的电场。当局部电场强度超过 30 kV/cm 时，空气被电离，形成电晕放电，产生正离子和负离子。在电场的作用下，正、负离子分别向生产物料和放电针移动，静电电荷得到中和。

液体管道用静电消除器的结构如图 9—6 所示，其全长 1 m 左右，向内装放电针 5 排，每排均匀布置 3 枚针。

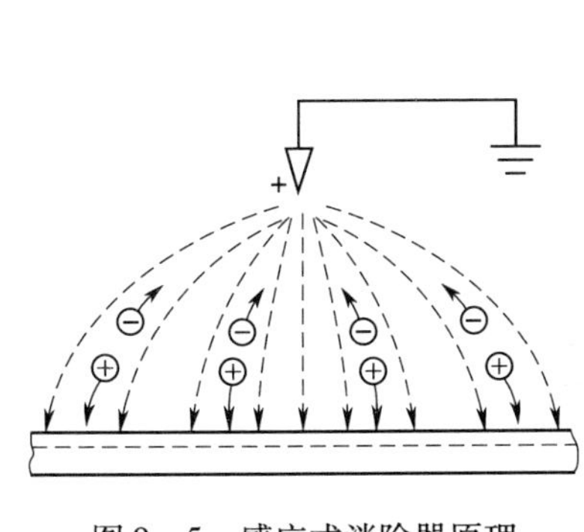

图 9—5 感应式消除器原理

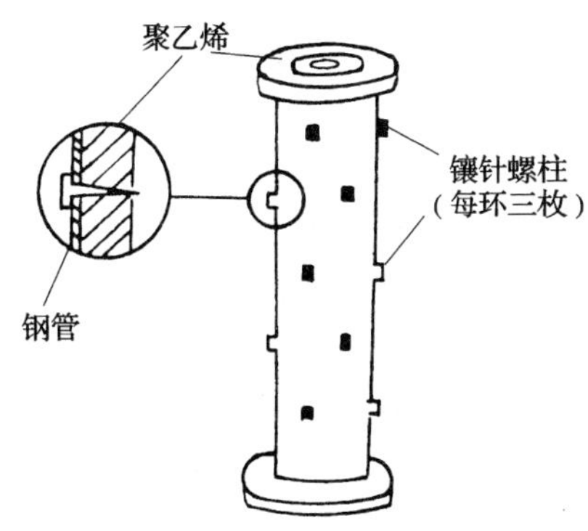

图 9—6 液体管道静电消除器

感应式静电消除器的优点是不需要外加电源，结构简单，容易制作，安装和维修也比较方便，引燃危险性很小。缺点是不能消除临界电压（一般为 2.2 ~ 5.8 kV）以下的静电，即消电不够彻底，而且作用范围小，范围半径一般只有 10 ~ 20 mm。感应式消除器可用于橡胶、塑料、造纸、纺织、石油化工等行业。感应式静电消除器应装在静电电压较高的位置。

高压消除器带有高压电源，其工作原理如图 9—7 所示，即主要由高压电源和多支放电针的电晕放电器组成。高压消除器是利用高电压在放电针尖端附近，造成强电场使空气电离来进行工作的。高压消除器种类很多，按电流种类可分为交流高压消除器和直流高压消除器。交流高压消除器又可分为工频高压消除器和高频高压消除器。按照有无送风结构，可分为普通型静电消除器和离子风型静电消除器。按防爆性能可分为防爆型和非防爆型静电消除器。与感应式消除器相比，高压消除器的结构比较复杂。但是，由于高压消除器不是靠感应，而是靠外接高压电源来产生电晕的，其消除静电比较彻底。

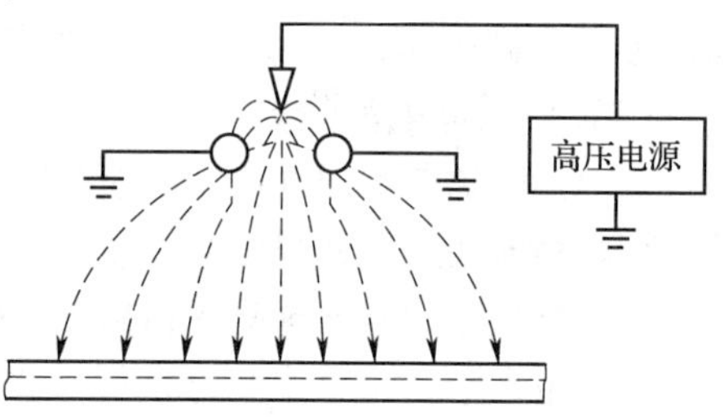

图 9—7　高压式消除器原理

放射线消除器。它是利用放射线同位素使空气电离，产生正离子和负离子，中和生产物料上的静电。如图 9—8 所示，放射线消除器由放射源、屏蔽框和保护网组成。放射源采用厚 0.3 ~ 0.5 mm 的片状元件，用紧固件固定在屏蔽框底部。屏蔽框应有足够的厚度，以防止射线危害。消除器前面装有保护网，以防止工作人员意外地直接接触到放射源。

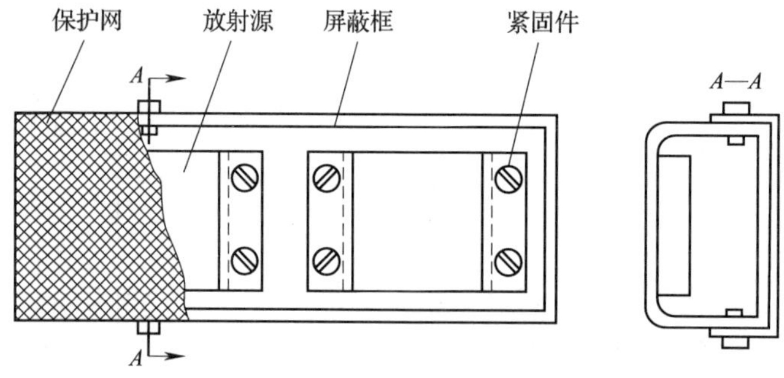

图 9—8　放射线消除器

α射线静电消除器应用较多。除α射线和β射线外，X射线亦可用来消除静电。至于一般的γ射线，由于其电离能力很弱，穿透能力又很强，所以不用于消除静电。

使用放射线消除器一定要控制放射性对人体的伤害和对产品的污染。为此，放射线消除器的放射性同位素元件应有铅制屏蔽装置或其他屏蔽装置，且消除器只能在特定方向上使空气电离，发挥中和作用。放射线消除器结构简单，不要求外加电源，而且工作时不产生火花，适用于有火灾和爆炸危险的环境。放射线消除器可用于化工、橡胶、纺织、造纸、印刷等行业。

2. 固态物料防护措施

（1）非金属静电导体或静电亚导体与金属导体相互连接时，其紧密接触的面积应大于20 cm^2。

（2）架空配管系统各组成部分，应保持可靠的电气连接。室外的系统同时要满足国家有关防雷规程的要求。

（3）防静电接地线不得利用电源零线，不得与防直击雷地线共用。

（4）在进行间接接地时，可在金属导体与非金属静电导体或静电亚导体之间加设金属箔，也可涂导电性涂料或导电膏以减少接触电阻。

（5）在振动和频繁移动的器件上用的接地导体禁止用单股线及金属链，应采用6 mm^2以上的裸绞线或编织线。

3. 液态物料防护措施

（1）油罐汽车在装卸过程中应采用专用的接地导线（可卷式），夹子和接地端子将罐车与装卸设备相互连接起来。接地线的连接，应在油罐开盖以前进行；接地线的拆除应在装卸完毕，封闭罐盖以后进行。有条件时可尽量采用接地设备与启动装卸用泵相互间能联锁的装置。

（2）控制烃类液体灌装时的流速。灌装铁路罐车时，液体在鹤管内的容许流速应符合下式要求：

$$vD \leqslant 0.8 \qquad (9\text{—}9)$$

式中，v——烃类液体流速的数值，m/s；

D——鹤管内径的数值，m。

大鹤管装车出口流速可以超过按式（9—9）所得计算值，但不得大于5 m/s。

灌装汽车罐车时，液体在鹤管内的容许流速应符合下式要求：

$$vD \leqslant 0.5 \qquad (9\text{—}10)$$

式中，v——烃类液体流速的数值，m/s；

D——鹤管内径的数值，m。

（3）在输送和灌装过程中，应防止液体的飞散喷溅，从底部或上部入罐的注油管末端应设计成不易使液体飞散的倒T形等形状或另加导流板；或在上部灌装时，使液体沿侧壁缓慢下流。

（4）对罐车等大型容器灌装烃类液体时，宜从底部进油。若不得已采用顶部进油时，则其注油管宜伸入罐内离罐底不大于200 mm。在注油管未浸入液面前，其流速应限制在1 m/s以内。

（5）烃类液体中应避免混入其他不相容的第二物相杂质（如水等），并应尽量减少和排除槽底和管道中的积水。当管道内明显存在不相容的第二物相时，其流速应限制在1 m/s以内。

（6）在储存罐、罐车等大型容器内，可燃性液体的表面，不允许存在不接地的导电性漂浮物。

（7）当液体带电很高时，例如在精细过滤器的出口，可先通过缓和器后再输出进行灌装。带电液体在缓和器内停留时间，一般可按缓和时间的3倍来设计。

（8）烃类液体的检尺、测温和采样。当设备在灌装、循环或搅拌等工作过程中，禁止进行取样、检尺或测温等现场操作。在设备停止工作后，需静置一段时间才允许进行上述操作。所需静置时间见表9—5。

表9—5　液体静置时间　min

液体电导率/（S/m）	液体容积/m³			
	<10	10～50（不含）	50～5 000（不含）	>5 000
$>10^{-8}$	1	1	1	2
$10^{-12}\sim10^{-8}$	2	3	20	30
$10^{-14}\sim10^{-12}$	4	5	60	120
$<10^{-14}$	10	15	120	240

注：若容器内设有专用量槽时，则按液体容积 $<1\times10\ m^3$ 取值。

对油槽车的静置时间为2 min以上。

对金属材质制作的取样器，测温器及检尺等在操作中应接地。有条件时应采用具有防静电功能的工具。

取样器、测温器及检尺等装备上所用合成材料的绳索及油尺等，其单位长度电

阻值应为 $1\times10^{5}\sim1\times10^{7}\ \Omega/m$，或表面电阻率和体电阻率分别低于 $1\times10^{10}\ \Omega$ 及 $1\times10^{8}\ \Omega\cdot m$的静电亚导体材料。

在设计和制作取样器、测温器及检尺装备时，应优先采用红外、超声等原理的装备，以减少静电危害产生的可能。

在可燃的环境条件下灌装、检尺、测温、清洗等操作时，应避开可能发生雷暴等危害安全的恶劣天气。另应注意，强烈的阳光照射可使低能量的静电放电造成引燃或引爆。

（9）在烃类液体中加入防静电添加剂，使电导率提高至 250 pS/m 以上。当在烃类液体中加入防静电添加剂来消除静电时，其容器应是静电导体并可靠接地，且需定期检测其电导率，以便使其数值保持在规定要求以上。

（10）当不能以控制流速等方法来减少静电积聚时，可以在管道的末端装设液体静电消除器。

（11）当用软管输送易燃液体时，应使用导电软管或内附金属丝、网的橡胶管，且在相接时注意静电的导通性。

（12）在使用小型便携式容器灌装易燃绝缘性液体时，宜用金属或导静电容器，避免采用静电非导体容器。对金属容器及金属漏斗应跨接并接地。

（13）容器的清洗过程应该避免可燃的环境条件，并且在清洗后静置一定时间才可使用。

4．气态粉态物料防护措施

（1）在工艺设备的设计及结构上应避免粉体的不正常滞留、堆积和飞扬；同时还应配置必要的密闭、清扫和排放装置。

（2）粉体的粒径越细，越易起电和点燃。在整个工艺过程中，应尽量避免利用或形成粒径在 75 μm 或更小的细微粉尘。

（3）气流物料输送系统内，应防止偶然性外来金属导体混入，成为对地绝缘的导体。

（4）应尽量采用金属导体制作管道或部件。当采用静电非导体时，应具体测量并评价其起电程度。必要时应采取相应措施。

（5）必要时，可在气流输送系统的管道中央，顺其走向加设两端接地的金属线，以降低管内静电电位。也可采取专用的管道静电消除器。

（6）对于强烈带电的粉料，宜先输入小体积的金属接地容器，待静电消除后再装入大料仓。

（7）大型料仓内部不应有突出的接地导体。在顶部进料时，进料口不得伸出，应与仓顶取平。

（8）当筒仓的直径在1.5 m以上时，且工艺中粉尘粒径多数在30 μm以下时，要用惰性气体置换、密封筒仓。

（9）工艺中需将静电非导体粉粒投入可燃性液体或混合搅拌时，应采取相应的综合防护措施。

（10）收集和过滤粉料的设备，应采用导静电的容器及滤料并予以接地。

（11）对输送可燃气体的管道或容器等，应防止不正常的泄漏，并宜装设气体泄漏自动检测报警器。

（12）高压可燃气体的对空排放，应选择适宜的流向和处所。对于压力高、容量大的气体（如液氢）排放时，宜在排放口装设专用的感应式消电器。同时要避开可能发生雷暴等危害安全的恶劣天气。

5. 人体静电的防护措施

（1）当气体爆炸危险场所的等级属0区和1区，且可燃物的最小点燃能量在0.25 mJ以下时，工作人员需穿防静电鞋、防静电服。当环境相对湿度保持在50%以上时，可穿棉工作服。

（2）静电危险场所的工作人员，外露穿着物（包括鞋、衣物）应具防静电或导电功能，各部分穿着物应存在电气连续性，地面应配用导电地面。

（3）禁止在静电危险场所穿脱衣物、帽子及类似物，并避免剧烈的身体运动。

（4）在气体爆炸危险场所的等级属0区和1区工作时，应佩戴防静电手套。

（5）防静电衣物所用材料的表面电阻率应低于5×10^{10} Ω，防静电工作服技术要求应满足相关国家标准要求。

（6）可以采用安全有效的局部静电防护措施（如腕带），以防止静电危害的发生。

（7）在静电危险场所，工作人员不应配戴孤立的金属物件。

本章小结

1. 防静电事故是电气事故防范的重要组成部分。本章主要包括了如下几方面内容，即静电的产生及特点、静电危害的种类、各种类型静电的防护对策及技术措施等。

2. 本章重点阐明了静电的起电方式，基于偶电荷层和接触电位差理论的接触—分离起电是最为主要的起电方式。除静电的产生机理之外，还有静电序列的概念；固体、液体、气体及粉体静电以及人体静电带电的原理分析；静电的消散；静电的影响因素；静电危险的安全界限；各种防静电技术措施原理及其应用条件等，构成了本章核心内容体系。

3. 静电最为严重的危险是引起爆炸和火灾。静电安全防护重点是对引发爆炸和火灾的各种危险因素的防护。

4. 各种静电防护措施应根据现场环境条件、生产工艺和设备、加工物件的特性以及发生静电危害的可能程度予以研究选用。

复习思考题

1. 试说明静电的危害有哪些。简述静电防护是以何为重点。

2. 简要说明静电的起电方式有哪些。

3. 何为静电序列或静电起电序列?

4. 静电放电有几种形式? 试比较各种形式的静电放电的危险性。

5. 静电的影响因素有哪些?

6. 为使静电荷安全消散，可以考虑哪些技术措施?

7. 为什么对静电导体与大地间的总泄漏电阻值的要求是“在通常情况下均不应大于 1×10^{6} Ω”。而对每组专设的静电接地体的接地电阻值的要求却是“一般不应大于 100 Ω”呢?

第十章　电气安全管理

本章学习目标

1. 通过本章学习，明确电气安全管理所包含的主要方面。弄清用电安全管理机构职责，弄清电工作业人员的资质要求和资质等级划分；了解用电安全管理常用制度及作用；认识安全检查、安全教育、安全资料保管的作用与意义。

2. 掌握各类电工安全用具（包括绝缘安全用具、携带式电压指示器和电流指示器、登高安全用具、临时接地线、遮栏和标示牌）的基本构造、用途、正确使用方法。了解安全用具预防性试验标准，包含技术参数和试验周期要求。

3. 从制度性管理措施和技术性管理措施两个方面掌握有关检修的安全措施。在制度性管理措施方面，弄清工作票制度涉及人员及其职责、工作票形式分类与内容、工作票流程以及各个使用阶段应履行的手续，同时，掌握与工作票制度配套的工作监护制度、工作许可制度、工作间断制度、工作转移制度以及工作终结制度的主要内容与要求。在技术性管理方面，掌握停电作业和不停电作业主要安全措施与要求。

4. 初步学习用系统安全工程的理论方法分析电气安全事故原因与后果，用模糊数学理论对电气安全水平进行综合评价。

电气安全管理同电气安全技术一起构成了驱动电气安全工作的两个轮子。科学严谨、合理有效的电气安全管理，为防范各种电气事故提供了有力的保障。本章除了介绍传统电气安全管理措施外，还介绍了用系统安全工程的理论方法分析电气事故原因、后果，以及运用模糊数学理论对电气安全水平进行综合评价的相关知识。

第一节　电气安全组织管理

一、管理机构和人员

用电单位应具有安全用电管理机构，并委派有经验的电气技术人员或电工技师主持安全用电工作，并根据用电量的大小安排一定数量的电工人员。

电工属特种作业工种，所以从事电工作业的人员必须满足我国对电工作业人员的资质资格要求：

（1）年满18岁，身体健康，无妨碍电工作业疾病，并经具有一定级别的医疗机构体检合格者方可以从事电工作业。凡是患有癫痫、精神疾病、高血压、心脏病、突发性昏厥及其他妨碍电工作业的疾病和生理缺陷者，均不能直接从事电工作业。

（2）具有或相当于高中文化程度，具有电气作业安全技术、电工基础理论和电气作业操作技能，熟练掌握触电紧急救护法，并具有一定实践经验者。

（3）按电工作业人员安全技术标准，经安全技术培训和考试合格，取得当地安全生产监督部门颁发的特种作业人员安全技术上岗证，这是从事电工作业的基本或最低要求。

（4）除了具有电工特种作业上岗证外，还要具备有关部门颁发的不同电工作业工种操作证，如高压电工证、低压电工证、维修电工证等。

（5）根据技术水平和从事电工作业年限获取相应的技术等级证书，如初级、中级、高级、技师和高级技师。

安全用电管理机构除了对安全用电进行全面管理之外，尤其是要加强电工人员的资质审核及动态管理。对电工人员管理要求如下：

（1）电工作业人员必须持证上岗，且每两年由当地主管部门对上岗资格进行复审。

（2）脱离本岗工作连续超过6个月者，电工上岗资格须获得当地有关部门的复审。连续脱岗3个月以上者，须获得本单位用电安全管理机构的审核、批准后才可继续从事电工作业。

（3）新参加电工作业的人员，须经有经验和资质级别较高的人员对其进行实习培训和实际操作指导，不能独立进行电工作业。

（4）对带电作业，须经当地有关部门考试，获得带电作业操作证后方可从事带电作业。

二、规章制度

合理的规章制度是保证安全、促进生产的有效手段。安全操作规程、运行管理规程、电气安装规程等规章制度都与整个企业的安全运转有直接关系。

企业必须执行国家、主管部门和所在地区制定的标准、规程和规范，并根据这些标准、规程和规范制定本部门、本企业、本单位的标准、规程、规范及实施细则。

应根据不同工种的特点，建立相应的安全操作规程。非电工工种的安全操作规程中，不能忽略电气方面的内容，应根据企业性质和环境特点，建立相适应的电气设备运行管理规程和电气设备安装规程。

对于重要设备，应建立专人管理的责任制。对控制范围较宽或控制回路多元化的开关设备、临时线路和临时性设备等比较容易发生事故的设备，都应建立专人管理的责任制。特别是临时线路和临时性设备，应当结合具体情况，明确地规定其允许长度、使用期限、安装要求等项目。

为了保证检修工作，特别是高压检修工作的安全，必须坚持执行必要的安全工作制度，如工作票制度、工作监护制度、工作许可制度等。

一些常用的电气安全管理制度见表10—1。

表10—1　　常用电气安全管理制度

制度名称	制 度 内 容
岗位责任制	各级电气人员、电器操作人员、安全管理人员的职责
交接班制度	安装调试人员、运行人员、维修人员、电器操作人员交班和接班要求、注意事项及必须交代说明的有关内容
巡视检查制度	运行维修人员在工作中巡视检查电气设备、线路等的时间、路线、部位的要求及标准，以及记录、处理意见等内容
限制进入制度	对电气设备的不同操作区域采取不同等级人员准入制度，包括对变电室等高危险区域的限制进入制度
操作规程	各种作业的正确操作方法及注意事项，如送电、断电程序及注意事项
设备检修制度	设备的检修周期、检修项目、检修标准、检修程序、报批手续和批复手续等
临时用电制度	临时用电的申报、安装、及管理制度
技术交底制度	对作业内容、时间、地点、范围、安全措施、注意事项等详细交底的有关制度

续表

制度名称	制 度 内 容
工作票制度	电气作业的各个步骤采用凭证记录手续制度，包括工作票的签发、许可、监护、终结等制度
作业许可制度	进行电气作业前验证各种安全措施及注意事项的规定及程序
作业监护制度	作业人员在作业过程中能得到完全监护和指导，即时纠正不安全操作和错误作业方法，提醒避免靠近危险带电体
作业间断转移	因时间、气候及其他原因引起工作中断或转移，中断期间现场安全措施及复工履行手续
作业终结制度	作业完毕现场清理、人员撤离及验收签字制度
调度管理制度	电气运行、检修、故障处理等进行电气控制、人员调配、命令签发等的程序、内容及要求
事故处理制度	处理各种电气事故的程序、方法、注意事项等编制预案，并进行演练的有关制度
技术培训制度	为电气工作人员提供业务学习机会，学习新技术、新设备，不断提高其理论和实际操作水平，并对其进行不同层次、不同水平、业余与专业的定期与不定期的培训

三、安全检查

电气安全检查的内容包括：电气设备的绝缘是否老化、是否受潮或破损，绝缘电阻是否合格；电气设备裸露带电部分是否有防护，屏护装置是否符合安全要求；安全间距是否足够；保护接地或保护接零是否正确和可靠；剩余电流动作保护装置是否符合安全要求；携带式照明灯和局部照明灯是否采用了安全特低电压和其他安全措施；安全用具和防火器材是否齐全；电气设备和电气线路温度是否适宜；熔断器熔体的选用及其他过流保护的整定值是否正确；各项维修制度和管理制度是否健全；电工是否经过专业培训等。

对变压器等重要的电气设备应建立巡视检查制度，坚持巡视检查，并做好必要的记录。

对于使用中的电气设备，应定期测定其绝缘电阻；对于各种接地装置，应定期测定其接地电阻；对于安全用具、避雷器、变压器油及其他一些保护电器，也应定期检查、测定或进行耐压试验。对于新安装的电气设备，特别是自制的电气设备的验收工作更应坚持原则，一丝不苟。

四、安全教育

安全教育的目的是提高工作人员的安全意识，充分认识安全用电的重要性；同时，使工作人员懂得用电的基本知识、掌握安全用电的基本方法，从而能安全、有效地进行工作。新入厂的工作人员应接受厂、车间、生产班组三级安全教育。对普通职工，应当要求懂得关于电和安全用电相关的安全规程；对于独立工作的电气专业工作人员，更应当懂得电气装置在安装、使用、维护、检修过程中的安全要求，应当熟知电气安全操作规程及其他相关的规程，应当学会触电急救和电气灭火的方法，并通过培训和考试，取得操作合格证。

新参加电气工作的人员、实习人员和临时参加劳动的人员，都必须经过安全知识教育后方可到现场随同参加指定的工作，不得单独工作。特别应当注意加强对合同工和临时工的安全教育。

对外单位派来支援的电气工作人员，工作前应介绍现场电气设备和接线情况，以及有关安全措施。

五、安全资料

涉及电气安全的资料有电气工作中适用的各种标准及规范、图样、技术资料、各种记录等。这些资料应当存档，并按照档案管理要求，进行分类保管，随时可以查阅、检索、复印，为电气系统的安全运行提供可靠的信息。

1. 标准规范

主要有各类电气工程的设计规范、电气装置安装施工及验收规范，全国供用电规则、电气事故处理规程、电气安全工作规程、电气安全操作规程、电气设备运行及检修规程、电业安全作业规程等。

2. 技术图样

包括供电系统一次接线图、继电保护和自动装置原理图、安装接线图、中央信号图、变配电装置平面布置图、防雷接地系统平面图、电缆敷设平面图、架空线路平面图、动力平面图、控制原理接线图、照明平面图、特殊场所电气装置平面图、厂区平面图、土建工程图等。

3. 技术资料

主要有变压器、开关及断路器、继电保护及自动装置、大型电动机及启动装置、主要仪表、各类开关柜、各类电气设备的厂家原始资料，如说明书、图样、安装、检修、调试资料等。

4. 记录

主要有运行日志和值班记录、电气设备缺陷记录、电气设备检修记录、继电保护整定记录、开关跳闸记录、调度会议记录、事故处理记录、安装调试记录、培训记录、巡视记录、安全检查记录、归档工作票等。

第二节　电工安全用具

电工安全用具是防止触电、坠落、灼伤等危险，保障工作人员安全的电工专用工具。包括绝缘安全用具、验电器、登高安全用具、临时接地线、遮栏及标志牌等。

一、绝缘安全用具及其使用要点

绝缘安全用具包括基本安全用具和辅助安全用具。基本安全用具包括绝缘杆、绝缘夹钳；辅助安全用具包括绝缘靴鞋、绝缘手套、绝缘垫和绝缘站台等。

1. 绝缘杆与绝缘夹钳

绝缘杆用来闭合或断开高压隔离开关、跌开式熔断器，也可用来安装和拆除临时接地线和用于其他电气操作。绝缘杆由手握部分、护环、绝缘部分和工作部分构成，如图 10—1 所示。

绝缘夹钳主要用来安装高压熔断器或进行其他需要有夹持力的电气作业。绝缘夹钳也是由手握部分、绝缘部分和工作部分构成，如图 10—2 所示。

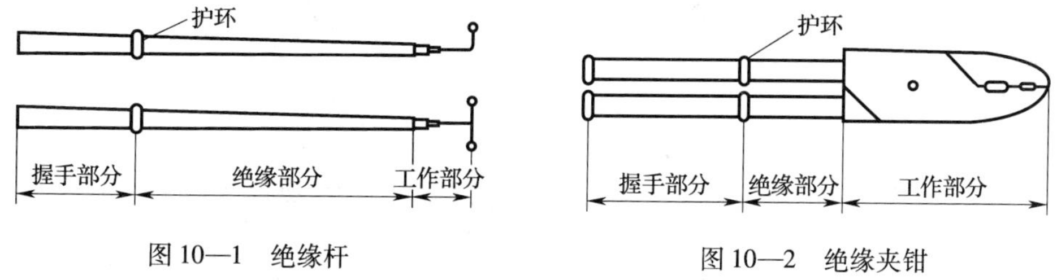

图 10—1　绝缘杆

图 10—2　绝缘夹钳

使用绝缘夹钳操作时，操作人员应带护目镜防止意外电弧对眼睛的伤害，带绝缘手套、穿绝缘鞋或站在绝缘台（垫）上，以防意外漏电发生。使用绝缘夹钳操作时，应注意力集中，保持身体平衡，防护被夹物脱落。天气潮湿时，应使用专门防雨绝缘夹钳。绝缘夹钳上不准装接地线，以免接地线在空中悬荡时触及带电部分造成事故。

2. 绝缘鞋（靴）和绝缘手套

绝缘鞋可大大降低加在人体的接触电压，此外，在存在跨步电势的情况下，绝缘鞋还可以降低加到人体的跨步电压。

绝缘鞋类别包括电绝缘皮鞋类、电绝缘布面胶鞋类、电绝缘胶面胶鞋类和电绝缘塑料鞋类。款式有低帮电绝缘鞋、高帮电绝缘鞋、半筒电绝缘鞋和高筒电绝缘鞋。电绝缘鞋的面料有皮革、橡胶、塑料和帆布。

绝缘手套可以大大降低加到人体的接触电压，一般用于高压电气设备带电作业。其性能有别有一般的劳动保护或安全防护手套，具有良好的电气性能和机械性能，同时又具有良好的柔软性。绝缘手套用合成橡胶或天然橡胶制成。

按照其在不同电压等级的电气设备上使用，带电作业绝缘手套分为1、2、3三种型号。1型适合在3 kV及以下电气设备上使用；2型适合在6 kV及以下电气设备上使用；3型适合在10 kV及以下电气设备上使用。进行带电作业时必须按照设备或线路电压级别选择合适的绝缘手套。

3. 绝缘垫与绝缘站台

绝缘垫和绝缘台只是作为辅助安全用具，多用于带电作业时对地绝缘，如图10—3和图10—4所示。

绝缘垫用厚度为5 mm以上，表面有防滑条纹的橡胶制成。其最新尺寸不应小于0. 8 m×0. 8 m。

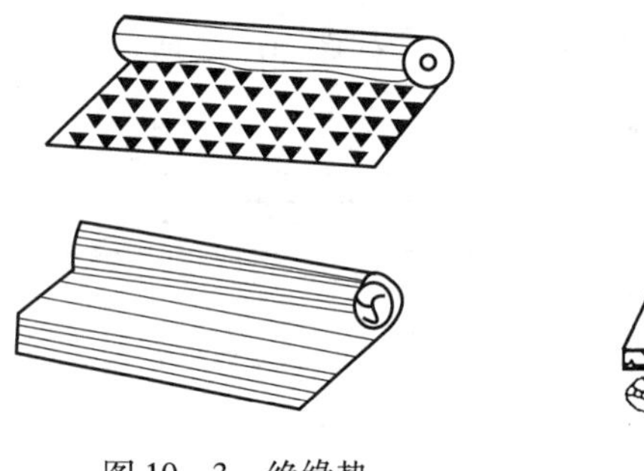

图10—3　绝缘垫

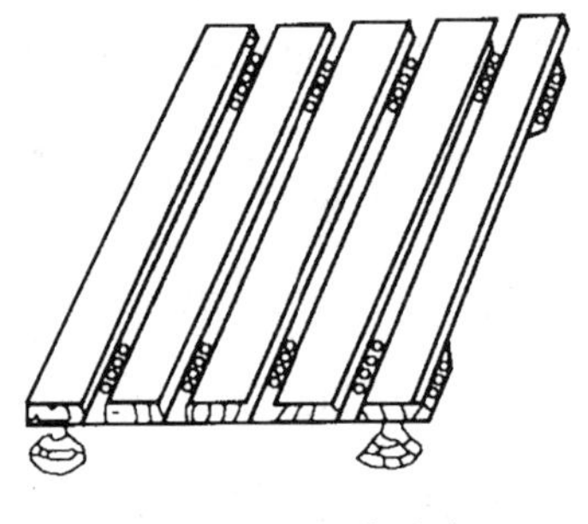

图10—4　绝缘站台

绝缘站台用木板或木条制成，相邻板条之间距离不得大于2. 5 cm，以免鞋跟陷入。绝缘站台上不得有金属零件。台面板用支撑绝缘子与地面绝缘，支撑绝缘子高度不应小于10 cm；台面板不得伸出绝缘子以外，以免站台倾翻，人员摔倒。绝缘站台的最小尺寸不宜小于0. 8 m×0. 8 m，但为了移动和检查方便，最大尺寸也不宜大于1.5 m×1.5 m。

二、电压电流指示器（验电器）及其使用要点

1. 携带式电压指示器（验电器）

携带式电压指示器也叫验电器，分为高压和低压两种，用来检验导体是否带电。

老式验电器（笔）采用发光氖管指示带电，如图10—5和图10—6所示。新式高压验电器采用集成电路或单片机作为检测和控制的核心，在验电提醒时兼有视觉和语音提示，并可连接计算机系统实施监控。

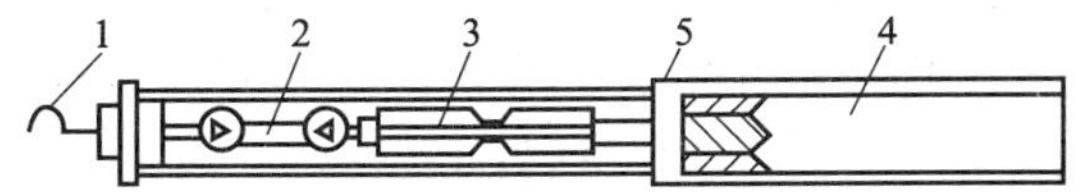

图10—5　高压验电器

1—工作触头　2—氖灯　3—电容器　4—握柄　5—接地螺钉

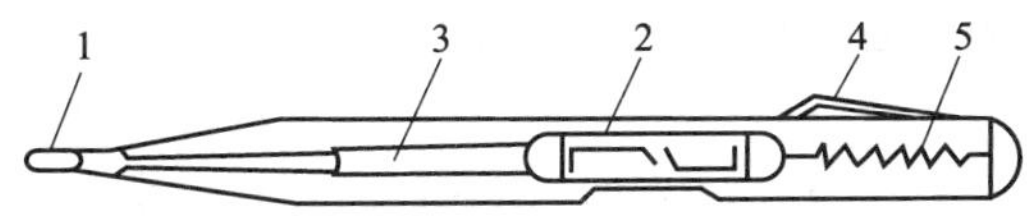

10—6　低压验电器（笔）

1—工作触头　2—氖灯　3—炭质电阻　4—握柄　5—弹簧

使用高压验电器时不应直接接触带电体，而只能逐渐接近带电体，直至有指示为止。使用验电器时要注意临近带电体的干扰，避免验电器的错误指示。验电时要避免因使用验电器造成短路。此外，验电器的发光电压不应高于额定电压25%。

2. 携带式电流指示器

携带式电流指示器通常称为钳表或钳形电流表，有高压钳表和低压钳表之分，如图10—7所示，用来在不断开线路的情况下测量线路电流，此外，还可以用来测量电压。

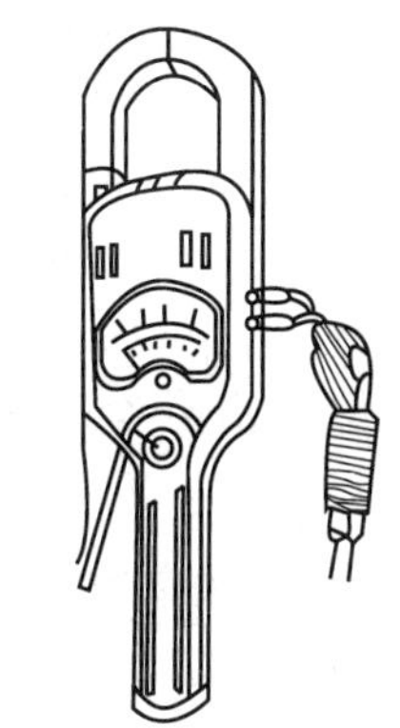

图10—7　低压钳形电流表

使用钳表时，应注意保持身体与带电体有足够的距离。对于高压，不得用手直接拿钳表进行测量，必须佩戴安全绝缘手套等安全用具。在潮湿和雷雨天气，禁止在户外用钳表进行测量。

三、登高安全用具及其使用要点

登高安全用具包括梯子、高凳、脚扣、登高板和安全腰带等专用工具。

1．梯子与高凳

用于电气作业的梯子与高凳应采用木材或竹子制成，须坚固可靠，能够承受工作人员及其所携带工具的总质量。新型电工用绝缘梯采用玻璃纤维合成的绝缘材料制成，不但坚固耐用，而且绝缘强度很高，大大提高了电气工作的安全系数。

梯子分为靠梯和人字梯两种。使用靠梯时，为避免靠梯翻倒，靠梯梯脚与墙之间的距离不应小于梯长的1/4；为了避免其向前滑落，梯脚与墙的距离不得大于梯长的1/2。为了限制人字梯的张开角度，两侧梯之间应加拉链或拉绳。为了防滑，在光滑地面上使用梯子时，踢脚应加橡胶垫或绝缘套；在泥土地上使用梯子时，梯脚应加铁尖。

在梯子上作业时，梯顶应高于人的腰部，或者作业人员站在距梯顶不小于1m的横档上作业，切忌站在最高处或上面一、二级横档上作业，以防梯子翻倒。对于人字梯，切不可采取骑马式站立，防止人体重心超出梯脚范围翻倒。

2．脚扣、登高板和安全带

脚扣、登高板和安全带是登杆作业时经常配合使用的三种工具。

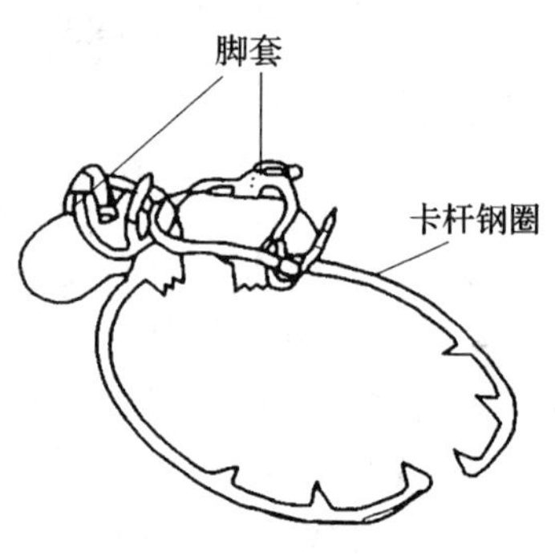

图10—8　脚扣

脚扣是用于爬杆的专用工具，是一对直径略大于要攀登线杆直径的半环形钢圈，一端带有脚套，如图10—8所示。登杆时脚扣的半环形钢圈斜卡在线杆之上，半环形钢圈与线杆之间产生摩擦力使脚扣不下滑，而且人体加在脚扣的力量越大，半环形钢圈与线杆之间的摩擦力就越大。通过双脚交替移动脚扣，人可以顺利达到预定作业高度。脚扣分为木杆用脚扣和水泥杆用脚扣。木杆用脚扣的半环形钢圈根部内侧有突出小齿，用以刺入木杆中防滑。水泥杆用脚扣半环形钢圈根部内侧装有橡胶套或橡胶垫，起防滑作用。

另外，脚扣有大小号之分，要根据攀登电杆的粗细选择合适的脚扣，选择过于大号的脚扣在登杆过程中容易产生下滑。登杆前，应对脚扣做人体冲击试登，将脚扣置于距地 0.5 m 处借助人体力量用力猛蹬，脚扣应无下滑、损坏变形现象。

登高板由横板、绳索和锁钩组成，如图 10—9 所示。其用途是在人登杆达到预定高度后，借锁钩将登高板绳索套在线杆之上，随着登高板横板的垂下和工作人员体重的作用，绳索将会被牢固地套在线杆之上。工作人员可以站在或坐在登高板之上进行作业。

安全带是防止人员高处作业时发生坠落的保护用品。安全带分为悬挂带（大带）和围杆带（小带）两种，需配合使用，如图 10—10 所示 。悬挂带一端绕在线杆或其他牢固构件之上，另一端系在腰部偏下位置，防止人的坠落。围杆带系在腰部，并套住线杆，作业时对人体腰部产生支撑作用，另外对防坠落起辅助作用。

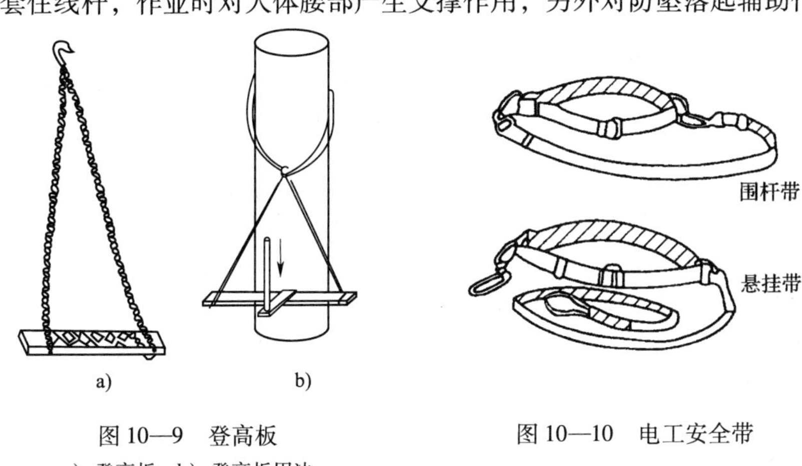

图 10—9　登高板
a）登高板　b）登高板用法

图 10—10　电工安全带

四、临时接地线、遮栏和标示牌

1．临时接地线

临时接地线装设在被检修区段两端的电源线路上，用来防止意外来电，防止临近高压线路的感应电，此外，临时接地线还用来消除线路或设备电容残留的电荷。

临时接地线一般为 25 mm^2 以上的软铜线。使用时三根较短的线与三相导体相连接，较长的一根用于接地，如图 10—11 所示。

使用临时接地线应注意以下要点：

（1）挂接临时接地线时，要首先将接地端接好，然后再将其与被接地线路连接；拆除临时接地线时，顺序正好与此相反。

（2）拆装临时接地线要使用绝缘杆，戴绝缘手套，如图 10—11 所示。

（3）装设临时接地线必须至少有两个人在场，禁止一个人单独装设接地线。

2. 遮栏

安装临时遮栏、绝缘隔板和围栏绳等的目的是，限制作业人员的活动范围，防止他们无意识接近高压带电部分，也可用做检修安全距离不够时的安全隔离装置。临时遮栏一般用绝缘材料制成，高度不得低于 1.7 m，下部边缘离地不应超过 10 cm。遮栏必须安装牢固稳定，不易倾倒，所在位置不应影响正常工作。在过道和隔离入口等处，可采用栅状遮栏，其高度在室外不应低于 1.5 m，在室内不应低于 1.2 m。遮栏与带电导体的安全距离应根据带电体的电压级别按标准设置，遮栏上应悬挂相应的标示牌，如图 10—12 所示。

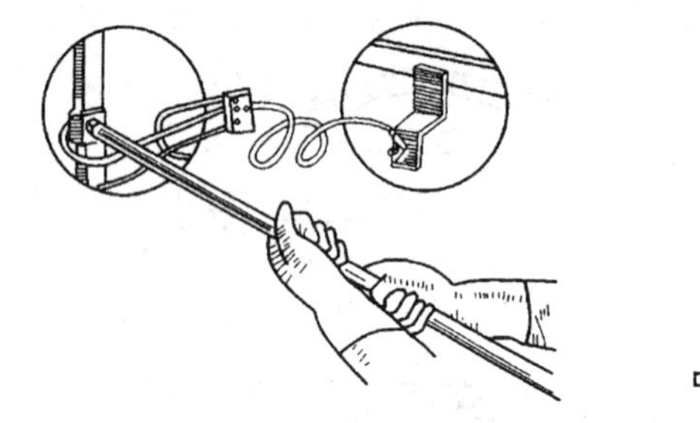

图 10—11　临时接地线

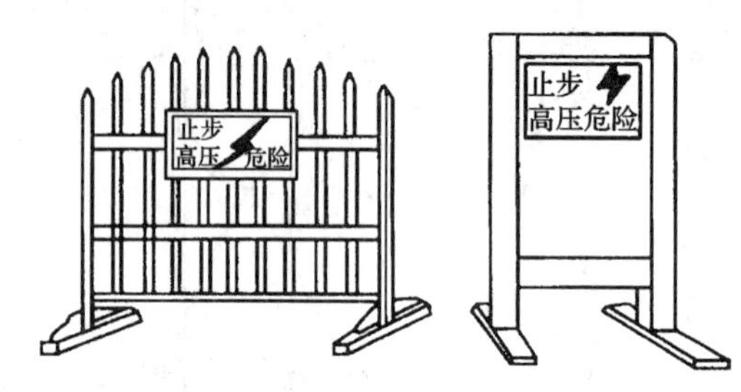

图 10—12　遮栏与标示牌

3. 标示牌

标示牌用绝缘材料制成。用于在作业时提醒工作人员不得过分接近带电部分，指明工作人员的准确工作地点和目前进行何种危险作业，提醒工作人员应注意的问题，以及禁止向某段线路送电等，如图 10—12 所示。标示牌的制作应符合安全色标准要求，尺寸规格及悬挂地点都要复合规范，参见表 10—2 。

表 10—2　　标示牌使用要求

名称	悬挂位置	式样和要求		
		尺寸/mm×mm	底色	字色
有人工作，禁止合闸！	一经合闸就可以送电到施工设备的开关和刀开关操作手柄上	200×100 和 80×50	白色	红字
线路有人工作，禁止合闸！	一经合闸就可以送电到施工线路的开关和刀开关操作手柄上	200×100 和 80×50	红色	白字
在此工作！	户外或户内工作地点或施工设备上	250×250	绿底，中间直径为 210 mm 白圆圈	黑字，写于白圆圈中

续表

名称	悬挂位置	式样和要求		
		尺寸/mm×mm	底色	字色
止步，高压危险！	工作地点邻近设备的遮栏上；户外工作地点邻近带电设备的构架上；禁止通行的过道上；高压试验地点	250×200	白底红边	黑字，有红箭头
从此上下！	工作人员上下的铁架、梯子上	250×250	绿底，中间直径为210 mm白圆圈	黑字，写于白圆圈中
禁止攀高，高压危险！	邻近工作地点可能上下的铁架上	250×200	白底红边	黑字
已接地！	看不到接地线的设备上	250×100	绿底	黑字

五、安全用具保存与安全试验

安全用具是用于保护人的安全的，必须保持良好的性能状态。为此，必须正确地对安全用具进行保管，同时要定期对其进行安全性试验与检查。

1. 安全用具的保管

安全用具使用完毕应擦拭干净，并妥善保管，应注意防止受潮、脏污或破坏。绝缘杆应放在专用的木架上，而不应斜靠在墙上或平放在地上。绝缘手套、绝缘鞋、绝缘靴应放在箱或柜内，不应放在过冷、过热、阳光曝晒或有酸、碱、油的地方，以防止其老化降低绝缘水平或强度。也不应与坚硬、带刺或脏污物件放在一起或压以重物。验电器应置于盒内，并放在干燥之处。安全用具不能任意作为他用，不可将其按一般劳动保护用品使用，只有在进行相关电气作业时，才使用相应的安全用具。

2. 安全用具的预防性试验

预防性试验是对已投入使用的安全用具的定期安全检验。定期安全检验的技术要求不同于安全用具生产过程中的型式试验与出厂检验。型式试验与出厂检验标准按国家强制或推荐标准执行，试验项目多，试验过程复杂，成本高。对于使用者而言，上述试验方法是难以实现的。为此，电力部门专门推出了针对安全用具的预防性试验标准。其主要试验指标有耐压试验和漏电流试验。除几种辅助安全用具要求两种试验外，其余一般只做耐压试验，见表10—3。

表 10—3　　安全用具预防性试验标准

名称	电压/kV	试验标准			试验周期/a
		耐压试验/kV	耐压试验持续时间/s	泄漏电流/mA	
绝缘杆、绝缘夹钳	≤35	3 倍额定电压，且≥40	300	-	1
绝缘手套	高压	8	60	≤9	0.5
	低压	2.5	60	≤2.5	0.5
绝缘靴	高压	15	60	≤7.5	0.5
绝缘鞋	≤1	3.5	60	≤2	0.5
绝缘垫	>1	15	以 2～3 cm/s 的速度拉过	≤15	2
	≤1	5		≤15	2
绝缘站台	各种电压	45	120	—	3
高压验电器	≤10	40	300	—	0.5
	≤35	105	300	-	0.5

登高作业安全用具主要是拉力试验，其试验标准、试验检查周期见表10—4。

表 10—4　　登高安全用具预防性试验标准

名称		试验静拉力（N）	试验周期	外表检查周期	试验时间（min）
安全带	大带	2 205	半年	1 个月	5
	小带	1 470	半年	1 个月	5
安全绳		2 205	半年	1 个月	5
登高板		2 205	半年	1 个月	5
脚 扣		980	半年	1 个月	5
竹（木梯）		试验荷重 1 765 N（180 kg）	半年	1 个月	5

第三节　检修安全措施

检修工作大体可分为全面停电检修、部分停电检修和不停电检修等。检修工作需要直接或间接接触电力设备，检修操作人员面临的危险性是不言而喻的，必须采取相应的安全措施。就制度性管理措施而言，主要是工作票制度；就技术措施而言主要有停电安全技术措施和不停电检修技术措施等。

一、检修安全管理制度

电气检修的最基本安全管理措施是工作票制度。在工作票制度总体框架下，还有一些在执行工作票制度过程中的具体管理制度，包括工作监护制度、工作许可制度和工作间断、工作转移和工作终结制度等。

1．工作票制度

电气工作票是指在已经投入运行的电气设备及电气场所工作时，明确工作人员、交代工作任务和工作内容、实施安全技术措施、履行工作许可、工作监护、工作间断、转移和终结制度的书面依据。

不同的电力部门或公司给出的工作票具体形式各不相同，但其基本内容与项目是相同的，工作票的执行程序、涉及人员及其职责的规定也是基本相同的，从这个角度而言，工作票制度是一种标准化制度。

（1）工作票的内容与种类

工作票所包括的基本项目：

1）工作票签发人签字：包括签发日期等。

2）工作人员名单及签字：包括工作负责人、工作班组成员。

3）工作任务、地点、计划时间。

4）工作安全措施：如倒闸停电、验电、接地及标示要求等。

5）工作许可：包括许可人的签字、许可检修开始的时间，以及其他工作许可要求项目。

6）工作结束：包括对人员撤离、临时接地线的拆除情况等确认项目，结束时间及工作负责人和工作许可人的签字。

除了以上基本项目外，工作票还根据需要设有工作负责人变更、工作延期、工作间断等项目。

一般而言工作票有两种，即第一种工作票和第二种工作票，分别见表10—5和表10—6。在高压设备或高压线路上工作需要全部停电或部分停电者，以及在高压室内的二次回路和照明回路上工作，需要高压设备停电或采取安全措施者，应填用第一种工作票。带电作业或在带电设备外壳上工作，在控制盘、低压配电盘、配电箱、电源干线上工作，以及在无需高压设备停电的二次回路上工作，应填用第二种工作票。概括而言，第一种工作票一般适于停电作业，第二种工作票适合带电作业。不过无论第一种还是第二种工作票其基本项目相同，总体差别不大。其差别之处主要体现在安全措施的具体要求不同。

表 10—5　　　　变电所第一种工作票

<table>
<tr><td colspan="2">1. 工作负责人（监护人）：______班组
2. 工作班组人员：________共__人
3. 工作内容和工作地点：__________
4. 计划工作时间：自____年__月__日__时__分至____年__月__日__时__分
5. 安全措施：</td></tr>
<tr><td>工作票签发人填写</td><td>工作许可人（值班员）填写</td></tr>
<tr><td>应拉开断路器和刀开关（包括填写前已拉开断路器和刀开关），并注明编号</td><td>已拉开断路器和刀开关，并注明编号</td></tr>
<tr><td>应装临时接地线，并注明确实地点</td><td>已装临时接地线，并注明编号和装设地点</td></tr>
<tr><td>应设遮栏和挂标示牌</td><td>已设遮栏和已挂标示牌，并注明地点</td></tr>
<tr><td></td><td>工作地点保留带电部分和补充安全措施</td></tr>
<tr><td>工作票签发人签名：______
收到工作票时间：____年__月__日__时__分
值班负责人签名：______</td><td>工作许可人签名：______
值班负责人签名：______</td></tr>
<tr><td colspan="2">值长签名：______
6. 许可开始工作时间：____年__月__日__时____分
工作负责人签名：________　工作许可人签名：______
7. 工作负责人变动
原工作负责人________离去；变更________为工作负责人。
变更时间：____年__月__日__时__分
工作票签发人签名：________
8. 工作延期
有效期延长到：____年__月__日__时__分
工作负责人签名：________值班或值班负责人签名：________
9. 工作结束
工作班人员已全部撤离，现场已清理完毕。全部工作于____年__月__日__时__分结束。
工作负责人签名：________工作许可人签名：________
临时接地线共__组已撤除。　值班负责人签名：______
10. 备注：__________</td></tr>
</table>

表 10—6　　变电所第二种工作票

1. 工作负责人（监护人）：______________班组：______________
工作人员：______________________共________人
2. 工作任务：____________________________________
3. 计划工作时间：自____年__月__日__时__分至____年__月__日____时__分
4. 工作条件（停电或不停电）：___________________________
5. 注意事项（安全措施）：________________________________
工作票签发人签名：____________
6. 许可开始工作时间：____年__月__日__时__分
工作许可人（值班员）签名：______________　工作负责人签名：_______
7. 工作结束时间：____年__月__日__时__分
工作许可人（值班员）签名：______________　工作负责人签名：______________
8. 备注：____

（2）工作票涉及人员职责与要求

工作票直接涉及人员有工作票签发人、工作负责人（工作监护人）、工作许可人员、工作操作人员及专责监护人员。

1）工作票签发人。是确认工作必要性、工作人员安全资质和工作票上所填安全措施是否正确完备的审核签发人员。

工作票的签发人员应是通过相关电力部门资格考试、具有核准资质，在熟悉业务的同时还要熟悉现场设备的生产负责人。工作票签发人不能担任其所签发工作项目的工作许可人和工作负责人。

2）工作负责人（监护人）。是指组织、指挥工作班组人员完成工作票指明工作任务的责任人，其同时负责对整个工作过程进行全面安全监护。

工作负责人一般由具有丰富经验的电工班组长担任。工作负责人一般不宜进行现场操作工作，其首要职责是对直接操作人员指导指挥，并做好安全监护工作。

3）工作许可人。审查工作票所列安全措施是否正确完备，并与工作负责人一起亲临工作现场检查工作票安全措施是否到位，根据现场情况正确发出许可工作的命令。

工作许可人一般为值班调度、值班负责人员，对变电所或供电系统的工作状态有及时而又全面的了解与把握，同时又能调度现场资源配合检修工作。

4）工作班组成员。是指参与实施工作票工作任务的人员。工作班组成员应是无工作妨碍疾病，身体健康，具备必要电气知识，经过专门培训的合格人员。

5）专责监护人员。有时为了安全的需要，在工作负责人全面负责安全监护的基础上，还要设置专责监护人员，尤其是在高压作业或者作业现场范围较大时更需如此。专责监护人员监督现场安全措施的落实情况，纠正现场操作人员的不安全行为等。专责安全监护人员不得进行操作工作，也不准离开工作现场。

（3）工作票的使用流程

工作票的使用流程如图 10—13 所示。

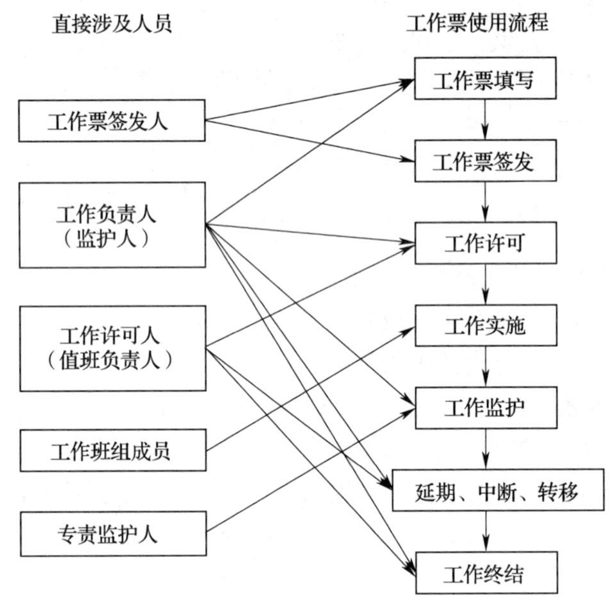

图 10—13　工作票使用流程

1）工作票填写。工作票的填写一般是由负责检修工作的工作票签发人负责，也可委托工作负责人填写，但必须由工作票签发人签发。

2）工作票签发。工作票签发人收到填好的工作票后，对各个项目尤其是安全措施进行审核。审核无误后，在“工作票签发人签字”一栏签字，并注明签发日期。工作票要一式两份，一份签发人保管，一份交工作负责人。

3）工作许可。工作负责人拿到签发的工作票后，交与工作许可人员（值班负责人）核实工作票安全措施，按照工作票任务要求进行停电，并与工作负责人到工作现场落实检查各项安全措施。确认符合要求后，在工作票上填上许可开始工作时间，并在相应栏签上工作许可人和工作负责人的名字。

4）工作延期、转移、中断。如没能按照工作票计划工作时间完成工作任务，工作负责人应向工作许可人（值班负责人）提出延期申请，获得准许后在工作票上注明延期期限。并且，工作许可人与工作负责人员在相应位置签字。工作地点转移与工作中断也要根据实际情况决定是否通知工作许可人（见工作转移、中断制度）。

5）工作终结。在完成检修任务后，工作负责人应指挥班组人员拆除接地线，清理工作环境，并带领全部人员撤离。其后，与工作许可人到现场检查工作环境清理、临时地线拆除、人员撤离及其他情况。认为符合要求后，在工作票上注明全部工作结束日期，并且，工作负责人、工作许可人在相应位置签字。

其后，工作负责人将签字后的工作票交回工作票签发人，签发人认为没有问题后，在工作票上盖“已执行”章，交与资料保管部门归档保管。

整个工作票的使用过程中要注意以下问题：

1）工作票签发人、工作负责人、工作许可人员不可相互代替，不可一人身兼二职。

2）一个工作负责人一次只能接受一个工作票，不可同时作为两个工作票的工作负责人。

2. 工作许可制度

工作许可制度旨在检修工作开始前对安全工作最后把关。工作许可人完成其职责范围内的有关安全措施后，还要完成以下事宜：

（1）与工作负责人一起到现场检查安全措施实施情况，用手触试，证明被检修部位确实无电。

（2）给工作负责人指明带电设备的位置和注意事项。

（3）与工作负责人一起在工作票上签名。

完成上述手续后工作人员才可以开始工作。

3. 工作监护制度

监护制度是保障检修工作人员安全和正确操作的基本措施。监护人应是技术级别较高的人员，一般由工作负责人担任。如果工作场所较为危险，还要设置专职监护人，与工作负责人一起共同承担监护工作。监护工作的主要职责有：

（1）检查各项安全措施是否完善，是否与工作票所填写项目相符。

（2）组织现场开展工作，向工作人员交代清楚工作任务、工作范围、带电部位及其他安全注意事项。

（3）监护人应始终留在现场，如不得不暂时离开工作现场时，必须指定合适的监护代理人。监护人应监护所有工作人员的活动范围和实际操作，包括工作人员及其所携带的工具与带电体或接地导体之间是否保持足够的安全距离，工作人员的站姿是否合理，操作是否正确等。如发现工作人员的操作违反规程，应给予及时纠正，必要时，令其停止工作。

（4）监护人员应制止任何工作人员单独留在室内或检修区内，并随时制止其他无关人员进入检修区。

监护人员（工作负责人）一般不参与直接操作。全部停电检修时，监护人可以参加检修操作；部分停电时，只有在安全措施可靠，工作人员集中在一个工作点，不会因过失酿成事故的情况下监护人才可以参加检修操作；不停电检修时，监护人不得参加检修操作。

4. 工作间断、转移、延期制度

（1）工作间断

工作间断时，工作班组人员应从检修现场撤出，所有安全措施应保持不动。若是一天当中工作间断，如吃饭休息，工作票仍由工作负责人收执，间断后继续工作无需经过许可人或值班人员。若是多天工作，则每天工作间断时，由工作人员清理检修现场，开放被封闭的通道，并将工作票交工作许可人或值班人收执。次日复工，应得到工作许可人或值班人员的许可，取回工作票。复工之前，工作负责人还应检查各项安全措施是否与工作票相符。确实相符时方可开始工作。若无工作负责人带领，工作人员不得进入检修现场。

（2）工作转移

在同一电气连接部分用同一工作票依次在几个工作地点转移检修工作时，全部安全措施应由工作许可人在开工前一次做好，不需办理转移手续；但在转移工作地点之前，工作负责人应向工作人员再次交代带电范围、安全措施及注意事项。

（3）工作延期

当不能按照计划工作时间结束工作任务时，应办理工作票延期手续。延期手续由工作负责人向工作许可人（值班负责人）提出申请，经工作许可人同意后，在工作票上注明延长期限，且工作许可人和工作负责人均在工作票上签字。工作延期手续只能办理一次，如需要再次延期时，应将原工作票结束，重新办理工作票。

5. 工作终结制度

全部工作完毕后，工作人员应清扫、整理工作现场，拆除临时接地线。工作负责人应仔细检查工作现场，待工作人员全部撤离后，向工作许可人员说明检修情况，并与工作许可人一起再次对检修、临时接地线拆除、人员撤离情况等进行核实。核实无误后，在工作票上填上工作结束时间，且工作负责人和工作许可人双方签字。签字后的工作票交回工作票签发人，由签发人核实，盖“已执行”章后归档保存。

二、检修技术管理措施

安全技术措施主要包括停电作业安全措施和不停电作业（带电作业）安全措施。

1. 停电作业安全措施

停电作业的安全技术措施主要包括停电、验电、装设临时接地线以及装设遮栏和悬挂标示牌。

（1）停电

检修时如果人体与其他设备之间的距离，10 kV 及以下者小于 0.35 m，20 ~ 30 kV者小于 0.6 m 时，该设备应当停电；如果距离大于上述数值，但分别小于 0.7 m和 1 m 时，应设遮栏，否则也应停电。

停电时，应注意所有能给检修部位送电的电源均应停电。对于多回路控制线路，应注意防止其他方面的突然来电，特别注意防止低压方面的反送电。为此，应将与停电有关的变压器和电压互感器的高压侧与低压侧都与断开。停电后，还应核实断路器和隔离开关确实在断开位置，并对断路器和隔离开关的操作机构加锁，悬挂相应的指示牌。对于柱上变压器，应取下跌开式熔断器的熔丝管。停电时，应将运行中的工作零线视为带电体，并与相线采取同样的措施。

停电操作顺序必须正确，首先应断开断路器，然后再断开隔离开关或刀开关；送电时合闸顺序与停电时正好相反。如果断路器的电源侧和负载侧都装有隔离开关，停电操作时拉开断路器之后，应先拉开负载侧隔离开关，后拉电源侧隔离开关；送电时依次合上电源侧隔离开关、负载侧隔离开关、断路器。

对于有较大电容的电气设备或电气线路，停电后还须进行放电，以消除被检修设备上残存电荷。放电应用配有专用导线的绝缘棒或临时接地线进行操作，或用专用的接地刀开关操作。放电时人体不得与带电体接触。电容器和电缆可存储较多电荷，一般设有专门放电装置，即使如此，停电后人工放电步骤仍不可忽略。

（2）验电

对于已停电的线路或设备，不论其接入的电压表或其他信号仪表是否指示无电，均应进行验电。

验电前，应按停电线路或设备的电压等级选用相应的、试验合格的验电器。验电时，应将验电器逐渐接近带电体，直至有指示为止。对于多相多端线路，应逐相、逐端，由近及远地进行验电。对于断路器和隔离开关，应在其两侧分别验电。对于同杆多层线路，应先验低压，后验高压，先验下层，后验上层。验电时应注意保持与各部分的安全距离，防止短路。此外，验电时应戴绝缘手套，并设专人监护，不可一人操作。

应当指出，只有经合格的验电器验明无电，才能是无电的依据。接在线路中的电压表无指示或信号指示断开状态，或用电设备合闸后不运转，都不能作为无电依据。

（3）装设临时接地线

为了防止给检修部位意外送电和可能的感应电，应在被检修部分的外端（开关的停电一侧或停电的导线上）装设临时接地线。装设临时接地线应将三相导体短接后接地。接地时应注意以下要求：

1）首先必须验电确实无电后方可装接临时接地线。

2）凡是可能给检修部位意外送电和可能产生感应电压的线路或装置均应在适当部位安装临时接地线。对于线路检修，应在检修线路段的两端均设临时接地线。如有可能送电到停电线路分支线也要挂接地线。

3）挂接地线时，应先接接地端，后接设备或线路端；拆除时顺序正好相反。对于同杆多层线路，应先挂接低压，后装高压，先下层，后上层；拆除时顺序相反。

4）临时接地线应接于明显可见之处，临时接地线与带电导体之间要保持安全距离。

5）装设临时接地线与检修线路或设备之间不得接有断路器或熔断器。

6）接地线采用多股软线，截面积不应小于25 mm^2。接地线应连接牢固，接好的临时接地线不承受自身质量以外的拉力。

7）安装和拆除临时接地线应采用绝缘杆或戴绝缘手套操作，并且至少由两人来完成。

（4）装设遮栏和悬挂标示牌

遮栏能够防止工作人员无意识过分接近带电体，但不能防止工作人员有意识接近带电体。在部分停电检修和不停电检修时，应将带电部分遮拦起来，以保证检修人员的安全。工作人员不得拆除或移动遮栏。

标示牌的作用是提示人们注意安全，防止出现不安全行为。标示牌要悬挂于醒目与关键处。如在护栏上悬挂“止步，高压危险！”标示牌，在送电或设备的送电操作手柄悬挂“有人工作，禁止合闸！”标示牌；在检修地点悬挂“在此工作！”提示牌等。工作人员除应严格遵守标示牌提示外，还应注意不能随意移动标示牌的位置。

2. 不停电作业安全措施

在一般工业企业，不停电作业主要是在带电设备附近或外壳上进行工作；在电业部门，不停电作业还包括直接在不停电的带电体上进行的作业，如用绝缘杆操作、等电位工作、带电冲洗作业等。不停电作业必须严格执行工作票制度，尤其是监护制度。与此同时，在技术措施上也要有保障。不停电作业应注意以下问题：

（1）人体与带电体之间必须保持足够的安全距离，应满足表10—7要求。不满足安全距离要求时，必须采取可靠的绝缘隔离措施。

表10—7　　　　人与带电体的安全距离

电压等级（kV）	10	35	63（66）	110	220
距离（m）	0.4	0.6	0.8	1.0	1.8

（2）绝缘杆、绝缘承力工具和绝缘绳等绝缘工具必须有足够的长度，不小于表10—8要求。

表10—8　　　　绝缘工具最小有效长度

电压等级（kV）	有效绝缘长度（m）	
	绝缘杆	绝缘承力工具、绝缘绳
10	0.7	0.4
35	0.9	0.6
63（66）	1.0	0.7
110	1.3	1.0
220	2.1	1.8

（3）高低压同杆架设，在低压线路工作时，应注意与高压线的距离，并采取防止接触高压线的措施，如必要的屏护。

（4）带电部分只能在工作人员一侧。

（5）带电作业时间不宜过长，避免检修人员分散注意力而发生事故。

(6) 工作人员要采取必要的个体防护措施，如戴绝缘手套、穿绝缘鞋、戴安全帽等。

第四节　电气安全分析和评价

对企业或设备的生产过程、工艺过程或运行状态的安全程度进行系统的安全分析和评价是安全管理的重要内容。企业或设备的安全运行是一个复杂的系统，仅依靠事故频率、事故损失来分析和评价是不够的。为了科学地了解和掌握生产中的不安全因素和危险程度，以便于采用最适当的安全对策，应当运用系统工程的方法，综合物的因素、人的因素和环境因素，对系统进行深入的分析和综合的评价。

一、事故树分析

事故树分析是以系统内最不希望发生的事件作为目标，表示其发生原因的由各种事件组成的逻辑模型。事故树分析是一种安全分析方法，这种方法对于分析电气事故也是有效的。

1. 事故树的组成和制作

图 10—14 所示的间接接触电击的事故树如图 10—15 所示。图 10—15 中，编号 1 ~ 23 的几何图形代表系统中各种有关的事件。各种事件通过“与”门、“或”门等连接起来构成事故树。图 10—15 中，注明电击的 1 号矩形表示最不希望发生的事件，称为顶端事件；其他矩形表示需要进一步展开的中间事件；菱形表示可以展开，但又难以展开或没有必要展开的事件；圆形表示不必展开的基本事件。图 10—15 中，各序号代表的事件如下：1 为电击，2 为设备有电，3 为保护失灵，4 为外壳带电，5 为接触外壳，6 为线路有电，7 为开关接通，8 为熔断器太大，9 为零线断路，10 为单相短路电流太小，11 为设备漏电，12 为相线搭连，13 为接近设备，14 为无个人防护，15 为线路太长，16 为导线太细，17 为绝缘受潮，18 为过热，19 为绝缘老化，20 为绝缘击穿，21 为绝缘损坏，22 为接头松脱，23 为断线碰壳。图中还使用了两种逻辑符号：“与”门和“或”门。

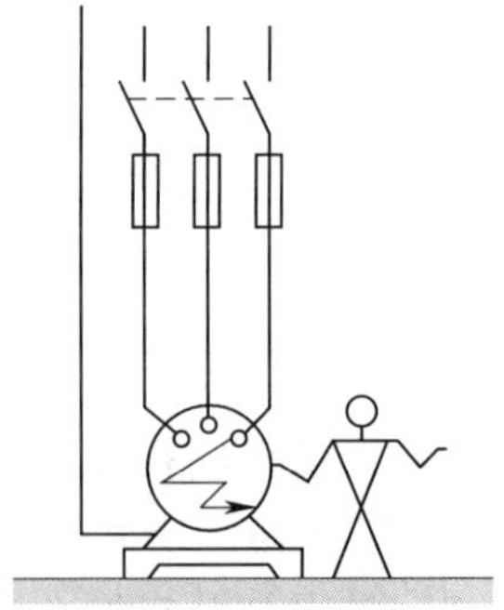

图 10—14　间接电击示意图

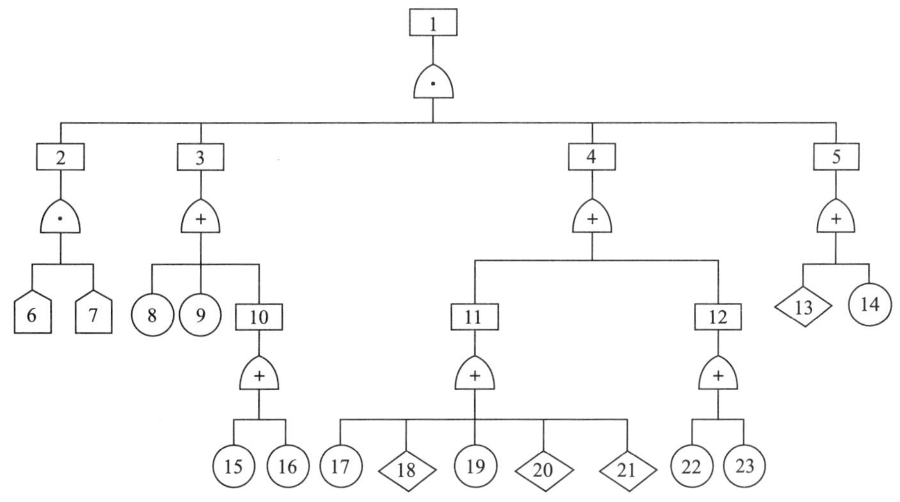

图 10—15 间接电击事故树

制作事故树之前应深刻了解所研究的系统，弄清系统中与设计、安装施工、运行管理、操作、维修等有关的问题，分析清楚在什么条件下会发生故障和事故；制作事故树应先列出有关的事故事件的正常事件，并将其他事件按时间、空间予以整理和分类；然后，运用“与”和“或”的逻辑推理，由顶端事件而下，逐步排列和展开中间事件，直至全部都是基本事件或没有必要展开的事件为止，至此，即可绘制事故树图。如已掌握底端事件的概率，可将其值写入相应的图形中，以便于进行定量分析。

2．事故树的作用和计算

应用事故树可以比较方便地查出事故发生的原因和分析事故隐患。尽管在通常情况下，事故发生的原因比较隐蔽，但应用事故树分析的方法，根据所研究系统诸因素的组合和关键区域，可以对系统的安全性作出定性分析和比较准确的评价。如果收集有足够的数据，即掌握各种事件发生的概率，事故树也可用于定量分析，用于求出顶端事件发生的概率。

利用事故树作定量分析主要是计算顶端事件的概率。这个概率值是从基本事件逐层向上计算求得的。

对于“与”门，其后的事件概率为：

$$P_a = \prod_{i=1}^{n} P_i$$

式中，∏——连乘符号；

n——“与”门下面的事件数；

P——“与”门下面第 i 个事件发生的概率。

对于“或”门，其后的事件概率为

$$P_0 = 1 - \prod_{i=1}^{n} (1 - P_i)$$

对于一个完整的事故树，即使不知道基本事件的概率，也能通过最小割集的计算判断其危险性。割集是那些能够导致顶端事件发生的基本事件的组合。显然，割集是系统的故障模式。最小割集是那些能够导致顶端事件发生的最低限度的基本事件的组合。去掉割集中多余的事件和重复的组合，即得到最小割集。

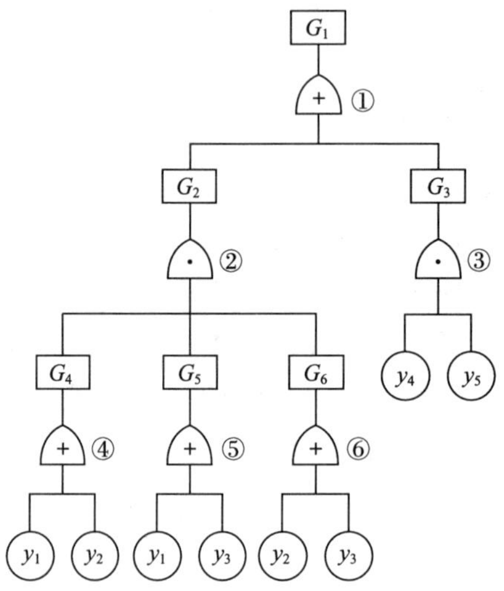

图 10—16　求解事故树最小割集

当基本事件很少时，可以凭直观找出最小割集；当基本事件较多时，必须运用数学方法求得最小割集。各种方法中，行列法简单易行，应用广泛。行列法是从顶端事件的逻辑门开始，自上而下逐次展开和排列，直至不能继续展开到所有事件都是基本事件为止。如果逻辑门是“或”门，则将其输入事件纵向排列；如果逻辑门是“与”门，则将其输入事件横向排列。对于图 10—16 所示的事故树，按上述方法，可以列出如下求得最小割集的行列式，见表 10—9。

表 10—9　　行列式法求解最小割集

0	1	2	3	4	5	6	7
G_1	G_2	$G_4G_5G_6$	$y_1G_5G_6$	$y_1y_1G_6$	$y_1y_1y_2$	y_1y_2	y_1y_2
					$y_1y_1y_3$	y_1y_3	y_1y_3
				$y_1y_3G_6$	$y_1y_3y_2$	$y_1y_2y_3$	—
					$y_1y_3y_3$	y_1y_3	—
			$y_2G_5G_6$	$y_2y_1G_6$	$y_2y_1y_2$	y_1y_2	—
					$y_2y_1y_3$	$y_1y_2y_3$	—
				$y_2y_3G_6$	$y_2y_3y_2$	y_2y_3	—
					$y_2y_3y_3$	y_2y_3	y_2y_3
	G_3	y_4y_5	y_4y_5	y_4y_5	y_4y_5	y_4y_5	y_4y_5

行列式中，第一步是展开 1 号“或”门，G_2，G_3 从上往下纵向排列；第二步是展开 2 号“与”门和 3 号“与”门 G_4，G_5，G_6 和 y_4，y_5 分别从左往右横向排列；第 3，4，5 步依次展开 4 号“或”门、5 号“或”门和 6 号“或”门；第 6 步是化简第 5 步得出的全部割集；第 7 步是从第 6 步的结果中简化和精选出最小割集。由行列式可知，图 10—16 所示事故树的最小割集为 $\{y_1, y_3\}$，$\{y_2, y_3\}$ 和 $\{y_4, y_5\}$。

二、安全评价

安全评价包括危险性的确定、危险性的检测和分析、危险性的定量处理、危险性的对策和综合评价。有的安全评价以危险等级和事故频率作为标准，也有的以百万吨产品死亡人数作为标准。有的评价方法是先将系统划分为若干单元，分别确定危险性和危险性指数，再制定对策并予以综合评价；也有的评价方法是从资料和规划开始，逐步评价。前面介绍的事故树分析方法可用于安全评价。下面介绍的是利用模糊数学的理论对系统的电安全状况进行综合评价的方法。

1. 方法简介

既然是综合评价，就必须对所研究的系统作全面的分析，必须考虑多种因素。就某区域的电气安全水平而言，在一定期间内的死亡人数必然作为评价的重要指标；但是，仅仅用触电死亡人数来确定电气安全水平是不恰当的。例如，如果某地区尚未通电，则不会有触电死亡人员，当然不能说该地区电气安全水平高。又如，某两地区 10 年触电死亡人数分别为 10 人和 15 人，前者用电人口为 10 万人，后者用电人口为100万人，也不能单从触电死亡人数比较这两个地区电气安全水平的高低。除死亡人数和用电人口外，一个地区的电气安全水平还与该地区的科学技术水平、教育水平、电工和非电工人员的电气安全理论水平、经济状况，以及在电气安全方面投资的多少等诸多因素有关。这就要求在深入分析的基础上考虑各种因素，对系统的电气安全水平作出科学的评价。

多因素的综合评价方法很多。例如，可以先对某研究对象的 m 个因素中的每个因素评分，将其分数记为 S_i，然后再求各因素评分的总和为

$$S = \sum_{i=1}^{m} S_i$$

式中，S 作为该对象的评价值。这种评价方法即所谓总分法，安全检查表就属于这种方法。还可以采用加权平均法，这种方法考虑到人们对每个因素重视程度的不同，对每个因素赋予一定的表示其重要程度的权，其数为 P_i。P_i 是百分数，且

$$\sum_{i=1}^{m} P_i = 1$$

如每个因素经评定所得分数为 S_i，则可求得

$$S = \sum_{i=1}^{m} P_i S_i$$

并用做评价值。

以上两种方法最后都只是用一个数值来评价，因而其评价是单一而粗略的。例如，“基本合格”就是一个单一而粗略的概念。如果人们要想知道“基本合格”中合格的占多大比例、不合格的又占多大比例就必须寻求新的办法。

综合评价法首先要求针对评价对象列出与评价相关的 m 个因素，组成因素集 U。

$$U = \{u_1, u_2, \cdots, u_m\}$$

并预先规定好评价的 n 个等级，组成评价集 V。

$$V = \{v_1, v_2, \cdots, v_n\}$$

然后，针对每个因素按照预先规定的 n 个等级做出评价，再由 m 个因素的评价构成评价矩阵 R。

$$R = \begin{bmatrix} r_{11} & r_{12} & \cdots & r_{1n} \\ r_{21} & r_{22} & \cdots & r_{2n} \\ \vdots & \vdots & \vdots & \vdots \\ r_{m1} & r_{m2} & \cdots & r_{mn} \end{bmatrix}$$

考虑到每个因素的重要程度不同，赋予每个因素不同的权。对应因素集的分配向量 A 为：

$$A = (a_1, a_2, \cdots, a_m)$$

这样，即可求得该研究对象的综合评价结果为：

$$B = A \cdot R$$

式中，“·”表示合成运算，可根据不同的评价模型赋予不同的含义。通常按线性代数矩阵相乘的方法进行计算，即

$$b = \sum_{j=1}^{m} a_i r_{ji} (i = 1,2,\cdots,n;\ j = 1,2,\cdots,m)$$

2. 应用举例

如上所述，区域电气安全水平评价要考虑多种因素。为简便起见，只考虑该地区用电量与触电死亡人数的相关性和人口数量与触电死亡人数的相关性这两个因素。其因素集为

$$U = \{触电死亡人数 / 用电量, 触电死亡人数 / 人口数量\}$$

如规定评价等级为四级，其评价集为：

$$V = \{优秀, 良好, 及格, 不及格\}$$

针对上述两个因素，根据该地区历年的统计资料，按照上面四个等级逐一评定，得到一个两行四列的评价矩阵 R：

$$R = \begin{bmatrix} 0.2 & 0.2 & 0.5 & 0.1 \\ 0.3 & 0.1 & 0.4 & 0.2 \end{bmatrix}$$

考虑到该地区用电量主要分布在城镇工矿企业，而人口占相当比例的乡村用电量要小得多，确定因素集中触电死亡人数与用电量的相关性权数为 0.6，触电死亡人数与人口数量的相关性权数为 0.4，由此得到权分配向量为：

$$A = (0.6 \quad 0.4)$$

则可求得评价结果为

$$B = A \cdot R = (0.6 \quad 0.4) \begin{bmatrix} 0.2 & 0.2 & 0.5 & 0.1 \\ 0.3 & 0.1 & 0.4 & 0.2 \end{bmatrix} = (0.24 \quad 0.16 \quad 0.46 \quad 0.14)$$

即该地区电气安全水平优秀的占 24%，良好的占 16%，及格的占 46%，不及格的占 14%。

应用这种综合评价的方法，需要掌握大量的统计资料，还需要吸收专家和管理人员的经验作为分析和计算的基础。在评价过程中，原始资料的取舍，因素集、评价集权分配向量的确定以及评价矩阵的取得，都必须力求准确和合理。

本章小结

1. 电气安全管理应首先从组织机构和人员下手，必须明确电气安全管理组织机构职责，同时，从事电工作业人员要获得国家特种作业资格证书以及相应电工工种操作资格证书。安全制度是电气安全管理的长期保证机制，要求系统完整，涵盖用电及电气作业的各个环节和各个方面。安全检查可以查处用电安全隐患；安全教育可以提高工人的安全意识和技术水平；安全资料管理可为各项安全管理工作提供有效信息。

2. 电工安全用具可分为绝缘安全用具、电压电流指示器（验电器）、登高安全用具和临时接地线、遮栏和标示牌。各种安全用具应采用正确的使用方法，并采取适当的方法储存和保管，另外还应按照有关标准定期对其绝缘指标进行预防性试验。

3. 检修是保证供电和用电系统正常运行必不可少环节，具有较高的危险性。检修的制度性安全措施是工作票制度，它是一种具有标准化流程的凭证式管理手段，每一环节都有相应的负责人员对相应安全措施进行审核并在工作票上签字。在工作票制度总体框架下，还有一些在执行工作票制度过程中的具体管理制度，包括工作监护制度、工作许可制度和工作间断、转移及终结制度等。

除了制度性安全措施，检修还应采取技术性管理措施，包括停电作业和带电作业安全措施。停电作业安全措施包括停电、验电、装设临时接地线以及设置遮栏和标示牌；带电安全技术措施包括保持标准要求的安全距离、采用符合标准要求长度的绝缘工具以及其他安全措施，如保证带电部分只在人体一侧等。

4. 电气事故的发生，往往是多个基本原因共同作用的结果，采用安全系统工程手段，可以有效地分析电气安全事故基本原因的组成，找出容易导致事故发生的基本原因集合，可以最有效地控制电气事故。另外采用模糊数学手段，可对电气安全水平做出综合而又科学的评价。

复习思考题

1. 电工属特种作业工种，须取得特种作业资格证方可上岗。电工人员脱离本岗多长时间后须经当地有关部门对其电工上岗资格进行重审？

2. 请说出 3 种电气安全管理制度及其主要内容。

3. 电气安全资料管理包括哪些方面?
4. 说出使用绝缘杆和绝缘夹钳的注意事项。
5. 绝缘手套分为几种型号? 分别适用哪些电压等级?
6. 装设临时接地线应注意哪些问题?
7. 什么是工作票制度?
8. 工作票制度涉及哪些人员，其具体职责是什么?
9. 什么是工作许可制度、工作监护制度、工作终止制度?
10. 停电作业有哪些安全措施?
11. 带电作业有哪些安全要求?

参考文献

［1］杨有启，钮英建. 电气安全工程［M］. 北京：首都经济贸易大学出版社，2000

［2］李世林. 电气装置和安全防护手册［M］. 北京：中国标准出版社，2006

［3］中国质量检验协会. 电气安全专业基础［M］. 北京：中国计量出版社，2006

［4］张宝铭，林文狄. 静电防护技术手册［M］. 北京：电子工业出版社，2000

［5］刘尚合，武占成等. 静电放电及危害防护［M］. 北京：北京邮电大学出版社，2004

［6］刘介才. 工厂供电（第4版）［M］. 北京：机械工业出版社，2004

［7］屠志健，张一尘. 电气绝缘与过电压［M］. 北京：中国电力出版社，2005

［8］单渊达. 电能系统基础［M］. 北京：机械工业出版社，2001

［9］虞昊. 现代防雷技术基础（第二版）［M］. 北京：清华大学出版社，2005

［10］陈淑芳. 《剩余电流动作保护装置安装和运行》GB 13599—2005 宣贯教材［M］. 北京：中国水利水电出版社，2006

［11］徐建平. 仪表本安防爆技术［M］. 北京：电子工业出版社，2002

［12］张植保. 电机原理与应用［M］. 北京：化学工业出版社，2006

［13］李悦，杨海宽. 电气安全工程［M］. 北京：化学工业出版社，2004

［14］周志敏，周纪海，纪爱华. 低压电器实用技术问答［M］. 北京：电子工业出版社，2004

［15］闫和平. 常用低压电器应用手册［M］. 北京：机械工业出版社，2005

［16］郭仲礼. 高压电工技术问答［M］. 北京：中国电力出版社，2002

［17］廖自强，余正海. 变电运行事故分析及处理［M］. 北京：中国电力出版社，2004

［18］天津市电力公司. 变电运行现场操作技术［M］. 北京：中国电力出版社，2004

［19］刘震，佘伯山. 室内配线与照明［M］. 北京：中国电力出版社，2004

［20］杨岳．电气安全［M］．北京：机械工业出版社，2003

［21］刘鸿国．电击与电气火灾防护技术及其应用实例［M］．北京：中国建筑工业出版社，2007

［22］牟龙华，孟庆海．供配电安全技术［M］．北京：机械工业出版社，2003

［23］何金良，曾嵘．电力系统接地技术［M］．北京：科学出版社，2007

［24］陈化钢．企业供配电［M］．北京：中国水利水电出版社，2006

［25］刘思亮．建筑供配电［M］．北京：中国建筑工业出版社，1998

［26］苏文成．工厂供电［M］．北京：机械工业出版社，2005

［27］陈晓平．电气安全［M］．北京：机械工业出版社，2004

［28］黄永红，张新华．低压电器［M］．北京：化学工业出版社，2007